光伏逆变器谐振机理及抑制策略

李圣清　著

科学出版社
北京

内 容 简 介

本书以光伏逆变器谐振抑制技术为核心，面向光伏并网发电的工程应用实践，围绕光伏逆变器谐振机理、抑制策略、环流控制等方面内容，研究光伏逆变器系统结构及数学模型、谐振机理及有源阻尼策略、延时和相位补偿策略、并联系统环流及抑制方法、功率解耦及无功均分控制，以及谐波混合控制方法等理论和技术问题，形成具有一定借鉴价值的光伏微电网控制理论体系。本书具有一定的理论深度，也有较多的实践应用，强调理论与实际相结合，其中许多内容是研究团队多年科研工作的成果与总结。

本书可供高等院校电气工程及相关专业的本科生、研究生阅读，也可供从事电气工程、控制工程及相关领域的工程技术人员在设计、制造、调试光伏发电并网系统时参考。

图书在版编目（CIP）数据

光伏逆变器谐振机理及抑制策略 / 李圣清著. -- 北京 : 科学出版社, 2025. 6. -- ISBN 978-7-03-081298-8

Ⅰ. TM615

中国国家版本馆 CIP 数据核字第 2025P1F855 号

责任编辑：姚庆爽 / 责任校对：王萌萌
责任印制：师艳茹 / 封面设计：无极书装

科学出版社 出版
北京东黄城根北街 16 号
邮政编码：100717
http://www.sciencep.com

北京天宇星印刷厂印刷

科学出版社发行 各地新华书店经销

*

2025 年 6 月第 一 版 开本：720×1000 1/16
2025 年 6 月第一次印刷 印张：20 1/2
字数：413 000

定价：198.00 元

（如有印装质量问题，我社负责调换）

前　言

随着全球经济的高速发展，世界各国对于能源的需求呈现指数级增长。当前能源消耗结构以化石能源消耗为主，但由于化石能源为非可再生能源且会对环境造成污染，所以为实现可持续发展道路，世界各国都致力于开发多元化新能源，探索新能源生产与消费新模式。以光伏发电为主的无污染和可再生新能源日益受到重视，已成为新一轮国际竞争的焦点。世界发达国家和地区都把发展光伏产业作为顺应科技潮流、推进产业结构调整的重要举措，我国也相继出台一系列光伏扶持政策，大力发展光伏产业。

随着以光伏为代表的可再生能源大量接入低压配电网，逆变器等非线性电力电子设备占比不断提升，致使光伏逆变器的谐振问题呈现宽频域特征，给电网安全、稳定及可靠运行带来诸多隐患。同时，线路阻抗的存在，导致光伏逆变器谐振频率发生偏移，使得传统的谐振抑制技术效果较差。此外，大量逆变器通过并联接入电网，产生复杂的交互耦合谐振现象，不可避免地对电网产生冲击。因此，研究高比例光伏逆变器系统的谐振机理及抑制策略，对电力系统的安全稳定运行具有重要意义。

撰写本书目的是推进光伏发电系统的安全、稳定、高质量运行，为本科生、研究生以及相关领域的工程技术人员和管理人员研究光伏逆变器的谐振机理及抑制方法提供坚实的理论支撑和设计指导，以适应当前形势发展的需求。本书作者和科研团队在光伏逆变器谐振抑制技术方面的研究已有 10 余年，先后完成国家自然科学基金项目、国家重点研发计划项目子课题、湖南省科技厅项目以及大中型企业研究课题 10 余项。发表相关论文 50 余篇，其中 SCI、EI 收录 30 余篇，授权发明专利 21 项，获得湖南省科学技术进步奖二等奖 2 项。本书依托以上项目、论文和专利，结合相关理论研究，对光伏逆变器谐振抑制技术及应用方面的工作和成果进行总结，给从事光伏发电，特别是从事光伏逆变器谐振抑制的同行提供一点参考和借鉴，为维护我国电网安全稳定运行和推动光伏发电产业的迅速发展略尽绵薄之力。

本书以光伏逆变器谐振机理及抑制策略为核心，面向光伏工程应用，围绕逆变器系统的谐振机理及抑制策略、微电网环流抑制、功率解耦和无功均分等方面进行深入探讨。提出基于阻抗和频率特性谐振机理分析方法、基于导纳分块叠加的逆变器谐振机理分析方法。针对光伏逆变器集群谐振问题，提出基于有源谐波电导的双电流闭环谐振抑制策略；针对组串式光伏逆变器谐振问题，提出基于混合阻尼、虚拟阻抗的分层谐振抑制策略和基于复合阻尼的全局高频谐振抑制策略；进一步，针对逆变器输出阻抗与感性电网阻抗、传输线阻抗之间的交互谐振问题，提出基于电网电压前馈的单谐振超前相位补偿策略、准比例谐振的多谐振协调相位补偿策略，旨在解决复杂电网工况引发的逆变器谐振问题。此外，针对弱电网下数字控制延时和电网阻抗导致系统谐振偏移问题，提出延时和相位补偿策略以及多谐振前馈的相位补偿策略，并给出延时和相位补偿策略的参数设计方法；聚焦微电网逆变器并联系统中存在环流、功率无法均分问题，提出基于自适应下垂环流抑制策略和基于自适应虚拟复阻抗的无功均分策略。针对电网电压不平衡状态下并网电流谐波问题，提出基于 P-ROR 控制的逆变器谐波电流抑制策略。

本书有一定的理论深度，也有直观的仿真图形和实验波形，强调理论与实际相结合，应用于多种工程实践，许多内容是作者团队多年从事科研工作的成果和经验总结。

本书除了依托作者以及研究团队的项目报告、论文和专利，还参考和引用了不少前辈和同行的研究成果，从而本书内容能够比较系统地反映光伏逆变器谐振抑制及相关技术的研究成果，可以使读者较快地进入这一领域的前沿，对光伏逆变器的谐振问题有一个全面而深刻的了解。本书由湖南信息学院省级应用特色学科“信息与通信工程”资助。李圣清教授撰写了书中主体内容并负责统稿。本书能够顺利出版凝聚了许多研究生的汗水，周攀、何元铭、谷昕鹏、沈志超、江宇、王志健、颜石、周水霜、张栋、李静萍、唐昕昀对一些章节的编写做了许多前期工作。邓娜、李欣、李赐图、刘博文、姚鸿德、周志飞对全部书稿进行了通读，在此一并向他们致以衷心的感谢！

由于深入研究逆变器谐振抑制技术的相关书籍不多，加上作者的水平有限，书中难免存在不妥之处，敬请广大读者批评指正，作者不胜感激！

李圣清

2024 年 10 月

目　录

第 1 章　绪　　论

以光伏发电为主的可再生新能源日益受到重视，已成为新一轮国际竞争的焦点。本章首先介绍了光伏逆变器谐振抑制的背景及意义，阐述了逆变器谐振以及环流抑制产生的原因及研究的意义。然后对光伏逆变器谐振机理、抑制策略、相位补偿、导纳重塑、环流抑制国内外研究现状进行了综述与分析。

1.1　光伏逆变器谐振抑制背景及意义

1.1.1　光伏逆变器研究背景及意义

越来越多的国家出台了财政补贴、税收减免等政策，为光伏发电的发展提供了强有力的支撑和保障。这些政策的积极推动，使光伏并网技术得以快速发展。图 1-1 为 2011～2021 年全球光伏总装机容量。可以看出，在十年里，全球新能源装机容量迅猛增加，2021 年光伏总装机容量已增长至 854.8GW。随着光伏发电技术的持续发展和成本的不断下降，以及世界范围内对可再生能源的需求持续上升，预计未来全球光伏新增装机将持续快速增长。

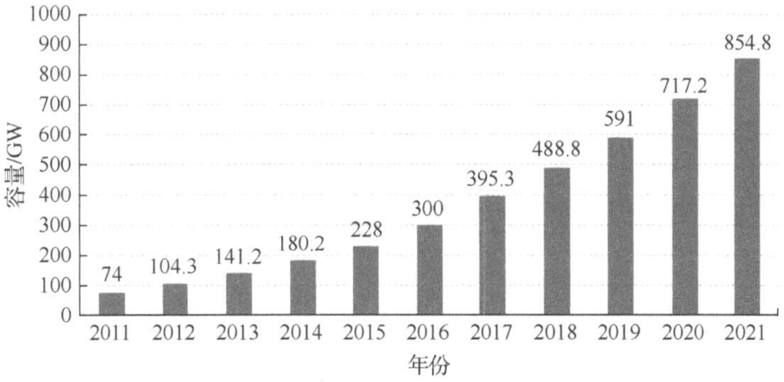

图 1-1　2011～2021 年全球光伏总装机容量

中国光伏发电发展速度和装机规模长期居世界首位，图 1-2 和图 1-3 为 2011～2021 年中国光伏累计装机容量图和新增装机容量图。过去十年，中国光伏发电经历了从起步到飞速发展的阶段，光伏累计装机容量迅猛上升，截至

2021 年底中国光伏装机容量为 306.56GW，同比增长 20.96%。2021 年中国光伏发电新增装机容量为 54.93GW，同比增长 13.96%。

图 1-2　2011～2021 年中国光伏累计装机容量

图 1-3　2011～2021 年中国光伏新增装机容量

由此可见，光伏发电有着巨大的发展潜力和市场需求，而并网逆变器是光伏发电接入大电网的关键接口装置，对并网系统稳定运行起着至关重要的作用。然而，尽管中国光伏发电在装机规模方面领先于世界其他国家，但其受到自然环境限制，主要分布在我国西北地区，地理位置相对分散，且距离负荷中心较远，需要通过高压远距离线路传输和大量变压环节才能输送到负荷端，导致电网侧的等效阻抗不可忽略，使得电网呈现弱电网特性。弱电网下，电网阻抗和逆变器输出导纳之间交互作用，引起并网电流谐波放大，甚至导致系统失稳。此外，光伏发电系统大量并入交流电网，导致不同公共耦合点(point of common coupling, PCC)的电网阻抗值持续变化，从而影响并网逆变器控制系统的带宽，降低系统中电流控制器的鲁棒性。同时，并网逆变器中常采用的传统锁相环(phase-locked loop, PLL)和电网电压前馈(grid voltage feedforward, GVF)控制策略均会影响逆变器输出导纳特性，进而对逆变器并网系统的稳定性造成严重影响。综上所述，研究并网逆变器的导纳重塑策略，对改善并网逆变器在弱电网下的稳定性，以及推动光伏发电技术的进步至关重要。

1.1.2 光伏逆变器谐振抑制技术背景及意义

并网逆变器在电力系统中具有承上启下的重要作用，一方面可将前端生产出来的直流电转换为满足要求的交流电后输送到主电网上；另一方面能够有效提升并网电流、电压的电能质量和效率，同时也可以对大电网系统运行的经济性、动态性与稳定性提供必要的综合保证。现在电网系统中大量使用非线性电力电子器件，而这些非线性器件容易产生谐波且过载能力弱，并且容易受故障影响而发生干扰脱网现象。特别是一些大型光伏电站一旦脱网就会影响局部或者整个大电网的正常运行状态，造成不可估量的损失。这些问题都将直接对传统单一电网的稳定性与控制技术提出严峻的考验。因此，研究光伏逆变器的并网控制技术，对有效协调系统内能量分配，实现分布式发电系统与传统电力系统之间的融合以及优势互补，进一步抑制故障时的谐波污染和提高系统的稳定性、动态响应等能力，同时减小对大电网的频繁干扰，以及促进光伏发电系统高效、快速、健康的发展意义重大。

1.2 光伏逆变器谐振机理及谐振抑制策略研究现状

1.2.1 光伏逆变器谐振机理研究现状

电网阻抗与逆变器系统中大量的元件相互作用以及电网阻抗和电网运行方式的变化，会使电网系统出现谐振问题，特别是当逆变器通过长距离输电线路接入电网系统时，电网阻抗不能忽略分布电容、寄生电感的影响。这会导致电网系统出现的谐振问题更加严重复杂。同时，电网中含有背景谐波电压会导致传输线谐振放大，从而使并网电流电压发生畸变。对此，国内外学者围绕着并网逆变器系统的交互谐振、稳定性等问题进行了大量研究，取得了一系列的研究成果。目前，模态分析法、状态空间法和阻抗分析法是分析逆变器稳定性最常用的方法，其中状态空间法和阻抗分析法属于系统小信号稳定性分析方法。

(1) 模态分析法可通过系统在某一运行状态下的电压稳定情况，建立并网系统对应的导纳矩阵，并对其特征值进行分解，从而得到谐振的关键节点。文献[1]研究分析了基于多逆变器并网系统的模态分析法，在系统导纳矩阵的基础上进行模态分析和灵敏度分析，以获取系统各元件在谐振时的参与度等信息，证明了模态分析法在多逆变器并网系统的准确性。文献[2]研究了传统模态分析法对复特征值的变化特征向量归一化高度敏感性，提出了一种比较模式中状态和状态之间参与度更准确的方法。但是，在实际工程中光伏波动、锁相环等因素会影响光伏系统，导致系统等效阻抗的不稳定，采用传统模态分析法时无法对并网系统建立准确完整的空间模型。文献[3]将模态分析法应用于混联系统的静态电压稳定性分析，在传统模态分析法的参与因子指标基础上，以交、直流系统状态量的加权和表示临界状态评估临界模态在各个系统状态下的影响。

(2) 状态空间法因其可用于多输入多输出或频率耦合系统的优良适用性和能够精准反映频率耦合现象的快速准确性，得以广泛应用。文献[4]基于状态空间法建立了三相 LCL 并网逆变器系统在两相 *dq* 旋转坐标系和三相 *abc* 静止坐标系下的数学模型，并分别列出系统的状态空间方程及电压电流输出方程，验证了状态空间法对系统的可控和可观性。文献[5]基于谐波状态空间理论建立了并网逆变器数学模型，并推导出耦合系数矩阵，从而分析系统中谐波的交互情况，能够准确地追踪三相 LCL 并网逆变器输出电压和电流的动态特性。文献[6]通过谐波状态空间理论和逆变器的小信号方程的结合分析方法，对三相 LCL 并网逆变器集群系统进行建模分析。但是状态空间法在建立方程时需要的数据涉及整个系统，如果系统中的参数或组成结构发生变化，就会改变系统的阶数，从而导致系统计算量增大、计算过程烦琐，因此该方法不适用于结构和运行方式经常变化的系统。

(3) 阻抗分析法通过阻抗比值分析系统小信号的稳定性，并将每个互联单元描述为独立阻抗形式构成阻抗网络，其稳定性判据容易形成，并能够在有效减少变量个数的同时准确分析振荡机理，具有较大的适用性和灵活性。文献[7]、[8]利用阻抗分析法将并网逆变器系统进行等效变换，构成电流源并联逆变器输出阻抗的等效阻抗模型，深入研究了系统的稳定性和谐振的关系。文献[9]构建了含锁相环的多逆变器并网系统等效导纳模型，利用导纳耦合效应对多逆变并网系统进行了稳定分析，并证实了在多数情形下，并联逆变器导纳间存在耦合效应，若忽略其导纳耦合效应，则无法准确研究多逆变并网系统的稳定性。此外，文献[10]建立了直流微电网微源和负载的等效阻抗模型，通过阻抗分析法分析不同虚拟惯性控制对系统稳定性和动态性能的影响。文献[11]采用 Lyapunov 函数对并网型逆变器进行时域建模与稳定分析，分析各参数对系统稳定的影响规律以及各无源器件对并网型逆变器的稳定作用，并从稳定角度给出各无源器件的设计方法。文献[12]通过构建多个三相 LCL 并网逆变器系统的节点导纳矩阵，研究其与电网的交互作用，得出结论：在不同电网阻抗下，系统将发生多次频率下的多谐振现象。文献[13]利用谐波线性化分析系统耦合，建立了三相 LCL 并网逆变器序阻抗模型，并根据对数频率稳定性和谐振原理研究不同频段下逆变器的阻抗特性，从而对系统进行稳定性分析。文献[14]以并网逆变器的所有参考电流都相同为前提，结合阻抗分析法分析出逆变器的等效电网阻抗是实际电网阻抗乘以逆变器数量。文献[15]利用离散时域下能够构建闭环诺顿等效模型的原理，对多个并网逆变器群系统进行了等效建模，发现其谐振特性与所采用的逆变器种类及数量有着较深的关系，且控制参数会对谐振频率及峰值产生影响。

1.2.2 光伏逆变器谐振抑制策略研究现状

光伏逆变器系统谐振的发生是长期的过程，如果没有施加一定的谐振抑制措施，系统谐振将会持续干扰并网系统的运行和输出，造成的危害远大于内部和外部过电压。谐振过电压的产生给系统电力设备绝缘带来了巨大挑战。严重的过电压将直接造成设备的击穿，进而使得全系统崩溃的情况出现，这也导致设备本身绝缘成本增加的同时还需额外增加运行维护成本。对于当前开展的光伏并网系统谐振抑制研究，通常是从单台逆变器开始，随着光伏装机容量的逐渐增加，大量光伏新能源系统进行规模化并网，按照单逆变器系统谐振抑制策略已远远不够。

1.2.2.1 光伏单逆变器系统和多逆变器系统谐振抑制策略研究现状

(1) 光伏单逆变器系统谐振抑制策略。

文献[16]基于虚拟阻抗法对单逆变器并网系统进行阻抗校正，设计相应的控制方法使得增设的虚拟阻抗等于电网阻抗，从而抑制单逆变器的固有谐振。文献[17]在单逆变器并网系统中提出采用电流反馈抑制谐振策略，通过选取恰当控制参数，逆变器系统虚拟阻抗始终保持正阻特征，进而对谐振尖峰有效抑制。文献[18]、[19]都是在光伏单逆变器基础上对系统的固有谐振进行分析，但未考虑多逆变器互联并网产生的复杂谐振情况。

(2) 光伏多逆变器系统谐振抑制策略。

文献[20]针对双逆变器并网系统对输出电流进行分解，研究在不同容量条件下并网谐振的变化情况，通过设置数字陷波器对逆变器谐振进行抑制。文献[21]考虑了多逆变器相互耦合的交互谐振关系，在单逆变器并网谐振分析模型的基础上建立了相应的多逆变器等值系统，通过优化虚拟导纳的取值对多逆变器谐振进行抑制分析。文献[22]通过下垂控制将多逆变器系统进行单逆变器分散控制，对系统谐振进行扰动补偿。文献[23]通过搭建多机逆变器并网的等效模型，提出了一种基于虚拟相角补偿的谐振抑制措施，通过合理设置虚拟阻抗的取值，对并网系统产生的谐振进行有效抑制，但是未考虑电网其他参数变化时的谐振抑制情况。

综上所述，增加系统阻尼是当前光伏单逆变器和多逆变器谐振抑制的主要措施。无源阻尼和有源阻尼谐振抑制原理对比如图 1-5 所示。无源阻尼策略通常采用串、并联电阻的形式增加阻尼，原理清晰简单，可操作性强，但会增加额外功耗；有源阻尼策略通过对逆变器系统输出电压、电流进行反馈检测，与目标数值进行比对，形成一个闭环调节的谐振抑制过程，不会增加系统额外功耗，且适应多种场景。

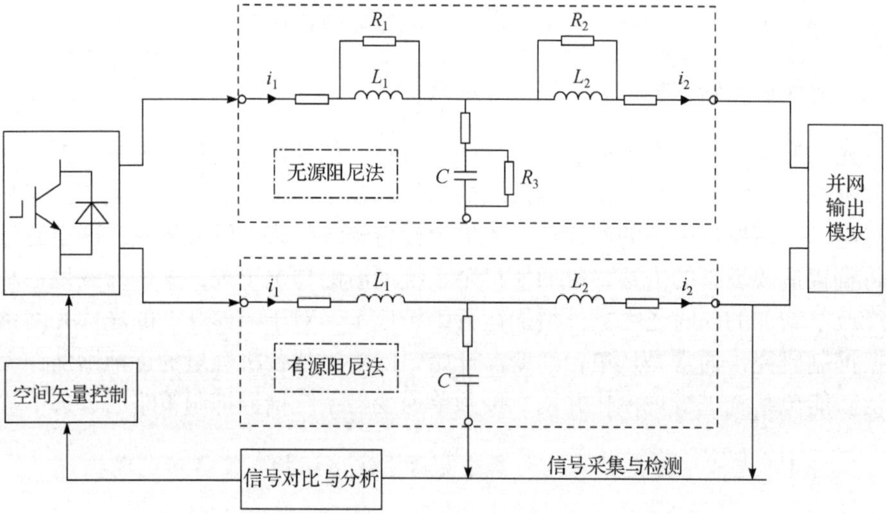

图 1-5 无源阻尼和有源阻尼谐振抑制原理对比图

1.2.2.2 无源阻尼和有源阻尼谐振抑制策略在光伏逆变器系统应用的研究现状

(1) 无源阻尼谐振抑制策略。

文献[24]结合 L 型及 LCL 型系统的优点，对滤波器结构进行优化改进，提出一种 LLCL 型的结构，改善滤波系统抑制谐振的效果，但是其本身元件构成也会产生一定的谐振。文献[25]提出一种无源阻尼自适应合理配比的谐振抑制策略，可实现逆变器系统降阶，并改善滤波特性，但无源阻尼的加入增加了并网系统额外的损耗。文献[26]针对 DC/DC 整流模块存在的谐振问题，提出一种基于无源阻尼选取法的谐振抑制策略，在保证整流模块运行正常的同时，提高了逆变器并网输出的稳定性。文献[27]提出一种无源阻尼电流双环谐振控制方法，可提高系统的输出电压、电流稳定性，并降低谐振峰幅值。上述文献均是研究光伏逆变器系统的无源阻尼谐振抑制策略，其谐振抑制效果显著，但无源阻尼的加入将给系统带来额外的功耗。

(2) 有源阻尼谐振抑制策略。

文献[28]在无源阻尼谐振抑制策略的基础上提出一种有源阻尼的多逆变器谐振抑制策略，通过阻尼系数调整来改变系统谐振抑制的效果。文献[29]提出一种逆变器输出电流分离建模概念，揭示了谐振变化与电流分布的关系，利用“虚拟阻抗”的阻尼特性增强并网系统阻尼。文献[30]在 LLCL 型逆变器系统研究基础上提出一种滑模控制的谐振抑制策略，可在宽范围内对虚拟阻抗进行反馈调节。文献[31]将光伏逆变器系统的谐振问题分成单机组和多机组进行研究，提出一种基于相位超前补偿的并网阻抗输出重构谐振抑制策略，提升了逆变器对阻抗的适应能力，并显著抑制了系统谐振产生。文献[32]提出一种基于导纳重构的多逆变器系统有源阻尼谐振抑制策略，并且加强了输出电压、电流对电网阻抗变化的自适应能力。上述文献均通过有源阻尼的方式来增强系统阻尼，达到光伏逆变器系统谐振抑制的效果，替代解决传统无源阻尼额外功耗的问题。

为抑制光伏多逆变器系统产生的自身谐振、集群谐振以及并网谐振，文献[33]采用叠加原理对多逆变器并联系统电流谐波进行分析，通过引入数字陷波器谐振调节对多逆变器系统集群谐振进行抑制。文献[34]针对传统电网电压谐振前馈抑制策略会引入负相角的问题，提出一种改进型的电网电压谐振前馈抑制策略，并考虑了电网阻抗宽范围变化对系统的谐振的影响。文献[35]、[36]考虑了光伏多逆变器系统自身谐振以外的集群谐振和并网谐振的抑制情况，但未考虑系统全局谐振的抑制。光伏逆变器系统的全局谐振通常包括多逆变器系统之间、逆变器与电网阻抗之间的交互耦合谐振，以及光伏逆变器系统的固有谐振。文献[37]提出一种基于 2 自由度控制的新型有源阻尼谐振抑制策略，在逆变器模型的电流谐振的预估控制下，对逆变器系统三种类型的谐振进行抑制。文献[38]搭建了多逆变器的等值模型，分析了不同指令电流激励的谐振情况，提出一种通过有源滤波谐振抑制方法，通过合理取值对系统多谐振进行有效抑制。文献[39]、[40]考虑了多逆变器系统的全局谐振抑制，但未考虑谐振抑制策略对光伏多逆变器系统产生高频谐振的抑制效果。

综上所述，光伏逆变器系统谐振抑制以无源阻尼策略和有源阻尼策略为主，无源阻尼策略是实际引入电阻来增加系统阻尼，而有源阻尼策略大多是新增反馈控制，通过改变控制结构实现用虚拟阻尼来增强系统阻尼，同时涉及反馈控制深度和谐振频率跟随等问题。大规模组串式光伏并网系统存在交互耦合，随着逆变器系统相位裕度的降低和系统阻尼的下降，光伏组件间的耦合将引入新的高频谐振点，极易造成系统发生高频谐振，破坏系统运行稳定性甚至造成设备损坏。因此，组串式光伏逆变器系统中全局高频谐振抑制问题值得重点关注。

1.2.3　并网逆变器相位补偿控制策略研究现状

传统的 L 型滤波器谐波衰减率较低，如果要满足系统衰减高次谐波的要求，需要将电感量调至大幅度值才能达到较佳的滤波效果，而这将提高电网系统运行费用和占地空间，同时降低并网系统的响应速度。针对 L 型滤波器面临的问题，性能更好的 LCL 型滤波器被提出且广泛应用。LCL 型滤波器不仅在低频段有着与 L 型滤波器媲美的幅频特性，而且在高频段的幅频特性远远优于 L 型滤波器，在同样的并网电流谐波条件下，LCL 型滤波器体积更小，成本更低[41]。但是，由于 LCL 型滤波器属于三阶系统，其自身存在固有谐振特性，将会威胁并网系统的稳定性。

目前，在 LCL 滤波器中引入阻尼电阻控制和相位补偿控制，已成为抑制 LCL 滤波器谐振的主要手段。其中，阻尼电阻控制的实现方式可分为无源阻尼法和有源阻尼法[42-45]。

无源阻尼法是利用物理方法在 LCL 滤波器逆变器侧电感、网侧电感、滤波电容上串联或并联电阻，使系统阻尼增大[46]，从而达到谐振抑制效果。其中，在滤波电容上并联电阻不会影响并网系统中 LCL 滤波器在全频段的增益特性，同时也不会削弱 LCL 滤波器在高频段的谐波抑制能力，阻尼效果最好。但是使用无源阻尼法会增加并网系统的能量损耗，产生热量，降低效率。针对无源阻尼的这些缺点，通过模拟无源阻尼作用而无须增加阻尼电阻的有源阻尼技术随之出现，并受到广泛关注。

有源阻尼法是利用算法控制来增大系统阻尼，从而达到抑制 LCL 滤波器谐振目的[47]，一般包括附加状态变量反馈、附加数字滤波器、模型降阶的有源阻尼法。其中，附加状态变量反馈的有源阻尼法包括电容电流反馈、逆变器侧电流反馈、网侧电流反馈、电容电压反馈、多种状态反馈、加权平均电流反馈等方法；附加数字滤波器的有源阻尼法采用与谐振峰幅值大小相反的滤波器串联在前向通道中，利用滤波器的相频特性和幅频特性抑制 LCL 滤波器的谐振峰，常用的滤波器有低通、超前-滞后以及陷波器；基于模型降阶的有源阻尼法主要有分裂电容电流控制法和网侧电感电压控制法，将 LCL 滤波器由三阶系统降为一阶系统。

一般有源阻尼法需要的传感器更多，会增加治理成本，而文献[48]提出的电容电流反馈有源阻尼法因其对系统高频和低频没有影响、功率损耗、实现方法灵活多变且简单等优点，应用最为广泛。而电容电流反馈有源阻尼法的核心是电流控制策略，通常利用并网电流内环和直流电压外环相互作用，以实现直流侧到电网交流侧的能量传递[49-52]。当前主要的电流控制策略研究包括以下几种。

(1) 比例谐振(proportional resonance,PR)控制，作为在实际应用中较为广泛的控制策略，主要作用是克服系统参数精度和变化对控制器性能的影响，其在谐振频率处具有无限大的增益，可对正弦信号实现无差跟踪，函数表达式为

$$G_{\mathrm{PR}}(\mathrm{s})=k_{\mathrm{p}}+\frac{k_{\mathrm{r}}s}{s^2+\omega_{\mathrm{o}}^{\ 2}} \tag{1-1}$$

式中，k_{p}和k_{r}分别为 PR 控制器的比例系数和谐振系数，ω_{o}为基波角频率。

PR 控制器可以实现基频处的无穷大增益效果，在控制器电流内环无需复杂的旋转坐标变换，有助于简化控制系统的设计，但是在理想情况下其带宽过小，一旦电网频率发生偏移，将无法实现控制效果，所以在 PR 控制器上进行改进的 QPR 控制器被提出。

(2) 准比例谐振(quasi proportional resonance,QPR)控制，可获得较大的增益和带宽，减小电网电压频率偏移带来的影响，实现交流信号的无静差控制[53]、[54]，保证留有较高的控制精度，有效抑制静态误差，其表达式为

$$G_{\mathrm{QPR}}(s)=k_{\mathrm{p}}+\frac{k_{\mathrm{r}}\omega_{\mathrm{c}}s}{s^{2}+2\omega_{\mathrm{c}}s+\omega_{\mathrm{o}}^{2}} \tag{1-2}$$

式中，k_p 和 k_r 分别为 QPR 控制器的比例系数和谐振系数；ω_c 为 QPR 控制器谐振带宽，改变 ω_c 可以调节 QPR 对电网电压频率的适应性。文献[55]采用 QPR 控制器抑制虚拟同步逆变器的瞬时冲击电流，克服滞环控制中的谐波问题，实现了较快的电流响应速度。文献[56]基于 QPR 控制器提出自适应学习率与 BP 神经网络相结合的优化控制方法，利用并网逆变器时变与非线性特性，提高了系统在电网频率变化时的自适应能力。

(3) 重复控制，其理论基础为内模原理，即是将外部被控信号嵌入稳定闭环控制系统内部的数学模型[57-60]，能够实现无静差跟踪参考值。但是，重复控制只可以对周期性信号实现无静差跟踪，而对非周期信号的跟踪效果不佳；当进行系统的扰动控制时需要考虑一个基波周期的时滞，即系统的动态性能较差。

(4) 无差拍控制，以系统现有参数和状态方程为基础，能够通过计算前一个采样周期的状态信息得出后续控制量的预测值，并调整控制量，对输入量进行无静差跟踪[61-64]。由于在系统控制过程中必须预测下一时刻的期望值，且对被控系统的模型和控制量的参数较为敏感，所以其预测准确度和系统控制效果都会受到所用预测算法的影响，故无差拍控制不仅会增加系统控制过程的计算量，而且会使得系统的设计复杂度和困难程度增加。

上述的阻尼电阻控制都是通过增加对谐振峰值的阻尼作用来保证系统稳定运行，而采用相位补偿控制同样可以提高系统稳定性及参数适应性。文献[65]提出了一种基于 Lyapunov 函数和 PR 控制器的 LCL 并网逆变器的相位补偿控制策略，并通过增加一个电容电压回路来修改该控制方法，以实现快速动态响应、零稳态误差及全局稳定性。文献[66]提出基于传统 PR 控制的相位补偿控制方法，可有效解决传统控制器对振幅变化响应过大的问题，从而大幅提升系统的相位裕度。文献[67]提出了一种基于多采样的电容电压反馈控制策略，该策略从根本上提高了系统中的开环相位裕度，并在一定程度上增大了系统的频带宽度。文献[68]针对电流控制增益的耦合特性以及数字控制和开关引起的延迟问题，提出一种优化高频输出阻抗相位裕度的控制策略，并通过增加内环带宽和外环稳定裕度来提高系统性能。文献[69]针对传统谐波补偿技术存在一些缺陷，提出一种基于数字锁相放大器的相位补偿策略，能够在轻负荷条件下准确检测谐波幅值和相位，并通过负反馈环路进行相位补偿，从而提高系统并网电流质量。

1.2.4 光伏并网逆变器导纳重塑策略研究现状

在光伏发电并网容量不断增加的背景下，电网阻抗值将会持续增大，从而导致并网逆变器的控制策略失效，并网系统的稳定裕度降低，严重时将会引起并网系统失稳。为解决该问题，目前已有不少文献提出了相关改进策略对并网逆变器输出导纳的幅值和相位进行重塑，下面将分类介绍目前主要的一些并网逆变器导纳重塑策略。

1) 参数优化设计方法

参数优化设计方法主要通过重新设计控制器和锁相环的参数将逆变器输出导纳的实部设计为正数，以提高并网系统稳定性。文献[70]对并网逆变器中各控制器的控制参数进行统一优化迭代，实现宽频带阻抗重塑，进而在复杂电网环境下实现谐振抑制。文献[71]、[72]指出在并网逆变器中引入锁相环后，其输出阻抗在低频段内表现为负电阻，因此需要对锁相环参数进行优化设计，以保证其带宽，从而提高并网系统的稳定性。文献[73]研究了不同锁相环带宽对并网系统稳定性的影响，并提出了一种锁相环调节器参数设计方法，优化了锁相环带宽，校正了低频段并网逆变器输出阻抗的幅值和相位，在考虑锁相环自身动态性能的基础上增加了系统的稳定裕度。文献[74]提出一种新的锁相环的参数优化设计方法，将系统的动态性能和抗扰性能作为约束条件，设计锁相环主导参数。与传统的参数设计方法相比，该方法适用于多种锁相环结构，具有优良的适用性。采用该方法设计的参数仅适用于特定的电网结构、电路拓扑和工作条件，具有一定的局限性，难以在不同运行工况下推广应用。

2) 附加控制环路的方法

通过改变锁相环结构、改变控制回路、虚拟阻抗和串并联有源阻尼等方法可以改变控制系统的传递函数，将逆变器的输出阻抗重塑为以阻性为主导的特性，从而确保并网系统总导纳实部为正，从而提高系统的稳定性。文献[75]、[76]提出一种含复系数滤波器(complex coefficient filter, CCF)的 PLL，文献[77]提出一种含低通滤波器的 PLL，文献[50]提出一种含级联二阶广义积分器的 PLL，通过改变 PLL 结构以改善并网逆变器的阻抗特性，提高电网阻抗和并网逆变器输出阻抗在交截频率处的相角，保证并网系统具有充足的稳定裕度。文献[78]提出一种电压前馈逆变器设计方法，建立前馈环节参数优化模型，并应用遗传算法和非线性规划法求解输出阻抗相位补偿参数，将逆变器输出阻抗特性变为高阻性，抑制并网电流谐波，使并网系统在电网阻抗变化时都有足够的稳定裕度。文献[79]、[80]分别提出在前向通道和电网电压前馈环节引入相位超前补偿环节，提高逆变器输出阻抗的相角，抑制并网电流中的背景谐波，提高并网系统的稳定性。文献[81]提出了一种基于多谐振分量的加权电网电压前馈方案，在前馈路径中引入一系列准谐振分量，以补偿由于数字控制延迟而引起的相位滞后。文献[82]将光伏和风电逆变器重塑为阻抗适配装置，在并网逆变器电网电压前馈中增加阻抗适配环节，实现阻尼互济，抑制了新能源并网发电引发的宽频振荡现象。文献[83]提出了改进的混合有源阻尼控制，将电容电流反馈和公共耦合点电压前馈相结合，保证在弱电网下逆变器的幅值裕度和相位裕度。文献[84]提出一种结合并网电流微分反馈和电网电压微分前馈的复合控制策略，相当于在逆变器输出阻抗中分别加入串并联虚拟阻抗，增大输出阻抗的幅值，提高了并网系统鲁棒性和抗扰性能。为适应并网容量变化引起的等效电网阻抗变化的情况，文献[85]在加入串并联虚拟阻抗的基础上，提出一种自适应调整算法，以相位裕度和电流动态响应性能为约束，设计虚拟阻抗参数。文献[86]提出一种自适应复合导纳重塑策略，将带通滤波器串联在传统锁相环中，建立电网导纳与电网电压加权比例微分系数函数，并根据电网导纳值实时改变加权系数实现电网电压前馈项系数自适应控制，拓宽了弱电网下并网系统的稳定区域。

相比于优化控制器参数，附加控制环路的方法更加灵活，而且改善逆变器输出导纳的阻尼特性的效果更为显著。但是设计附加控制回路的传递函数较为困难，同时还需要大量电网信息反馈，从而增加了系统的计算负担。

3) 附加外部电力电子设备方法

在电网中接入额外的电力电子设备，可以等效为重塑电网阻抗，从而进一步改善并网系统稳定性。文献[87]提出在并网电流反馈回路串联有源阻尼器，文献[88]、[89]提出在 PCC 并联有源阻尼器，通过串联或并联有源阻尼器相当于在电网侧引入虚拟阻抗，可以调节电网阻抗。文献[90]提出在逆变器输出侧串联一种滤波装置，相当于引入一个负的虚拟电网阻抗与等效电网阻抗对消，从而避免并网系统发生串联谐振。阻抗重塑思想也被应用在柔性直流输电领域，文献[91]通过在交流母线处并联无源阻抗重塑器的方法来重塑特定频段模块化多电平变换器的阻抗。

该方法虽然增加了并网系统的稳定性，但是需要增加额外的设备，导致成本增加，从而降低了系统的经济性。

综上所述，国内外学者为提高并网系统稳定性，已提出了一些重塑并网逆变器输出导纳的策略，但是目前所提策略较少同时考虑弱电网下电网电压前馈与锁相环对并网逆变器输出导纳的影响。因此，弱电网条件下同时考虑电网电压前馈与锁相环的情况下的并网逆变器输出导纳重塑策略有待进一步探讨。

1.2.5 光伏并联逆变器环流抑制策略研究现状

孤岛光伏低压微网通常以逆变器并联方式进行发电，多个光伏分布式发电单元通过公共母线向交流负载供电。孤岛低压光伏微网并联逆变器运行系统结构如图 1-6 所示。

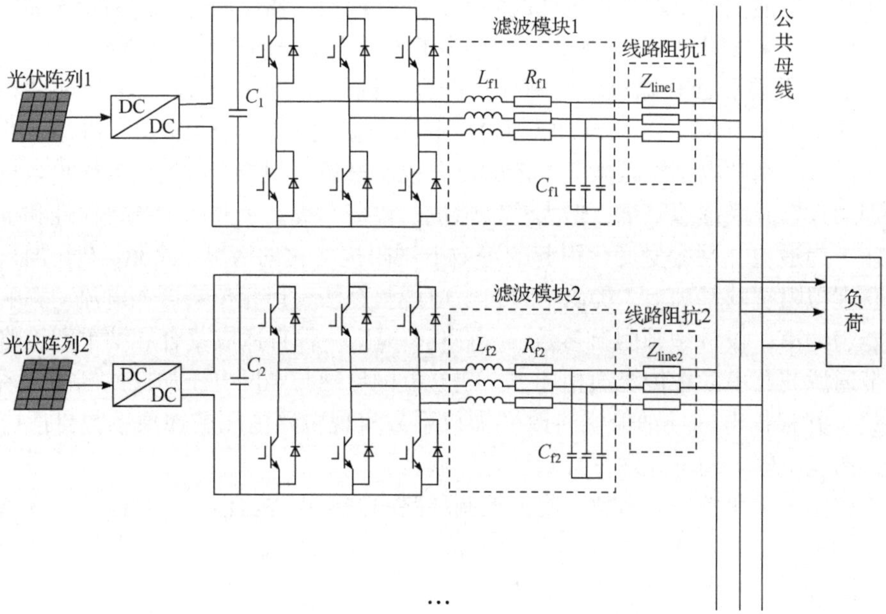

图 1-6　孤岛低压光伏微网并联逆变器运行系统结构图

逆变器并联运行系统具有生产成本低、输出功率大、供电可靠性强、供电灵活性高等特点，但逆变器并联运行的条件是各逆变器输出电压的幅值、相位必须保持一致。当幅值或相位不同时，则会产生有功环流或无功环流，表现为有功功率或无功功率无法按照容量比进行分配。除此之外，当各逆变器输出电压幅值、相位都相等，若输出电压谐波含量较大也会存在谐波环流。环流会增加系统的损耗、导致电力电子设备发热、降低系统的发电效率，严重时还会使系统由于不稳定运行而崩溃，所以为实现光伏逆变器并联系统的稳定、高效运行，需要对逆变器间的环流进行有效抑制。

在微网并联逆变器系统中，根据所采用策略的不同，环流抑制方法主要有限流电感法、耦合电感法、隔离变压器法以及下垂控制法。

限流电感法是指通过在逆变器输出端串入一个数值较大的限流电感，增大逆变器等效输出阻抗从而抑制环流。但引入限流电感数值较大会增加逆变器体积，且电压经过限流电感时会发生明显的电压降落，不利于系统稳定性。

耦合电感法通过在逆变器输出端引入耦合电感代替限流电感，同样具有等效增大逆变器输出阻抗的功能，并且耦合电感之间的磁通可以相互抵消，对外不显感性，从而在抑制环流的同时大幅度提升电压稳定性。但在实际多逆变器并联运行时，耦合电感的绕制往往存在较大偏差，环流抑制效果难以保证。

隔离变压器法在并联逆变器输出端并联一个隔离变压器来中断环流通路，使环流无法在逆变器间相互流通，从而抑制逆变器间环流。隔离变压器可以实现直流与交流电压之间的电气隔离，使系统稳定性得到提升。但采用该方法需要变压器台数较多，系统成本会显著提升。

前几种方法虽然都可以显著抑制环流，但都需要在逆变器中引入额外的硬件设备，不利于降低系统成本，所以在实际工况中并不常用。为此，下垂控制法因其环流抑制过程无需复杂的硬件设备和输出信号连接线、可靠性高、抗干扰能力强等优点而受到广泛应用。下垂控制法环流抑制过程主要如下：首先通过对输出电压和输出电流的实时采集，然后经由功率计算模块获取逆变器瞬时输出功率，进而根据下垂控制方程对各并联逆变器输出电压幅值和相角进行调整，最后以电压电流双环结构对输出电压进行跟踪，确保各逆变器输出电压幅值和相角相同，实现功率的合理分配，从而抑制系统环流。但由于微网分布式电源的分散性特征，各逆变器等效连线阻抗难以匹配，采用传统下垂控制方法时各逆变器输出电压幅值和相位存在差异，功率分配存在较大偏差，系统环流难以得到有效抑制。针对该问题，国内外学者提出相应的改进下垂控制策略，主要包括以下方法。

(1) 虚拟阻抗法。

虚拟阻抗法的原理是在逆变器控制模块中采用电流反馈，通过所设置的虚拟阻抗模拟出实际阻抗所产生的压降，从而等效改变逆变器输出连线阻抗的值。文献[92]、[93]针对逆变器等效连线阻抗不匹配问题，提出一种虚拟负阻抗策略，以确保下垂控制过程中的功率解耦，从而实现输出功率的合理分配，抑制逆变器间环流，但该策略并未考虑引入虚拟阻抗所造成的电压降落。文献[94]、[95]提出一种虚拟复阻抗策略，通过引入虚拟电感并对其进行取值计算，消除感性成分对下垂控制模块的影响，进而引入虚拟电阻加强低压微网中阻性特征，使等效连线阻抗近似为纯阻性，并加入电压补偿环节对引入虚拟阻抗所造成的电压降落进行补偿，显著提升了环流抑制效果。文献[96]以虚拟磁通替代虚拟阻抗，通过频率和电压的变化调整虚拟磁通的幅值和相位，从而确保各逆变器等效连线阻抗相匹配，实现有功和无功功率合理分配。但虚拟磁通的参数计算过程较为复杂，并且虚拟磁通之间可能会相互干扰。文献[97]、[98]根据逆变器等效连线阻抗的大小，动态调节所引入虚拟阻抗的值，从而实现等效连线阻抗的自适应调整，解决各逆变器因功率分配不合理所造成的环流问题。

(2) 变下垂系数法。

传统下垂控制中，下垂控制系数是固定不变的，当并联逆变器等效连线阻抗不匹配时，输出功率分配偏差较大，逆变器间存在明显环流。变下垂系数法的原理是通过逆变器实际输出功率、电压或频率的变化量调整下垂系数，实现在等效连线阻抗不匹配情况下的输出功率合理分配。文献[99]通过在传统下垂控制方程中引入包含时间与功率的一次函数项，确保下垂控制系数随输出功率的自适应调节。文献[100]提出一种根据电压变化自适应快速摆动下垂曲线的方法，从而提升电压稳定性与输出功率的分配精度。文献[101]将下垂系数定义为关于实际输出功率与参考功率的差值的奇函数，当逆变器输出功率不等于所设定的功率参考值时，下垂系数跟随功率差值进行动态调节。

(3) 人工智能法。

随着人工智能算法的不断发展，其在并联逆变器系统中的下垂控制模块也有诸多应用。文献[102]、[103]将模糊算法引入到下垂控制模块中，对逆变器输入量与输出量之间的逻辑关系制定模糊规则，从而对下垂控制参数进行优化，保证电压与功率的波动在所设定范围之内。文献[104]在传统下垂控制中引入一致性算法，利用相邻逆变器间的通信获得输出功率、电压等信息，通过一致性算法对逆变器输出量的差值进行修正直至偏差为零，从而实现输出功率的合理分配以及环流有效抑制。文献[105]、[106]通过下垂模块对线路信息进行实时采集，然后利用粒子群优化算法在每个周期对输出功率偏差以及环流值进行更新，并根据更新结果对下垂控制参数进行实时修正与优化，实现下垂控制的无差调节，从而保证并联逆变器系统的稳定性。将智能算法引入下垂控制模块中可以显著提高逆变器功率合理分配精度、环流抑制效果以及动态自适应响应能力，但是基于智能算法的下垂控制需要逆变器间的相互通信，通过集中处理器实时记录逆变器输出信息并对其进行优化，当通信环路出现故障时可靠性较低。

综上所述，为提升逆变器并联运行稳定性，抑制逆变器间环流，国内外学者对传统下垂控制存在的不足已提出了一些改进方案，但这些方案各有优劣，所以应根据逆变器并联系统实际运行需求，设计最合适的改进下垂控制方案以实现系统环流的有效抑制与功率的精确分配。因此，本书结合虚拟阻抗法与变下垂系数法的优点，对并联逆变器在等效连线阻抗不匹配情况下的环流抑制策略进行研究。

1.3 本章小结

本章介绍了光伏逆变器谐振以及环流抑制的背景及意义，阐述了主要几种并联逆变器运行控制策略，对国内外谐振机理以及抑制策略研究现状进行了阐述与分析，为后续章节研究奠定了基础。

第 2 章　光伏逆变器系统结构及数学建模

弱电网下电网阻抗宽范围变化会导致 LCL 型并网逆变器鲁棒性降低。因此，为更好研究 LCL 型并网逆变器的谐振机理及抑制策略，本章首先概述了弱电网的基本特性，接着对比分析了四种有源阻尼方法，选取电容电流反馈有源阻尼抑制 LCL 滤波器谐振。同时对比分析了三种常用控制器，选取 QPR 控制器作为本章所采用的电流控制器。为了进一步研究 LLCL 型组串式光伏逆变器系统谐振机理及抑制策略问题，基于 abc、dq、$\alpha\beta$ 三种坐标系分别对 LLCL 型逆变器建模，分析了各坐标系下模型的优缺点，选取 $\alpha\beta$ 坐标系下逆变器模型。最后对直流侧电压、滤波电容、电感等主要参数进行了设计。

2.1　弱电网特性概述

随着可再生能源接入电网的规模日渐增加，分布式发电作为合理利用可再生能源的一种有效手段被广泛采用。但分布式发电并网系统在地域上的分布较为松散和广泛，使得长远距离输电线路中的阻抗不可忽略，从而导致公共电网表现出弱电网特性。弱电网强度大小可以用短路比(short-circuit-ratio, SCR)这一指标来进行量化描述，在分布式发电系统中一般将 SCR>20 定义为强电网，将 SCR≤10 定义为弱电网，其具体表达式为

$$\mathrm{SCR}=\frac{v_{\mathrm{g}}^{2}}{\left|Z_{\mathrm{g}}\right|P_{\mathrm{o}}} \tag{2-1}$$

式中，P_{o} 为系统额定功率，Z_{g} 为电网阻抗，v_{g} 为电网电压。

SCR 的求解示意图如图 2-1 所示，其中 v_{PCC} 表示 PCC 的电压，$Z_{\mathrm{g}}=sL_{\mathrm{g}}$ 表示只考虑电感成分的电网阻抗，i_{sc} 表示短路并网电流。

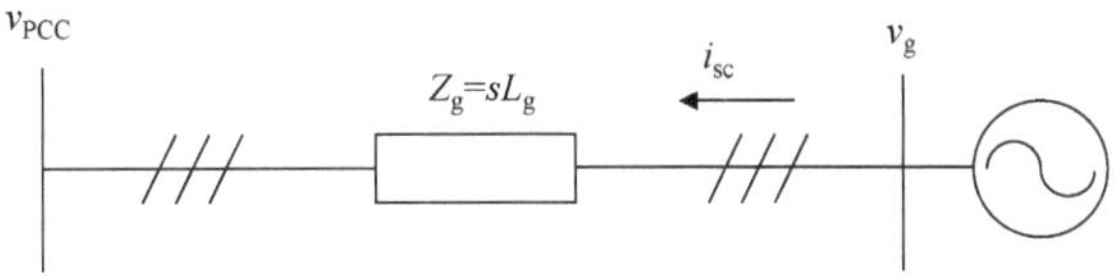

图 2-1　SCR 求解示意图

图 2-1 中，短路并网电流 i_{sc} 可通过将 v_{PCC} 置零求得，其表达式为

$$i_{sc}=\frac{v_g}{Z_g} \tag{2-2}$$

并网电流存在一个额定值 i_n，其等于系统额定功率 P_o 和电网电压 v_g 之比，表达式为

$$i_n=\frac{P_o}{v_g} \tag{2-3}$$

SCR 的值是根据短路并网电流 i_{sc} 和额定并网电流 i_n 的比值来确定的，因此，根据式(2-2)和式(2-3)即可得到式(2-1)。

2.2 LCL 型逆变器系统数学拓扑结构及建模

2.2.1 LCL 型并网逆变器主电路拓扑

图 2-2 为弱电网下单相 LCL 型并网逆变器的主电路拓扑结构，其中，v_{in} 为新能源发电单元经 DC/DC 变换后的等效直流输入电压，$Q_i(i=1，2，3，4)$为逆变器桥臂上的开关管，Q_1、Q_4 和 Q_2、Q_3 两组开关管交替导通和关断，从而可将直流电转换为交流电。v_{inv} 为并网逆变器输出电压，L_1、L_2 和 C 分别为逆变器桥臂侧的电感、电网侧电感和滤波电容，三者共同构成 LCL 滤波器，用以滤除逆变器输出电流中含有的谐波。i_{L_1} 为逆变器侧电流，i_{L_2} 为电网侧电流，i_c 为滤波电容电流。v_{PCC} 为公共耦合点电压，Z_g 为弱电网下的网侧等效阻抗。

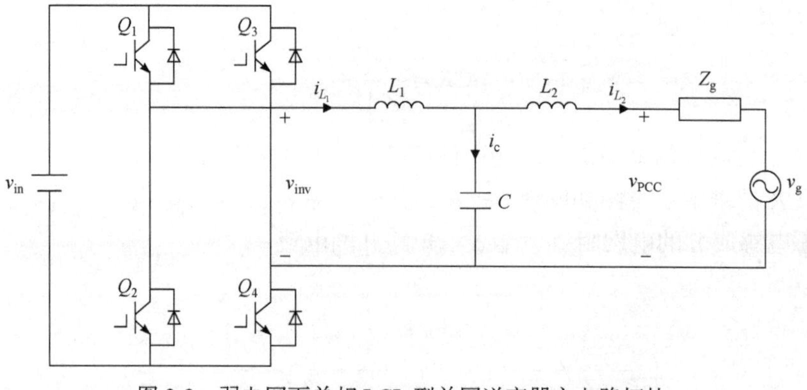

图 2-2 弱电网下单相 LCL 型并网逆变器主电路拓扑

根据图 2-2 的并网逆变器主电路拓扑图，可以得到 LCL 型并网逆变器的拓扑结构框图如图 2-3 所示。

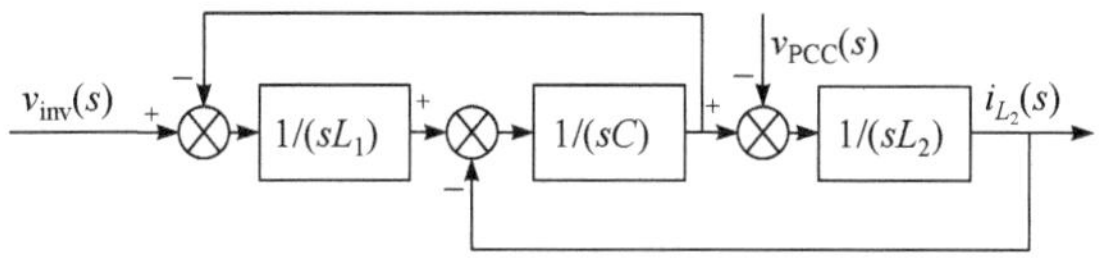

图 2-3　单相 LCL 型并网逆变器拓扑结构框图

根据图 2-3，将 $v_{\text{PCC}}(s)$视为系统的扰动量，在忽略其影响的前提下，可以得到 $v_{\text{inv}}(s)$对 $i_{L_2}(s)$ 的传递函数表达式为

$$G_{\text{LCL}}(s)=\frac{i_{L_2}(s)}{v_{\text{inv}}(s)}=\frac{1}{L_1L_2Cs^3+(L_1+L_2)s} \tag{2-4}$$

由式(2-4)不难看出，含 LCL 滤波器的并网逆变器系统是一个三阶系统，这将导致系统存在谐振问题。图 2-4 给出了 $G_{\text{LCL}}(s)$的对数频率特性，可见，LCL 滤波器使得系统在一定频率范围内发生谐振，在谐振频率处，$G_{\text{LCL}}(s)$的幅值过大且相位在−180°处发生跳变，根据自动控制理论中的奈奎斯特稳定判据可知，此时系统存在复右半平面的极点，从而导致系统振荡不稳定。

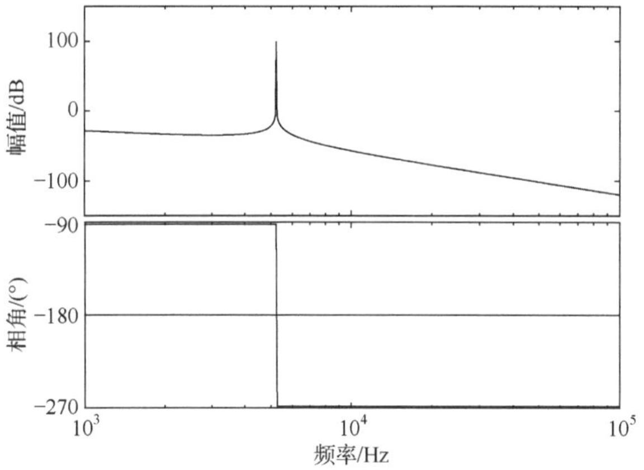

图 2-4　$G_{\text{LCL}}(s)$的对数频率特性

实际上 $G_{\text{LCL}}(s)$的这种谐振特性是因 LCL 滤波器的引入使得系统的阻尼过小所造成的，因此需要采用合适的手段来增加系统阻尼，以此抑制 LCL 滤波器的谐振。

2.2.2　LCL 型并网逆变器有源阻尼及电流控制器选取

在并网逆变器系统中，基于状态变量反馈的有源阻尼(active damping，AD)方法是一种抑制 LCL 滤波器固有谐振的有效手段，它通过反馈电路中的电压和电流等状态变量从而等效为串联或并联在 LCL 滤波器中的虚拟电阻，以此给系统提供阻尼。现有的这种有源阻尼方法主要分为电容电流反馈有源阻尼(CCFAD)、电容电压反馈有源阻尼(CVFAD)、逆变器侧电流反馈有源阻尼(ICFAD)和并网电流反馈有源阻尼(GCFAD)。图 2-5 给出了基于不同状态变量反馈的有源阻尼控制框图，图中 $G_{AD}(s)$为实现有源阻尼的状态变量反馈系数。

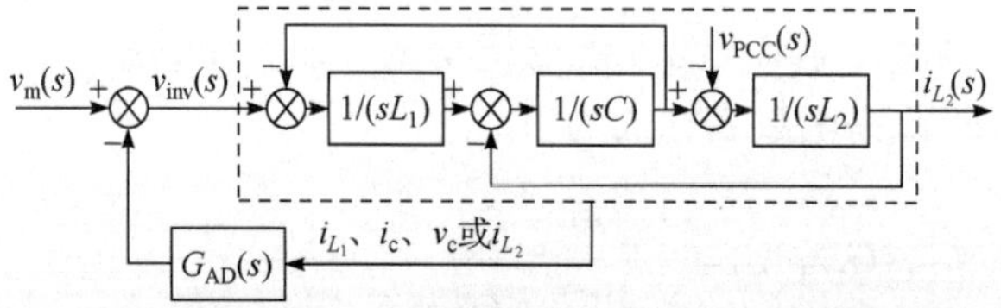

图 2-5　基于不同状态变量反馈的有源阻尼控制框图

由上述四种有源阻尼方法等效形成的虚拟电阻 R 在 LCL 滤波器中的位置分布表现可分为：串或并联在逆变器侧电感 L_1 的支路、串或并联滤波电容 C 的支路和串或并联网侧电感 L_2 的支路。根据文献[81]和[82]的研究结果可知，当虚拟电阻 R 等效并联在滤波电容 C 的两端时，抑制 LCL 滤波器谐振的效果最好，所以下面的内容均是基于将各种有源阻尼等效为并联在 C 两端的虚拟电阻进行分析。其示意图如图 2-6 所示。

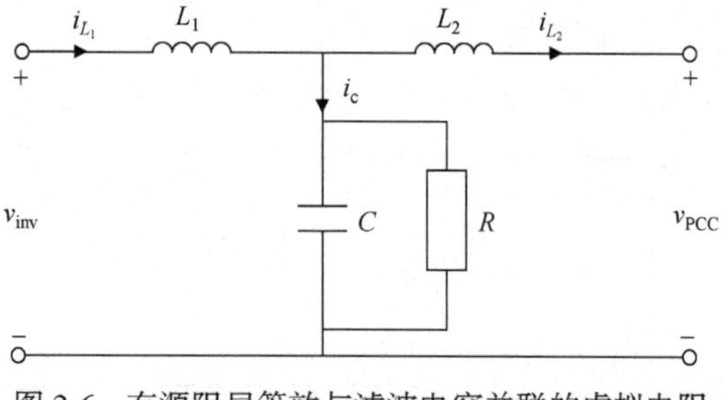

图 2-6　有源阻尼等效与滤波电容并联的虚拟电阻

图 2-6 在控制框图中的表现形式如图 2-7 所示，其中 $v_m(s)$为控制算法输出的调制参考信号。

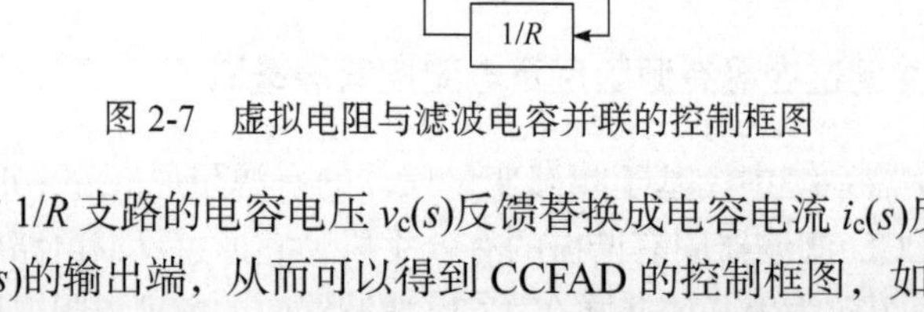

图 2-7　虚拟电阻与滤波电容并联的控制框图

将图 2-7 中 $1/R$ 支路的电容电压 $v_c(s)$反馈替换成电容电流 $i_c(s)$反馈，同时将反馈端点移至 $v_m(s)$的输出端，从而可以得到 CCFAD 的控制框图，如图 2-8 所示。

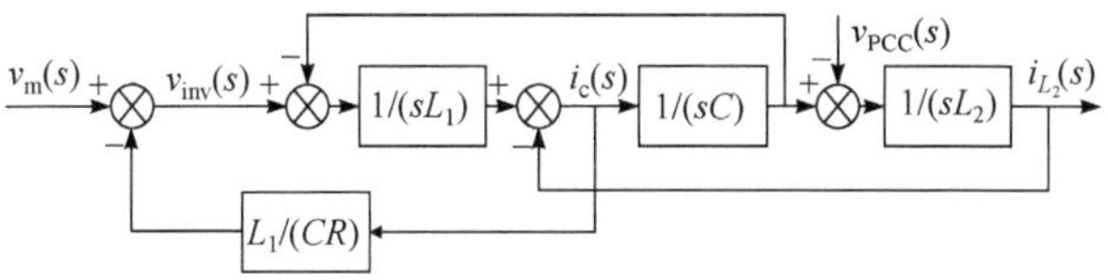

图 2-8　CCFAD 等效控制框图

如图 2-8 所示，通过预先设定并联在滤波电容 C 两端的虚拟电阻为 R，根据上述控制框图的等效变换，可以得到 CCFAD 的反馈系数为 $L_1/(CR)$。类似地，通过对控制框图的等效变换，可以得到 CVFAD、ICFAD 和 GCFAD 的等效控制框图，从而可以得到各自对应的反馈系数 $G_{AD}(s)$，这里不给出详细的推导过程，直接给出各种有源阻尼对应的反馈系数 $G_{AD}(s)$，如表 2-1 所示。

表 2-1　各种有源阻尼方法对应的状态变量反馈系数

有源阻尼方法	CCFAD	CVFAD	ICFAD	GCFAD
反馈系数 $G_{AD}(s)$	$\dfrac{L_1}{CR}$	$\dfrac{sL_1}{R}$	$\dfrac{L_1L_2s^2}{(1+L_2Cs^2)R}$	$\dfrac{L_1L_2s^2}{R}$

根据表 2-1 可知，采用 CVFAD 时，其反馈系数是一个微分环节，虽然反馈电容电压实现有源阻尼的方法具有硬件成本较低的优点，但是微分反馈在实际应用中难以精确实现，需要采用近似微分反馈来代替，这使得 CVFAD 的有效性易受 PCC 的高频噪声和电压畸变的影响，导致阻尼性能下降。采用 ICFAD 和 GCFAD 时，二者的反馈系数均为二阶微分环节，同样存在实际应用中较难实现和放大系统高频噪声等与 CVFAD 类似的问题。而采用 CCFAD 时，其反馈系数为一个比例环节，在实际应用中较前三者而言最容易实现，且比例环节可以直接用来反馈，无需近似处理，故其对 LCL 滤波器的谐振阻尼效果不受影响。因此，本章最终采用 CCFAD 来抑制谐振，由于后续章节中有专门针对具体控制策略的电容电流反馈参数设计，故这里对其参数的选取不做考虑。

为使并网电流满足相应的并网要求，需要采用合适的电流控制器对并网基准电流进行无静差跟踪。目前应用较多的电流控制器主要有比例积分(proportional-integral，PI)控制器、比例谐振(PR)控制器和准比例谐振(QPR)控制器。本节将对这三种控制器进行对比分析，从而选取较为合适的类型作为本章采用的电流控制器。

PI 控制器的传递函数为

$$G_{PI}(s) = k_p + \frac{k_i}{s} \tag{2-5}$$

式中，k_p 为比例系数，k_i 为积分系数。

PR 控制器的传递函数为

$$G_{\mathrm{PR}}(s)=k_{\mathrm{p}}+\frac{2k_{\mathrm{r}}s}{s^2+{\omega_{\mathrm{o}}}^2} \tag{2-6}$$

式中，k_{p}为比例系数，k_{r}为谐振系数。

QPR 控制器的表达式为

$$G_{\mathrm{QPR}}(s)=k_{\mathrm{p}}+\frac{2k_{\mathrm{r}}\omega_{\mathrm{i}}s}{s^2+2\omega_{\mathrm{i}}s+{\omega_{\mathrm{o}}}^2} \tag{2-7}$$

式中，$\omega_{\mathrm{o}}=2\pi f$ 为基波角频率；ω_{i} 为谐振截止频率，为了保证在电网频率波动的情况下，QPR 控制器也能在基频处取得较高的开环增益，通常将其取作 π rad/s；k_{p}为比例系数；k_{r}为谐振系数。

根据式(2-5)、式(2-6)和式(2-7)可以得到 PI、PR 和 QPR 三种控制器的对数频率特性，如图 2-9 所示。

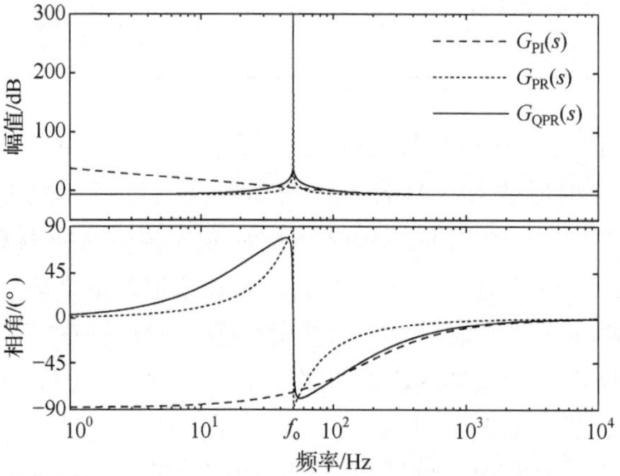

图 2-9 PI、PR 和 QPR 三种控制器的对数频率特性

根据图 2-9 可以明显看出，PI 控制器在基波频率 f_{o} 处所能提供的幅值较为有限，因此，会存在一定程度的稳态误差，无法实现对并网基准电流的无静差跟踪，且抗干扰的能力欠佳。此外，还可能导致系统在滤波电容 C 较大的情况下发生振荡，从而影响并网电流质量。PR 控制器可在基波频率 f_{o} 处提供极大的幅值，能实现对并网基准电流的无静差跟踪，因此，具有比 PI 控制器更优的控制性能，但其在基频以外的幅值较小，难以达到理想的跟踪精度要求，且其较窄的带宽难以适应电网频率波动。QPR 控制器在基频处具有较为理想的幅值，且具有较 PR 控制器更高的控制带宽，这使得 QPR 控制器的跟踪响应能力以及暂态稳定性能更好，可以消除系统稳态误差，对电网频率波动有良好的抗扰效果。因此，本书综合考虑采用 QPR 控制器作为电流控制器 $G_{\mathrm{i}}(s)$以保证并网电流满足并

网标准要求。

2.2.3 LCL 型并网逆变器数学模型

延时是实际物理系统的一种特性，即在物理系统中，外力作用后产生响应的过程具有一定延迟。因此，在对 LCL 型并网逆变器系统进行建模时，为了更接近实际物理系统，需要将系统中的数字控制延时考虑在内，其包括采样延时、计算延时和 PWM 的零阶保持器效应延时三个部分，从而控制延时的等效传递函数可表示为

$$G_{\mathrm{td}}(s)=\frac{1}{T_{\mathrm{s}}}\cdot \mathrm{e}^{-sT_{\mathrm{s}}}\cdot \frac{1-\mathrm{e}^{-sT_{\mathrm{s}}}}{s}\approx \mathrm{e}^{-1.5sT_{\mathrm{s}}} \tag{2-8}$$

式中，$1/T_{\mathrm{s}}$表示采样环节，$\mathrm{e}^{-sT_{\mathrm{s}}}$表示一拍计算延时，$(1-\mathrm{e}^{-sT_{\mathrm{s}}})/s$ 表示 PWM 的零阶保持器延时，其中 T_{s} 为采样周期。

现有电流控制方案主要分为并网电流控制、逆变器侧电流控制和加权平均电流控制，本节选取并网电流闭环控制，结合上一节选取的电容电流反馈有源阻尼，从而可建立起一个基于并网电流反馈和电容电流反馈有源阻尼的单相 LCL 型并网逆变器数字控制模型，如图 2-10 所示，事实上，该并网逆变器控制模型即为文献[83]提出的电流控制通用模型，后续章节都将基于该模型，研究控制延时对并网逆变器系统鲁棒性的影响以及相应的延时补偿和导纳相位补偿策略。

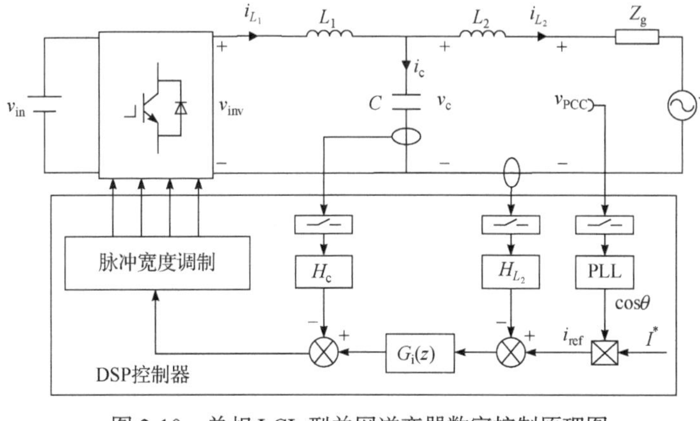

图 2-10　单相 LCL 型并网逆变器数字控制原理图

图 2-10 中，其主电路拓扑同 2.2.1 节中的图 2-2，故这里不再对拓扑中的各种器件进行赘述。DSP 控制器中，i_{ref} 为并网电流 i_{L_2} 的参考值，由锁相环(phase-locked loop，PLL)跟踪 v_{PCC} 的相角 θ 与给定并网电流幅值 I^*结合得到。H_{c} 为电容电流 i_{c} 的比例反馈系数，用于抑制 LCL 滤波器的谐振，H_{L_2} 为并网电流 i_{L_2} 的比

例反馈系数，$G_i(z)$为电流控制器。

图 2-10 在连续 s 域下的等效控制框图如图 2-11 所示。

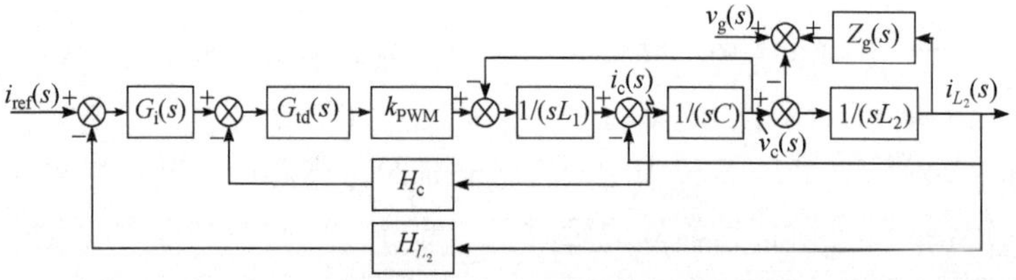

图 2-11 单相 LCL 型并网逆变器控制框图

因电压回路和电流回路的稳定性无关，故只分析电流控制回路。图 2-11 中 k_{PWM}为逆变器的等效增益，其值等于 v_{in}/v_{tri}，其中 v_{tri}为三角形载波的幅值。在忽略电网电压扰动影响的情况下，可以得到系统环路增益 $T(s)$的表达式为

$$T(s)=\frac{k_{PWM}H_{L_2}e^{-1.5sT_s}G_i(s)}{L_1\left(L_2+L_g\right)Cs^3+\left(L_2+L_g\right)CH_ck_{PWM}e^{-1.5sT_s}s^2+\left(L_1+L_2+L_g\right)s} \tag{2-9}$$

由式(2-9)可知，系统环路增益 $T(s)$是一个三阶谐振系统，且控制延时的引入将改变电容电流反馈有源阻尼等效虚拟电阻的特性，影响其阻尼性能，导致系统的稳定性较差，关于控制延时对阻尼性能的影响机理以及提高系统鲁棒性的延时和相位补偿策略，这将在后续章节的工作内容中进行研究。

2.2.4 LCL 滤波器参数设计

1) 逆变器侧电感 L_1 的设计

在如图 2-2 所示的单相 LCL 型并网逆变器主电路拓扑中，不管是 Q_1 和 Q_4 同时导通，还是 Q_2 和 Q_3 同时导通，滤波电感 L_1 和相应导通的开关管都是在同一回路里面，因此，流经 L_1 的电流和流经开关管的电流是一样的。而由于电感电流 i_{L_1} 的纹波过大会导致电感损耗大，同时也会增加开关管的电流应力，加剧其导通损耗和开关损耗，因此，在设计 L_1 的时候要注意限制 i_{L_1} 的纹波大小。当并网逆变器采用单极倍频正弦脉宽调制时，i_{L_1} 的最大纹波 $\Delta i_{L_1\max}$ 的表达式为

$$\Delta i_{L_1\max}=\frac{v_{in}}{8L_1f_{sw}} \tag{2-10}$$

式中，f_{sw} 为系统开关频率。

在实际工程应用中，一般将 $\Delta i_{L_1\max}$ 的值设置成不超过额定电流 i_n 值的 10%～30%，本书选择为 30%，因此，结合式(2-3)可得逆变器侧电感 L_1 的约束表达式为

$$L_1 \geqslant \frac{v_{in}v_g}{2.4P_o f_{sw}} \tag{2-11}$$

2) 滤波电容 C 的设计

滤波电容 C 在电路中的主要作用是滤除逆变器输出电流中的高频谐波，C 值越大，滤除高频谐波的能力越强，但引入的无功功率也越大，这会导致流经电感 L_1 和开关管的电流越大，从而影响 i_{L_1} 的纹波大小。因此，在设计滤波电容 C 的时候，要考虑其引入的无功功率对流经逆变器侧电感 L_1 和开关管电流的影响，必须对 C 的最大取值进行约束，一般将 C 引入的无功功率设置成不超过系统额定功率 P_o 的 5%，故而得到 C 的约束表达式为

$$C \leqslant 5\% \frac{P_o}{2\pi f_o v_g^2} \tag{2-12}$$

3) 网侧电感 L_2 设计

当逆变器侧电感 L_1 和滤波电容 C 根据上述各式设计好之后，网侧电感 L_2 可通过 LCL 滤波器谐振频率 f_{r_LCL} 的限制要求进行设计，其表达式为

$$f_{r\_LCL} = \frac{1}{2\pi}\sqrt{\frac{L_1 + L_2}{L_1 L_2 C}} \tag{2-13}$$

在并网逆变器的实际应用中，一般要求将 f_{r_LCL} 限制在大于 10 倍的基波频率和小于 0.5 倍的开关频率的水平。因此，可将设计好的 L_1 和 C 代入式(2-13)，再结合 f_{r_LCL} 的设计限制，得到网侧电感 L_2 的取值范围。

2.3　组串式 LLCL 型光伏逆变器拓扑结构及建模

2.3.1　LLCL 型光伏逆变器拓扑结构

组串式光伏逆变器系统一般采取脉冲宽度调制，其输出电压、电流中存在大量的高次谐波，对电网电能质量产生较大的影响，因此需要选择合适的滤波模块。为降低开关频率附近高频谐振，专家学者结合 L 型及 LCL 型系统的优点提出了一种 LLCL 滤波型逆变器。该器件在保证一定滤波效果的同时还能减少输出滤波电感总值，节约了成本，并且其滤波支路存在电容、电感串联谐振，有利于降低开关频率附近高频谐振。因此，本节将研究组串式 LLCL 型光伏逆变器的谐振问题，其结构如图 2-12 所示。

下面对组串式 LLCL 型光伏逆变器系统结构的七大主要模块进行简要分析。

1) 光伏电池模块

光伏电池是整个光伏逆变器系统最小的结构单元，通常采用组串式光伏电池

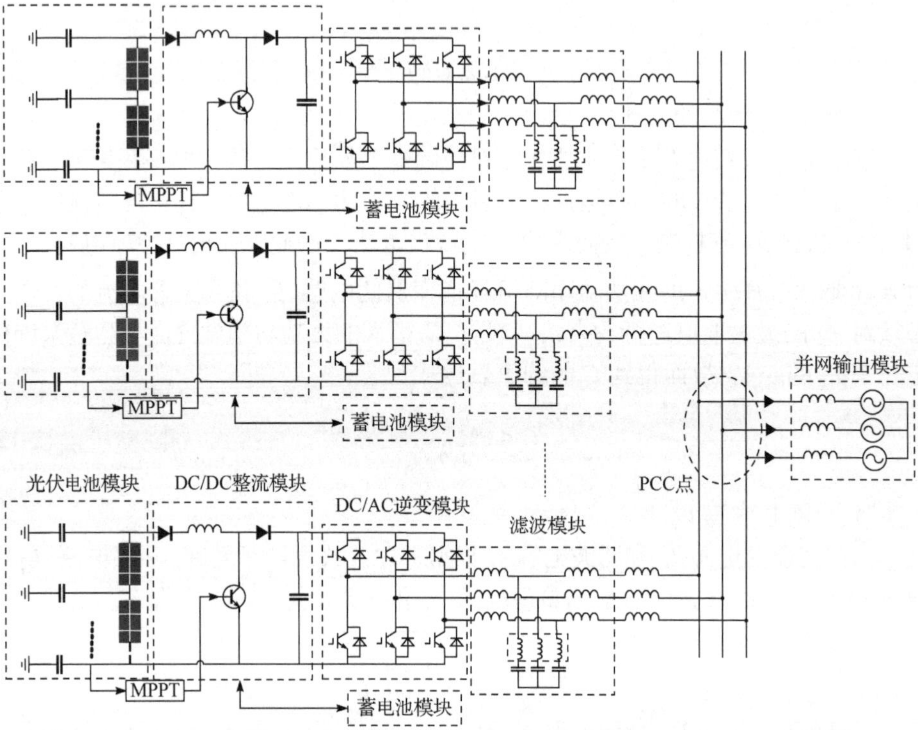

图 2-12　组串式 LLCL 型光伏逆变器系统结构图

并行连接的方式进行使用[56]。组串式光伏电池结构如图 2-13 所示，图中每一块电池板相互独立，不易受到电池组件间局部遮挡和电池板差异的干扰，在一定程度上提高了光电转换的效率。

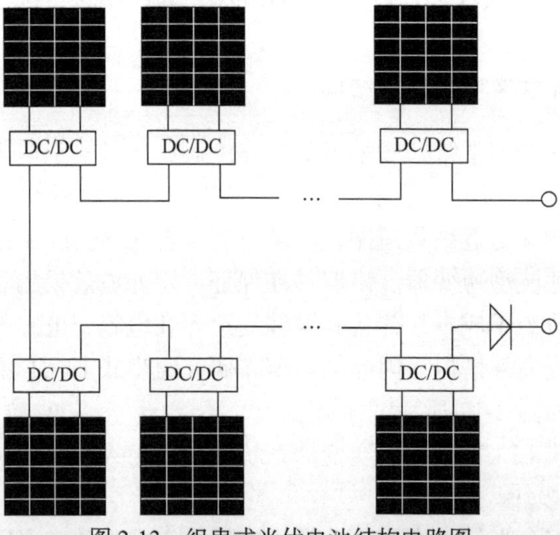

图 2-13　组串式光伏电池结构电路图

2) MPPT 控制模块

MPPT 控制模块作用是实现光伏电池最大功率的跟踪，进一步提高光伏逆变器系统发电效率，光伏电池 MPPT 等效电路如图 2-14 所示。

由图 2-14 可知，当光伏电池模块的等效阻抗 Z_{gf} 数值上等于 DC/DC 整流模块等效阻抗 Z_{dc} 时，光伏并网系统输出功率将达到最大。由此可得，光伏电池模块输出功率与系统阻抗有关，保持其他变量一定的情况下，组串式光伏电池通过 MPPT 进行算法控制跟踪，使得每一块光伏电池的等效阻抗与 DC/DC 整流模块等效阻抗相匹配，使光伏逆变器系统达到最大功率输出。

3) 蓄电池储能模块

储能系统能够有效提高逆变器并网系统运行稳定性，起到削峰填谷的作用，不需要额外的控制算法。其种类多样化，根据不同的用途有着不同的储能装置，对于光伏逆变器系统来说，一般采用蓄电池储能模块。蓄电池的优势在于价格比较便宜并且能量密度相对较高，但其缺点在于电池使用寿命比较有限，通常会考虑采取锂电池来作为组串式光伏逆变器系统的储能模块[58]。蓄电池储能模块等效电路如图 2-15 所示。

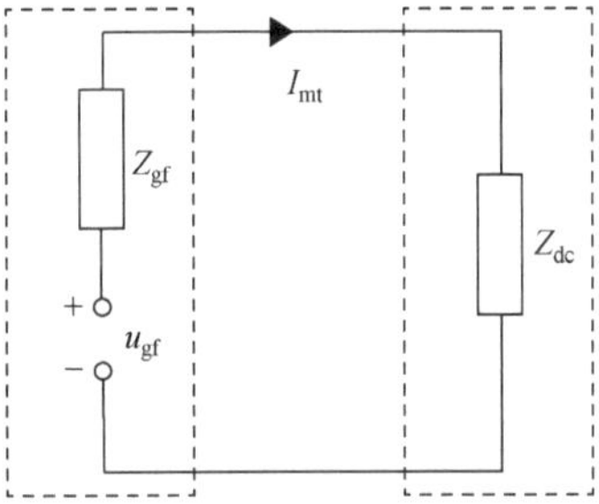

图 2-14　光伏电池 MPPT 等效电路图

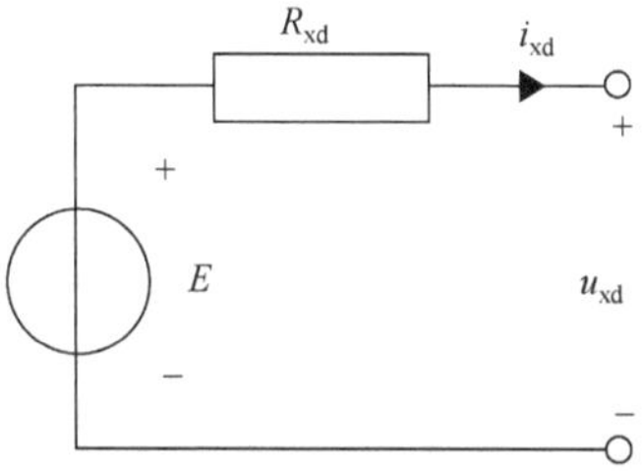

图 2-15　蓄电池储能模块等效电路图

4) DC/DC 整流模块

DC/DC 整流模块在光伏逆变器并网系统中有着承上启下的作用，连接着前端的光伏电池模块和后端的 DC/AC 逆变模块，在 MPPT 控制环节中还发挥着阻抗匹配的作用，使得光伏并网输出效率最大化。当前主要的 DC/DC 整流类型有 Buck、Boost 和 Buck-Boost 三种结构，其优缺点如图 2-16 所示。

由图 2-16 可知，组串式光伏逆变器并网系统的 DC/DC 整流模块通常采用 Boost 结构，其结构相对较简单、便于前期的设计和后续的维护。

5) DC/AC 逆变模块

DC/AC 逆变模块种类多样化，一般可按照输出形式、相数、拓扑结构以及调制脉冲信号对其进行分类。针对所研究的组串式光伏逆变器系统，本书选取电压型的三相全桥逆变器模块，具体电路结构如图 2-17 所示。

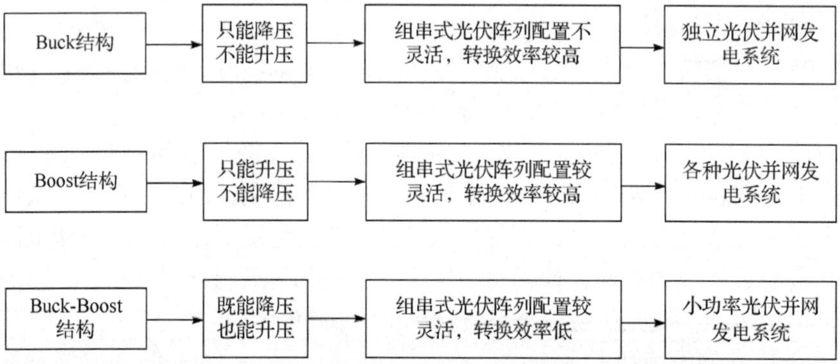

图 2-16　Buck、Boost 和 Buck-Boost 对比分析图

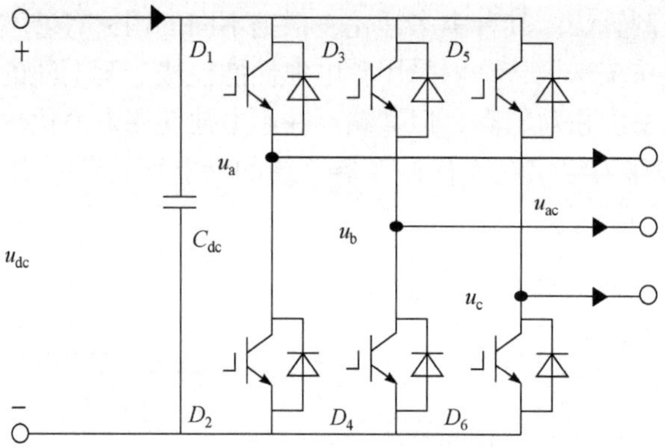

图 2-17　电压型三相全桥逆变器模块电路图

6) 滤波模块

光伏逆变器并网系统中，滤波模块通常有 L 型、LC 型、LCL 型和 LLCL 型这四种主要形式，其具体结构如图 2-18 所示。

由图 2-18 可知，L 型滤波器结构简单，控制简易，但其滤波效果与电感值呈现正相关，一定程度上加大了系统的成本与体积，一般用于小功率的并网逆变系统。LC 型滤波器结构相对简单，滤波效果优于 L 型滤波器，为了满足并网系统功率因素的要求需要对电容 C 支路采取相应的补偿措施，一般用于独立的逆变结构中。当前大功率的光伏逆变器系统最常用的是 LCL 型和 LLCL 型滤波器，尽管结构相对复杂、控制难度相对较大，但是滤波效果显著，尤其 LLCL 型滤波器对光伏并网系统中的高次谐波有较好的抑制效果。根据所研究的组串式光伏逆变器系统谐振问题，本书选取 LLCL 型滤波器并进行分析讨论。

7) 并网输出模块

并网输出模块是由公共母线和大电网连接共同构成，其结构如图 2-19 所示。

图 2-19 中，u_{bw}、i_{bw} 分别表示并网模块电压、电流；u_{dw} 表示为电网侧电压；

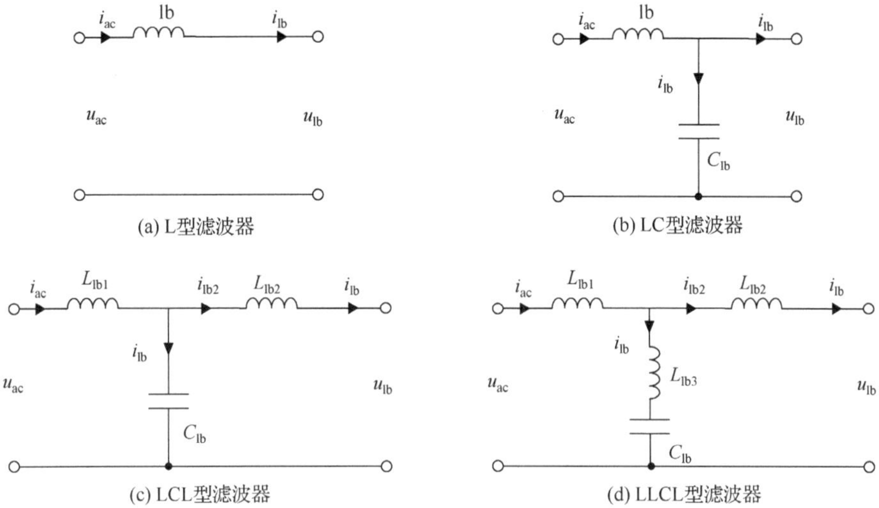

(a) L型滤波器　(b) LC型滤波器

(c) LCL型滤波器　(d) LLCL型滤波器

图 2-18　L 型、LC 型、LCL 型和 LLCL 型四种滤波器结构图

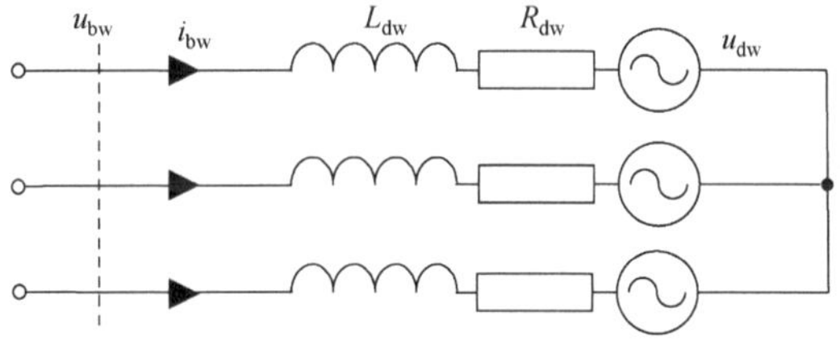

图 2-19　并网输出模块电路图

L_{dw}、R_{dw} 分别表示为电网电抗、电阻。长距离输电线路中的电网阻抗为 $Z_{dw}=R_{dw}+sL_{dw}$。

2.3.2　组串式 LLCL 型光伏逆变器数学模型

LLCL 型逆变器并网系统相当于在 LCL 型系统滤波电容 C 支路增加了一个小电感，可降低并网输出的谐波峰值，其结构如图 2-20 所示。

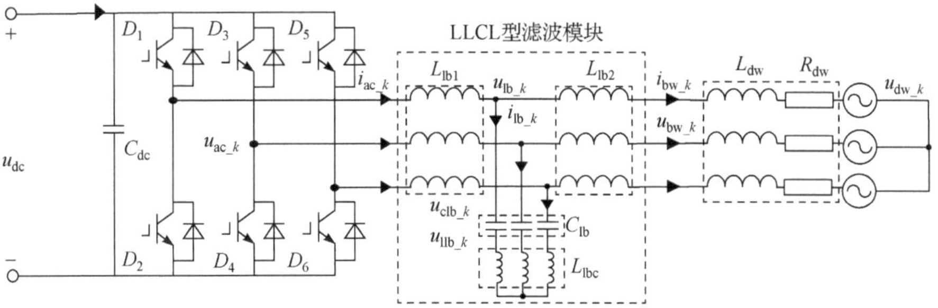

图 2-20　LLCL 型光伏逆变器并网系统结构图

图 2-20 中，L_{lb1}、L_{lb2} 分别为逆变侧、并网侧滤波电感；C_{lb}、L_{lbc} 分别为滤波

支路电容、电感；L_{dw}、R_{dw} 分别为电网电感、电阻；u_{dc} 为直流侧输入电压；i_{ac_k}、u_{ac_k} 分别为逆变模块的交流输出电流、电压；i_{bw_k}、u_{bw_k} 分别为并网模块输入电流、电压；i_{lb_k}、u_{lb_k} 分别为滤波电容支路电流、电压；u_{clb_k}、u_{llb_k}、u_{dw_k} 分别滤波电容电压、滤波电感电压、电网侧电压，其中 $k=a,b,c$。

下面将基于 abc、dq、$\alpha\beta$ 三种坐标系对 LLCL 型逆变器并网系统进行数学建模[61-62]。

1) 基于 abc 坐标系的数学模型

结合图 2-20，由基尔霍夫定理可得 abc 坐标系下的 LLCL 型光伏逆变器并网系统电压、电流方程为

$$\begin{cases} u_{\text{lb}\_k} = u_{\text{clb}\_k} + u_{\text{llb}\_k} \\ i_{\text{lbc}\_k} = i_{\text{ac}\_k} + i_{\text{bw}\_k} \\ L_{\text{lb1}} \dfrac{\text{d}i_{\text{ac}\_k}}{\text{d}t} = u_{\text{ac}\_k} - u_{\text{lb}\_k} \\ L_{\text{lbc}} \dfrac{\text{d}i_{\text{lb}\_k}}{\text{d}t} = u_{\text{llb}\_k} \\ C_{\text{lb}} \dfrac{\text{d}u_{\text{clb}\_k}}{\text{d}t} = i_{\text{lb}\_k} \\ (L_{\text{lb2}} + L_{\text{dw}} + R_{\text{dw}}) \dfrac{\text{d}i_{\text{bw}\_k}}{\text{d}t} = u_{\text{lb}\_k} - u_{\text{dw}\_k} \end{cases} \tag{2-14}$$

三相双电平的逆变器中每一相都由导通与截止两种状态开关元件组成的双桥臂构成，为了便于描述开关状态，定义函数 D_k，其具体表达如下：

$$D_k = \begin{cases} 1，\text{上桥臂导通，下桥臂关断} \\ 0，\text{上桥臂关断，下桥臂导通} \end{cases}，\quad k = a,b,c \tag{2-15}$$

由式(2-15)可得，逆变器直流输出电压、桥臂中性点电压 u_{n_k}、u_{n0_k} 分别为

$$\begin{cases} u_{n\_k} = s_k u_{\text{dc}} \\ u_{n0\_k} = u_{n\_k} + u_{n0} \end{cases} \tag{2-16}$$

式中，$u_{n0} = u_{\text{dc}} \sum\limits_{k=a,b,c} s_k$。

由式(2-16)可得，三相双电平逆变器的桥臂输出电压 u_{a0}、u_{b0}、u_{c0} 分别为

$$\begin{cases} u_{a0} = \dfrac{u_{\text{dc}}}{3}(2D_a - D_b - D_c) \\ u_{b0} = \dfrac{u_{\text{dc}}}{3}(-D_a + 2D_b - D_c) \\ u_{c0} = \dfrac{u_{\text{dc}}}{3}(-D_a - D_b + 2D_c) \end{cases} \tag{2-17}$$

通过式(2-17)可知，逆变器的直流侧与交流侧存在一定的电压耦合关系，因此可在直流输入端并联电容来稳定直流电压，避免其波动干扰逆变模块的交流输出电压。结合式(2-14)可得，LLCL 型逆变器并网系统在 *abc* 坐标下的电压、电流状态方程为

$$L_{\mathrm{lb1}}\frac{\mathrm{d}i_{\mathrm{ac}\_k}}{\mathrm{d}t}=u_{n0\_k}-u_{\mathrm{lb}\_k} \tag{2-18}$$

$$L_{\mathrm{lbc}}\frac{\mathrm{d}i_{\mathrm{lb}\_k}}{\mathrm{d}t}=u_{\mathrm{lb}\_k}-u_{\mathrm{clb}\_k} \tag{2-19}$$

$$C_{\mathrm{lb}}\frac{\mathrm{d}u_{\mathrm{clb}\_k}}{\mathrm{d}t}=i_{\mathrm{ac}\_k}-i_{\mathrm{bw}\_k} \tag{2-20}$$

$$(L_{\mathrm{lb2}}+L_{\mathrm{dw}}+R_{\mathrm{dw}})\frac{\mathrm{d}i_{\mathrm{bw}\_k}}{\mathrm{d}t}=u_{\mathrm{lb}\_k}-u_{\mathrm{dw}\_k} \tag{2-21}$$

将式(2-18)～式(2-21)进行拉普拉斯变换，得拉氏域下的电压、电流方程为

$$sL_{\mathrm{lb1}}i_{\mathrm{ac}\_abc}=u_{n0\_abc}(s)-u_{\mathrm{lb}\_abc}(s) \tag{2-22}$$

$$sL_{\mathrm{lbc}}i_{\mathrm{lb}\_abc}=u_{\mathrm{lb}\_abc}(s)-u_{\mathrm{clb}\_abc}(s) \tag{2-23}$$

$$sC_{\mathrm{lb}}u_{\mathrm{clb}\_abc}=i_{\mathrm{ac}\_abc}(s)-i_{\mathrm{bw}\_abc}(s) \tag{2-24}$$

$$[s(L_{\mathrm{lb2}}+L_{\mathrm{dw}})+R_{\mathrm{dw}}]i_{\mathrm{bw}\_abc}=u_{\mathrm{lb}\_abc}(s)-u_{\mathrm{dw}\_abc}(s) \tag{2-25}$$

根据式(2-22)～式(2-25)可得，基于 *abc* 坐标系的 LLCL 型逆变器并网系统数学模型如图 2-21 所示。

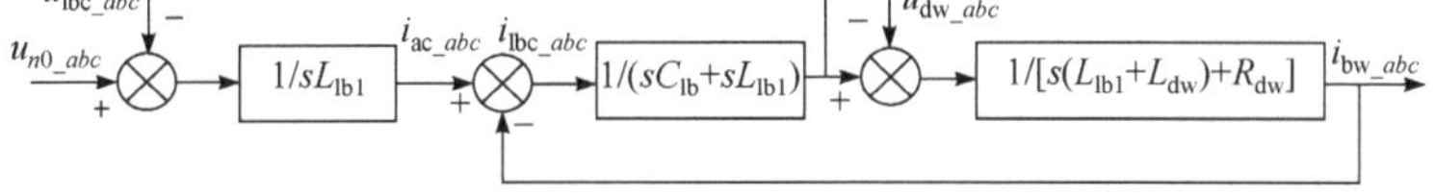

图 2-21　基于 *abc* 坐标系的 LLCL 型逆变器并网系统数学模型图

由图 2-21 可知，基于 *abc* 坐标系的数学模型主要与逆变模块的桥臂中性点电压 u_{n0_k} 和并网模块输入电流 i_{bw_k}(k=a,b,c)有关，当系统中存在开关函数时，就难以使用输出阻抗、导纳形式进行分析描述。

2) 基于 *dq* 坐标系的数学模型

abc 坐标系经过派克变化可得到 *dq* 坐标系，逆时针方向旋转，*d* 轴与 *q* 轴相互垂直。为减少 *abc*/*dq* 变换过程建模的复杂度，可将两种坐标放置同一平面轴比较，其位置关系如图 2-22 所示。

由图 2-22 可知，*abc* 坐标系变换为 *dq* 坐标系的矩阵为

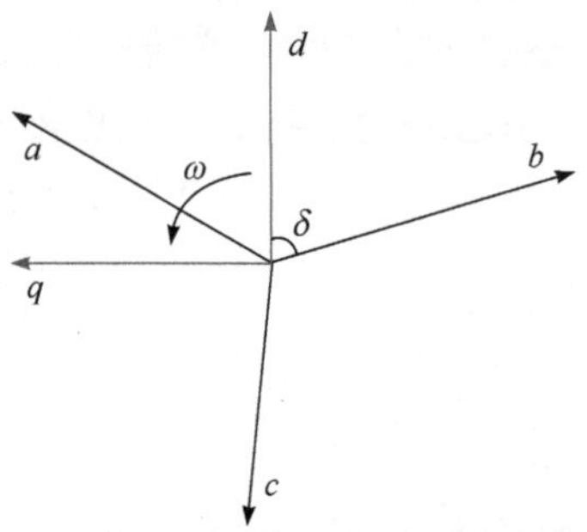

图 2-22 abc/dq 派克坐标变换位置关系图

$$T_{abc/dq0}=\frac{2}{3}\begin{bmatrix}\cos(\omega t) & \cos(\omega t-2\pi/3) & \cos(\omega t+2\pi/3)\\ -\sin(\omega t) & -\sin(\omega t-2\pi/3) & -\sin(\omega t+2\pi/3)\\ 1/2 & 1/2 & 1/2\end{bmatrix} \tag{2-26}$$

式中，ω 为并网系统的基波角频率。

由式(2-26)可得，基于 dq 坐标系的 LLCL 型光伏逆变器并网系统在拉氏域下输出的电压、电流方程为

$$\begin{cases} sL_{\text{lb1}}i_{\text{ac}\_d}(s)=\omega i_{\text{ac}\_d}(s)+u_{\text{lb}\_d}(s)-u_{d0}(s)\\ sL_{\text{lb1}}i_{\text{ac}\_q}(s)=-\omega i_{\text{ac}\_d}(s)+u_{\text{lb}\_q}(s)-u_{q0}(s)\end{cases} \tag{2-27}$$

$$\begin{cases} sC_{\text{lb}}u_{\text{lb}\_d}(s)=\omega C^2u_{\text{lb}\_q}(s)+i_{\text{lb}\_d}(s)\\ sC_{\text{lb}}u_{\text{lb}\_q}(s)=-\omega C^2u_{\text{lb}\_d}(s)+i_{\text{lb}\_q}(s)\end{cases} \tag{2-28}$$

$$\begin{cases} sL_{\text{lbc}}i_{\text{lb}\_d}(s)=\omega i_{\text{ac}\_d}(s)+u_{\text{llb}\_d}(s)\\ sL_{\text{lbc}}i_{\text{lb}\_q}(s)=-\omega i_{\text{ac}\_d}(s)+u_{\text{llb}\_q}(s)\end{cases} \tag{2-29}$$

$$\begin{cases} [s(L_{\text{lb2}}+L_{\text{dw}})+R_{\text{dw}}]i_{\text{bw}\_d}(s)=\omega i_{\text{bw}\_d}(s)+u_{\text{lb}\_d}(s)-u_{\text{dw}\_d}(s)\\ [s(L_{\text{lb2}}+L_{\text{dw}})+R_{\text{dw}}]i_{\text{bw}\_q}(s)=-\omega i_{\text{bw}\_d}(s)+u_{\text{lb}\_q}(s)-u_{\text{dw}\_q}(s)\end{cases} \tag{2-30}$$

根据式(2-27)～式(2-30)可知，进行 abc/dq 派克变换时，d 轴和 q 轴中分别交叉出现了直流轴分量，可采用 PI 控制器对其直流量进行控制，这种交叉轴分量的出现会加大 LLCL 型逆变器并网系统的复杂度，基于 dq 坐标系的 LCL 型逆变器并网系统数学模型如图 2-23 所示。

由图 2-23 可知，基于 dq 坐标系的 LLCL 型并网逆变器数学模型不能忽略 d 轴和 q 轴的交互影响，dq 耦合交错将会导致逆变器并网输出产生极不稳定，必须采用相应的解耦措施。因此，采用 dq 坐标系分析光伏多逆变器集群系统会带来解耦的不便。

3) 基于 $\alpha\beta$ 坐标系数学建模

abc 坐标系经过克拉克变化可得到 $\alpha\beta$ 坐标系，α 轴与 β 轴相互垂直，α 轴与

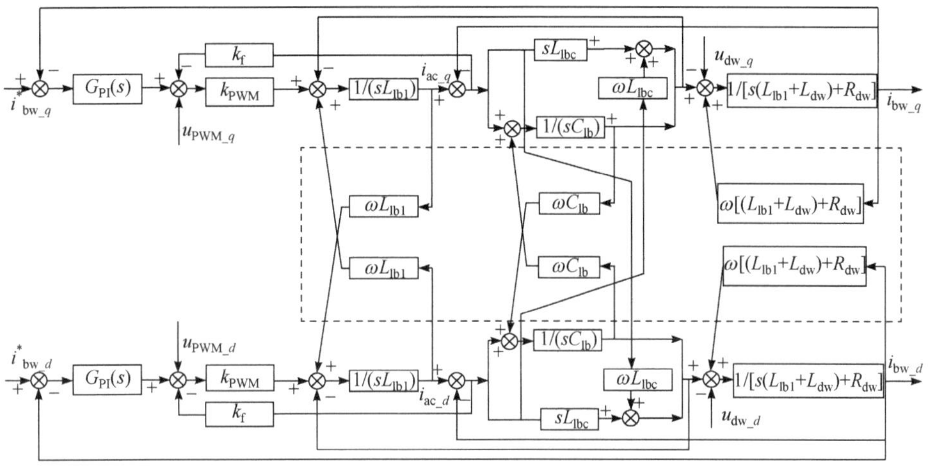

图 2-23　基于 dq 坐标系的 LLCL 型逆变器并网系统数学模型图

a 轴重合，且 β 轴超前于 α 轴，为减少 $abc/\alpha\beta$ 变换过程建模的复杂度，可将两种坐标放置同一平面轴比较，其位置关系如图 2-24 所示。

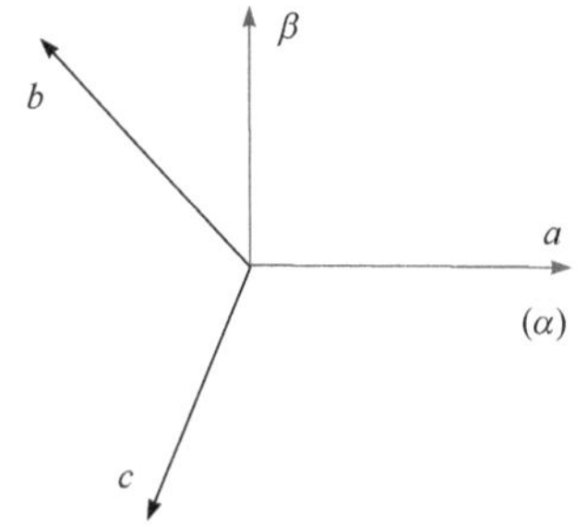

图 2-24　$abc/\alpha\beta$ 克拉克坐标变换位置关系图

由图 2-24 可知，abc 坐标系变换为 $\alpha\beta$ 坐标系的矩阵为

$$T_{abc/\alpha\beta}=\frac{2}{3}\begin{bmatrix}1 & -1/2 & -1/2\\ 0 & \sqrt{3}/2 & -\sqrt{3}/2\end{bmatrix} \tag{2-31}$$

由式(2-31)可得，基于 $\alpha\beta$ 坐标系的 LLCL 型光伏逆变器并网系统在拉氏域下输出的电压、电流方程为

$$sL_{\mathrm{lb1}}i_{\mathrm{ac}\_\alpha\beta}=u_{\mathrm{ac}\_\alpha\beta}(s)-u_{\mathrm{lb}\_\alpha\beta}(s) \tag{2-32}$$

$$sL_{\mathrm{lbc}}i_{\mathrm{lb}\_\alpha\beta}=u_{\mathrm{llb}\_\alpha\beta}(s) \tag{2-33}$$

$$sC_{\mathrm{lb}}u_{\mathrm{clb}\_\alpha\beta}=i_{\mathrm{lb}\_\alpha\beta}(s) \tag{2-34}$$

$$u_{\mathrm{lb}\_\alpha\beta}(s)=u_{\mathrm{llb}\_\alpha\beta}(s)+u_{\mathrm{clb}\_\alpha\beta}(s) \tag{2-35}$$

$$s(L_{\mathrm{lb2}}+L_{\mathrm{dw}}+R_{\mathrm{dw}})i_{\mathrm{bw}\_\alpha\beta}=u_{\mathrm{lb}\_\alpha\beta}(s)-u_{\mathrm{dw}\_\alpha\beta}(s) \tag{2-36}$$

根据式(2-32)～式(2-36)可知，基于 $\alpha\beta$ 坐标系的 LLCL 型逆变器并网系统数

学模型如图 2-25 所示。

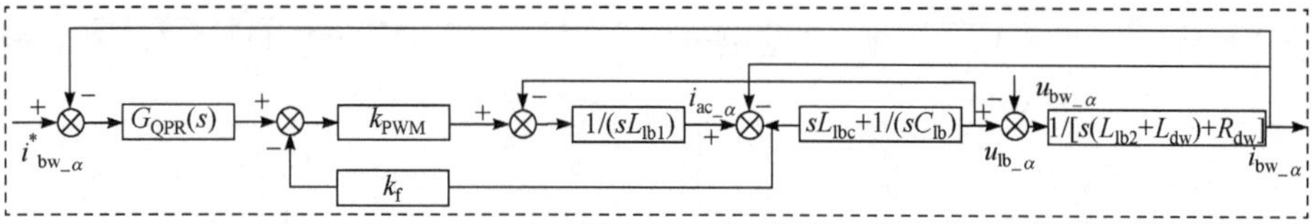

(a) α坐标轴

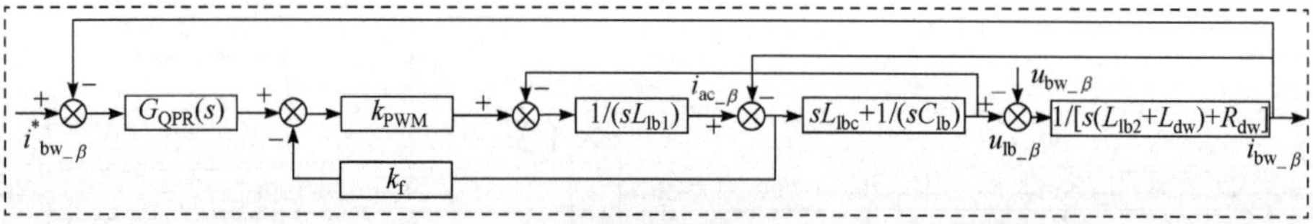

(b) β坐标轴

图 2-25　基于 $\alpha\beta$ 坐标系的 LLCL 型逆变器并网系统数学模型图

由图 2-25 可知，在 $\alpha\beta$ 坐标系下，两轴数学模型基本相同，易于通过单台并网逆变器扩展到多台并网逆变器进行分析，便于后续组串式光伏多逆变器谐振问题研究。图中，$k_{\rm f}$ 为电容电流反馈环节系数，$k_{\rm PWM}$ 为逆变桥等效增益系数，$G_{\rm QPR}(s)$为 QPR 控制器传递函数，其表达式为

$$G_{\rm QPR}(s) = k_{\rm p} + \frac{2\omega_{\rm i} k_{\rm r} s}{s^2 + 2\omega_{\rm i} s + \omega_{\rm o}^2} \tag{2-37}$$

式中，$k_{\rm p}$、$k_{\rm r}$、$\omega_{\rm i}$、$\omega_{\rm o}$ 分别表示比例系数、谐振系数、截止角频率及基波角频率。

综上所述，对于本章研究的组串式多逆变器集群系统而言，采用坐标轴之间没有交互影响的 $\alpha\beta$ 坐标系模型更为适合，两轴的数学模型基本相同，给逆变器系统的分析带来了极大的便利。$\alpha\beta$ 坐标系下的 LLCL 型逆变器并网输出电流 $i_{{\rm bw}\_\alpha\beta}$ 的表达式为

$$i_{{\rm bw}\_\alpha\beta}(s) = G(s) i^*_{{\rm bw}\_\alpha\beta}(s) - Y(s) u_{{\rm dw}\_\alpha\beta}(s) \tag{2-38}$$

式中

$$\begin{cases} G(s) = \dfrac{k_{\rm PWM} G_{\rm QPR}(s)(L_{\rm lbc} C_{\rm lb} s^2 + 1)}{\begin{aligned} &[L_{\rm lb1}(L_{\rm lb2} + L_{\rm dw}) + L_{\rm lbc} L_{\rm lb1} + L_{\rm lbc}(L_{\rm lb2} + L_{\rm dw})] C_{\rm lb} s^3 \\ &+ [(L_{\rm lb2} + L_{\rm dw}) k_{\rm f} + L_{\rm lbc} G_{\rm QPR}(s)] k_{\rm PWM} C_{\rm lb} s^2 \\ &+ (L_{\rm lb1} + L_{\rm lb2} + L_{\rm dw}) s + k_{\rm PWM} G_{\rm QPR}(s) \end{aligned}} \\ Y(s) = \dfrac{(L_{\rm lb1} + L_{\rm lbc}) C_{\rm lb} s^2 + k_{\rm PWM} k_c C_{\rm lb} s + 1}{\begin{aligned} &[L_{\rm lb1}(L_{\rm lb2} + L_{\rm dw}) + L_{\rm lbc} L_{\rm lb1} + L_{\rm lbc}(L_{\rm lb2} + L_{\rm dw})] C_{\rm lb} s^3 \\ &+ [(L_{\rm lb2} + L_{\rm dw}) k_{\rm f} + L_{\rm lbc} G_{\rm QPR}(s)] k_{\rm PWM} C_{\rm lb} s^2 \\ &+ (L_{\rm lb1} + L_{\rm lb2} + L_{\rm dw}) s + k_{\rm PWM} G_{\rm QPR}(s) \end{aligned}} \end{cases} \tag{2-39}$$

由式(2-38)、式(2-39)可知，基于 $\alpha\beta$ 坐标系的 LLCL 型单逆变器并网系统的诺顿等效模型如图 2-26 所示。

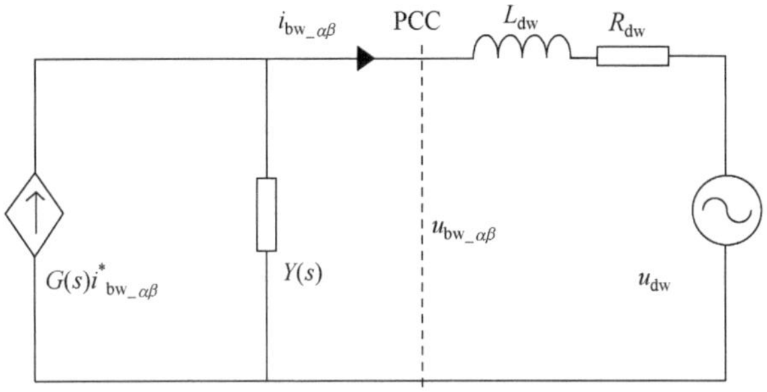

图 2-26　基于 $\alpha\beta$ 坐标系的 LLCL 型单逆变器并网系统诺顿等效模型图

由图 2-26 可知，组串式 LLCL 型光伏逆变器系统等效模型如图 2-27 所示。

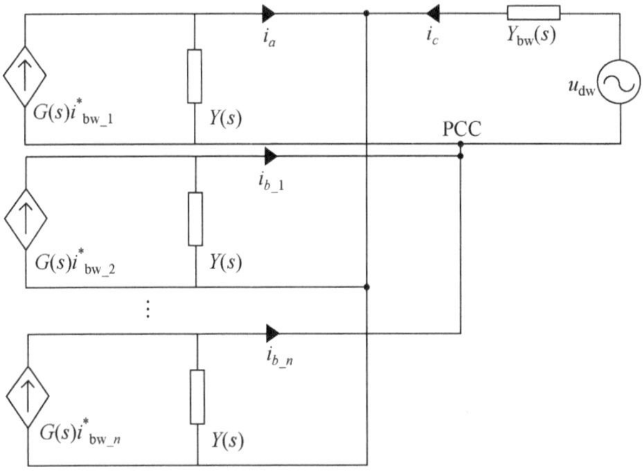

图 2-27　组串式 LLCL 型光伏逆变器系统等效模型图

由图 2-27 可知，光伏多逆变器并网输出电流可由 i_1 和 i_2 进行分析。

(1) 第 p 台(p=1,2,⋯,n)逆变器并网输出电流 i_1。

利用叠加定理可得，i_1 的表达形式为

$$i_1 = i_a - i_b - i_c \tag{2-40}$$

$$\begin{cases} i_a = \dfrac{Y_{bw}(s)+(n-1)Y(s)}{Y_{bw}(s)+nY(s)}G(s)i^*_{bw} \\ i_b = \dfrac{Y(s)}{Y_{bw}(s)+nY(s)}G(s)\sum\limits_{i=1,i\neq p}^{n-1} i^*_{bw\_i} \\ i_c = \dfrac{Y_{bw}(s)Y(s)}{Y_{bw}(s)+nY(s)}u_{dw} \end{cases} \tag{2-41}$$

式中，i_a为第p台逆变器系统自身电流源产生的电流，i_b为其余逆变器(n–1 台)电流源对第p台逆变器产生的电流，i_c为电网电压u_{dw}对第p台逆变器产生的电流。

(2) n台逆变器并网输出总电流i_2。

利用叠加定理同理可得，i_2的表达形式为

$$i_2 = i_a' - i_c = i_a + i_b - i_c \tag{2-42}$$

式中，i_a'为n台逆变器系统自身电流源产生的电流，其表达式为

$$i_a' = \frac{Y_{\mathrm{bw}}(s)}{Y_{\mathrm{bw}}(s) + nY(s)} G(s) \sum_{i=1}^{n} i_{\mathrm{bw}\_i}^{*} \tag{2-43}$$

2.3.3　组串式 LLCL 型光伏逆变器参数设计

组串式 LLCL 滤波型光伏逆变器系统滤波性能与元器件参数选取有关，参数设计不当会使得滤波效果达不到要求，甚至还会影响系统正常运行工作。下面将对组串式 LLCL 型光伏逆变器系统主要参数进行设计。

(1) 直流侧电压u_{dc}设计。

根据图 2-27 可知，LLCL 型滤波器可等同于一个大电感L_z，其逆变交流输出电压u_{ac}与电网电压u_{dw}的关系式为

$$\begin{cases} u_{\mathrm{ac}} = u_{\mathrm{dw}} + \mathrm{j}L_z \omega_{\mathrm{o}} i_{\mathrm{bw}} \\ L_z = L_{\mathrm{lb1}} + L_{\mathrm{lb2}} + L_{\mathrm{lbc}} \end{cases} \tag{2-44}$$

由式(2-44)可知，u_{ac}与u_{dw}的矢量关系如图 2-28 所示。

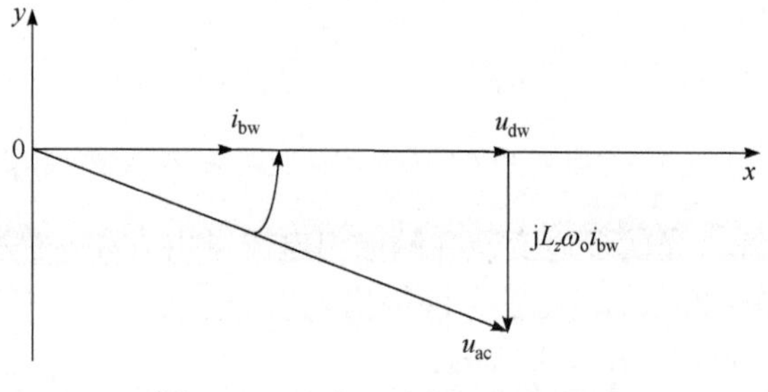

图 2-28　u_{ac}与u_{dw}的矢量关系图

由图 2-28 可知，逆变交流输出最大电压的幅值u_{ac_max}为

$$\begin{cases} u_{\mathrm{ac\_max}} = \sqrt{u_{\mathrm{dw\_max}} + \left(L_{z\_\mathrm{max}} \omega_{\mathrm{o}} i_{\mathrm{bw\_max}}\right)^2} \\ i_{\mathrm{bw\_max}} = \sqrt{\dfrac{2}{3}} \dfrac{P_0}{u_{\mathrm{dw}}} \end{cases} \tag{2-45}$$

式中，P_0表示额定有功功率。

考虑到空间矢量调制的过程，直流侧输出最小电压 u_{dc_min} 为

$$u_{dc\_min} = \sqrt{3}u_{ac\_max} \tag{2-46}$$

(2) 直流稳压电容 C_{dc} 设计。

电容 C_{dc} 可实现稳定直流电压、减少直流电压的波动。可设定当逆变模块输出电流增加 50%时，在波动时间 200μs 内的电压波动小于 5%，可知 C_{dc} 的取值为

$$C_{dc} \geqslant \frac{50\% P_v t}{\Delta u_{dc}^2} \tag{2-47}$$

式中，P_v 表示光伏逆变器输出功率。

(3) 谐振频率 f_{res} 限制条件。

依据光伏逆变器系统滤波器参数设计方法可知，LLCL 型逆变器谐振频率关系表达式为

$$f_{res} = \frac{1}{2\pi}\sqrt{\frac{L_{lb1} + L_{lb2} + L_{dw}}{L_{lb1}(L_{lb2} + L_{dw})C_{lb} + (L_{lb1} + L_{lb2} + L_{dw})L_{lbc}C_{lb}}} \tag{2-48}$$

LLCL 型滤波器谐振频率设计时，可根据 IEEE Std 519-1992 的规定，将其设定在 $10f_0$ 与 $0.5f_{sw}$ 之间，即

$$10f_0 \leqslant f_{res} \leqslant 0.5f_{sw} \tag{2-49}$$

式中，f_0 表示电网频率，f_{sw} 表示开关频率。

(4) 逆变侧滤波电感 L_{lb1} 设计。

电感 L_{lb1} 可实现逆变侧纹波电流的抑制，因此在设计时要满足纹波电流的条件，工程上规定纹波电流限制范围为 10%～25%，可知 L_{lb1} 的取值为

$$\frac{u_{dc}}{4\sqrt{3}L_{lb1}f_{sw}} \leqslant (10\% \sim 25\%)i_{bw} \tag{2-50}$$

$$L_{lb1} \leqslant \frac{u_{dc}}{(10\% \sim 25\%)i_{bw} \times 4\sqrt{3}f_{sw}} \tag{2-51}$$

(5) 滤波电容支路电感 L_{lbc} 设计。

合理设计 L_{lbc} 取值，使得组串式 LLCL 型逆变器系统在 f_{sw} 处阻抗为零，在开关频率处谐波滤除效果最大化，L_{lbc} 的取值为

$$L_{lbc} = \frac{1}{C_{lb}(2\pi f_{sw})^2} \tag{2-52}$$

(6) 滤波电容 C_{lb} 设计。

由式(2-39)可知，f_{sw} 的取值确定后，C_{lb} 和 L_{lbc} 的取值将呈现反比关系，C_{lb} 与支路的高频滤波效果呈现正比关系，但其值过大将产生额外的无功损耗。通常规定 C_{lb} 的无功损耗不超过系统额定功率的 5%，其取值为

$$C_{\text{lb}} \leqslant 5\% \frac{P_0}{2\pi f_0 u_{\text{dw}}^2} \tag{2-53}$$

(7) 并网侧滤波电感 L_{lb2} 设计。

电感 L_{lb2} 可实现网侧谐波电流的抑制，根据 GB/T 14549—93，电网电流、电压的总谐波畸变率(tolal harmonic distortion，THD)应低于 5%，其计算表达式为

$$\text{THD} = \sqrt{\sum_{n=2}^{\infty}\left(\frac{G_n}{G_1}\right)^2} \tag{2-54}$$

式中，G_n 表示第 n 次谐波分量有效值，G_1 表示基波分量有效值。

可将 L_{lb1} 和 L_{lb2} 的关系表示为

$$\begin{cases} k = \dfrac{L_{\text{lb2}}}{L_{\text{lb1}}} \\ 0 \leqslant k \leqslant k_{\max} \\ k_{\max} = \dfrac{L_{z\_\max}}{L_{\text{lb1}}} - 1 \end{cases} \tag{2-55}$$

式中，k 表示滤波电感比，$L_{z\_\max}$ 表示系统等效电感的最大值。

为了降低整个逆变器并网的功耗，$L_{z\_\max}$ 的取值应尽可能地小，通常低于基准电感总值 L_{z_base} 的 10%，可得

$$L_{z\_\max} \leqslant 10\% L_{z\_\text{base}} \tag{2-56}$$

$$L_{z\_\text{base}} = \frac{u_{\text{dw}}^2}{2\pi f_0 P_0} \tag{2-57}$$

由式(2-54)～式(2-57)可得，L_{lb2} 的取值为

$$L_{\text{lb2}} \leqslant 10\% \frac{u_{\text{dw}}^2}{2\pi f_0 P_0} - L_{\text{lb1}} \tag{2-58}$$

(8) LLCL 型逆变器系统滤波参数核验。

LLCL 型滤波器主要是为了减少滤波模块内输入电压、电流中的谐波分量，其高频谐波将经过滤波电容电感组成的低阻抗支路，不流经电网。从而可知，系统滤波参数需要满足的条件为

$$\begin{cases} \dfrac{1}{2\pi f_0 C_{\text{lb}}} \gg 2\pi f_0 L_{\text{lb2}} \\ \dfrac{1}{2\pi f_{\text{sw}} C_{\text{lb}}} \ll 2\pi f_{\text{sw}} L_{\text{lb2}} \end{cases} \tag{2-59}$$

(9) QPR 控制参数 k_{p}、k_{r}、ω_{i} 设计。

由式(2-59)可知，当 $\omega_0 = 314\text{rad/s}$，$k_{\text{p}} = 1$、2、3 时，QPR 控制器伯德曲线如图 2-29 所示。

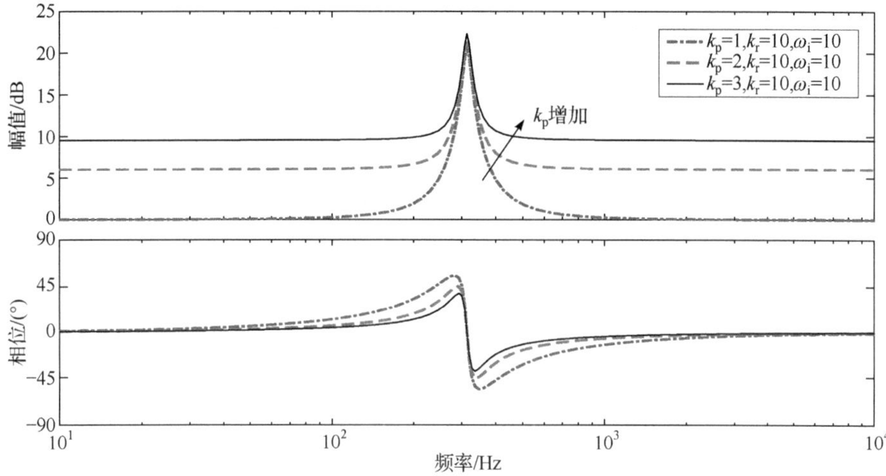

图 2-29　k_p=1、2、3 的 QPR 控制器伯德图

由图 2-29 可知，低频、高频的幅值以及相位裕度大小将随着 k_p 取值的增大而增大，合理的取值将有助于系统准确性与快速性的平衡，其取值为

$$k_p = \frac{2\pi f_g (L_{lb1} + L_{lb2} + L_{lbc})}{u_{dc}} \tag{2-60}$$

式中，f_g 表示 QPR 控制系统的开环截止频率。

取 $k_p = 1$，当 $k_r = 10$，$\omega_i = 10$；$k_r = 10$，$\omega_i = 20$；$k_r = 20$，$\omega_i = 10$ 时，可得 QPR 控制器伯德曲线如图 2-30 所示。

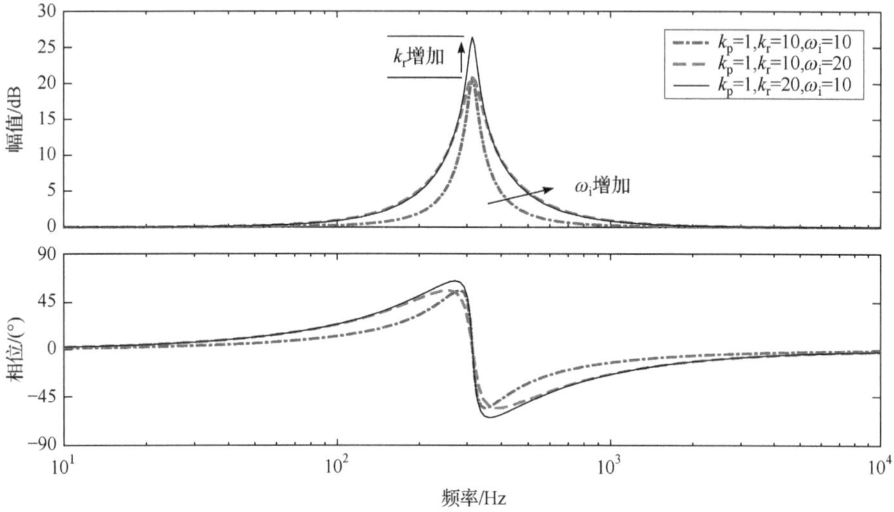

图 2-30　k_r 与 ω_i 参数变化时的 QPR 控制器伯德图

由图 2-30 可知，幅值增益大小将随着 k_r 取值的增大而增大，系统带宽将随着 ω_i 取值的增大而增大。合理的 k_r 取值有助于提高系统稳态误差，合理的 ω_i 取值有助于提高系统抗扰动能力。令 $k_p = 1$，结合式(2-59)可知，QPR 控制传递函数为

$$\begin{cases} G_{QPR}\left(j\omega\right) = \dfrac{k_r}{1 + j(\omega^2 - \omega_0^2)/2\omega_i\omega} \\ \left|G_{QPR}\left(j\omega\right)\right| = \dfrac{k_r}{\sqrt{2}} \end{cases} \tag{2-61}$$

由式(2-61)可得，系统带宽 $d=\omega_i/\pi$，电网电压频率(50Hz)允许存在±5%的偏差，取 d=1Hz，故 ω_i=3.14rad/s。为了保证系统幅值的增益，取 k_r=100。

2.4 本 章 小 结

本章对比分析了四种抑制 LCL 滤波器谐振的有源阻尼方法，选取了谐振抑制效果最好的电容电流反馈有源阻尼，对比分析了三种常用控制器对并网基准电流的无静差跟踪效果，并最终选取 QPR 控制器作为本书所采用的电流控制器，在此基础上建立了弱电网下考虑控制延时的 LCL 型并网逆变器系统数学模型；设计了逆变器模型中的 LCL 滤波器参数。

进一步阐述了组串式 LLCL 型光伏逆变器的光伏电池模块、MPPT 控制模块、蓄电池储能模块、DC/DC 整流模块、DC/AC 逆变模块、滤波模块以及并网输出模块，并对 LLCL 型系统数学建模，选取坐标轴之间无交错耦合的 $\alpha\beta$ 坐标系模型，并对组串式 LLCL 型光伏逆变器系统进行建模分析及直流侧电压、滤波电容、电感等主要参数进行设计，为后面谐振问题研究提供模型框架。

第3章　基于阻抗和频率特性LCL型光伏逆变器谐振机理

光伏发电多以光伏逆变器集群的形式并网发电，多台逆变器并入弱电网时会构成一个复杂的高阶网络。光伏逆变器集群和电网之间的阻抗交互影响使系统容易产生谐振问题，严重时可能导致系统失去稳定性。电网阻抗的宽范围变化也可能会使原工作于稳定状态的系统发生谐振。本章首先利用阻抗分析法对光伏逆变器集群系统进行了稳定性分析，推导了光伏逆变器集群系统不因谐波谐振而发生失稳的条件。然后对光伏逆变器集群系统频率特性进行了分析，推导出光伏逆变器集群系统中存在两个谐振频率，其中一个谐振频率为自身谐振，其频率不会发生改变。另一个为集群谐振，其谐振频率会随着并网逆变器台数的增加而减少。

3.1　基于阻抗分析和频率特性光伏逆变器集群谐振机理

3.1.1　基于阻抗分析法的谐振机理分析

通常光伏发电是通过光伏逆变器实现并网发电，此时并网逆变器和电网之间会形成一个互相耦合的互联系统。光伏逆变器集群系统结构本身和控制系统间存在交互影响。对这种影响可能导致的不良后果受到了国内外学者的广泛关注[63-67]。20世纪70年代，Middlebrook首次提出阻抗稳定性分析方法。阻抗稳定性分析方法将电网络分为电源子系统和负载子系统，其中电源子系统通常用等效电路表示，负载子系统由一个负载阻抗表示。该系统可用反映子模块频域端口特性—输出/输入阻抗(导纳)进行描述。基于阻抗分析方法的前提条件是：负载子系统与电源子系统运行时是稳定的，自稳性是阻抗分析的前提条件。图3-1即为反映子系统端

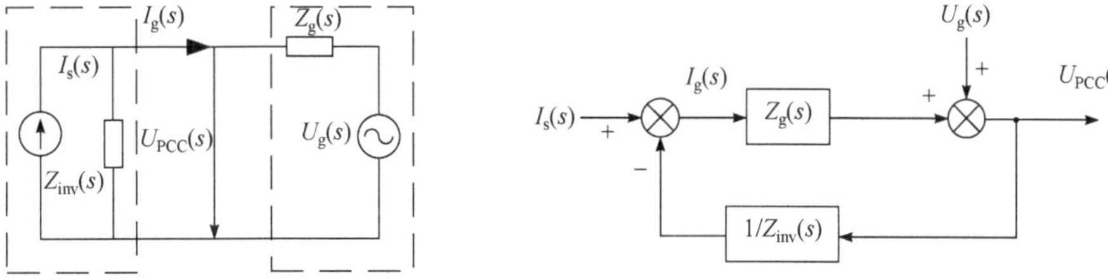

(a) 阻抗分析法等效电路　　(b) 数学模型

图3-1　系统阻抗分析法等效电路及数学模型

口特性的阻抗分析法等效电路及数学模型。

图 3-1 中 $U_{PCC}(s)$为公共耦合点的电压；$I_s(s)$为等效电流源输出电流；$Z_{inv}(s)$为逆变器等效输出阻抗；$I_g(s)$为并网电流；$U_g(s)$电网等效电压源；$Z_g(s)$为电网阻抗。从 PCC 端口处将光伏逆变器等效为电流源和输出阻抗并联的形式，将电网等效为电网等效电压源与电网阻抗串联的形式。

根据叠加定理可求出图 3-1(a)中的并网电流 $I_g(s)$表达式为

$$I_g(s)=\frac{Z_{inv}(s)}{Z_{inv}(s)+Z_g(s)}I_s(s)-\frac{1}{Z_{inv}(s)+Z_g(s)}U_g(s) \tag{3-1}$$

式(3-1)可以改写为

$$U_g(s)=\left[I_s(s)-\frac{U_g(s)}{Z_{inv}(s)}\right]\frac{1}{1+T_m(s)} \tag{3-2}$$

式中

$$T_m(s)=\frac{Z_g(s)}{Z_{inv}(s)} \tag{3-3}$$

式(3-2)中$[I_s(s)-U_g(s)/Z_{inv}(s)]$为光伏并网逆变器并入强电网时的并网电流 $I_g(s)$。式(3-3)中 $T_m(s)$定义为系统的最小环路增益。因此，如果光伏逆变器控制系统本身是稳定的，那么这部分就不会导致光伏逆变器因谐波谐振而导致系统失稳。从系统等效电路图数学模型中可知 $1/[1+T_m(s)]$为光伏逆变器等效电流源 $I_s(s)$到并网电流 $I_g(s)$的闭环传递函数。由阻抗分析法可知，当且仅当系统最小增益 $T_m(s)$满足奈奎斯特稳定性判据时，光伏逆变器并网系统是稳定的。从以上的分析可知，当自身控制系统稳定的单台光伏并网逆变器并入电网时，系统处在稳定状态的条件为：

(1) 电网阻抗 $Z_g(s)=0$ 时或单台光伏逆变器并入强电网时。

(2) 系统最小增益 $T_m(s)$即电网阻抗与光伏逆变器输出阻抗的比值满足奈奎斯特判据。此时，电网阻抗 $Z_g(s)$与光伏逆变器输出阻抗 $Z_{inv}(s)$的幅频特性曲线不存在交截；或者电网阻抗 $Z_g(s)$与光伏逆变器输出阻抗 $Z_{inv}(s)$的幅频特性曲线存在交截，但是交截频率 f_{int} 处的相位裕度为正，相位裕度可以表示为

$$\mathrm{PM}=180^\circ-\left[\angle Z_g(\mathrm{j}2\pi f_{int})-\angle Z_{inv}(\mathrm{j}2\pi f_{int})\right] \tag{3-4}$$

前面分析了单台光伏逆变器并网逆变器并入电网时，系统不发生谐波谐振的条件。用相似的方法也能对光伏逆变器集群系统稳定性进行分析。从光伏逆变器集群系统的公共连接点端口处分别对光伏逆变器侧和电网侧作诺顿等效，可以得到光伏逆变器集群系统的等效电路图如图 3-2 所示。

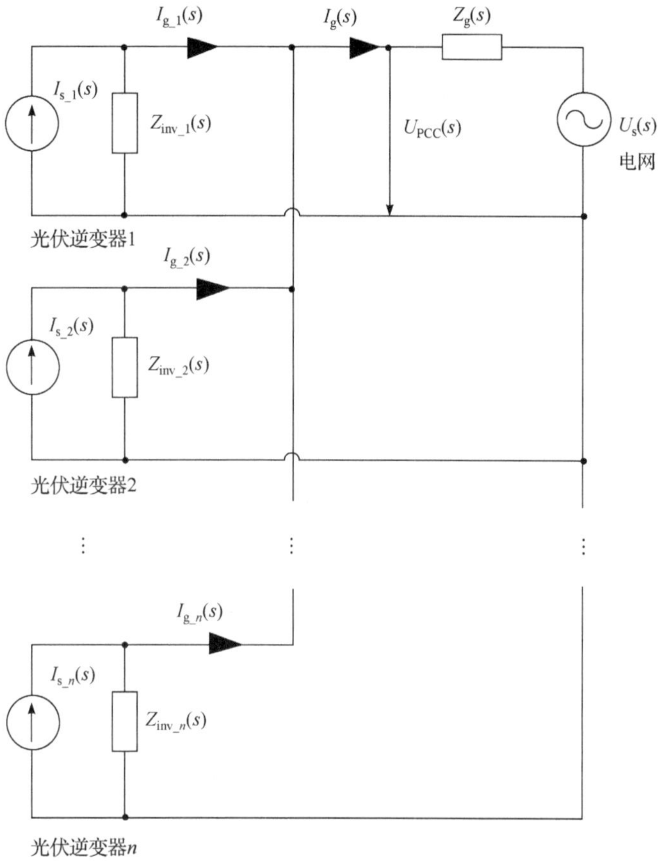

图 3-2　光伏逆变器集群并网等效电路

图 3-2 中，$U_s(s)$为等效电网电压；$Z_g(s)$为等效电网阻抗；$I_g(s)$为光伏逆变器集群系统向电网输送的总电流；$I_{s_i}(s)$和 $I_{g_i}(s)$分别代表光伏逆变器集群中第 i 台逆变器的电流指令及输出电流；$Z_{inv_i}(s)$表示等效电路中第 i 台光伏逆变器的输出阻抗。根据基尔霍夫电流定律，可以写出光伏逆变器集群系统中第 i 台逆变器并网电流 $I_{g_i}(s)$和总并网电流 $I_g(s)$的表达式

$$I_{g\_i}(s)=I_{s\_i}(s)-\frac{U_{PCC}}{Z_{inv\_i}},\quad i=1,2,\cdots,n \tag{3-5}$$

$$I_g(s)=\frac{U_{PCC}(s)-U_g(s)}{Z_g(s)} \tag{3-6}$$

光伏逆变器集群系统通常采用同一品牌同一型号的光伏逆变器，且逆变器控制算法和电气参数均相同，即

$$Z_{inv\_1}(s)=Z_{inv\_2}(s)=\cdots=Z_{inv\_n}(s) \tag{3-7}$$

在光伏逆变器集群系统的诺顿等效电路中，多台光伏逆变器的输出阻抗可以等效为总并联输出阻抗 $Z_{\text{inv\_p}}(s)=Z_{\text{inv\_1}}//Z_{\text{inv\_2}}//\cdots//Z_{\text{inv\_}n}$。根据光伏逆变器集群并网等效电路可以得到其对应的数学模型，如图 3-3 所示。

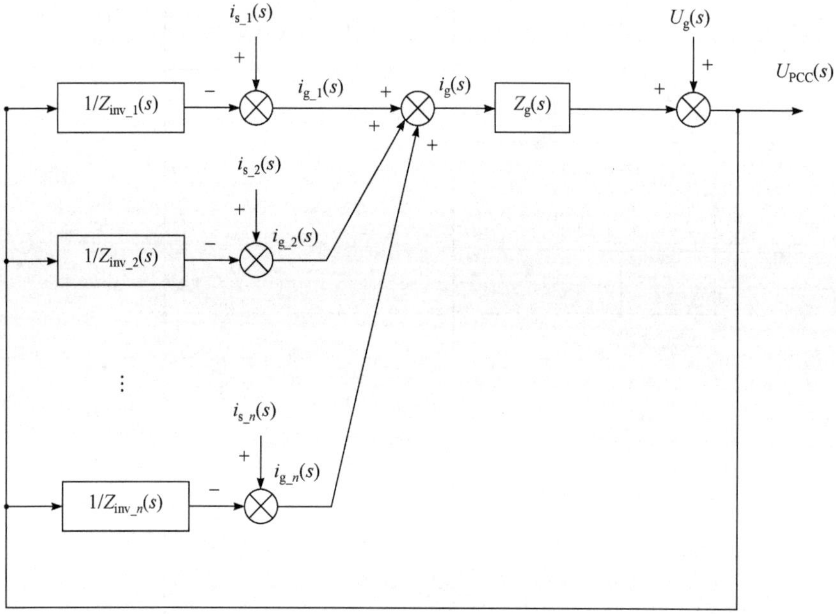

图 3-3　光伏逆变器集群数学模型

将光伏逆变器集群数学模型中的并联电阻及电流源合并，可将图 3-3 简化，简化后的数学模型如图 3-4 所示。

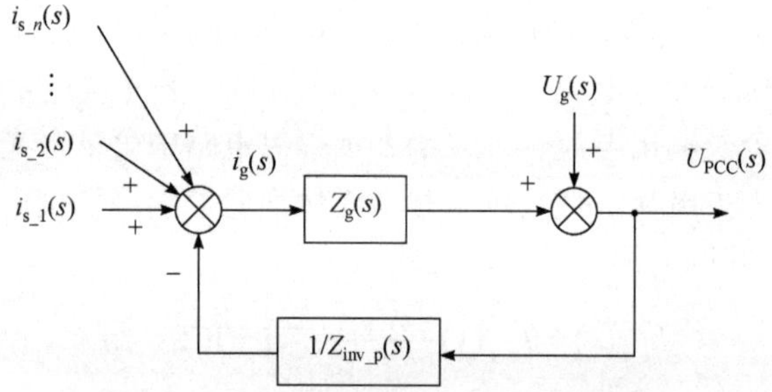

图 3-4　光伏逆变器集群系统简化数学模型

图 3-4 中公共连接点电压 $U_{\text{PCC}}(s)$可以利用叠加定理求出，$U_{\text{PCC}}(s)$的表达式为

$$U_{\text{PCC}}(s)=\frac{Z_{\text{inv\_p}}(s)Z_{\text{g}}(s)}{Z_{\text{inv\_p}}(s)+Z_{\text{g}}(s)}\sum_{k=1}^{n}i_{sk}(s)+\frac{Z_{\text{inv\_p}}(s)}{Z_{\text{inv\_p}}(s)+Z_{\text{g}}(s)}U_{\text{g}}(s) \tag{3-8}$$

式(3-8)可以改写为

$$U_g(s)=\left[\sum_{k=1}^{n} i_{sk}(s)Z_g(s)+U_g(s)\right]\frac{1}{1+T_m(s)} \tag{3-9}$$

式中

$$T_m(s)=\frac{Z_g(s)}{Z_{inv\_p}(s)} \tag{3-10}$$

与单台光伏逆变器分析类似，若单台光伏逆变器在电网阻抗 $Z_g(s)=0$ 的情况下是稳定的，那么式(3-9)中括号部分就是稳定的。由阻抗分析法可知，当且仅当系统等效环路增益 $T_m(s)$满足奈奎斯特稳定性判据时，光伏逆变器集群系统是稳定的。从以上的分析可知，光伏逆变器集群系统并入电网时，系统不因谐波谐振而失去稳定性的条件为：

(1) 电网阻抗 $Z_g(s)=0$ 时或光伏逆变器集群系统并入强电网时。

(2) 系统最小增益 $T_m(s)$即电网阻抗与光伏逆变器集群系统总输出阻抗的比值满足奈奎斯特判据。此时，电网阻抗 $Z_g(s)$与光伏逆变器集群系统总输出阻抗 $Z_{inv_p}(s)$的幅频特性曲线不存在交截；或者电网阻抗 $Z_g(s)$与光伏逆变器输出阻抗 $Z_{inv_p}(s)$的幅频特性曲线存在交截，但是交截频率 f_{int} 处的相位裕度为正。相位裕度可以表示为

$$\mathrm{PM}=180^\circ-\left[\angle Z_g(\mathrm{j}2\pi f_{int})-\angle Z_{inv\_p}(\mathrm{j}2\pi f_{int})\right] \tag{3-11}$$

3.1.2　基于频率特性的光伏逆变器集群谐振机理分析

单台光伏逆变器并网模型如图 3-5 所示，其交流侧的 LCL 滤波器会构成一个三阶电路。

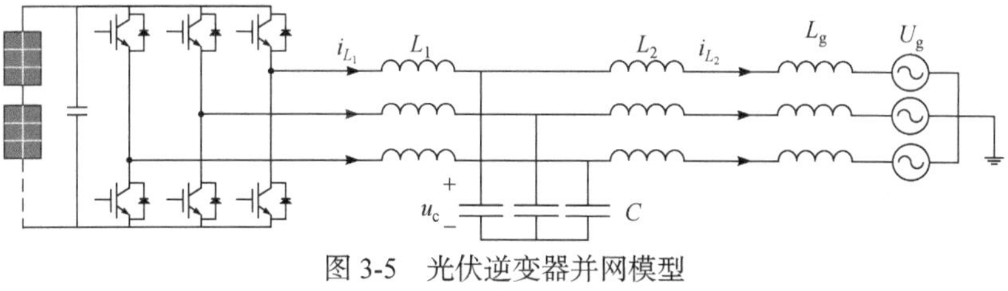

图 3-5　光伏逆变器并网模型

光伏逆变器交流侧电流-电压关系可以表示为

$$\begin{cases} u_i = L_1\dfrac{\mathrm{d}i_{L_1}}{\mathrm{d}t}+u_c \\ C\dfrac{\mathrm{d}u_c}{\mathrm{d}t}=i_{L_1}-i_{L_2} \\ u_c=u_g+L_2\dfrac{\mathrm{d}i_{L_2}}{\mathrm{d}t}+L_g\dfrac{\mathrm{d}i_g}{\mathrm{d}t} \end{cases} \tag{3-12}$$

对式(3-12)进行拉普拉斯变换得

$$\begin{cases} u_{\mathrm{i}}(s) = sL_1 i_{L_1}(s) + u(s) \\ sCu_{\mathrm{c}}(s) = i_{L_1}(s) - i_{L_2}(s) \\ u_{\mathrm{c}}(s) = u_{\mathrm{g}}(s) + sL_2 i_{L_2}(s) + L_{\mathrm{g}} i_{\mathrm{g}}(s) \end{cases} \tag{3-13}$$

其控制框图如图 3-6 所示。

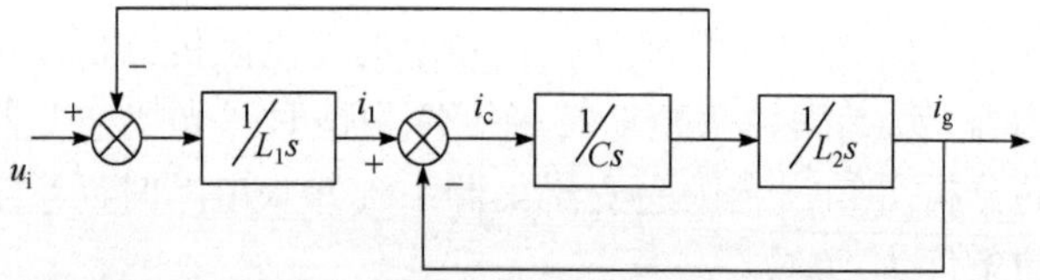

图 3-6 LCL 型逆变器等效框图

通常 LCL 滤波器电容会串联一小电阻以增加系统阻尼。在电容侧串联电阻时，并网电流 i_{g} 到输入电压 u_{i} 之间的传递函数为

$$G(s) = \frac{RCs+1}{L_1L_2Cs^3 + (L_1+L_2)RCs^2 + (L_1+L_2)s} \tag{3-14}$$

当电容支路不存在阻尼电阻 R 时，逆变器频率特性曲线如图 3-7 所示。并网电流 i_{g} 到输入电压 u_{i} 之间的传递函数为

$$G(s) = \frac{1}{L_1L_2Cs^3 + (L_1+L_2)s} \tag{3-15}$$

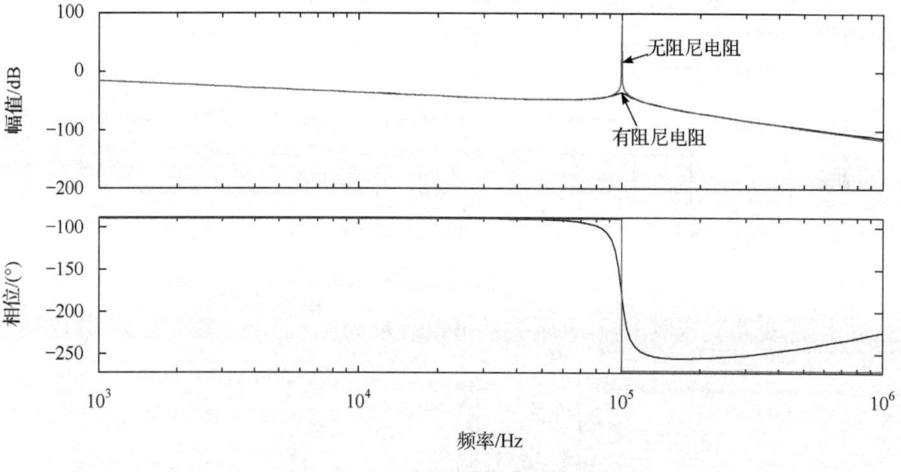

图 3-7 LCL 型逆变器频率特性

由图 3-7 可知 LCL 逆变器本身存在一个谐振尖峰。在电容支路串联一个电阻能够增加光伏逆变器阻尼从而抑制单台逆变器的谐振问题。通常阻尼电阻越大，

对谐振的抑制效果就越好，但是过大阻尼电阻会消耗过多额外的能量。

光伏逆变器集群系统的频率特性与单台光伏逆变器并网有很大区别。光伏逆变器集群系统中包括多台光伏逆变器，多台逆变器并联接入公共连接点后再接入大电网。光伏逆变器集群系统原理图如图 3-8 所示。

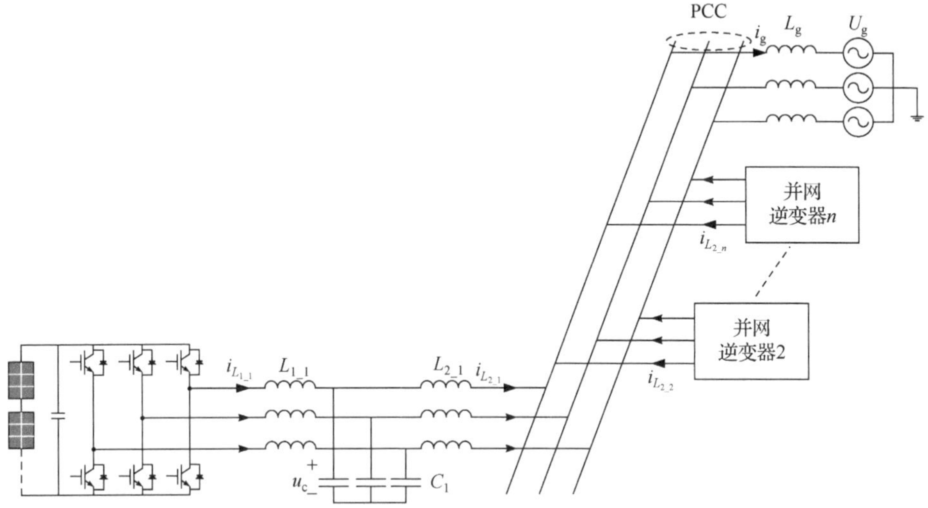

图 3-8　光伏逆变器集群系统原理图

以两台光伏逆变器并网为例，其控制框图如图 3-9 所示。

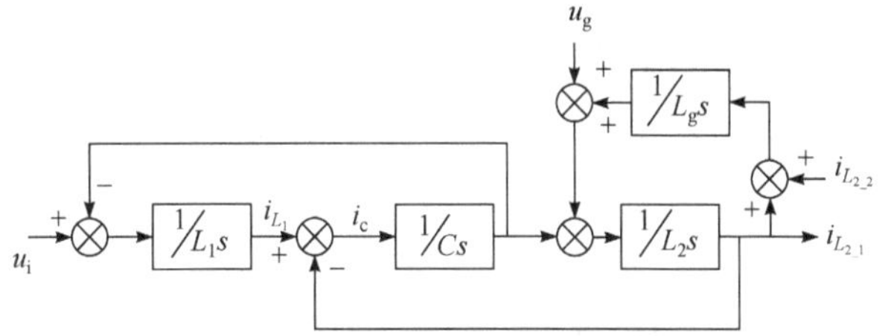

图 3-9　光伏逆变器集群并网控制框图

令 $G_1(s)=1/(L_{1\_1}s)$；$G_c(s)=1/(C_1s)$；$G_2(s)=1/(L_{2\_1}s)$；$G_g(s)=1/(L_gs)$。则光伏逆变器集群输出电流对参考电压的传递函数为

$$G_p(s)=\frac{G_1(s)G_2(s)G_2(s)}{G_k(s)+1} \tag{3-16}$$

式中，$G_k(s) = G_1(s)G_c(s)+G_c(s)G_2(s)+G_1(s)G_c(s)G_2(s)+G_2(s)G_g(s)+G_1(s)G_2(s)G_g(s)+G_1(s)G_c(s)G_2(s)G_g(s)$。

根据式(3-16)得出系统有两个谐振频率，谐振频率分别为

$$\begin{cases} f_1 = \dfrac{1}{2\pi}\sqrt{\dfrac{L_{1\_1}+L_{2\_1}}{L_{1\_1}C_1L_{2\_1}}} \\ f_2 = \dfrac{1}{2\pi}\sqrt{\dfrac{L_{1\_1}+L_{2\_1}+2L_g}{L_{1\_1}C_1(L_{2\_1}+2L_g)}} \end{cases} \tag{3-17}$$

由式(3-17)可见系统中存在两个谐振频率，其中f_1是LCL型逆变器自身产生的谐振，f_2为光伏逆变器集群系统和电网阻抗L_g相互耦合产生的。随着光伏逆变器并联台数的增加，光伏逆变器集群等效输出电阻会逐渐变小，折算到单台逆变器中相当于电网阻抗逐渐增加。由光伏集群系统和电网阻抗L_g相互耦合产生的谐振频率会发生变化。此时光伏逆变器集群并网频率特性如图3-10所示，逆变器集群并网产生的谐振频率会随着并网逆变器数量的增加而减少，而光伏逆变器的自身谐振频率则保持不变。

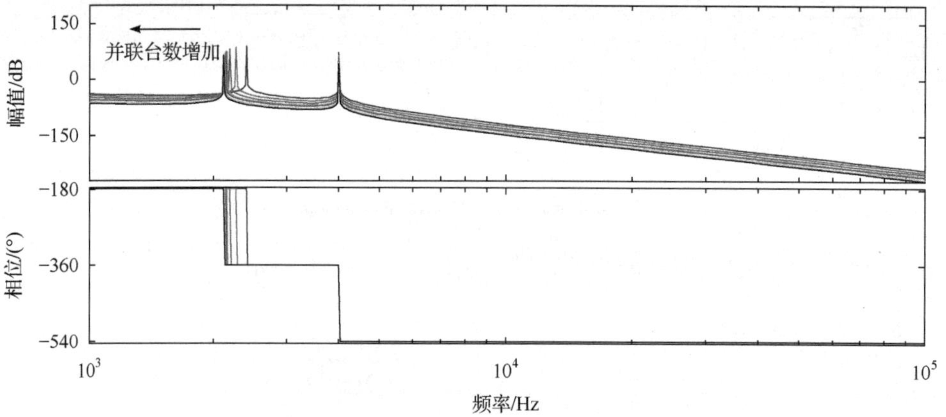

图3-10　光伏逆变器集群并网频率特性图

3.2　并网逆变器阻抗交互谐振机理

3.2.1　逆变器输出阻抗与感性电网阻抗单交互谐振机理

根据式(3-18)可以看出，当电网阻抗为感性时，并网逆变器系统的并网电流质量与nZ_g/Z_o和u_g有关。并网电流i_{gk}是被k台并网逆变器电流源i_{ck}和电网电压u_g共同影响的，即逆变器之间、逆变器与电网之间相互耦合，而在所有逆变器参数相同的情况下，可假定每台逆变器的电流环输入并网电流基准值是相等的，因此逆变器之间的交互电流为零，此时系统中的交互耦合作用只存在于逆变器与电网之间[68-70]。

电网电压 u_g 中通常含有丰富的低次背景谐波，这些低次谐波会导致并网电流 i_g 中的谐波含量增加，而基波分量会使并网电流 i_g 和并网电流基准值 i_{ref} 之间产生稳态误差，根据基本控制理论，可以通过改变并网电流基准值来减小电网电压给系统带来的干扰[71-73]。

若不考虑电网阻抗，即当 $Z_g = 0$ 时，能够保证并网逆变器系统是稳定的。若考虑电网阻抗，即当 $Z_g \neq 0$ 时，并网逆变器系统是否稳定取决于 $1/(1+nZ_g/Z_o)$ 的值，此时，若等效电网阻抗看作网侧滤波电感的组成部分，可以得到逆变器电流双闭环控制框图如图 3-11 所示，图中 $L_t=L_2+L_g$。

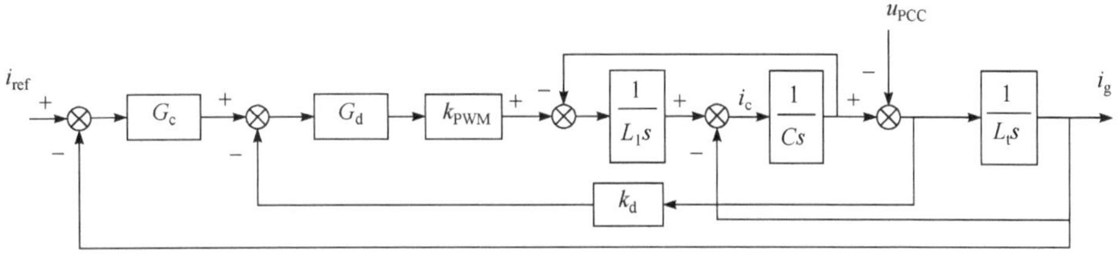

图 3-11　考虑电网阻抗的逆变器双闭环控制框图

此时的电流环开环传递函数为

$$G_o = \frac{G_c k_{PWM} G_d}{s^3 C L_1 L_t + s^2 k_{PWM} G_d k_d L_t C + s(L_1 + L_t)} \tag{3-18}$$

式中，G_c 采用 QPR 控制器，其表达式为

$$G_c = k_p + \frac{2k_r \omega_c s}{s^2 + 2\omega_c s + {\omega_o}^2} \tag{3-19}$$

结合式(3-18)，可得三相 LCL 并网逆变器存在谐振角频率 ω_r 为

$$\omega_r = \sqrt{\frac{L_1 + L_2 + nL_g}{L_1(L_2 + nL_g)C}} \tag{3-20}$$

即谐振频率 f_r 为

$$f_r = \frac{1}{2\pi}\sqrt{\frac{L_1 + L_2 + nL_g}{L_1(L_2 + nL_g)C}} \tag{3-21}$$

为便于分析，由公式(3-6)可得出输出阻抗 Z_o 与感性电网阻抗 Z_g 频率特性交互曲线如图 3-12 所示。

由图 3-12 可以看到，Z_o 与 Z_g 的幅频特性曲线存在幅值相等的交互点，且交点会随着电网阻抗 Z_g 值的升高而向低频移动，而 Z_o 与 Z_g 的相频特性曲线不变，此时交点频率处的相位差均为 180°。

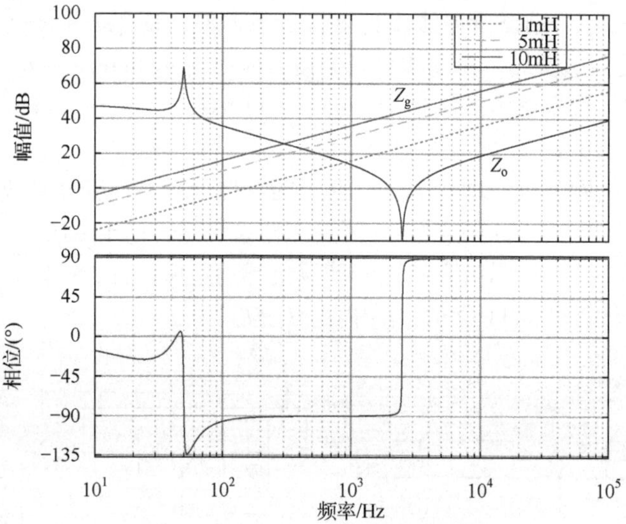

图 3-12 Z_o与Z_g频率特性交互曲线

将 $s = j\omega$代入式(3-19)可以得到电流环开环传递函数 G_o 的幅频特性以及系统稳定裕度随电网阻抗变化的曲线分别如图 3-13、图 3-14 所示。

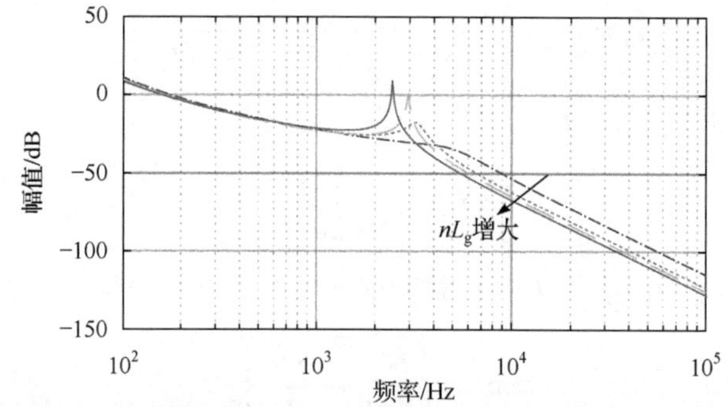

图 3-13 G_o随 nL_g变化的幅频特性曲线

根据图 3-13、图 3-14 结合式(3-19)可以看出，当逆变器并网数量 n 增大，G_o 的谐振尖峰逐渐增大，系统的相位和幅值裕度都递减至零，并网逆变器的谐振频率 f_r 会降低，且当逆变器并网数量 n 持续增大，谐振频率 f_r 的下降速度逐渐变慢，而系统相位裕度和幅值裕度均降低到零值以下，此时的并网逆变器系统进入不稳定运行状态，即逆变器参数一致的三相 LCL 光伏并网系统谐振是由于电流环开环传递函数相位和幅值裕度降低至零甚至负数，因此，为了抑制系统谐振，需要保证稳定裕度足够大。根据并网系统控制理论[74-76]，当 Z_g/Z_o 满足奈奎斯特稳定判据时 $1/(1+nZ_g/Z_o)$的极点不出现在右半平面，即该系统是稳定的。综上，并

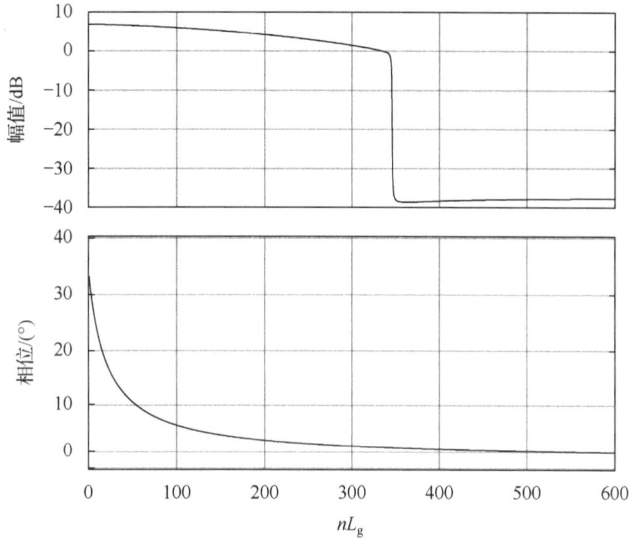

图 3-14　系统稳定裕度变化曲线

网逆变器系统稳定运行需要满足：当 $Z_g=0$ 时，并网逆变器系统是稳定的；当 $Z_g\neq 0$ 时，输出阻抗 Z_o 与电网阻抗 Z_g 幅频曲线交截点 f_{cr} 处的相位裕度 θ_{PM} 大于零，并网逆变器系统达到稳定状态。

相位裕度 θ_{PM} 的表达式为

$$\theta_{PM}=180°-\left[\angle Z_g(j2\pi f_{cr})-\angle Z_o(j2\pi f_{cr})\right] \tag{3-22}$$

当电网阻抗 $Z_g=sL_g$ 时相位可近似等于 90°，所以相位裕度 θ_{PM} 的表达式可表示为

$$\theta_{PM}=90°+\angle Z_o(j2\pi f_{cr}) \tag{3-23}$$

由式(3-18)可知，当 Z_g 与 Z_o 的幅频曲线不相交时，电网阻抗 Z_g 的模值较小，此时 Z_g/Z_o 的模值小于 1，并网系统处于稳定状态；当电网阻抗 Z_g 与逆变器输出阻抗 Z_o 的幅频曲线之间存在交截点 f_{cr} 时，在交截点 f_{cr} 处 Z_g/Z_o 的模值等于 1，此时并网系统的稳定性较弱，为了保证系统稳定，需要使式(3-23)中 θ_{PM} 的值大于 0°，即需要保证逆变器输出阻抗 Z_o 的相位始终大于−90°。

从图 3-12 中可以看出，当电网阻抗为感性时，逆变器输出阻抗 Z_o 在低频波段上的相位可以始终保持在−90°以上，但在一些较高频段内 Z_o 的相位与−90°相近，此时系统的稳定裕度较低，这可能会导致系统不稳定，所以研究适当的控制策略以保证单谐振并网系统的稳定性非常必要。

3.2.2　逆变器输出阻抗与传输线阻抗多交互谐振机理

为分析逆变器输出阻抗 Z_o 与传输线阻抗 Z_l 的交互情况，得出 Z_o 与 Z_l 交互频

率特性曲线如图 3-15 所示。

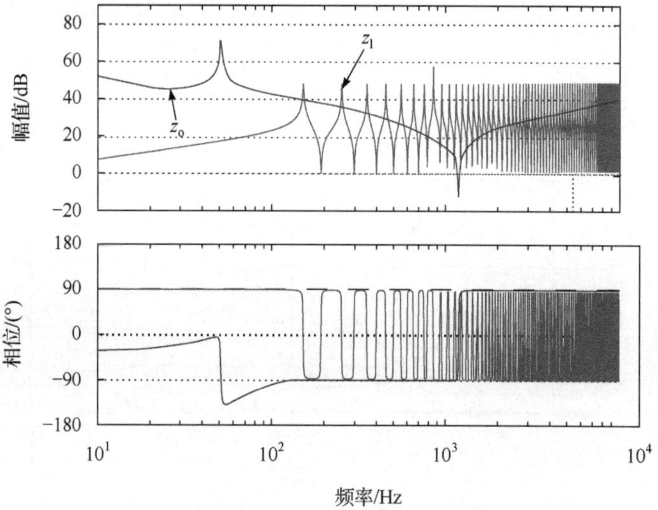

图 3-15 Z_o 与 Z_l 交互频率特性曲线

由图 3-15 可看出，Z_o 与 Z_l 幅值相等的幅频特性曲线交点数明显比与感性电网阻抗 Z_g 的交点数量多，这是由于传输线阻抗 Z_l 具有高阶的电路模型[77-78]，因此其幅频特性曲线出现穿越 0dB 的谐振尖峰数量多，且当频率向高频段移动时，谐振峰会越来越密集，逆变器输出阻抗 Z_o 与传输线阻抗 Z_l 之间的交互点也随之增多。特别是在 3、5、7 次等多个频率附近容易发生谐振现象。而由传输线阻抗的相频特性曲线可看出，幅频特性曲线每出现一个谐振尖峰，其相位都会穿越 ±90°。

根据式(3-21)可以看出，当电网阻抗为传输线阻抗时，并网逆变器系统的并网电流质量与 nZ_l/Z_o 和 u_g 有关。关于 u_g 的影响在上一节已经分析，所以本节不再赘述。

当传输线阻抗 Z_l=0 时，此时由于没有传输线阻抗，经过适当的 LCL 滤波器参数设计，并网电流中的谐振不会被放大，能够保证系统的稳定；当 $Z_l \neq 0$ 时，并网逆变器系统是否稳定取决于 $1/(1+nZ_l/Z_o)$的值，考虑到传输线阻抗的影响，光伏并网系统中逆变器输出阻抗与传输线阻抗会在一些频率处出现幅值相等且相位差为 180°的现象，此时系统发生谐振，且谐波电流被放大[79-81]。

综上，根据并网系统控制理论，当 Z_l/Z_o 满足奈奎斯特稳定判据时 $1/(1+nZ_l/Z_o)$的极点不出现在右半平面，此时系统是稳定的，即并网逆变器系统稳定运行需要满足：当 Z_l=0 时，并网逆变器系统是稳定的；当 $Z_l \neq 0$ 时，传输线阻抗 Z_l 与输出阻抗 Z_o 幅频特性曲线交截点 f_{cr} 处的相位裕度 θ_{PM} 大于零，并网逆变器系统达到稳定状态。

根据式(3-19)与式(3-22)得出如图 3-16 所示电网阻抗为传输线阻抗时系统的开环传递函数幅相频率特性曲线并进行分析，以佐证上述谐振交互机理的准确性。

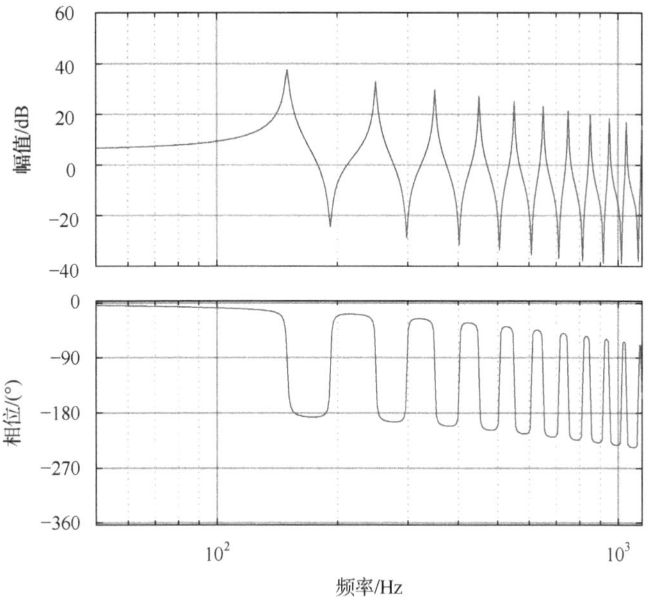

图 3-16　开环传递函数幅相频率特性曲线

由图 3-16 系统开环传递函数幅相频率特性曲线可以看出，当考虑到传输线中分布电容的影响时，系统开环函数的幅频特性曲线在 3、5、7 次等多个频率处达到 0dB 以上，且对应频率处的相频曲线穿越−180°，表明此时系统是不稳定的，证明了前文对系统谐振问题机理分析的正确性。同时，说明研究分析适当的控制策略来防止逆变器输出阻抗与传输线阻抗之间出现多谐振交互点，以保证并网系统的多谐振稳定性是非常有必要的。

由于 LCL 滤波器在高频段有着优良的滤波效果，因此逆变器的输出电流在经过 LCL 滤波器之后，产生的并网电流中高频谐波占比非常低，即便系统出现了高频谐振现象，经过谐振放大后的高频谐波含量仍然很低，所以在本章中只考虑 3、5、7 次谐波对并网电流的影响。

3.3　本 章 小 结

本章根据已得电压电流方程构建双闭环控制下 LCL 并网逆变器输出阻抗模型，推导了光伏逆变器集群系统因谐波谐振而发生失稳的条件，对光伏逆变器集群系统频率特性进行了分析。从文中推导出光伏逆变器集群系统中存在两个谐振频率，其中一个谐振频率为自身谐振，其频率不会发生改变。另一个为光伏逆变器集群系统和电网阻抗相互耦合产生的。其谐振频率会随着并网逆变器台数的增加而减少。并分析讨论电网电压和电网阻抗对并网系统的影响作用；当电网阻抗为感性时，通过幅相频率特性曲线分析逆变器输出阻抗与感性电网阻抗之间的单交互谐振机理；当考虑传输线路中分布电容的影响时，推导出传输线等效阻抗，并通过幅相频率特性曲线分析逆变器输出阻抗与传输线阻抗之间的多交互谐振机理。

第 4 章 基于导纳分块叠加的 LLCL 型光伏逆变器谐振机理

随着光伏并网逆变器系统中大量感性、容性元件的加入，电气组件间的串、并联将会使得系统在高阶网络下产生谐振，严重时将导致电网失稳，因此对多逆变器系统的高频谐振机理进行研究十分必要。本章分析了 LLCL 型光伏单逆变器系统谐振机理，针对组串式 LLCL 型光伏逆变器系统的复杂耦合问题，提出一种基于导纳分块叠加的谐振机理分析方法。首先通过导纳分块推导逆变器自身谐振机理、集群谐振机理以及并网谐振机理，然后通过导纳叠加双维度谐振机理稳定判据对系统谐振进行稳定性判定，最后通过仿真软件验证了本章所提谐振机理研究方法的正确性。

4.1 LLCL 型光伏单逆变器谐振机理

光伏单逆变器并网系统输出阻抗等效电路如图 4-1 所示。图中，$i_{ac_\alpha\beta}(s)$和$u_{dw_\alpha\beta}(s)$分别表示逆变模块等效电流源和并网模块等效电压源，$Z_{nb}(s)$和 $Z_{bw}(s)$分别表示逆变模块和并网模块等效阻抗。

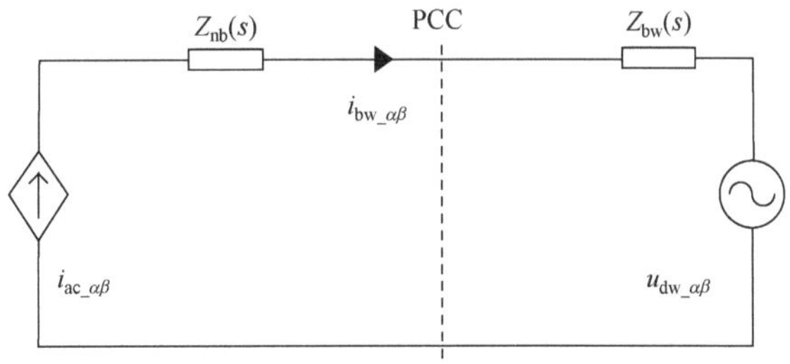

图 4-1 光伏单逆变器并网系统的输出阻抗等效电路图

$i_{ac_\alpha\beta}(s)$的表达式为

$$i_{bw\_\alpha\beta}(s)=\left[i_{ac\_\alpha\beta}(s)-I_s\right]\frac{1}{1+Z_s} \tag{4-1}$$

式中

$$\begin{cases} I_s = u_{dw\_\alpha\beta}(s)/Z_{nb}(s) \\ Z_s = Z_{bw}(s)/Z_{nb}(s) \end{cases} \tag{4-2}$$

由式(4-1)、式(4-2)可知，当逆变器并网系统输出阻抗比 Z_s 满足奈奎斯特稳定判据时，系统可保持稳定的并网状态[18]。在三相对称逆变器系统中任选某一相的并网阻抗输出进行研究，LLCL 型光伏单逆变器并网系统的阻抗输出电路如图 4-2 所示。

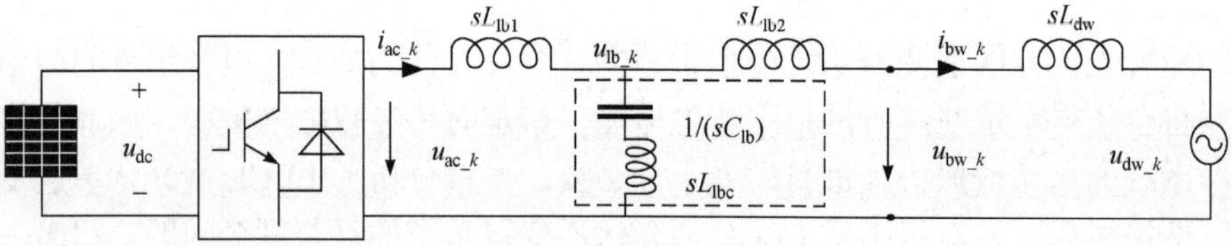

图 4-2　LLCL 型光伏单逆变器并网系统的阻抗输出电路图

图 4-2 中，L_{lb1}、L_{lb2} 分别为逆变侧、并网侧滤波电感；C_{lb}、L_{lbc} 分别为滤波支路电容、电感；L_{dw} 为电网电感；i_{ac_k}、u_{ac_k} 分别为逆变模块的交流输出电流、电压；i_{bw_k}、u_{bw_k} 分别为并网模块输入电流、电压；u_{lb_k} 为滤波电容支路电压，其中 $k=a,b,c$。可得，LLCL 型光伏单逆变器并网系统控制框图如图 4-3 所示。

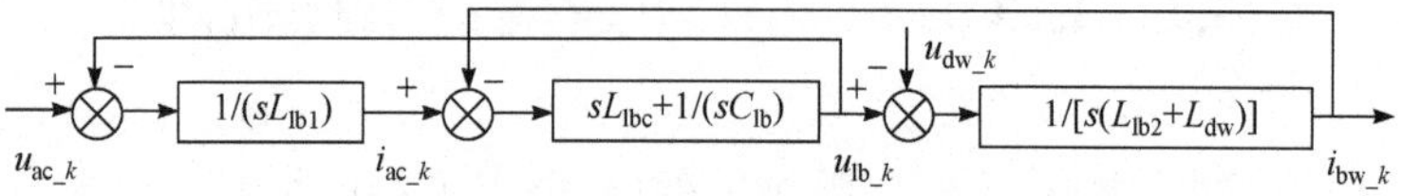

图 4-3　LLCL 型光伏单逆变器并网系统控制框图

根据主要参数设计分析可得，光伏单逆变器并网系统参数如表 4-1 所示。

表 4-1　光伏单逆变器并网系统参数

参数名称	数值
逆变侧滤波电感 L_{lb1}/mH	3
并网侧滤波电感 L_{lb2}/mH	1
电网电感 L_{dw}/mH	1
滤波电容支路电感 L_{lbc}/mH	0.2
滤波模块电容 C_{lb}/μF	5

同理可得，LLCL 型单逆变器系统并网输出电流 i_{bw_k} 对逆变模块输出电压 u_{ac_k} 的传递函数 $G_{dn}(s)$ 为

$$G_{dn}(s)=\frac{i_{\text{bw\_k}}(s)}{u_{\text{ac\_}k}(s)}=\frac{C_{\text{lb}}L_{\text{lbc}}s^2+1}{C_{\text{lb}}L_3s^3+L_4s} \tag{4-3}$$

式中

$$\begin{cases}L_3=L_{\text{lb1}}(L_{\text{lb2}}+L_{\text{dw}})+L_{\text{lbc}}L_{\text{lb1}}+L_{\text{lbc}}(L_{\text{lb2}}+L_{\text{dw}})\\ L_4=L_{\text{lb1}}+L_{\text{lb2}}+L_{\text{dw}}\end{cases} \tag{4-4}$$

由式(4-3)、式(4-4)可知，影响 LLCL 型单逆变器集群并网系统谐振产生的因素主要是滤波模块参数和并网模块阻抗参数。根据表 4-1 的参数可得，LLCL 型光伏单逆变器并网系统的幅频/相频伯德图如图 4-4 所示。

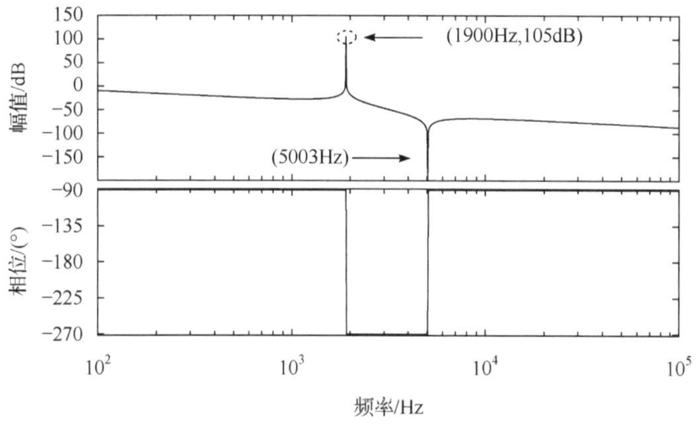

图 4-4　LLCL 型光伏单逆变器并网系统幅频/相频伯德图

由图 4-4 可知，LLCL 型光伏单逆变器并网系统中存在一个正谐振尖峰和一个负谐振尖峰，其正谐振尖峰谐振幅值为 105dB，谐振频率为 1900Hz，常称之为固有谐振频率点；另一个负的谐振频率点与开关频率 f_{sw} 非常接近，可对滤波电容支路中 L_{lbc} 和 C_{lb} 参数进行合理设定，使得谐振频率与系统开关频率重合，达到抑制开关频率处谐振的目的，在高于开关频率的高频区间，LLCL 型逆变器系统的谐波衰减速率为−20dB/10f_{sw}。

4.2　基于导纳分块叠加的 LLCL 型光伏多逆变器谐振机理

4.2.1　LLCL 型逆变器自身谐振机理

为研究逆变器自身谐振机理，可将逆变器集群谐振导纳模块和并网谐振导纳模块的谐波激励置零。基于导纳分块的 LLCL 型光伏多逆变器系统自身谐振模块的等效导纳电路如图 4-5 所示。

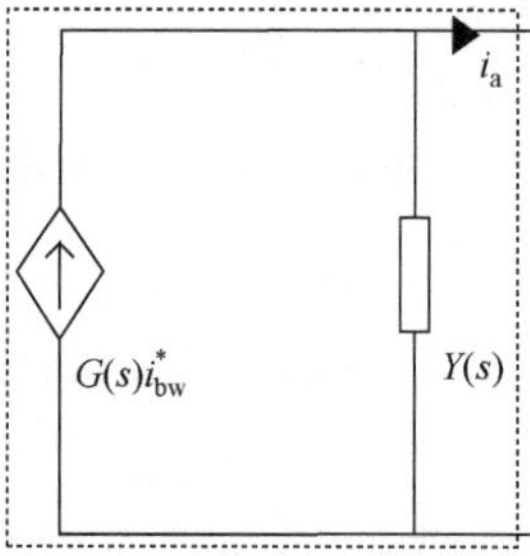

图 4-5 自身谐振模块等效导纳电路图

分析可知，组串式光伏逆变器并网系统的谐振机理可从第 p 台($p=1,2,\cdots,n$)逆变器并网输出电流 i_1 以及 n 台逆变器系统并网输出电流 i_2 两部分进行研究，其中逆变器自身等效输出电流 i_a 可表示为

$$i_a = H_a(s)i_{bw}^* = \frac{Q_{n-1}}{Q_n}\frac{G_{QPR}(s)k_{PWM}}{Q_1}i_{bw}^* \tag{4-5}$$

式中

$$\begin{cases} Q_1 = (L_{lb1}L_{lb2} + L_{lbc}L_{lb1} + L_{lbc}L_{lb2})C_{lb}s^3 \\ \qquad + k_{PWM}k_f L_{lb2}C_{lb}s^2 + (L_{lb1} + L_{lb2})s + G_{QPR}k_{PWM} \\ Q_{n-1} = \{L_{lb1}[L_{lb2} + (n-1)L_{dw}] + L_{lbc}L_{lb1} + L_{lbc}[L_{lb2} + (n-1)L_{dw}]\}C_{lb}s^3 \\ \qquad + k_{PWM}k_f[L_{lb2} + (n-1)L_{dw}]C_{lb}s^2 + \{L_{lb1} + [L_{lb2} + (n-1)L_{dw}]\}s + G_{QPR}k_{PWM} \\ Q_n = [L_{lb1}(L_{lb2} + nL_{dw}) + L_{lbc}L_{lb1} + L_{lbc}(L_{lb2} + nL_{dw})]C_{lb}s^3 \\ \qquad + k_{PWM}k_f(L_{lb2} + nL_{dw})C_{lb}s^2 + [L_{lb1} + (L_{lb2} + nL_{dw})]s + G_{QPR}k_{PWM} \end{cases} \tag{4-6}$$

i 逆变器系统由于自身谐波源激励产生的电流 i_{i1} 表达式为

$$i_{i1} = \frac{Y_{dw}(s) + (n-1)Y_i(s)}{Y_{dw}(s) + nY_i(s)}G_i(s)i_{i1}^* \tag{4-7}$$

下面将从多台相同参数类型逆变器以及两台不同参数类型逆变器对系统自身谐振机理进行研究。

(1) 相同参数类型逆变器自身谐振机理。

由式(4-7)可得 n 台 i 逆变器系统自身输出电流传递函数 $G_{ni1}(s)$为

$$G_{ni1}(s) = \frac{G_i(s)\left[(n-1)Y_i(s) + Y_{dw}(s)\right]}{nY_i(s) + Y_{dw}(s)} \tag{4-8}$$

由式(4-8)可知，当 $n=5$、10、20 台时，LLCL 型逆变器系统中 $G_{ni1}(s)$幅频特性曲线如图 4-6 所示。

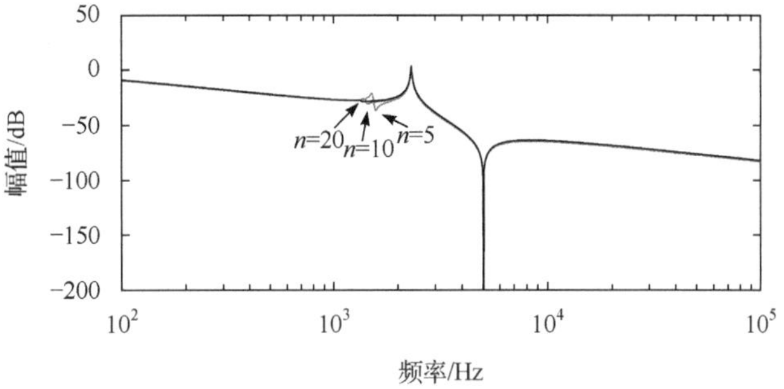

图 4-6 n=5、10、20 时对应的 $G_{ni1}(s)$幅频特性曲线图

由图 4-6 可知，逆变器系统存在一个频率固定的正谐振尖峰和负谐振尖峰频率，均不受逆变器数量变化的影响。正谐振尖峰附近产生了微小的谐振，其谐振频率随着逆变器数量的增加逐渐向低频偏移。

(2) 不同参数类型逆变器自身谐振机理。

由式(4-7)可得两台 i、j 类型逆变器系统自身输出电流传递函数 $G_{ii}(s)$和 $G_{jj}(s)$为

$$\begin{cases} G_{ii}(s)=\dfrac{G_i(s)(Y_j(s)+Y_{\mathrm{dw}}(s))}{Y_i(s)+Y_i(s)+Y_{\mathrm{dw}}(s)} \\ G_{jj}(s)=\dfrac{G_j(s)(Y_i(s)+Y_{\mathrm{dw}}(s))}{Y_i(s)+Y_i(s)+Y_{\mathrm{dw}}(s)} \end{cases} \tag{4-9}$$

由式(4-9)可知，i、j 双逆变器系统中 $G_{ii}(s)$和 $G_{jj}(s)$幅频特性曲线如图 4-7 所示。

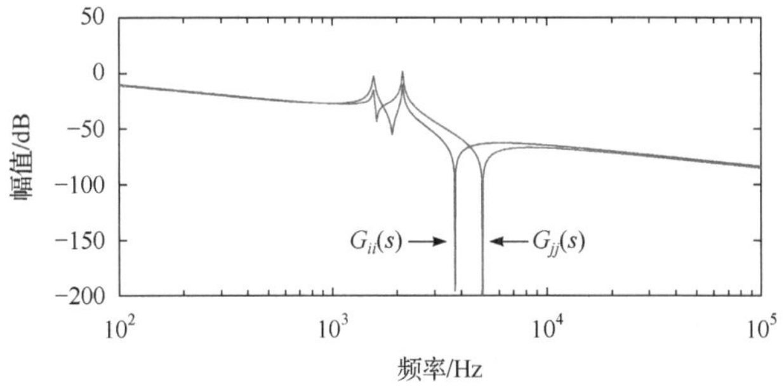

图 4-7 i、j 双逆变器系统 $G_{ii}(s)$和 $G_{jj}(s)$幅频特性曲线图

由图 4-7 可知，逆变器系统存在着两个正谐振尖峰和两个负谐振尖峰，频率较高的正谐振尖峰表现为 LLCL 型逆变器系统的固有谐振峰，其幅值和频率均受到逆变器参数的影响，开关频率处的负谐振尖峰也将出现幅值和频率的变化。不同参数的逆变器并网，对系统低频和高频的影响基本相同。

4.2.2 LLCL 型逆变器集群谐振机理

为研究逆变器集群谐振机理，将逆变器自身谐振导纳模块和并网谐振导纳模块的谐波激励置零。由图 4-5 可知，基于导纳分块的 LLCL 型光伏多逆变器集群谐振模块的等效导纳电路如图 4-8 所示。

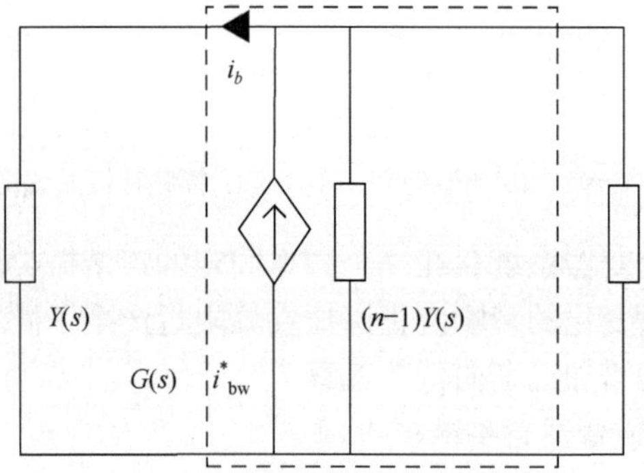

图 4-8 集群谐振模块等效导纳电路图

同理可得，逆变器集群等效输出电流 i_b 为

$$i_b = H_b(s)i^*_{bw} = \frac{Q_m}{Q_n}\frac{G_{QPR}(s)k_{PWM}}{Q_1}i^*_{bw} \tag{4-10}$$

式中

$$Q_m = (L_{lb1}L_{dw} + L_{lbc}L_{lb1} + L_{lbc}L_{dw})C_{lb}s^3 + k_{PWM}k_f L_{dw}C_{lb}s^2 + L_{dw}s \tag{4-11}$$

由式(4-11)可知，i 逆变器系统由于集群耦合谐波源激励产生的电流 i_{i2} 表达式为

$$i_{i2} = \frac{Y_i(s)}{Y_{dw}(s) + nY_i(s)}G_i(s)i^*_{i2} \tag{4-12}$$

下面将从多台相同参数类型逆变器以及两台不同参数类型逆变器对系统集群谐振机理进行研究。

(1) 相同参数类型逆变器集群谐振机理。

由式(4-12)可得 n 台 i 逆变器系统集群输出电流传递函数 $G_{ni2}(s)$为

$$G_{ni2}(s) = \frac{Y_i(s)G_i(s)}{nY_i(s) + Y_{dw}(s)} \tag{4-13}$$

由式(4-13)可知，当 n=5、10、20 时，LLCL 型逆变器系统中 $G_{ni2}(s)$幅频特性曲线如图 4-9 所示。

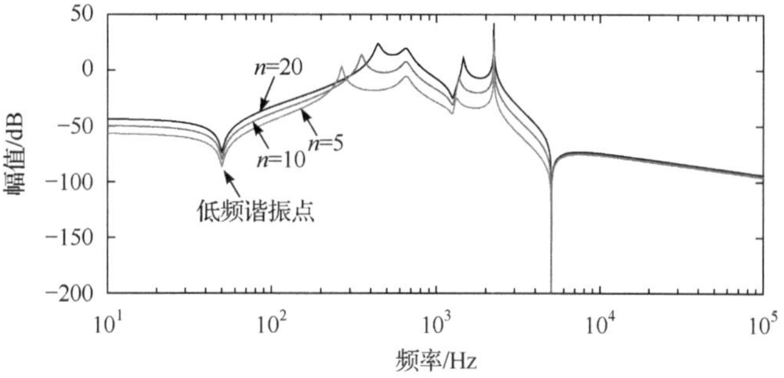

图 4-9　n=5、10、20 时对应的 $G_{ni2}(s)$幅频特性曲线图

由图 4-9 可知，逆变器数量变化对系统低频段谐振影响较大，存在一定的负低频谐振点，其谐振幅值随着逆变器数量的增加而减小。固有的正谐振尖峰和负谐振峰的频率不受逆变器数量变化的影响，谐振幅值随着逆变器数量的增加而增大，谐振尖峰附近的谐振幅值也将随之增大，反之高频段的谐振受到逆变器数量变化影响较小。

(2) 不同参数类型逆变器集群谐振机理。

由式(4-13)可得两台 i、j 类型逆变器系统集群输出电流传递函数 $G_{ij}(s)$和 $G_{ji}(s)$为

$$\begin{cases} G_{ij}(s)=\dfrac{G_j(s)Y_i(s)}{Y_i(s)+Y_i(s)+Y_{\text{dw}}(s)} \\ G_{ji}(s)=\dfrac{G_i(s)Y_j(s)}{Y_i(s)+Y_i(s)+Y_{\text{dw}}(s)} \end{cases} \tag{4-14}$$

由式(4-14)可知，i、j 双逆变器系统中 $G_{ij}(s)$和 $G_{ji}(s)$幅频特性曲线如图 4-10 所示。

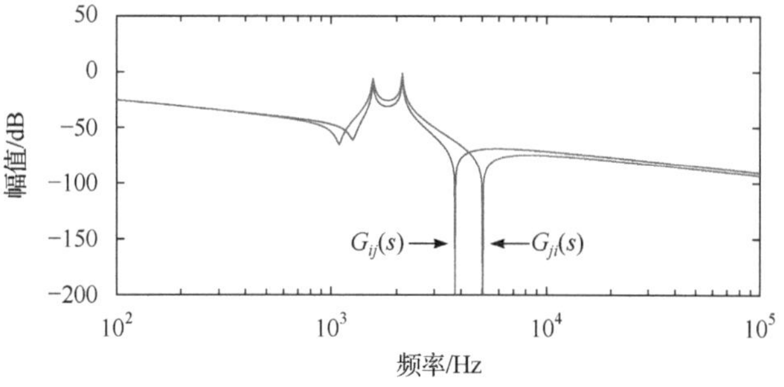

图 4-10　i、j 双逆变器系统 $G_{ij}(s)$和 $G_{ji}(s)$幅频特性曲线图

由图 4-10 可知，当 i 和 j 两种逆变器系统参数不一致时，一个系统的输出特性相当于是另一系统的谐波源，其相互作用的影响在低频段的效果基本相同。固

有的正谐振尖峰和开关频率处的负谐振尖峰均受到了逆变器参数的影响，发生了频率偏移和幅值变化，参数不同造成系统集群谐振的影响主要体现在高频段。

4.2.3 LLCL 型逆变器并网谐振机理

为研究逆变器并网谐振机理，将逆变器自身谐振导纳模块和集群谐振导纳模块的谐波激励置零。由图 4-5 可知，基于导纳分块的 LLCL 型光伏多逆变器并网谐振模块等效导纳电路如图 4-11 所示。

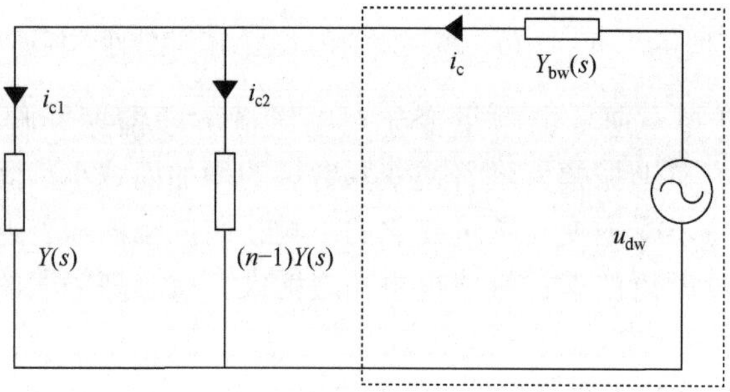

图 4-11 并网谐振模块等效导纳电路图

同理可得，逆变器并网等效输出电流 i_c 为

$$i_c = H_c(s)u_{dw} = \frac{Q_k}{Q_n}u_{dw} \tag{4-15}$$

式中

$$Q_k = L_{lb1}L_{lbc}C_{lb}s^3 + k_{PWM}k_f C_{lb}s^2 + 1 \tag{4-16}$$

i 逆变器系统由于并网谐波源激励产生的电流 i_{i3} 表达式为

$$i_{i3} = \frac{Y_{dw}(s)Y_i(s)}{Y_{dw}(s) + nY_i(s)}u_{dw} \tag{4-17}$$

下面将从多台相同参数类型逆变器以及两台不同参数类型逆变器对系统并网谐振机理进行研究。

(1) 相同参数类型逆变器并网谐振机理。

由式(4-17)可得 n 台 i 逆变器系统并网电流传递函数 $G_{ni3}(s)$ 为

$$G_{ni3}(s) = \frac{Y_{dw}(s)Y_i(s)}{Y_{dw}(s) + nY_i(s)} \tag{4-18}$$

由式(4-18)可知，当 n=5、10、20 时，LLCL 型逆变器系统中 $G_{ni3}(s)$ 幅频特性曲线如图 4-12 所示。

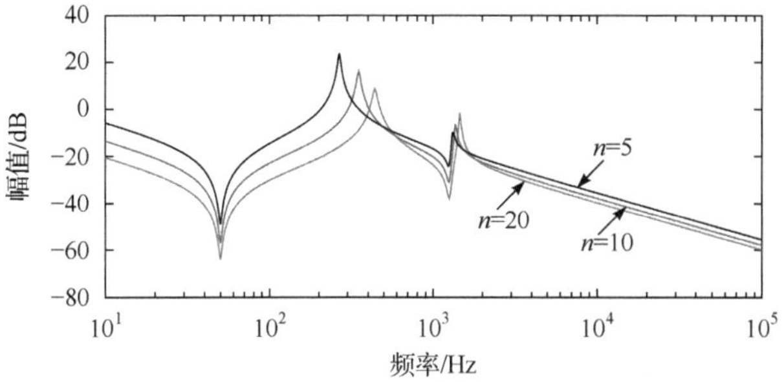

图 4-12　n=5、10、20 时对应的 $G_{ni3}(s)$幅频特性曲线图

由图 4-12 可知，i 逆变器系统自身的输出激励全部置零，系统谐振来源全由并网输出模块激励提供。相同参数类型逆变器的并联可等同于一个 LLCL 型逆变器系统与并网输出模块的串接，电网阻抗与系统相互作用产生一个并网谐振尖峰点，其谐振频率将随着逆变器数量的增加逐渐向低频移动，逆变器数量变化主要体现对系统高频段谐振的影响。

(2) 不同参数类型逆变器并网谐振机理。

由式(4-17)可得两台 i、j 类型逆变器系统并网电流传递函数 $G_{i\text{bw}}(s)$和 $G_{j\text{bw}}(s)$分别为

$$\begin{cases} G_{i\text{bw}}(s)=\dfrac{Y_i(s)Y_{\text{dw}}(s)}{Y_i(s)+Y_i(s)+Y_{\text{dw}}(s)} \\ G_{j\text{bw}}(s)=\dfrac{Y_j(s)Y_{\text{dw}}(s)}{Y_i(s)+Y_i(s)+Y_{\text{dw}}(s)} \end{cases} \tag{4-19}$$

由式(4-19)可知，i、j 双逆变器系统中 $G_{i\text{bw}}(s)$和 $G_{j\text{bw}}(s)$幅频特性曲线如图 4-13 所示。

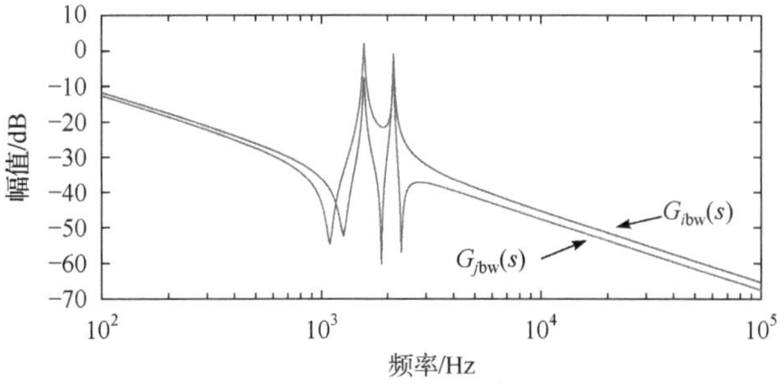

图 4-13　LLCL 型 i、j 双逆变器系统 $G_{i\text{bw}}(s)$和 $G_{j\text{bw}}(s)$幅频特性曲线图

由图 4-13 可知，光伏并网系统侧输出激励对于 i 和 j 两种并网逆变器系统来说都相当于一个谐波源，对两系统高、低频段的影响基本相同，所产生谐振频率

也基本相同，谐振幅值会受其参数不同而发生改变。在系统中段频率内，逆变器参数对并网谐振产生了明显影响。

4.2.4 LLCL 型逆变器双维度导纳谐振机理稳定判据

从谐振点的特点来看，将其分为稳定谐振点和不稳定谐振点，可从 LLCL 型光伏逆变器系统中是否存在不稳定谐振点角度来判断系统稳定性。将上述研究的分块导纳进行叠加，分析系统的全导纳状态：谐振点的产生与导纳虚部是否为零有关，而谐振点的稳定性与导纳实部是否大于零有关。因此，可通过系统导纳的虚部、实部双维度进行谐振机理稳定性判定。可用谐振点阻尼表现系统的阻尼状态，如果其值为负意味着谐振失稳，需要增加阻尼来恢复系统的稳定性[19]。因此，可将系统全导纳的实部表示谐振阻尼 R_{xz}，其表达形式为

$$R_{xz}=\mathrm{Re}\left[Y_{\mathrm{tt}}(\mathrm{j}\omega)\right]=Y_{\mathrm{tt}}(\mathrm{j}\omega)\Big|_{\mathrm{Im}\left[Y_{\mathrm{tt}}(\mathrm{j}\omega)\right]=0} \tag{4-20}$$

式中，$Y_{\mathrm{tt}}(\mathrm{j}\omega)$表示系统输出全导纳，$\mathrm{Re}[y]$、$\mathrm{Im}[y]$代表 y 的实部和虚部。

将系统全导纳进行实部、虚部双维度研究，全导纳 $Y_{\mathrm{tt}}(\mathrm{j}\omega)$表达式为

$$\begin{aligned}Y_{\mathrm{tt}}(\mathrm{j}\omega)&=\sum_{p=1}^{n}Y_{\mathrm{ac}}(\mathrm{j}\omega)+Y_{\mathrm{dw}}(\mathrm{j}\omega)\\&=\left\{\mathrm{Re}\left[\sum_{p=1}^{n}Y_{\mathrm{ac}}(\mathrm{j}\omega)\right]+\mathrm{Re}\left[Y_{\mathrm{dw}}(\mathrm{j}\omega)\right]\right\}+\mathrm{j}\left\{\mathrm{Im}\left[\sum_{p=1}^{n}Y_{\mathrm{ac}}(\mathrm{j}\omega)\right]+\mathrm{Im}\left[Y_{\mathrm{dw}}(\mathrm{j}\omega)\right]\right\}\end{aligned} \tag{4-21}$$

式中，$Y_{\mathrm{ac}}(\mathrm{j}\omega)$表示逆变器输出导纳之和，$Y_{\mathrm{dw}}(\mathrm{j}\omega)$表示并网导纳。

将 $Y_{\mathrm{dw}}(\mathrm{j}\omega)$视为无源导纳考虑，全频段下电网无源导纳的实部不小于零，将向系统内提供正阻尼。因此，逆变器系统谐振失稳的充要条件为：

(1) 在全导纳呈现负阻尼的频段 $Y_{\mathrm{ac}}(\mathrm{j}\omega)$与 $Y_{\mathrm{dw}}(\mathrm{j}\omega)$的虚部之和存在零点。

(2) $Y_{\mathrm{ac}}(\mathrm{j}\omega)$在某频段下实部小于零，产生负阻尼，其值大于 $Y_{\mathrm{dw}}(\mathrm{j}\omega)$能提供的正阻尼，即全导纳 $Y_{\mathrm{tt}}(\mathrm{j}\omega)$的阻尼呈现为负值。

由式(4-21)可知，LLCL 型光伏逆变器系统的双维度导纳谐振机理稳定判据频域分析如图 4-14 所示。

由图 4-14 中谐振点 a、b 可知，逆变器系统输出导纳为负阻尼，电网导纳提供的正阻尼充足，满足双维度导纳谐振机理稳定判据失稳的条件 1，但不满足条件 2，可知 a、b 不存在失稳的谐振点，系统谐振处于稳定状态。由图中谐振点 c 可知，逆变器系统输出导纳为负阻尼，存在 $Y_{\mathrm{dw}}(\mathrm{j}\omega)$不向系统提供阻尼或者提供阻尼不足的情况，满足双维度全导纳谐振机理稳定判据失稳的条件 1、2，可知 c 为不稳定的谐振点，系统谐振将处于失稳状态。

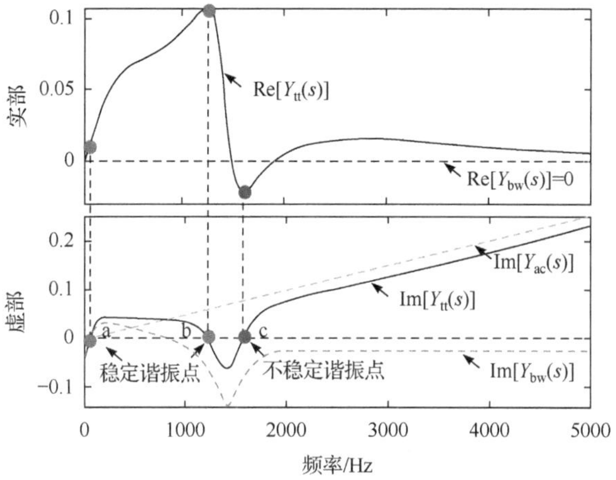

图 4-14 LLCL 型系统双维度导纳谐振机理稳定判据频域图

4.2.5 仿真验证

为验证基于导纳分块叠加的谐振机理分析方法的正确性及有效性，通过仿真软件搭建多台相同类型和不同类型的组串式 LLCL 型光伏逆变器模型，对系统产生的自身谐振、集群谐振和并网谐振进行分析，仿真参数如表 4-2 所示。

表 4-2 组串式光伏逆变器并网集群系统仿真参数

参数名称	逆变器系统 A	逆变器系统 B
逆变侧滤波电感 L_{lb1}/mH	3	10
并网侧滤波电感 L_{lb2}/mH	1	2.5
电网电感、电阻 L_{dw}/mH、R_{dw}/Ω	1、0.5	1、0.5
滤波模块电容 C_{lb}/μF	5	6
滤波电容支路电感 L_{lbc}/mH	0.2	0.3
电网频率 f_o/Hz	50	50
开关频率 f_{sw}/kHz	5	5
直流输入电压 u_{dc}/V	650	700

1) 自身谐振机理分析

分别搭建三种仿真工况：2 台 A 逆变器、3 台 A 逆变器、2 台 A 逆变器+1 台 B 逆变器组合。为分析逆变器的自身谐振机理，仅保留第 1 台逆变器的谐波源激励，各工况下的第 1 台逆变器并网电压波形以及谐波分析分别如图 4-15～图 4-17 所示。

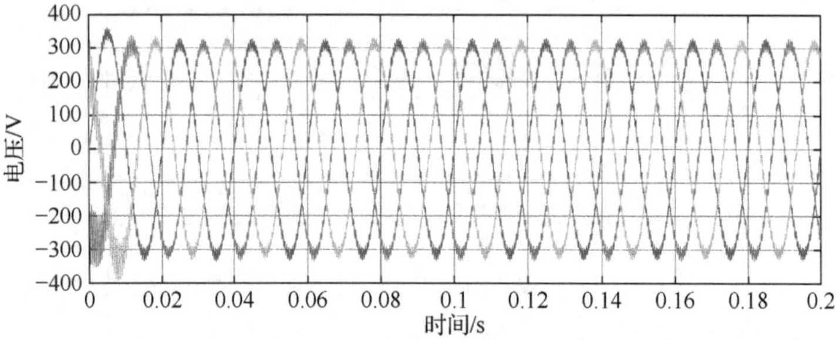

(a) 并网电压波形图

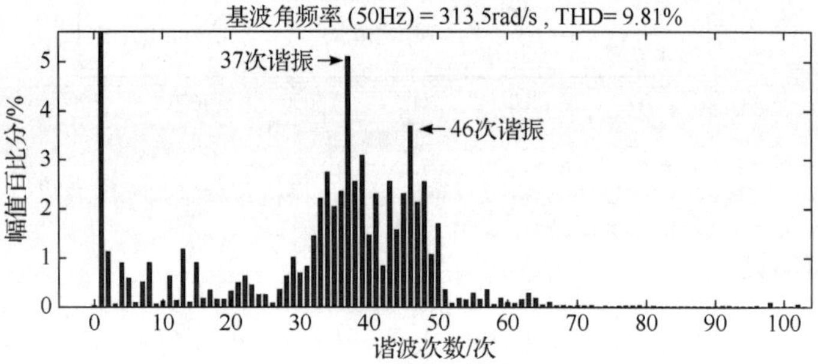

(b) 谐波分析图

图 4-15 2 台 A 逆变器工况下并网电压波形及其谐波分析图

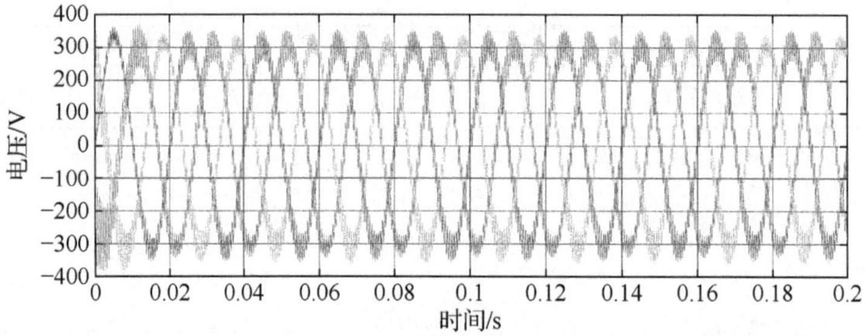

(a) 并网电压波形图

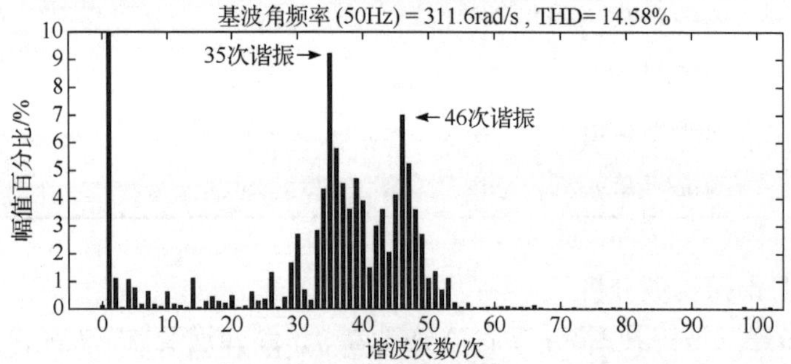

(b) 谐波分析图

图 4-16 3 台 A 逆变器工况下并网电压波形及其谐波分析图

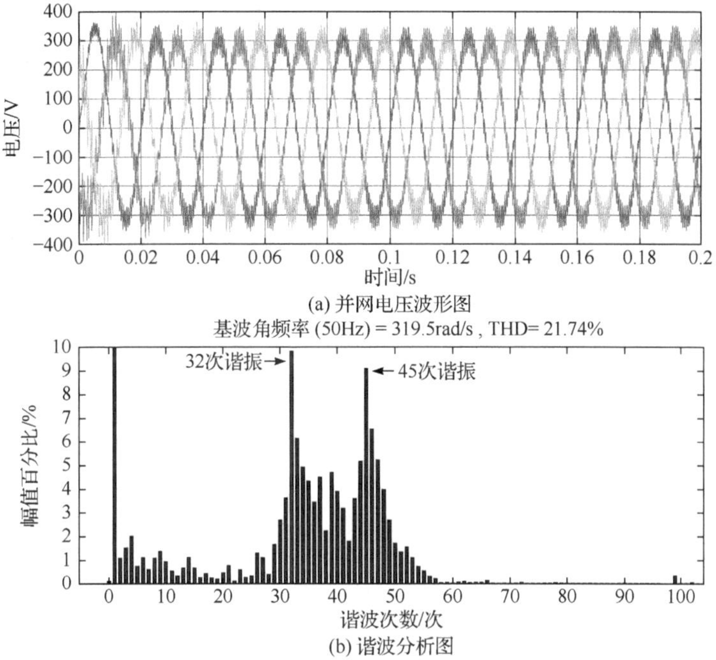

图 4-17　2 台 A 逆变器+1 台 B 逆变器工况下并网电压波形及其谐波分析图

对比图 4-15 和图 4-16 发现，随着逆变器数量的增加，系统的第 37 次并网谐振前移至第 35 次，第 46 次固有谐振保持不变，其谐振点幅值和总谐波畸变率迅速增长。对比图 4-16 和图 4-17 发现，随着不同参数的逆变器并网，系统第 46 次固有谐振前移至第 45 次，第 35 次并网谐振频前移至第 32 次，其谐振点幅值均有增长，电压波形畸变严重，谐振点附近频次谐波和总谐波畸变率均迅速增长，严重影响系统稳定性，开关频率处谐波滤除效果受到了逆变器参数的干扰。LLCL 型逆变器系统三种工况下自身谐振畸变率对比如表 4-3 所示。

表 4-3　LLCL 型逆变器系统三种工况下自身谐振畸变率

仿真工况	谐振畸变率/%
2 台 A 逆变器	9.81
3 台 A 逆变器	14.58
2 台 A 逆变器、1 台 B 逆变器	21.74

2) 集群谐振机理分析

分别搭建两种 LLCL 型逆变器系统工况：3 台 A 逆变器、2 台 A 逆变器+1 台 B 逆变器组合。仅保留各工况下第 2 台和第 3 台逆变器的谐波源激励，第 1 台逆变器输出电压波形以及谐波分析分别如图 4-18、图 4-19 所示。

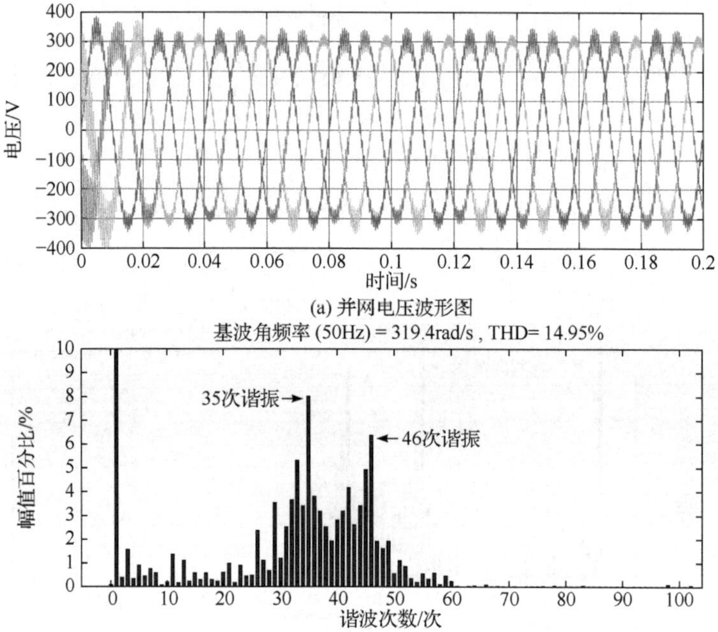

(a) 并网电压波形图

(b) 谐波分析图

图 4-18　3 台 A 逆变器工况下并网电压波形及其谐波分析图

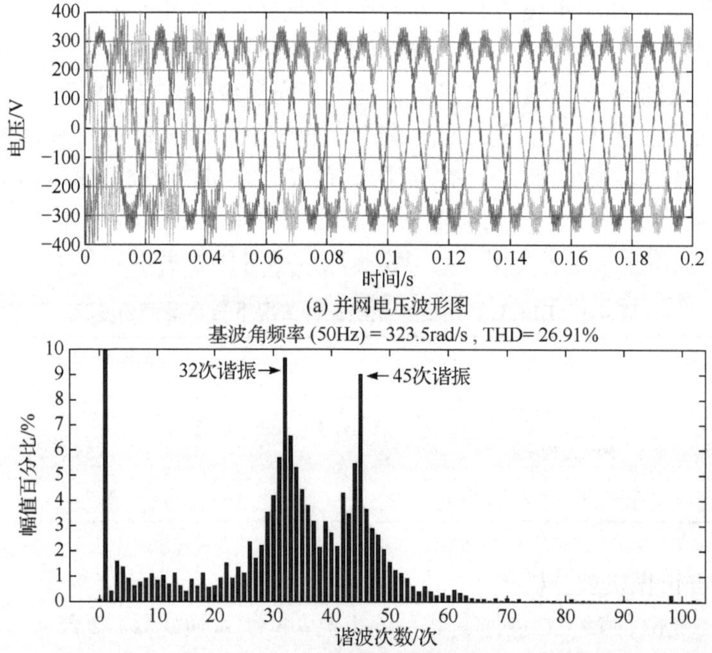

(a) 并网电压波形图

(b) 谐波分析图

图 4-19　2 台 A 逆变器+1 台 B 逆变器工况下并网电压波形及其谐波分析图

对比图 4-18 和图 4-19 发现，将第 3 台 A 逆变器换成 B 逆变器后，随着不同参数逆变器的并网，系统的第 46 次固有谐振前移至第 45 次，第 35 次并网谐振频前移至第 32 次，两个谐振尖峰频率均产生了低频偏移，其谐振点幅值均有增长；高频段谐振幅值增加显著，电压波形畸变严重；谐振点附近频次谐波和总谐波畸变率增长迅速，严重影响系统稳定性。LLCL 型逆变器系统两种工况下集群谐振畸变率对比如表 4-4 所示。

表 4-4　LLCL 型逆变器系统两种工况下集群谐振畸变率

仿真工况	谐振畸变率/%
3 台 A 逆变器	14.95
2 台 A 逆变器、1 台 B 逆变器	26.91

3) 并网谐振机理分析

分别搭建三种 LLCL 型逆变器系统工况：2 台 A 逆变器、3 台 A 逆变器、2 台 A 逆变器+1 台 B 逆变器组合。仅保留各工况下并网输出模块的谐波源激励，第 1 台逆变器并网电压波形以及谐波分析分别如图 4-20～图 4-22 所示。

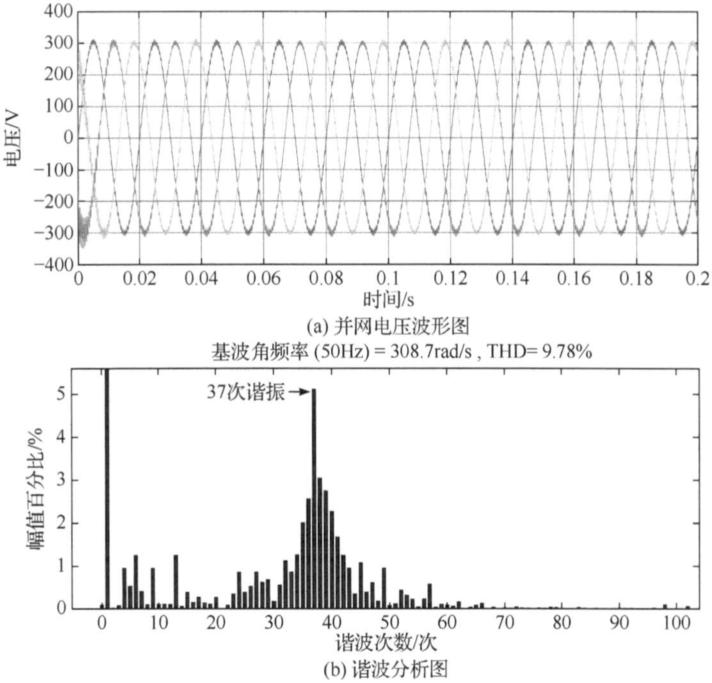

(a) 并网电压波形图

(b) 谐波分析图

图 4-20　2 台 A 逆变器工况下并网电压波形及其谐波分析图

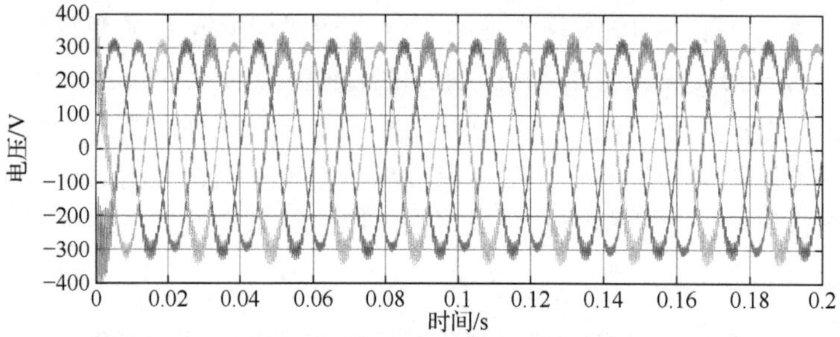

(a) 并网电压波形图

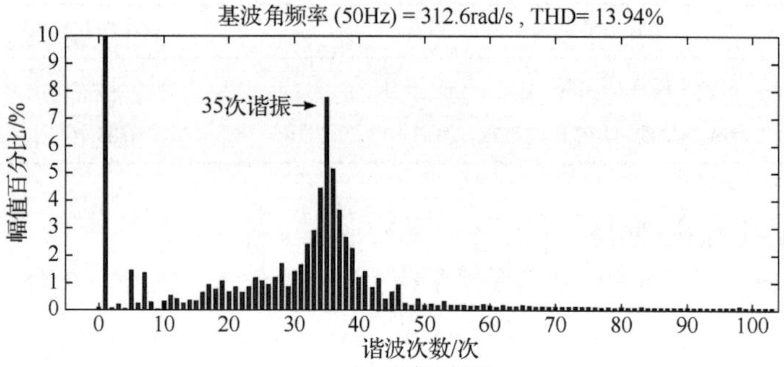

(b) 谐波分析图

图 4-21　3 台 A 逆变器工况下并网电压波形及其谐波分析图

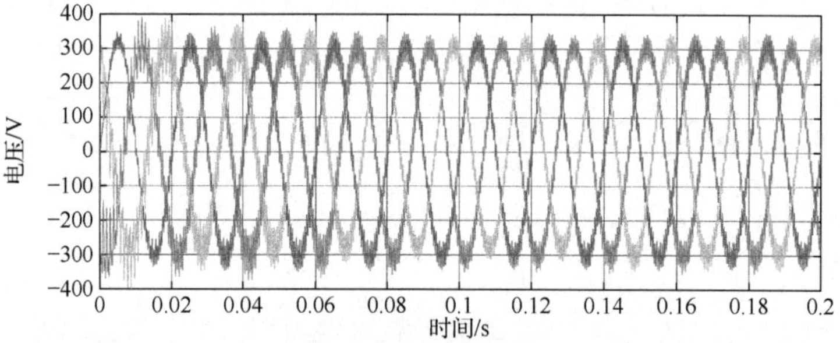

(a) 并网电压波形图

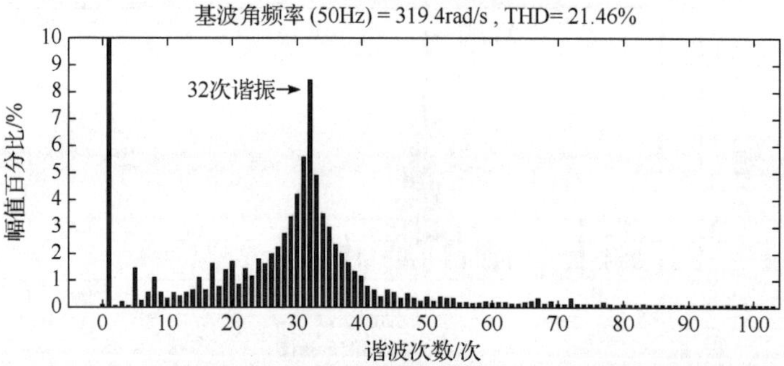

(b) 谐波分析图

图 4-22　2 台 A 逆变器+1 台 B 逆变器工况下并网电压波形及其谐波分析图

对比图 4-20 和图 4-21 发现，系统的第 37 次并网谐振前移至第 35 次，其幅值随着逆变器数量的增加而增大。对比图 4-21 和图 4-22 发现，随着不同参数逆变器的并网，系统的第 35 次并网谐振又前移至第 32 次，其幅值稍有增长；低频和高频段谐振的幅值增加明显，电压波形畸变显著；谐振点附近频次谐波和总谐波畸变率均增长迅速，严重影响系统稳定性。LLCL 型逆变器系统三种工况下并网谐振畸变率对比如表 4-5 所示。

表 4-5　LLCL 型逆变器系统三种工况下并网谐振畸变率

仿真工况	谐振畸变率/%
2 台 A 逆变器	9.78
3 台 A 逆变器	13.94
2 台 A 逆变器、1 台 B 逆变器	21.46

综上所述，仿真分析结果与本章中基于导纳分块叠加研究的自身谐振、集群谐振以及并网谐振机理相吻合。相同参数类型的逆变器并网，系统谐振尖峰频率将随着逆变器数量的增加逐渐向低频移动，谐振幅值将随其增加而增大。不同参数类型的逆变器并网运行对系统输出电压波形造成了极大影响，开关频率处的滤波效果也受到了干扰，严重影响系统输出稳定性。对于规模化的光伏多逆变器集群系统，适合采用相同参数逆变器并网运行。

4.3　本 章 小 结

本章针对组串式 LLCL 型光伏逆变器系统的复杂耦合问题，提出一种基于导纳分块叠加的谐振机理分析方法。首先将组串式 LLCL 型逆变器导纳模型按谐振激励来源进行分块，分别推导出逆变器自身谐振机理、集群谐振机理以及并网谐振机理。然后将分块导纳进行叠加，通过双维度导纳谐振机理稳定判据对系统谐振进行稳定性判定，建立起组串式 LLCL 型逆变器系统的全局谐振机理。最后通过仿真验证了本章所提谐振机理分析方法的正确性。

第 5 章　光伏并网逆变器集群谐振有源阻尼抑制方法

光伏逆变器集群发电提高了光伏电站的发电效率，但复杂的结构会使系统产生谐振问题，导致并网电流发生畸变，影响电网电能质量，严重时影响电力系统的安全稳定运行。因此，解决光伏并网逆变器集群谐振问题具有重要意义。本章以光伏并网逆变器集群系统为研究对象，首先介绍了传统的谐振抑制阻尼法，然后在有源阻尼的基础上提出了一种改进型有源阻尼法谐振抑制方法，通过与电容电流反馈并联一个改进型阻尼器，在控制系统参考电压上来建一个阻尼回路来抑制逆变器系统谐振。最后提出了有源谐波电导的双电流闭环谐振抑制方法，即在双电流闭环控制的基础上，在控制系统中加入一条有源谐波电导反馈回路来改进控制算法，验证了此方法的谐振抑制的有效性。

5.1　传统阻尼谐振抑制方法

5.1.1　无源阻尼谐振抑制方法

基于上述对 LCL 滤波器电感和电容的参数调试，如果单从改变滤波器参数只能一定程度的改善谐振尖峰，要达到完全抑制谐振尖峰，只能通过外加阻尼的方法[107-112]，即无源阻尼法，其方法主要通过在 LCL 滤波器上的电感和电容中串联或并联实际电阻，这种直接增加实际电阻的形式叫做无源阻尼法。如图 5-1 所

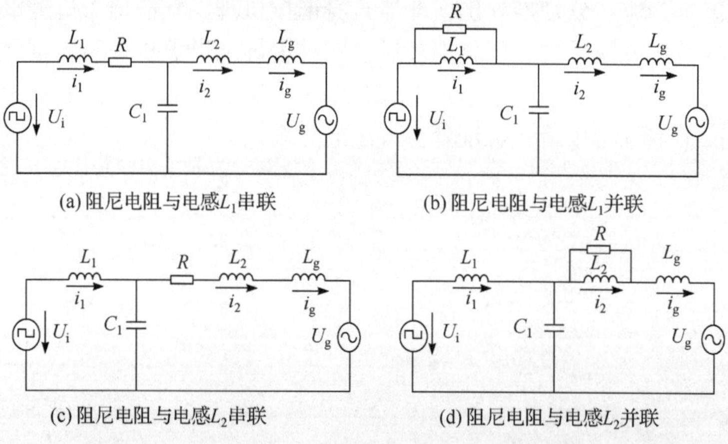

(a) 阻尼电阻与电感L_1串联　　(b) 阻尼电阻与电感L_1并联

(c) 阻尼电阻与电感L_2串联　　(d) 阻尼电阻与电感L_2并联

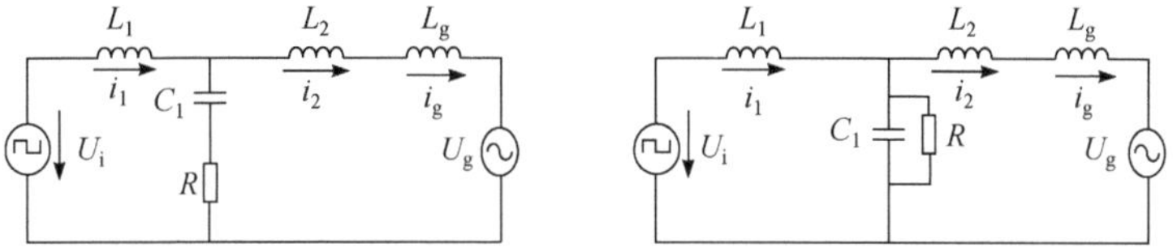

(e) 阻尼电阻与电容C_1串联　　(f) 阻尼电阻与电容C_1并联

图 5-1　无源阻尼法的 6 种基本接线方式图

示，这里给出了 6 种无源阻尼结构图。

通过 6 种无源阻尼等效电路图，其光伏逆变器系统并网侧电流 i_2 和逆变器侧电压 U_i 的传递函数表达式为

$$G_{LCL\_1}(s)=\frac{i_2(s)}{U_i(s)}=\frac{1}{s^3L_1L_2C_1+s^2L_2C_1R+s(L_1+L_2)+R} \tag{5-1}$$

$$G_{LCL\_2}(s)=\frac{i_2(s)}{U_i(s)}=\frac{sL_1/R+1}{s^3L_1L_2C_1+s^2L_1L_2/R+s(L_1+L_2)} \tag{5-2}$$

$$G_{LCL\_3}(s)=\frac{i_2(s)}{U_i(s)}=\frac{1}{s^3L_1L_2C_1+s^2L_1C_1R+s(L_1+L_2)+R} \tag{5-3}$$

$$G_{LCL\_4}(s)=\frac{i_2(s)}{U_i(s)}=\frac{sL_2/R+1}{s^3L_1L_2C_1+s^2L_1L_2/R+s(L_1+L_2)} \tag{5-4}$$

$$G_{LCL\_5}(s)=\frac{i_2(s)}{U_i(s)}=\frac{sC_1R+1}{s^3L_1L_2C_1+s^2(L_1+L_2)C_1R+s(L_1+L_2)} \tag{5-5}$$

$$G_{LCL\_6}(s)=\frac{i_2(s)}{U_i(s)}=\frac{1}{s^3L_1L_2C_1+s^2L_1L_2/R+s(L_1+L_2)} \tag{5-6}$$

根据式(5-1)和式(5-2)将电阻 R 串联在逆变器侧 L_1 和并网侧 L_2 上，分析并网逆变器低频段输出信号，此时滤波器电感的感抗值较小，导致系统在低频率段时的信号增益有所降低，加入串联电阻使系统的阻抗增加，导致低频段的频率大小有所降低，逆变器系统的谐振幅值会随着串联电阻值的增大而下降的越明显。分析并网逆变器系统的高频段输出信号，其 LCL 滤波器的电感感抗比较大，此时串联电阻 R 对其频率的影响相对较小，可以把电阻忽略不计，所以在高频段系统频率特性不会发生变化。

根据式(5-3)和式(5-4)将电阻并联在逆变器侧 L_1 和并网侧 L_2 上，在系统低频段 LCL 滤波器电感的感抗也是相对较小，但与串联电阻 R 不同，并联电阻 R 不会使系统的阻抗明显增加，因此，就不会导致低频段的频率有所下降，此时电阻 R 可以忽略不计，对 LCL 滤波器的频率特性影响较小。在并网逆变器系统高频段，并联电阻 R 会导致系统对于高频率段信号的衰减能力急剧下降，LCL 滤波器的电感感抗相对比较大，由于系统并联电阻 R 会导致 LCL 滤波器在高频段表现出低阻抗特性关系，所以会使系统对高频信号的衰减能力逐渐减弱，当并联电阻 R 值越来越大，其高频信号的衰减能力的影响越来越小，这就导致对并网逆变器系统的谐振抑制影响越来越弱。

根据式(5-5)将电阻 R 串联在 LCL 滤波器电容 C_1 上，在系统低频段 LCL 滤波器电容的容抗相对较大，串联电阻的作用对滤波器频率特性的影响较小，此时电阻 R 可以忽略不计。分析并网系统高频段特点，串联电阻会直接导致系统滤波电容值的阻抗变大，对系统高频信号来说，其衰减能力也相应地降低，当串联电阻 R 越大，对于并网系统的高频信号的衰减能力也会相对减弱。

根据式(5-6)将电阻 R 并联在 LCL 滤波器电容 C_1 上，与串联电阻 R 不同的是，并联情况下不会对滤波器频率特性产生太大的影响，此时并联电阻 R 可以忽略不计。

根据式(5-1)～式(5-6)可知，在光伏并网逆变器系统逆变器侧电感 L_1 和并网侧电感 L_2 上串联电阻 R 值，观察其对应系统逆变器侧电压响应 $U_i(s)$到并网侧电流响应 $i_2(s)$的传递函数中引入了一个阻尼项，还引入了一个常数值系数；在光伏发电系统逆变器侧 L_1 和并网侧 L_2 上并联、滤波电容 C_1 上串联电阻 R 值，系统传递函数引入了阻尼项和零点；在系统滤波电容 C_1 上并联 R 值的方法最为理想，因为光伏并网逆变器系统传递函数只引入了阻尼项。虽然 6 种无源阻尼法均能对系统谐振有抑制效果，可随着光伏并网逆变器功率的增加，输出的电流值也会增加，随着电阻 R 值的增加，其消耗的功率也会增大，如果并网系统长期处于工作状态，会使系统的功率因素降低。但与其他 5 种无源阻尼法相比，滤波器电容并联电阻谐振抑制最佳。但在实际运行情况下，系统电网电压 U_g 会对其无源阻尼法产生影响，功率损耗也会较大，一般采用串联电阻的无源阻尼法的比较常见。

5.1.2 有源阻尼谐振抑制方法

从上述分析的 6 种无源阻尼谐振抑制方法可知，虽然其对谐振的抑制效果比较明显，但是由于并网逆变器系统增加了实际的电阻，同样也会对并网逆变器系统产生比较大的功率损耗，因此，为了能在系统运行中有效地减少功率的损耗，又尽可能的起到谐振抑制效果，国内外许多文献提出了有源阻尼谐振抑制方法，其方法主要指在并网逆变器控制系统中不增加实际的电阻，而是通过控制系统进行优化和改变，通常来说有源阻尼法可以分成两种形式[113-114]：基于状态量反馈的有源阻尼法和基于陷波器有源阻尼法。

1) 基于状态变量反馈的有源阻尼方法

状态变量反馈的有源阻尼方法是通过在控制系统中改变反馈量来实现逆变器谐振抑制效果，因此，基于此方法的有效性，本节在控制系统的反馈回路上加入一个并联虚拟电阻，其虚拟电阻的有源阻尼法如图 5-2 所示。

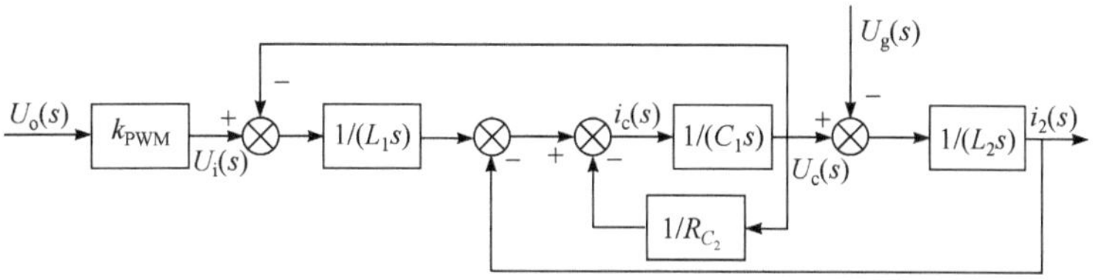

图 5-2　电容并联阻尼电阻系统控制框图

根据图 5-2 可知，$U_o(s)$是并网逆变器系统给出的调制信号，k_{PWM}为逆变桥传递增益系数，图中将并网侧电流信号 $i_2(s)$反馈至并网逆变器侧 L_1的输出端，滤波电容电压信号 $U_c(s)$反馈至 k_{PWM} 输出端，其中，控制系统中的虚拟阻抗 R_{C_2} 等效为电容电压的反馈。

通过对 LCL 滤波器的反馈方式进行分析，电网侧电压 $U_g(s)$和网侧电感 L_2上的电压 $U_2(s)$之和为滤波器电容电压 $U_c(s)$，图 5-3(a)为滤波电容电压 $U_c(s)$的反馈方式，叫做电容电压一次微分反馈；同样可以将其分解成两种不同的反馈支路，即电网侧电压 $U_g(s)$与网侧电感电压 $U_2(s)$，并网电流的二次反馈如图 5-3(b)所示。从图中可以看出，并联在电容上的虚拟电阻 R_{C_2} 的等效支路转变成了电网侧电压 $U_g(s)$的一次微分和并网侧电流 $i_2(s)$的二次微分反馈信号，但是，在实际作

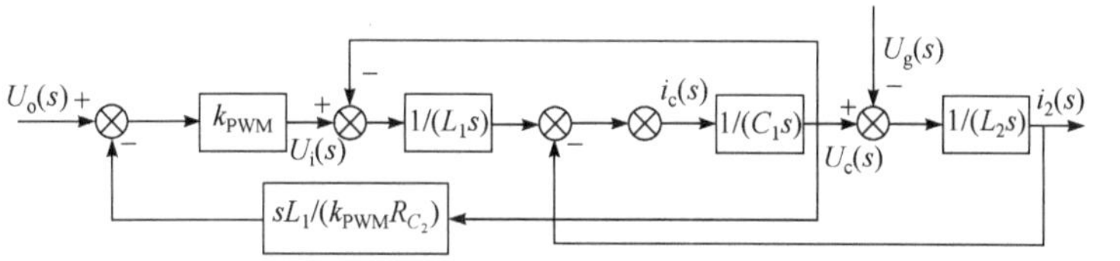

(a) 电容电压一次微分反馈

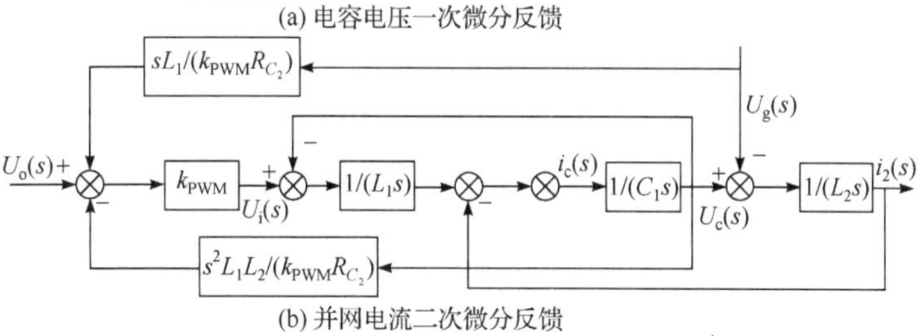

(b) 并网电流二次微分反馈

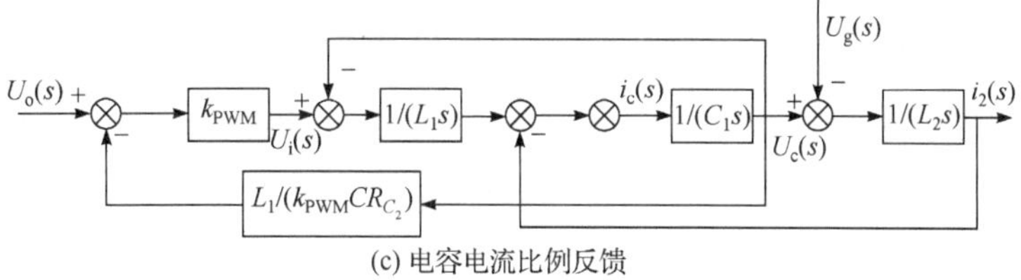

(c) 电容电流比例反馈

图 5-3　阻尼电阻与电容并联等效电路图

用中，电网侧电压 $U_g(s)$的一次微分反馈信号对并网逆变器系统的谐振没有有效的抑制作用，因此可以省略其部分，只需要并联虚拟电阻 R_{C_2} 中采用网侧电流 $i_2(s)$的二次微分反馈信号。

如图 5-3(c)所示，并网逆变器系统将电容电压U_{C_2} 的一次微分反馈支路进行了改变，反馈信号向前移至滤波电容 C_1 的输入端处，其反馈信号变成了电容电流 $i_c(s)$，此时反馈支路的传递信号不再是微分反馈，而是为一个常数量。

综上所述，状态反馈的有源阻尼法与无源阻尼法相比，其优越性显而易见。有源阻尼法其原理是等效并联一个虚拟电阻，如果在实际运行中使用微分反馈，会出现噪声，并对有源阻尼的谐振抑制效果也会有所减弱。

2) 陷波器的有源阻尼方法

光伏并网逆变器侧电压 $u_i(s)$与并网侧电感 L_2 中电流 $i_2(s)$的传递函数为[115]

$$G_{\mathrm{LCL}}(s)=\frac{i_2(s)}{u_\mathrm{i}(s)}=\frac{1}{s^3L_1L_2C+s(L_1+L_2)}=\frac{1}{sL_1L_2C}\cdot\frac{1}{s^2+\omega_\mathrm{r}^2} \tag{5-7}$$

式中，$\omega_\mathrm{r}=\sqrt{L_1+L_2/(L_1L_2C)}$，$\omega_\mathrm{r}=2\pi f$。

将式(5-7)中$s^2+\omega_\mathrm{r}^2$经过方程式变换可得

$$G_{\mathrm{LCL\text{-}d}}(s)=\frac{1}{sL_1L_2C}\cdot\frac{1}{s^2+2\zeta\omega_\mathrm{r}+\omega_\mathrm{r}^2} \tag{5-8}$$

将式(5-8)进行计算变换得出方程如下：

$$\frac{G_{\mathrm{LCL\text{-}d}}(s)}{G_{\mathrm{LCL}}(s)}=\frac{s^2+\omega_\mathrm{r}^2}{s^2+2\zeta\omega_\mathrm{r}+\omega_\mathrm{r}^2} \tag{5-9}$$

根据式(5-9)可知，$G_{\mathrm{LCL\text{-}d}}(s)/G_{\mathrm{LCL}}(s)$为陷波器的系统传递函数，其中，$\zeta$ 为系统阻尼比。基于陷波器有源阻尼控制框图如图 5-4 所示。

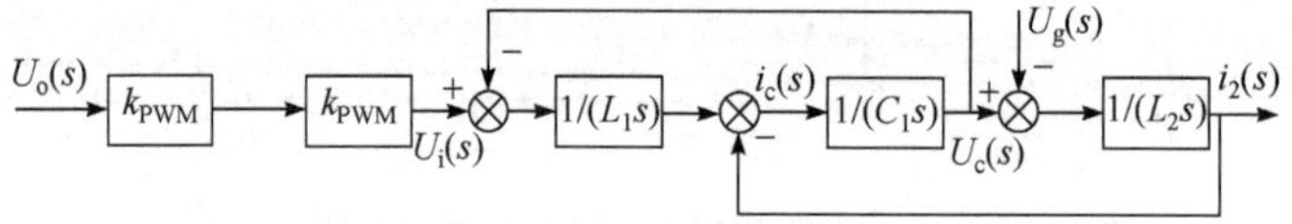

图 5-4　基于陷波器的有源阻尼控制框图

通过图 5-4 陷波器有源阻尼控制原理，画出其相应的伯德图如图 5-5(a)所示。从图中可以清楚地看出，在发生谐振的频率处，陷波器会对其起到一个反作用于谐振尖峰的一个特性，除了发生谐振尖峰处的频率外，系统其他频率不会发生变化，相应的值都为 0dB。因此，陷波器的传递函数在谐振频率过大或者过小时都不会对幅值特性产生影响。

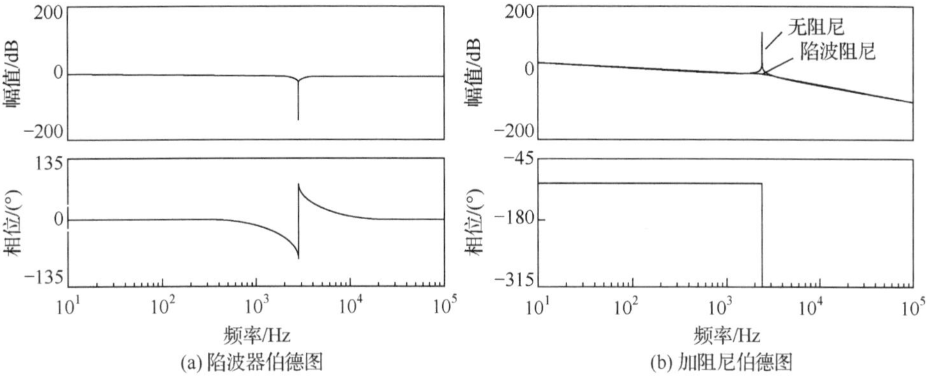

图 5-5　基于陷波器的有源阻尼控制框图

光伏逆变器系统在使用陷波器阻尼法作为谐振抑制方法时只能是在谐振频率精准已知的情况下运行，由于陷波器的尖峰抵消频率是固定的，但 LCL 滤波器的电感磁芯相对饱和，导致谐振的频率会发生变化。因此，就需要对 LCL 滤波器电感和电容的数据进行实时检测和数据修正，这就造成系统投入成本增加，也会使系统更复杂。

5.2　基于改进型有源阻尼谐振抑制方法

为了研究电网系统与并网逆变器之间的谐振抑制问题，提出了一种基于改进型有源阻尼谐振抑制方法。此方法是以有源阻尼法为基础，在 LCL 滤波器和电容电流反馈之间增加一个改进型前馈补偿阻尼器，通过控制系统的参考电压点上形成了阻尼回路。与传统有源阻尼方法相比，其结构主要优点是该方法提高了系统的控制带宽和有效谐波补偿范围，并通过分析验证了改进型有源阻尼法对逆变器集群谐振抑制的有效性。

5.2.1　改进型有源阻尼环设计

如图 5-6 所示，并网逆变器集群改进型前馈补偿有源阻尼控制结构主要由光伏 LCL 型并网逆变器集群系统和控制系统两部分组成[116]。其中，U_n 为光伏发电电源，L_{1_n}、L_{2_n} 为逆变器交流侧的电感和并网交流侧电感，C_n 是滤波电容，U_g 是网侧电压。

电网侧电感电流 L_{2_n} 被调整为正弦波形，并与电网电压 U_g 同相位。通过使用 $abc/\alpha\beta$ 模块将 LCL 滤波器并网侧电流 i_{2_n} 输入到静止参考系坐标系中，并与参考电流 $i_{2\_n}^*$ 进行比较，控制系统中采用比例谐振控制器(PR)用于调节误差信号，并为逆变器产生调制信号，$U_{i\_abc}^*$ 为逆变器侧的参考电压。

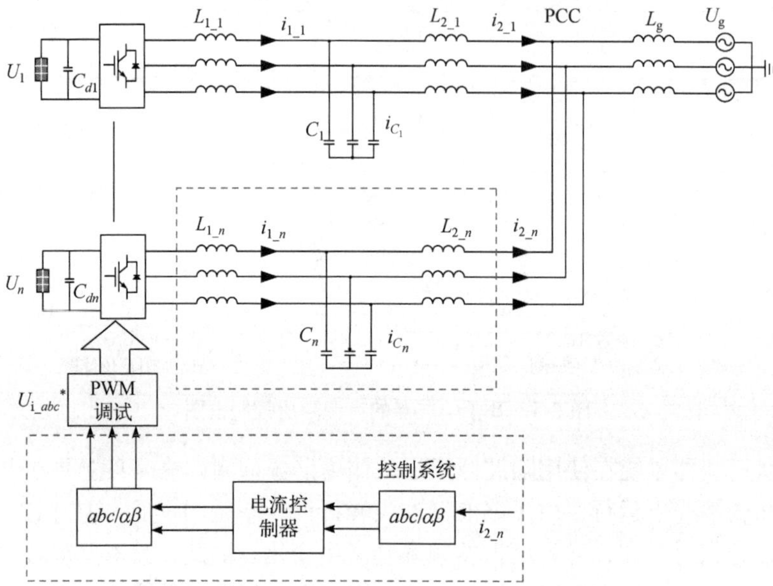

图 5-6　光伏并网电压源逆变器集群结构图

光伏逆变器集群每台控制结构和参数相同，因此对光伏逆变器集群进行单台逆变器分析，以其中一台能光伏逆变器为例，并对其控制系统进行设计。利用电容电流反馈方法设计有源阻尼环，其相当于控制系统电容电流反馈中串联一个电阻来抑制谐振问题[117]，其控制框图如图 5-7(a)所示。

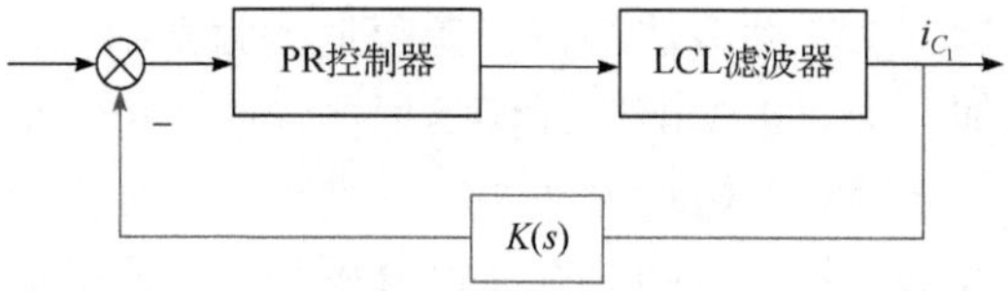

(a) 电容电流反馈控制框图

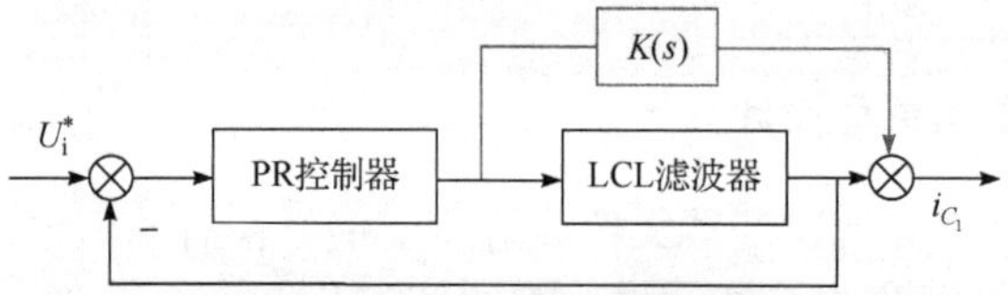

(b) 前馈补偿有源阻尼回路控制框图

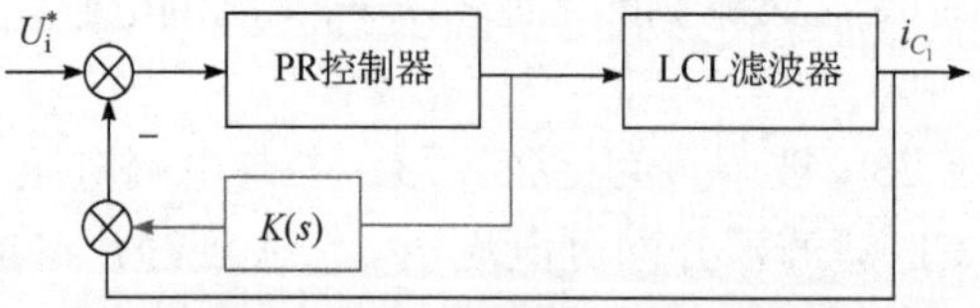

(c) 改进型前馈补偿有源阻尼回路控制框图

图 5-7　改进型有源阻尼前后控制框图

电容电流反馈控制方法实现简单、电流质量好、阻尼效率高，但电网阻抗变化情况下控制带宽有限，因此需要对其控制结构进行改进。如图 5-7(b)所示，在电容电流的基础上，在控制系统中构造一条并联阻尼回路，称为传统型前馈补偿有源阻尼法。此方法的输出端是参考点处的反馈，其反馈回路中的阻尼补偿器为非最小相位系统的线性补偿器，采用系统逆变器电压和 LCL 滤波器电容电流作为反馈量，并添加传递函数 $K(s)$作为补偿器。改进型前馈补偿有源阻尼法如图 5-7(c)所示，从稳定性的角度分析，改进型前馈补偿有源阻尼相比于传统型能使并网逆变器在高频率下的输出阻抗稳定性，进一步增强其谐振抑制能力。

5.2.2 改进型有源阻尼电流回路控制方法

前馈补偿器的传递函数可以有不同表达式，这里采用的是一阶高通滤波器，因为一阶高通滤波器提供了足够的振荡阻尼，并且对具有高瞬态响应的电网电感变化具有较强的稳定性。高通滤波器的函数表达式为

$$K(s)=\frac{k_{\mathrm{rc}}(s)}{S+\omega_{\mathrm{rc}}} \tag{5-10}$$

式中，k_{rc} 为高通滤波器的增益，ω_{rc} 为高通滤波器的截止频率。其中，滤波器电容电流 i_{C_1} 与高通滤波器增益 k_{rc} 相乘，相当于图 5-7(a)中滤波器电容串联电阻的效果，截止频率ω_{rc} 是用来补偿系统谐振频率周围的相位滞后。并联高通滤波器 $K(s)$能够保证逆变器系统电网阻抗的运行安全裕度，但是同样会在较大范围内使增益频率发生变化，导致系统不稳定，就需要对高通滤波器增益 k_{rc} 和截止频率ω_{rc}的选择标准进行选择。

在逆变器系统电流控制回路中，系统采用比例谐振控制器(PR)，其 PR 控制器对并网逆变器系统输入信号要求不高，对其系统进行稳态分析，可以有效地消除稳态误差。控制器传递函数为

$$G_{\mathrm{PR}}=k_{\mathrm{p}}+\frac{2k_{\mathrm{r}}s}{s^2+\omega_1^{\ 2}}=2\pi f_1 \tag{5-11}$$

式中，ω_1、k_{p} 和 k_{r} 分别为谐振频率、比例增益和谐振增益。准 PR(Q-PR)控制器是 PR 控制器的改进形式，它具有较好的谐波衰减能力，对谐振频率要求没有那么高。Q-PR 控制器传递函数为

$$G_{\mathrm{Q\text{-}PR}}=k_{\mathrm{p}}+\frac{2k_{\mathrm{r}}\omega_{\mathrm{PR}}s}{s^2+2\omega_{\mathrm{PR}}s+\omega_1^{\ 2}} \tag{5-12}$$

式中，基频的变化由谐振频率ω_{PR} 的带宽补偿，为了深入分析电网电感变化下系统的稳定性和动态响应，对系统控制回路进行参数调整，推导出逆变器侧输出电压 $U_{\mathrm{i}}(s)$到电网电感电流 $i_{2_1}(s)$和逆变器侧输出电压 $U_{\mathrm{i}}(s)$到 LCL 滤波器电容电流

$i_{C_1}(s)$的两个传递函数，其推导传递函数如下：

$$G_{io}(s)=\frac{i_{2\_1}(s)}{U_i(s)}=\frac{1}{L_{1\_1}L_{2\_1}C_1}\cdot\frac{1}{s^2+\omega_1^2} \tag{5-13}$$

$$G_{ic}(s)=\frac{i_{C_1}(s)}{U_i(s)}=\frac{1}{L_{1\_1}}\cdot\frac{s^2}{s^2+\omega_1^2} \tag{5-14}$$

并网逆变器系统改进型前馈补偿有源阻尼控制系统由外部电网电流环路和内部电容电流控制环路组成，控制框图如图 5-8 所示。

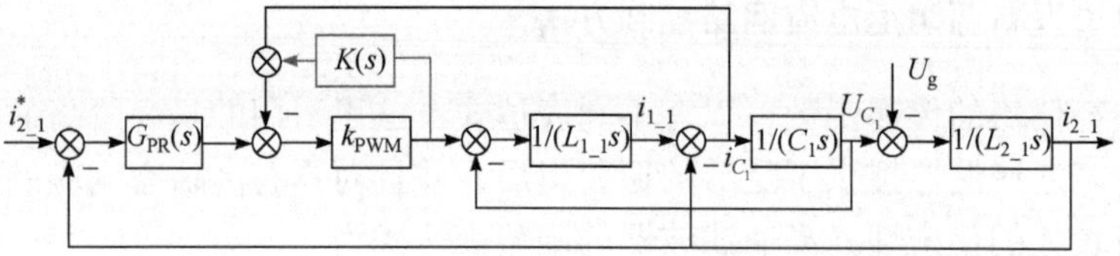

图 5-8　改进型并联前馈补偿有源阻尼控制框图

根据梅森公式推导，将上图所示的改进型前馈补偿有源阻尼法简化为图 5-9 所示。

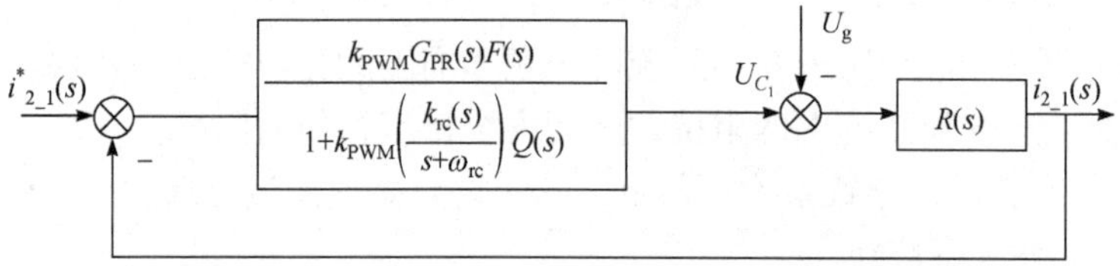

图 5-9　改进型并联前馈补偿有源阻尼简化控制框图

控制系统使用线性化的“平均开关模型(ASM)”显示，在该模型中，逆变器开关通过使用每个载波间隔上的函数的平均值来表示[118]。电网侧电感电流 i_{2_1} 等于电压 U_g 注入电流和参考电流 $i^*_{2\_1}$ 之和，其表达公式如下：

$$\begin{aligned}i_{2\_1}(s)=&\frac{k_{PWM}G_{PR}(s)F(s)R(s)}{1+k_{PWM}\left[\dfrac{k_{rc}(s)}{s+\omega_{rc}}+Q(s)+G_{PR}(s)F(s)R(s)\right]}i^*_{2\_1}(s)\\&-\frac{R(s)\left[1+k_{PWM}\left(\dfrac{k_{rc}(s)}{s+\omega_{rc}}+Q(s)\right)\right]}{1+k_{PWM}\left[\dfrac{k_{rc}(s)}{s+\omega_{rc}}+Q(s)+G_{PR}(s)F(s)R(s)\right]}U_g(s)\end{aligned} \tag{5-15}$$

式中

$$F(s)=\frac{1}{L_{1\_1}C_1s^2+1} \tag{5-16}$$

$$R(s)=\frac{L_{1\_1}C_1s^2+1}{C_1L_{1\_1}L_{2\_1}s^3(L_{1\_1}+L_{2\_1})s} \tag{5-17}$$

$$Q(s)=C_1(s)F(s) \tag{5-18}$$

根据图 5-9 中给出的改进型并联前馈补偿有源阻尼 ASM 模型可以得到阻尼电容电流 $i_{C_1}(s)$表达式如下：

$$i_{C_1}(s)=\frac{k_{\mathrm{PWM}}Q(s)}{1+k_{\mathrm{PWM}}\left(\dfrac{k_{\mathrm{rc}}(s)}{s+\omega_{\mathrm{rc}}}+Q(s)\right)}i_{C_1}^*(s) \tag{5-19}$$

根据式(5-18)和式(5-19)可知，适当的 k_{rc} 和 ω_{rc} 值可以改善逆变器控制系统的有源阻尼特性。

5.2.3　改进型有源阻尼稳定性分析

通过研究带通滤波器的增益 k_{rc} 和截止频率 ω_{rc} 对阻尼特性的影响，其增益和截止频率对逆变器系统谐振的影响如图 5-10 所示。

由图 5-10 可知，为了使低截止频率和高截止频率达到相同谐振幅值条件和相似的阻尼控制，对于较大的截止频率 ω_{rc}，阻尼增益 k_{rc} 就需要更高的值，因此在谐振频率周围会有较大的相位滞后。虽然控制系统中采用 PR 控制器能有所改善，但是在多谐振变换器中，较大的相位滞后会使系统在较大的截止频率下失稳。因此，截止频率 ω_{rc} 的值满足 $0.2\omega_{\mathrm{s}}<\omega_{\mathrm{rc}}<0.5\omega_{\mathrm{s}}$。

采用电容电流反馈有源阻尼方法、传统并联前馈补偿有源阻尼方法和提出的改进型并联前馈补偿有源阻尼方法在谐振频率下的响应特性如图 5-11 所示。

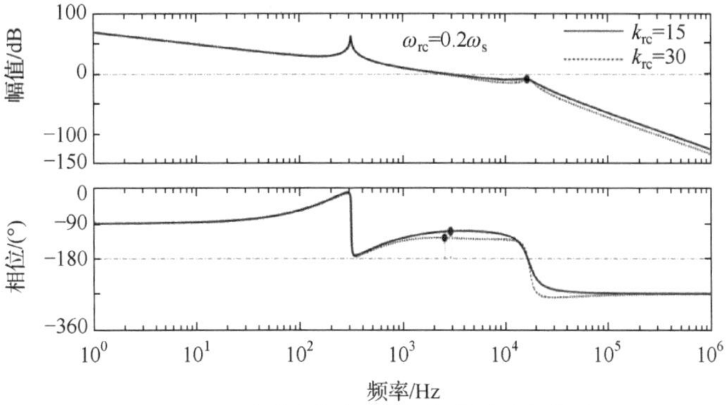

(a) 低截止频率下逆变器谐振频率伯德图

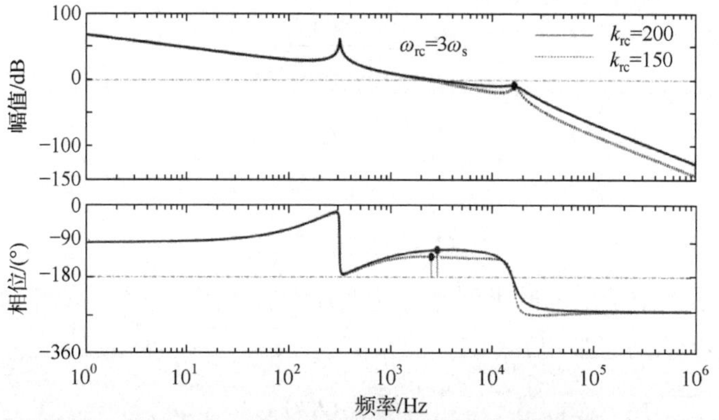

(b) 高截止频率下逆变器谐振频率伯德图

图 5-10　不同截止频率下逆变器谐振频率伯德图

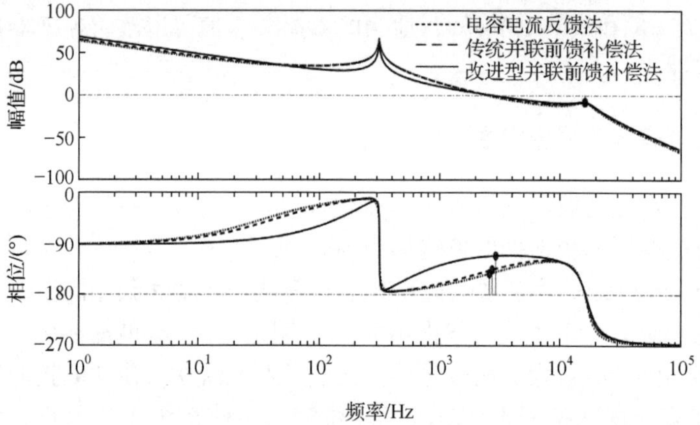

图 5-11　改进型并联前馈补偿有源阻尼法在谐振频率下的响应特性图

从图 5-11 中可以看出，在每种情况下，由于谐振幅值增益非常接近，谐振峰都被有效地抑制，因此具有相似的稳定性。然而，所提出的改进型并联前馈补偿法具有较高的相位裕度，因此稳态误差非常低，低频谐波衰减能力较强。伯德图曲线也显示了该方法具有更高的带宽，从而保证了该方法更快的动态响应。

本节采用带高通滤波器的并联前馈补偿方法，实现了光伏并网逆变器有源阻尼谐振抑制效果。在改进型并联前馈补偿有源阻尼法中，高通滤波器被用作 LCL 滤波器的阻尼器，以此抑制系统谐振尖峰。

5.3　基于有源谐波电导的双电流闭环谐振抑制方法

根据光伏并网逆变器集群系统结构可知，光伏并网逆变器集群是通过多个并网逆变器并联所组成，其系统谐振抑制问题会变得复杂，5.2 节是基于单台逆变器进行谐振抑制和稳定性分析，本节为了解决逆变器集群的谐振问题，提出一种基于有源谐波电导的双电流闭环谐振抑制法，在双电流闭环控制系统的基础上，对其电流控制环节进行设计和稳定性分析，在其基础上加入一条有源谐波电导反馈回路，此方法不仅有效地抑制逆变器低频谐波电流汇入网侧系统，还提高了逆变器抗扰动能力，从而抑制了逆变器集群引起的谐振问题。

5.3.1 电流控制环节设计

光伏并网逆变器双电流闭环控制系统图如图 5-12 所示，图中分成两个组成部分：LCL 型逆变器并网系统和双电流闭环控制系统。

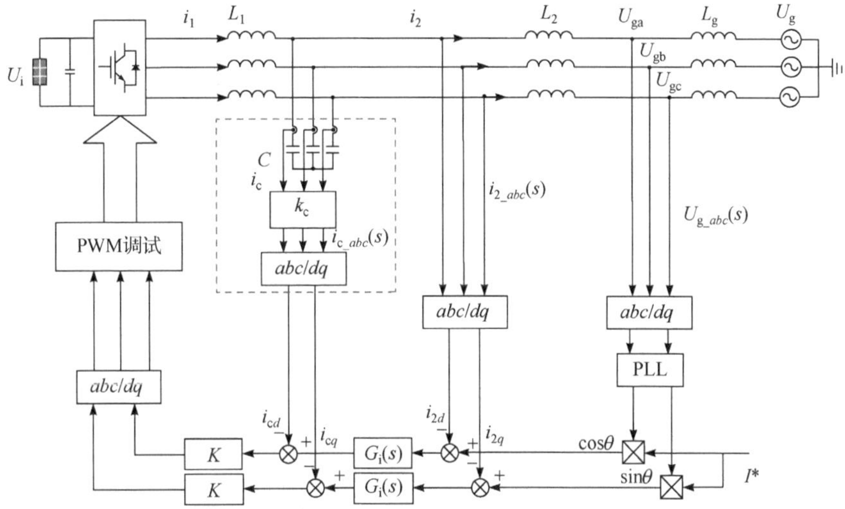

图 5-12　光伏并网逆变器双电流闭环控制系统图

根据图 5-12 可知，k_c 为系统电容电流的反馈系数，电容电流响应通过反馈系数进入控制系统，$G_i(s)$为控制系统电流调节器。

在并网逆变器控制电流环中通常采用 PI 控制器，相比于 PR 控制器，其控制器结构相对简单，设计难度较低，对直流分量分析时可以做到无静差跟踪，本节采用的也是 PI 控制器[119-120]。对 LCL 滤波器低频段进行研究，发现其特性与 L 型滤波器特性相同，所以为了简化系统参数设计，这里采用 L 滤波器等效控制图来进行分析。图 5-13 为控制系统解耦后的 d 轴电流环控制框图。

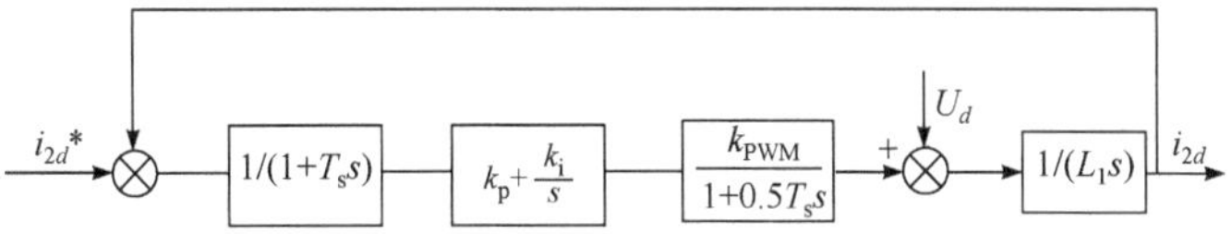

图 5-13　电流环系统控制框图

如图 5-13 所示，T_s 是控制系统电流环 PWM 的开关周期，k_{PWM} 为逆变桥传递增益系数，$1/(1+T_s s)$是为电流环节的采样延时部分，$k_{PWM}/(1+0.5T_s s)$是电流环控制系统中的惯性环节，$G_{PI}(s)=k_p+k_i/s$，k_p 为比例系数，k_i 为积分系数，L 为 LCL 滤波器电感，为逆变器侧电感 L_1 和并网侧电感 L_2 的和。本节采用的是 PWM 调制器，所以将 k_{PWM} 设定为 1，图中电网侧电压是控制系统的扰动量，在系统运行中不考虑其影响效果。将控制系统的延时环节和惯性环节整合在一起，通过进一步计算，其函数表达式为

$$G_o=\frac{1}{1+T_s s}k_{PWM}\frac{1}{1+0.5T_s s}=\frac{1}{1+1.5T_s s+0.5{T_s}^2 s^2} \tag{5-20}$$

在实际情况中，T_s 的值比较小，可以不进行考虑，因此可得表达式如下：

$$G_o=\frac{k_{PWM}}{1+1.5T_s s} \tag{5-21}$$

根据式(5-21)可得出系统电流环开环传递函数为

$$G_{o1}=\left(k_p+\frac{k_i}{s}\right)\frac{k_{PWM}}{1+1.5T_s s}\frac{1}{sL}=\frac{k_i k_{PWM}\left(1+\frac{k_p}{k_i}s\right)}{s(1+1.5T_s s)(1+Ls)} \tag{5-22}$$

通过对 PI 控制器的参数求取，采用伯德图对系统的稳定性进行分析和检验，图 5-14 为系统电流开环伯德图。

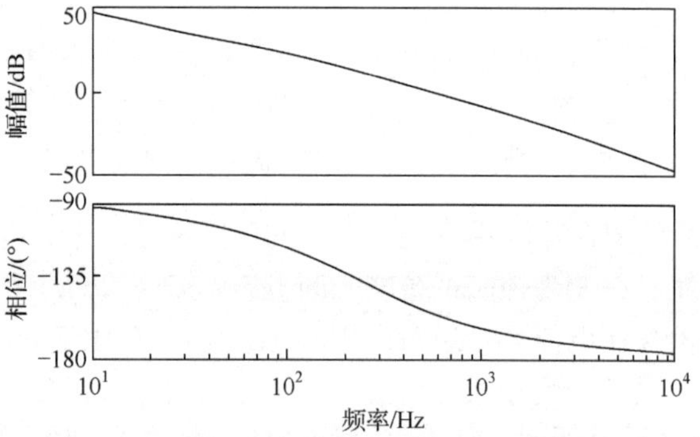

图 5-14　控制系统电流开环伯德图

5.3.2　双电流闭环有源阻尼方法

当 LCL 滤波器接入光伏并网逆变器系统中，就系统的运行稳定性进行分析，LCL 滤波器会产生自身谐振点，将会使系统中的并网电流产生谐波分量，导致电流并入电网中达不到入网要求，严重影响电网的电流质量[121]。分析并网电流单闭环控制方法，其控制框图如图 5-15 所示。

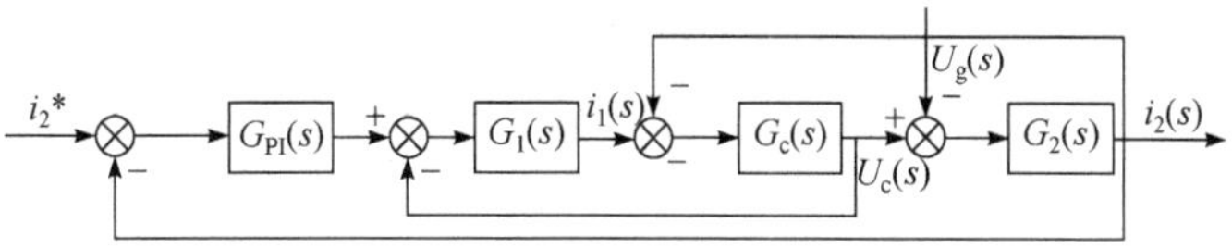

图 5-15　光伏逆变器并网电流单闭环控制框图

根据图 5-15 可推出并网电流控制系统的开环传递函数为

$$G_{o1} = \frac{G_{PI}(s)G_1(s)G_c(s)G_2(s)}{1 + G_1(s)G_c(s) + G_c(s)G_2(s)} \tag{5-23}$$

式中

$$\begin{cases} G_1(s) = 1/L_1 s \\ G_c(s) = 1/C_1 s \\ G_2(s) = 1/L_2 s \end{cases} \tag{5-24}$$

通过代入 LCL 滤波器的电感和电容参数，根据式(5-24)的并网电流控制系统的单闭环下的伯德图和根的运行轨迹图，如图 5-16、图 5-17 所示。

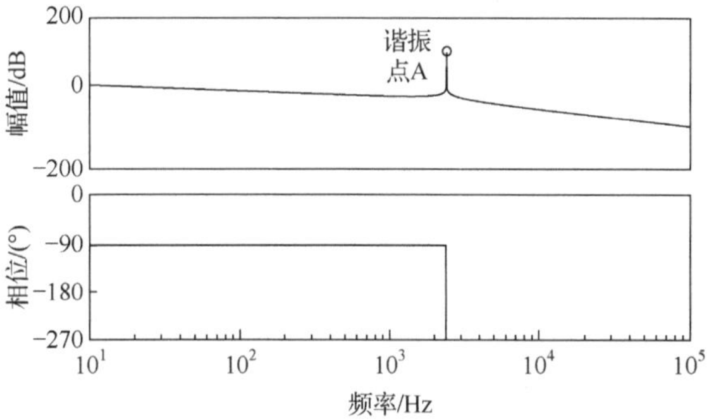

图 5-16　改进型并联前馈补偿有源阻尼控制框

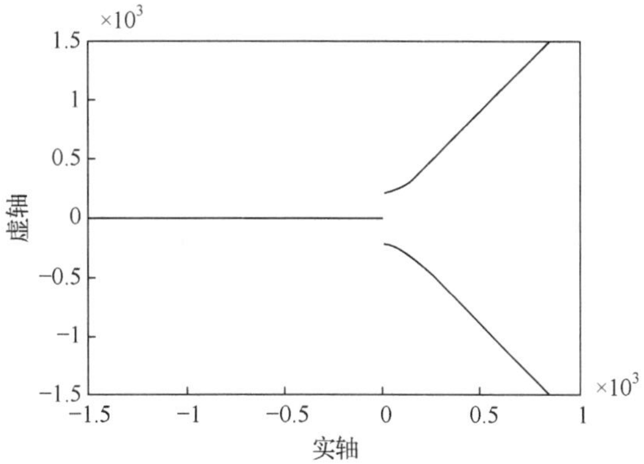

图 5-17　改进型并联前馈补偿有源阻尼控制框

根据图 5-16 可知，光伏并网逆变器系统在运行中，其幅值产生了一个谐振 A，其伯德图上对应的频率为发生谐振的频率，还可以观察到系统的相位在发生谐振的频率处，发生了 180°的相位跳变。如图 5-17 所示，发生谐振时即为一次负穿越现象，在实轴和虚轴的坐标图上的右边出现了一对闭环极点，所以导致了并网逆变器系统出现谐振问题。

为了解决并网逆变器谐振问题，在并网电流单闭环的基础上，再加入滤波器电容电流反馈，构建了双电流闭环控制系统，如图 5-18 所示。

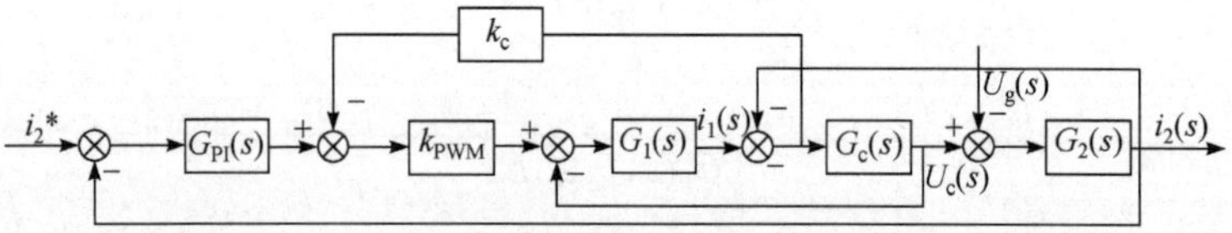

图 5-18　加入滤波器电容电流反馈后的双电流闭环控制框图

根据图 5-18 的控制框图得出其开环传递函数为

$$G_{o2}(s)=\frac{G_{PI}(s)k_{PWM}G_1(s)G_c(s)G_2(s)}{1+G_1(s)G_c(s)+G_c(s)G_2(s)+k_c k_{PWM}G_1(s)} \tag{5-25}$$

式中，k_c为电容电流反馈系数，逆变桥传递增益系数 k_{PWM}的值为 1，得出加入电容电流前后的双电流闭环控制的伯德图，如图 5-19 所示。

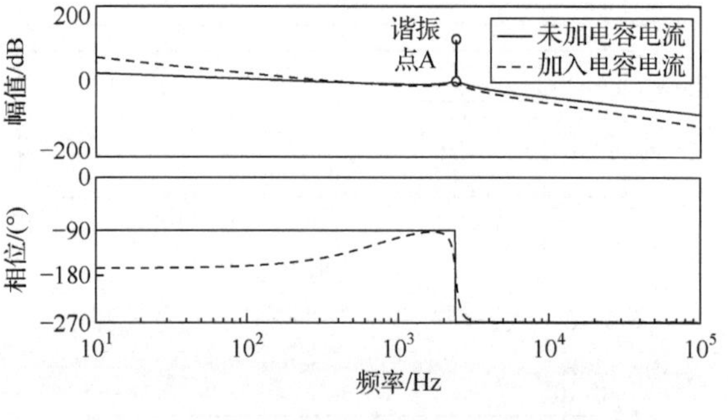

图 5-19　加入电容电流反馈前后伯德图对比

通过图 5-19 可以看出，在谐振点 A 处，加入滤波器电容电流可以明显看出谐振尖峰被明显的削弱，系统的相频特性也有一定的改善效果。因此在并网电流反馈的基础上加入滤波器电容电流对谐振抑制有着明显的作用。此方法只研究了对单台并网逆变器谐振的效果，因此，在双电流闭环的基础上，通过引入有源谐波电导来抑制光伏并网逆变器系统谐振问题。

5.3.3　有源谐波电导谐振抑制方法

光伏并网逆变器集群系统是由 n 个 LCL 型逆变器并联组成，为了方便系统分析，每台 LCL 型逆变器的结构和参数基本保持一致，将 n 台逆变器的输出信号通过 PCC 并网汇入大电网系统中，其系统模型如图 5-20 所示。

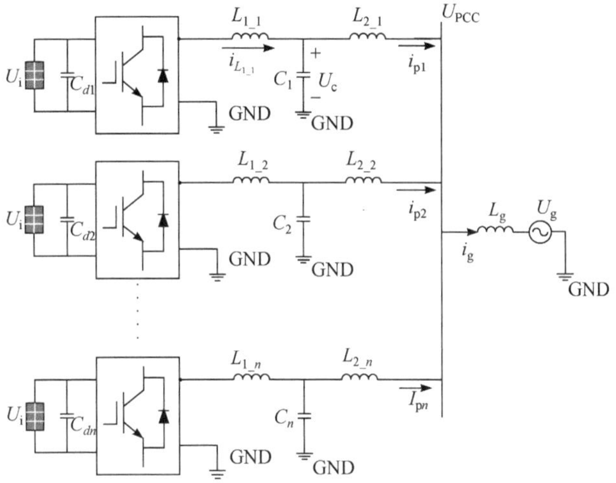

图 5-20　光伏并网逆变器集群系统拓扑结构

当多台逆变器并联运行时，系统会产生自身谐振和并联谐振，其自身谐振频率和幅值不会随着台数的增加而变化，但系统并联谐振会随着并联台数的增加谐振频率会逐渐减小，幅值也会相应地减小，如图 5-21 所示。

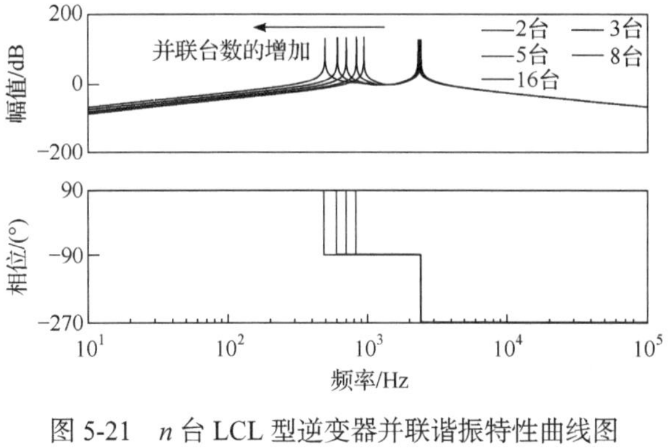

图 5-21　n 台 LCL 型逆变器并联谐振特性曲线图

对光伏逆变器集群谐振产生问题进行分析，其影响因素包括逆变器自身 LCL 滤波器、系统变压器参数和并网侧等效阻抗参数。对电网侧等效阻抗参数进行改变，通常采用增加 RC 阻尼器和其他无源阻尼器，前面介绍了无源阻尼法的运用，其对光伏并网逆变器系统谐振抑制效果明显，但是对实际系统会增加建造成本，损耗也会增大。

为此，本章提出了一种基于双电流闭环控制的有源谐波电导法，在不改变逆变器拓扑结构也不增添传感器的情况下，在双电流闭环控制基础上，给谐波电流增加一条电导回路。加入电导回路的系统结构模型如图 5-22 所示。

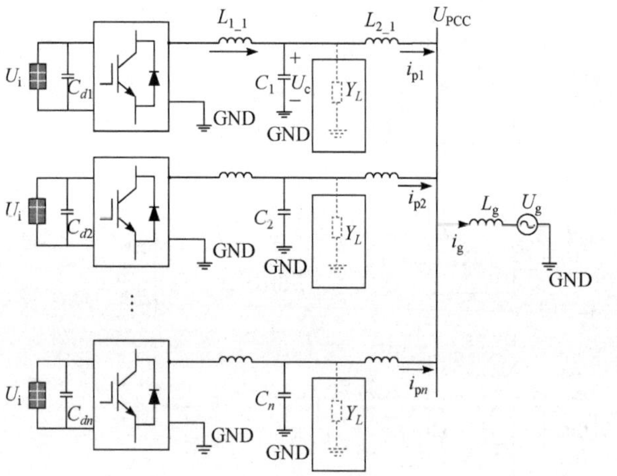

图 5-22　光伏并网逆变器集群谐波电导模型拓扑结构

图 5-22 中，Y_L 为并联的有源谐波电导,当 $i_{L_{1\_1}}$ 通过 LCL 滤波器,高次谐波电流可通过 C_1 滤波，Y_L 能抑制低次谐波电流流入 L_{2_1} 和电网中去，流入电网中的电流谐波含量能大大减少，因此，有源滤波电导能有效避免谐振尖峰的出现。

光伏并网逆变器集群系统分析相对复杂，因此，本节以两台并网逆变器为例进行分析，可得两台并网逆变器下的双电流闭环控制的有源谐波电导法控制框图如图 5-23 所示。

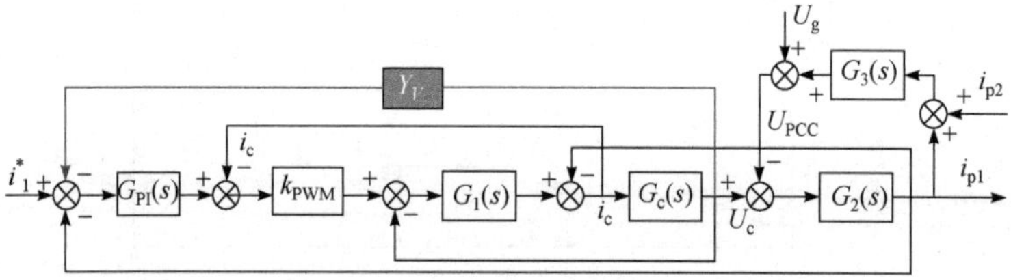

图 5-23　光伏逆变器集群有源谐波电导法控制框图

由图 5-23 的控制框图可推出系统传递函数为

$$G_{o3}(s)=\frac{i_{p1}(s)}{i_1^*(s)}=\frac{-G_2(s)G_3(s)(1+k_{PWM}G_1(s))}{1+G_{V2}(s)} \tag{5-26}$$

式中

$$\begin{aligned}G_{V2}(s)=&k_{PWM}G_1(s)+G_1(s)G_c(s)+G_2(s)G_c(s)\\&+G_{PI}(s)k_{PWM}G_1(s)G_2(s)G_c(s)+G_{PI}(s)\\&\cdot k_{PWM}G_1(s)G_c(s)Y_V(s)\end{aligned} \tag{5-27}$$

式中，$Y_V(s)=1/Y_V s$。

将 $Y_V(s)$代入式(5-27)可得

$$G_{o2}(s)=\frac{A_1s^2+A_2s}{A_3s^4+A_4s^3+A_5s^2+A_6s+A_7} \tag{5-28}$$

式中

$$\begin{cases} A_1=-L_{1\_1}C_1Y_V \\ A_2=-k_{PWM}C_1Y_V \\ A_3=L_{1\_1}C_1L_{2\_1}L_gY_V \\ A_4=k_{PWM}C_1L_{2\_1}L_gY_V \\ A_5=(L_{1\_1}+L_{2\_1})L_gI_V \\ A_6=k_{PWM}k_PL_g(Y_V+L_{2\_1}) \\ A_7=k_{PWM}k_1L_g(Y_V+L_{2\_1}) \end{cases} \tag{5-29}$$

根据式(5-29)可得出两台并网逆变器系统下的有源谐波电导法控制传递函数伯德图，如图 5-24 所示。

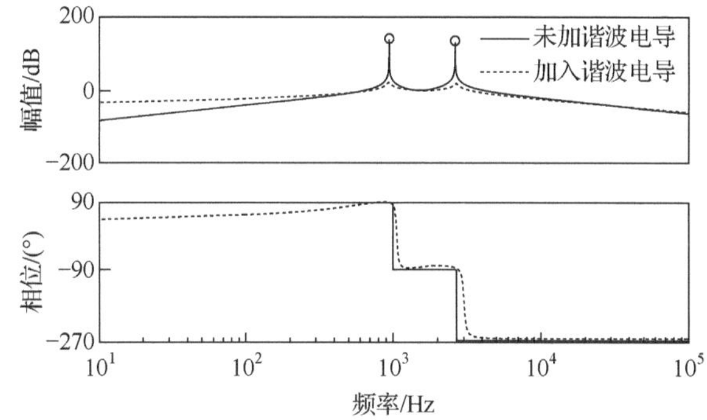

图 5-24　电导法抑制电路频率特性曲线

由图 5-24 可知，在双电流闭环控制结构的基础上，未加入有源谐波电导，逆变器谐振尖峰明显；加入有源谐波电导，逆变器自身谐振和并联谐振都得到了有效的抑制。

5.4　仿 真 分 析

本节利用仿真软件搭建系统仿真模型，针对所提出的谐振抑制方法进行仿真研究，验证两种方法谐振抑制效果、运行稳定性和是否能够达到并网系统的入网标准。

5.4.1　改进型有源阻尼稳定性分析

5.4.1.1　系统仿真模型参数

为了验证改进型并联前馈补偿有源阻尼法谐振抑制的有效性，这里采用比例谐振控制器(PR)对误差信号进行调节。该控制器由内电容电流控制回路和外电网电流控制回路组成，保证了良好的稳态和动态性能。电流控制的主要目的是控制并网逆变器的注入电网电流，使其跟随电网电压，并根据需要调节幅值。通过系统的瞬态和稳态响应验证了该方法的有效性。并网逆变器系统仿真参数如表 5-1 所示。

表 5-1　并网逆变器系统仿真参数

参数名称	取值
滤波器逆变器侧电感 L_{1_1}/mH	3.6
滤波器电容 C_1/μF	4.7
滤波器网侧电感 L_{2_1}/ mH	1
电网等效阻抗 L_g/ mH	1
电网电压 U_g/V	380
直流侧电压 U_{dc}/V	800
开关频率 f_{sw}/kHz	10
并网额定功率 P/kW	10
采样频率 f_s/kHz	10

5.4.1.2　仿真验证

在系统稳态运行下，注入的并网电流 i_g 和并网公共点 U_{PCC} 的电压同相，以实现单位功率因数运行。其滤波器电容电流反馈控制法的并网电流 i_g 和并网公共点 U_{PCC} 如图 5-25 所示。

根据图 5-25 可知，以三相光伏逆变器系统 A 相进行分析，在控制系统中加入滤波器电容电流反馈后，逆变器系统谐振不能得到有效抑制，并网公共点 U_{PCC}

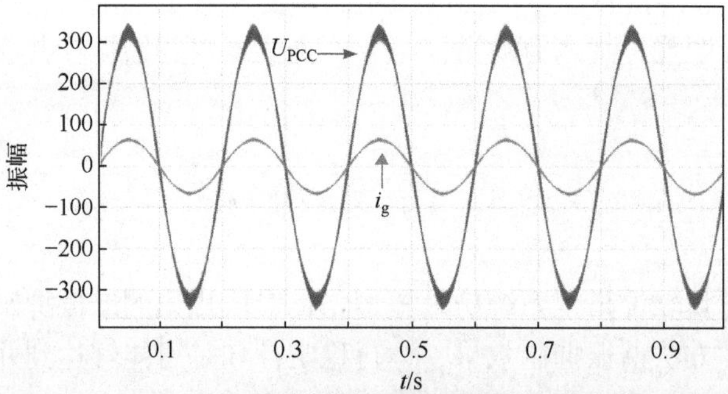

(a) 基于电容电流阻尼回路的电流和电压

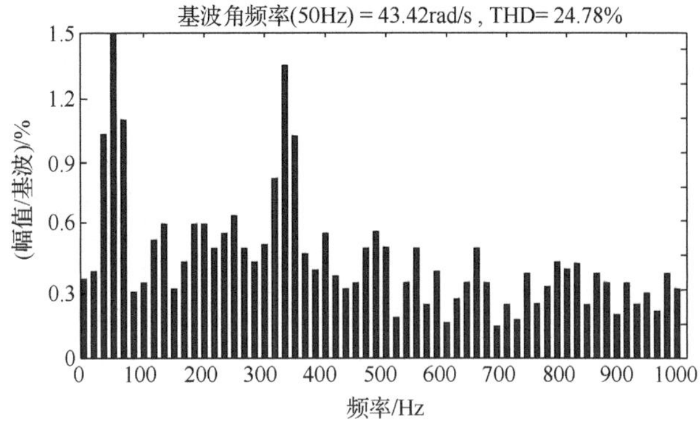

(b) 基于电容电流阻尼回路的总谐波分析

图 5-25　电容电流阻尼回路公共点电压和并网电流分析

和并网电流 i_g 出现大量谐波分量，总谐波含量为 24.78%。系统运行不稳定，达不到并网系统总谐波含量小于 5%的标准。

在滤波器电容电流反馈的基础上提出了传统并联前馈补偿有源阻尼法，此方法相对于电容电流反馈，对系统的稳定性运行和谐振抑制效果得到了一定改善，如图 5-26 所示。

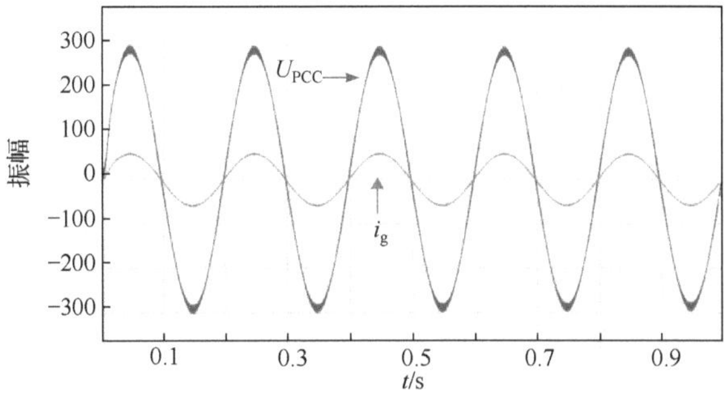

(a) 基于传统并联前馈补偿阻尼回路的电流和电压

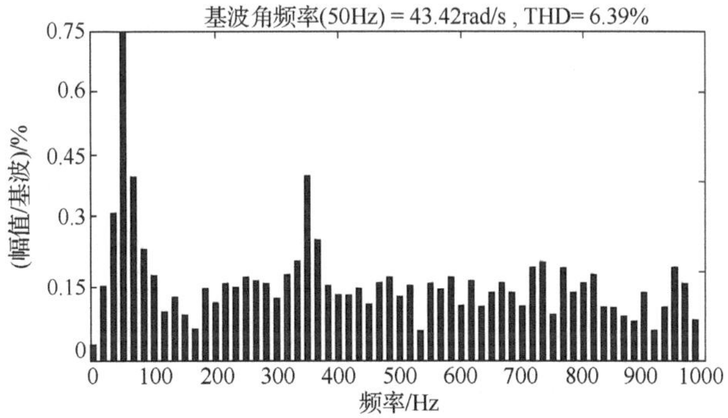

(b) 基于传统并联前馈补偿阻尼回路的总谐波分析

图 5-26　传统并联前馈补偿法公共点电压和并网电流分析

由图 5-26 可知，基于滤波器电容电流反馈的基础上，在控制系统中加入并联前馈补偿阻尼汇率后，逆变器系统谐振得到了一定的抑制效果，并网公共点 U_{PCC} 和并网电流 i_g 的谐波也得到了一定的改善，总谐波含量为下降至 6.39%。但是仍然达不到并网系统总谐波含量 5%的标准，不符合入网条件。所以 5.3.2 节提出了改进型并联前馈补偿的有源阻尼谐振抑制法，其仿真结果如图 5-27 所示。

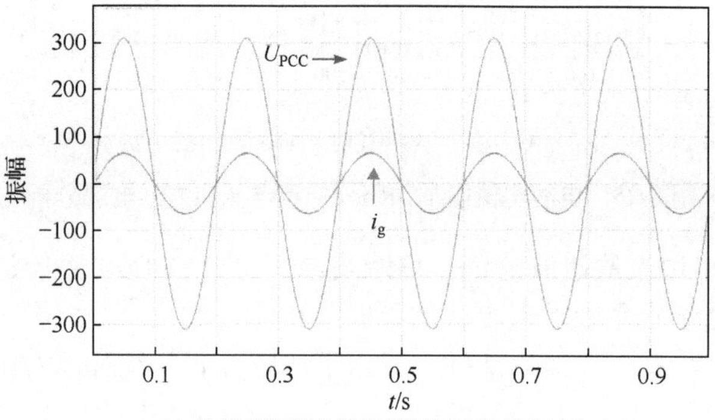

(a) 改进型并联前馈补偿阻尼回路的电流和电压

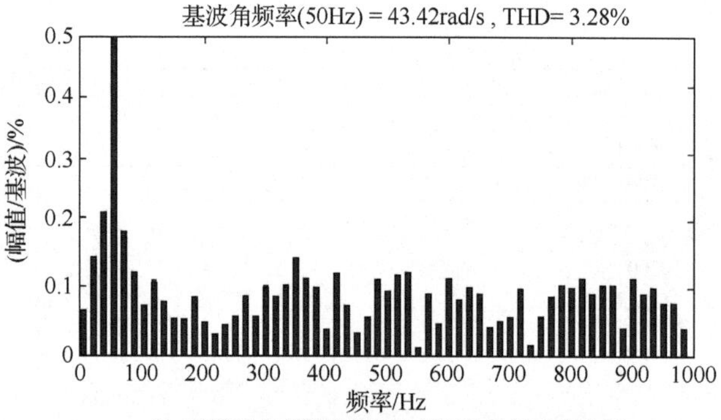

(b) 改进型并联前馈补偿阻尼回路的总谐波分析

图 5-27　改进型并联前馈补偿有源阻尼控制框

根据图 5-27 可以看出，与滤波器电容电流反馈和传统型并联前馈补偿有源阻尼法相比，改进型并联前馈补偿有源阻尼法对光伏逆变器系统谐振起到了明显的抑制效果，并网公共点 U_{PCC} 和并网电流 i_g 处没有明显的谐波分量，系统总谐波含量下降至 3.28%，已经达到了并网系统总谐波含量小于 5%的标准，符合入网条件。

此外，改进型并联前馈补偿有源阻尼控制回路中并联的是高通滤波器，根据高通滤波器的特性，其滤波器的增益 k_{rc} 对并网逆变器谐振频率下系统的运行稳定性产生影响。如仿真图 5-28 所示。

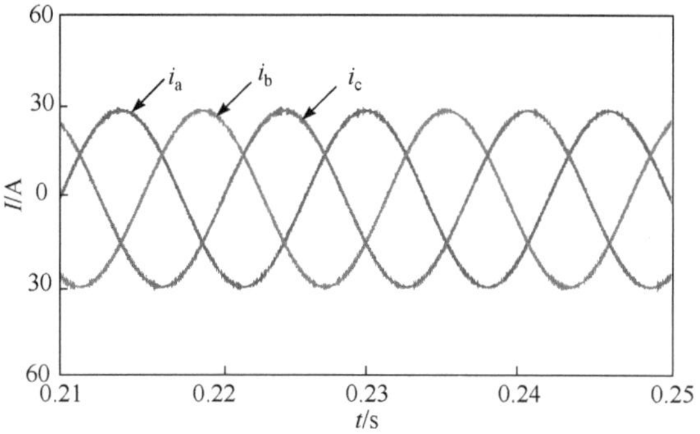

(a) 增益k_{rc}=10下并网逆变器电网电流

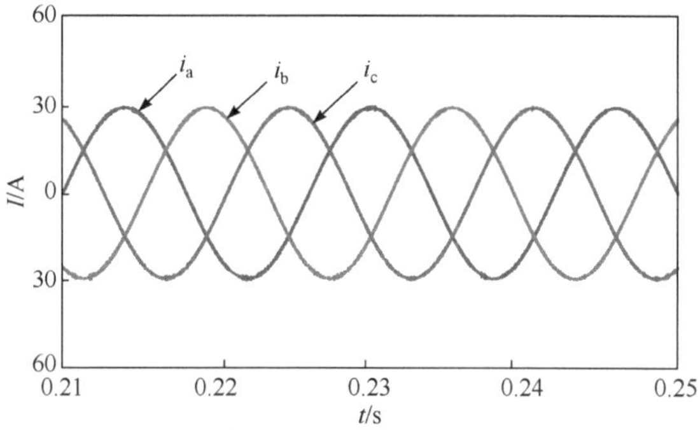

(b) 增益k_{rc}=15下并网逆变器电网电流

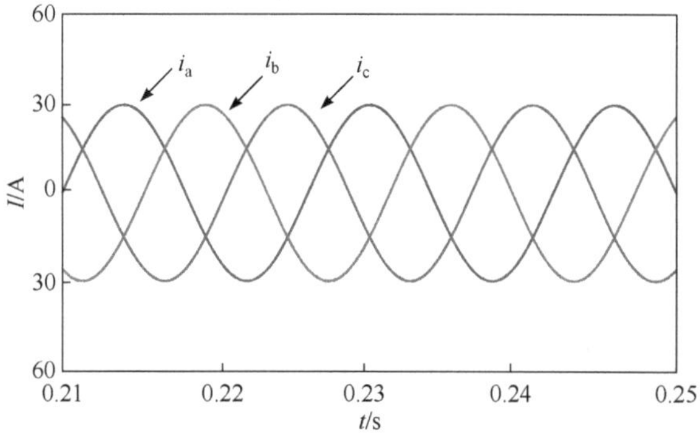

(c) 增益k_{rc}=27.3下并网逆变器电网电流

图 5-28　不同高通滤波器增益下并网逆变器电网电流

通过图 5-28 可知，在光伏逆变器系统并网运行中，高通滤波器不同的增益 k_{rc} 对并网电流 i_g 会产生影响，k_{rc} 越大系统运行更稳定，谐振抑制效果更明显。通过仿真分析改进型并联前馈补偿有源阻尼法的输出电流和电压特性，对滤波器电容电流反馈有源阻尼法和传统型并联前馈补偿有源阻尼法进行比较，验证了所提方法具有良好的阻尼特性和谐振抑制效果。

5.4.2 基于有源谐波电导的双电流闭环方法仿真验证

5.4.2.1 系统仿真模型参数

在仿真软件中搭建光伏集群逆变器并网的仿真模型，模拟并联逆变器接入电网系统，验证加入双电流闭环控制谐波电导法并网谐振抑制效果。光伏集群逆变器并网系统仿真参数如表 5-2 所示。

表 5-2 光伏集群逆变器并网系统仿真参数

参数名称	取值
滤波器逆变器侧电感 L_{1_1}/mH	10
滤波器电容 C_1/μF	7
滤波器网侧电感 L_{2_1}/ mH	2.5
电网等效阻抗 L_g/ mH	1
电网电压 U_g/V	380
直流侧电压 U_{dc}/V	600
开关频率 f_{sw}/kHz	10
并网额定功率 P/kW	10

5.4.2.2 仿真验证

在光伏集群逆变器三相系统中，谐波电流会被分解到 dq 轴坐标系下与参考电流 I^*_{p2d}、I^*_{p2q} 进行计算，从而对控制系统造成影响。因此系统需要加入滤波器滤掉谐波电流中的交流分量，输出直流信号，使 I_V 的 dq 轴直流分量准确流入控制系统，控制系统选取了截止频率很低的高阶滤波器。以两台光伏逆变器为基础，并网系统控制原理如图 5-29 所示。

本节以第二台光伏并网逆变器为例，在双电流闭环控制下，加入有源谐波电导前后三相并网电流和电压波形变化如图 5-30 所示。

由图 5-30 可知，未加前能观察到逆变器电网侧电流和电流发生畸变现象，且系统谐振现象比较严重。其加入有源谐波电导后逆变器电网侧电压和电流波形变化如图 5-31 所示。

由图 5-31 可知，加入有源谐波电导后逆变器电网侧电压和电流波形有着明显的改善。通过对电网侧的输出电流进行 FFT 分析验证其方法是否达到入网标准，如图 5-32 所示。

由图 5-32 可知，经过 FFT 分析，改进前总谐波含量为 9.37%，谐波含量比较高，改进后总谐波含量降至 2.19%，远低于逆变器系统并网 5%的标准。仿真结果可表明加入有源谐波电导后，对逆变器系统产生的谐振问题能有效抑制。

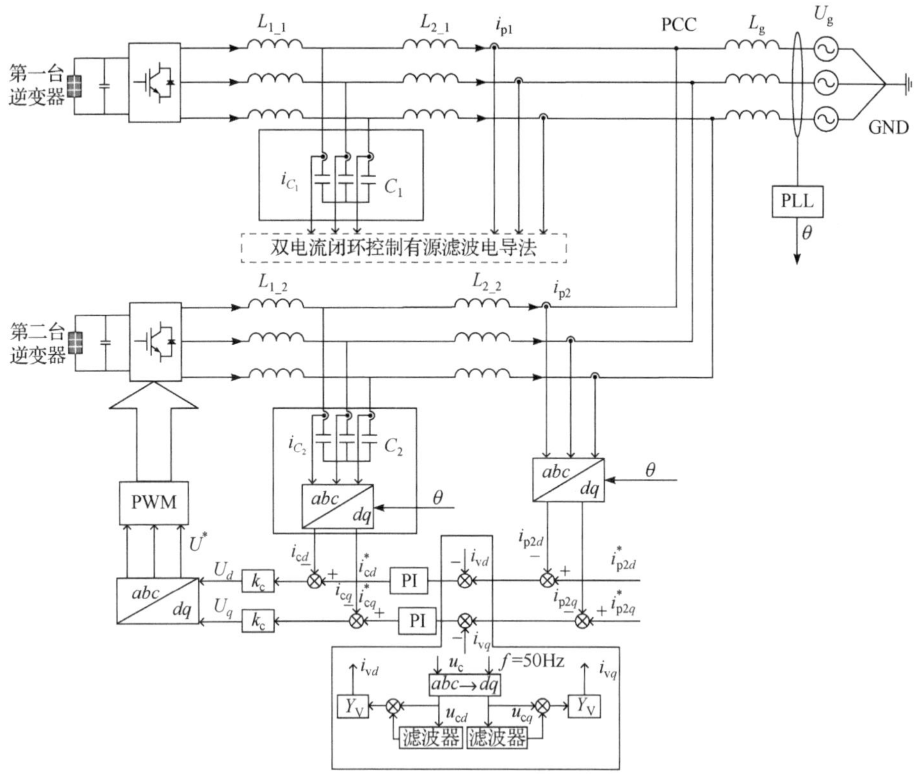

图 5-29　光伏集群逆变器并网系统控制原理图

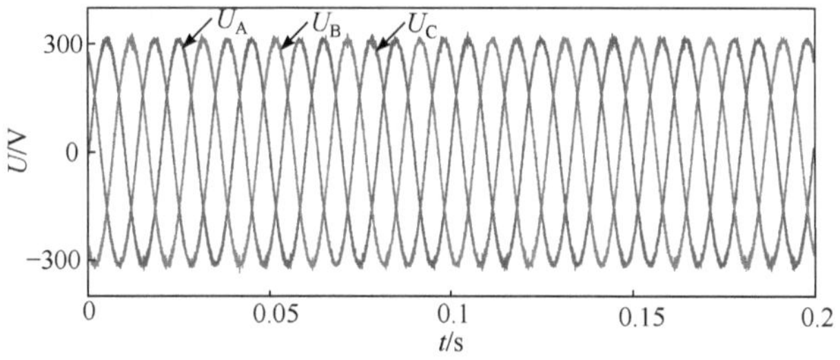

(a) 未加有源滤波电导的三相并网电压

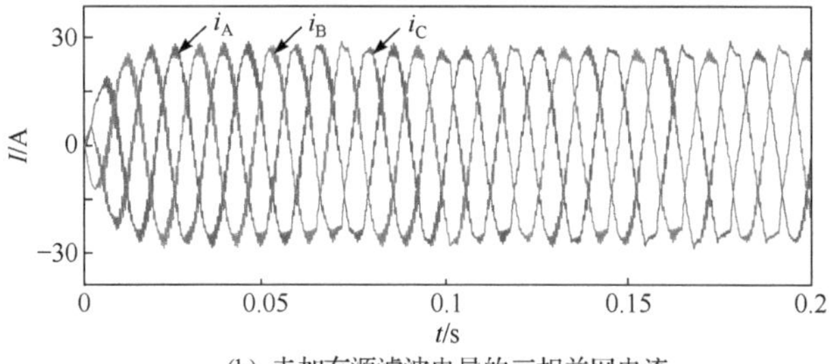

(b) 未加有源滤波电导的三相并网电流

图 5-30　改进型并联前馈补偿有源阻尼并网电流、电压波形图(未加有源滤波电导)

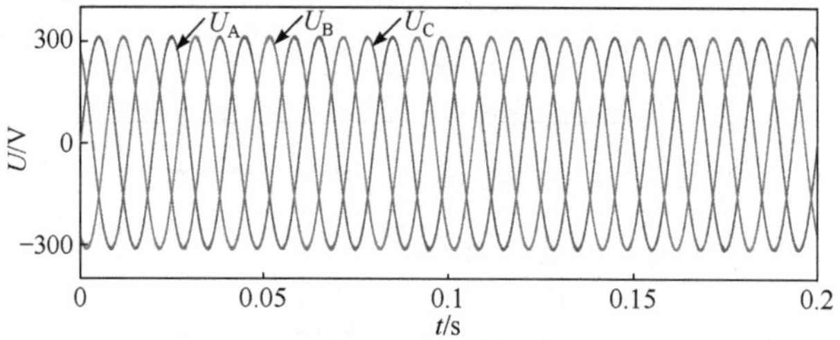

(a) 加入有源滤波电导的三相并网电压

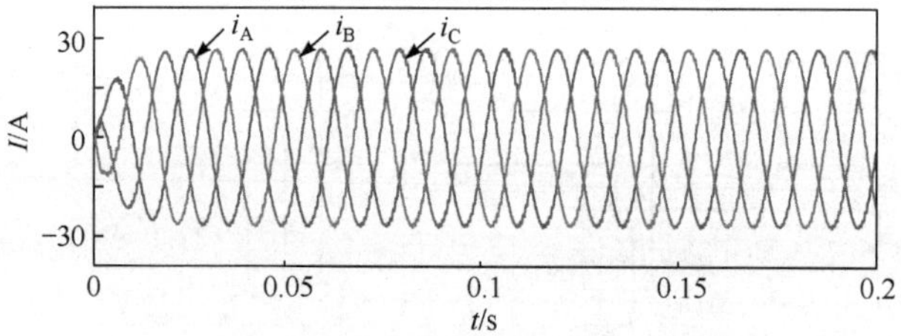

(b) 加入有源滤波电导的三相并网电流

图 5-31　改进型并联前馈补偿有源阻尼并网电流、电压波形图(加入有源滤波电导)

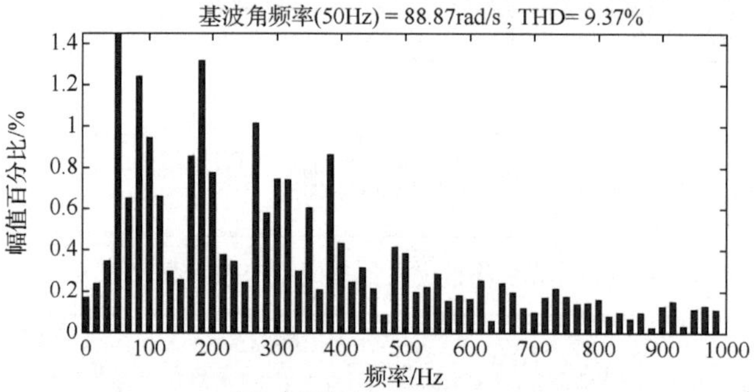

(a) 未加有源谐波电导三相电流总谐波分析

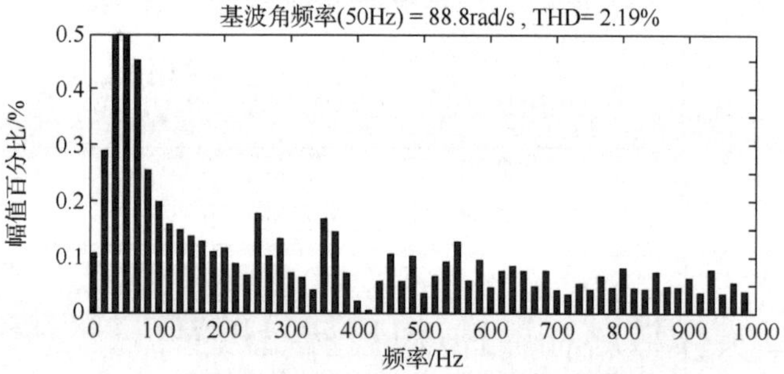

(b) 加入有源滤波电导的三相电流总谐波分析

图 5-32　改进型并联前馈补偿有源阻尼电流总谐波分析图

5.5　本 章 小 结

本章针对光伏并网逆变器集群系统谐振问题，对系统拓扑结构、不同坐标系下的数学模型、LCL 滤波器装置参数影响以及单台和多台并网逆变器谐振机理进行了分析，根据光伏并网逆变器的谐振机理特性，提出了系统谐振抑制方法，一种改进型有源阻尼谐振抑制方法，在滤波器和电容电流反馈之间增加一个改进型并联前馈补偿阻尼器，通过在控制系统参考电压点上形成有源阻尼回路，其结构提高了系统的控制带宽和有效谐波补偿范围，并对光伏并网逆变器系统谐振能够有效抑制，并利用仿真软件搭建仿真模型验证了此方法谐振抑制的有效性。

第 6 章　弱电网下组串式光伏逆变器谐振抑制方法

通过优化 LCL 滤波器参数设计方法可以在不加入阻尼的情况下保证系统的稳定性，但其稳定区域很小，必须加入谐振抑制方法。本章针对逆变器自身谐振问题，提出了一种基于负虚拟电容的组串式光伏逆变器谐振抑制方法。通过负虚拟电容消除了对实际电容的影响，从而抑制了逆变器自身谐振。在运行过程中，由于滤波器参数会发生变化，相应地引入了一个估算器进行参数估算，以确保补偿的准确性。同时对于逆变器与电网阻抗间的串联谐振，本章提出了一种基于自适应陷波器的组串式光伏逆变器谐振抑制方法，采用准被动测量方式实时测量电网阻抗，更新改进后的陷波器及 QPR 控制器参数，得到系统的控制结构框图并对比分析其稳定性。通过仿真软件搭建仿真模型进行静态及动态性能验证。

6.1　基于负虚拟电容的组串式光伏逆变器谐振抑制方法

6.1.1　并网逆变器系统谐振分析

6.1.1.1　单逆变器并网系统谐振分析

在分析逆变器并网系统的稳定性时，首先分析以单台逆变器为基础的并网系统。依据带 LCL 型滤波器的三相并网逆变器结构可得单相逆变器下的结构等效电路如图 6-1 所示。图中，L_1、L_2、C 为 LCL 型滤波器的滤波电感及电容，i_{L_1}、i_{L_2}、i_c 分别为其电流，u_{inv}、u_g 为逆变器输出等效电压及电网等效电压，L_g、R_g 为电网等效阻抗，R_{L_1}、R_{L_2} 为滤波电感的寄生电阻，本节不考虑滤波电感中的寄生电阻。

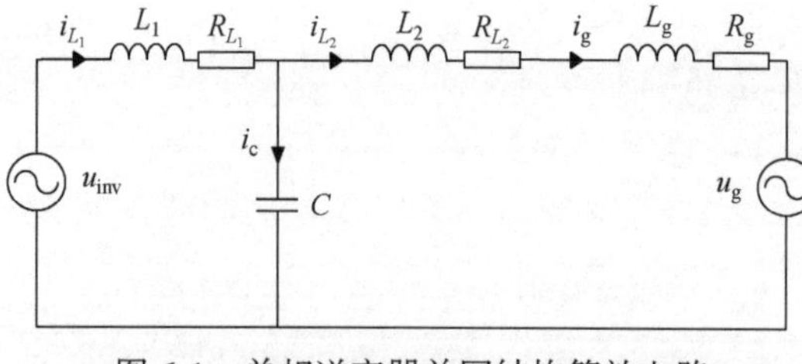

图 6-1　单相逆变器并网结构等效电路

由图 6-1 可得输出等效电压 u_{inv} 至并网电流 i_g 的传递函数

$$G_0(s)=\frac{i_g(s)}{u_{inv}(s)}=\frac{1}{L_1(L_2+L_g)Cs^3+L_1CR_gs^2+(L_1+L_2+L_g)s+R_g} \tag{6-1}$$

由式(6-1)可知，单相逆变器并网系统的谐振频率与电网等效阻抗 R_g、L_g 有关。而单台逆变器并网系统中仅存在逆变器与电网阻抗间的串联谐振及逆变器自身谐振。实际工程应用中存在许多单逆变器谐振，其影响因素包括电网电压谐波，滤波器参数以及锁相环设计不当等[62-66]。

在图 6-1 的基础上对单台逆变器仅加入锁相环及 PI 调节器控制时，并网系统控制框图如图 6-2 所示。

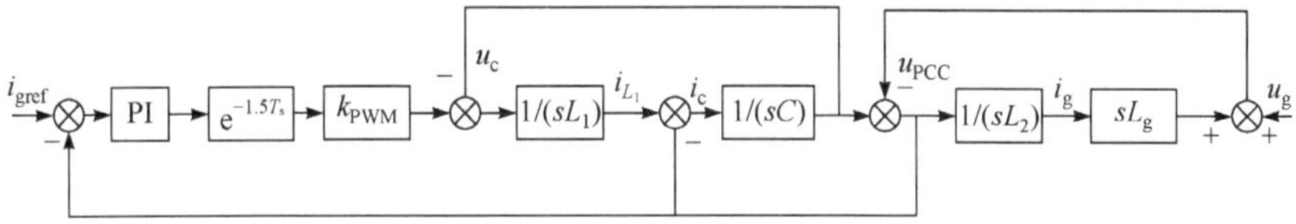

图 6-2　单台逆变器并网系统控制框图

考虑到非线性因素的影响，例如并网逆变器中开关设备的死区时间，这一影响可以被认为是诺顿等效电路中的受控电流源。那么单台逆变器可视为等效电流源与等效导纳并联，其中等效电流源为理想电流源与受控电流源并联。单台逆变器并网系统诺顿等效模型如图 6-3 所示。图中，i_1、i_{11}、i_{d1}、Y_1 分别为等效电流源，理想电流源，受控电流源以及等效导纳，G_1 为受控电流源控制系数。

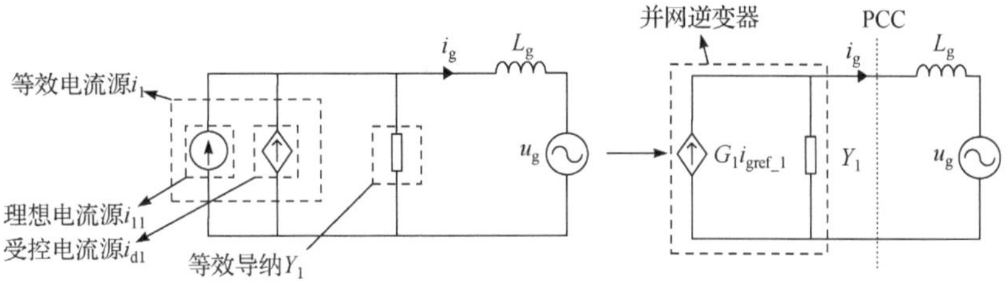

图 6-3　单台逆变器并网系统诺顿等效模型

结合图 6-2、图 6-3，得出 G_1 及 Y_1 的传递函数为

$$\begin{cases} G_1(s)=\dfrac{i_g(s)}{i_{gref\_1}(s)}=\dfrac{G_{PI}(s)e^{-1.5T_s}}{L_1L_2Cs^3+(L_1+L_2)s+G_{PI}(s)e^{-1.5T_s}} \\ Y_1(s)=\dfrac{-i_g(s)}{u_{PCC}}=\dfrac{L_1Cs^2+1}{L_1L_2Cs^3+(L_1+L_2)s+G_{PI}(s)e^{-1.5T_s}} \end{cases} \tag{6-2}$$

式中，$G_{PI}(s)=k_p+k_i/s$。

在分析此类逆变器稳定性时，要求电流增益 T_1 在奈奎斯特图中不包含点(−1,0j)，即 T_1 相位不小于 180°。而等效导纳 Y_1 和电网导纳 Y_g 相位均在−90°到 90°

之间时，满足上述条件，能够保证逆变器稳定。

$$T_1 = \frac{Y_1}{Y_g} \tag{6-3}$$

式(6-3)中 Y_1 可通过将式(6-2)中 s 替换为 jω 来对系统稳定性进行分析，Y_1 实部为

$$\mathrm{Re}(Y_1) = \frac{(1 - L_1 C\omega^2)a}{a^2 + b^2} \tag{6-4}$$

式中

$$\begin{cases} a = k_\mathrm{p}\cos(1.5T\omega) \\ b = L_1\omega + L_1\omega - L_1 L_2 C\omega^3 - k_\mathrm{p}\sin(1.5T\omega) \end{cases} \tag{6-5}$$

由于式(6-4)中分母总为正，则 $\mathrm{Re}(Y_1)$ 由其分子决定，但在 Y_1 为非无源时，即使 T_1 在奈奎图中未将点(−1,0j)包围，当 Y_g 非常小时，系统仍然可能不稳定。因此，单台逆变器情况下满足无源条件是保证系统稳定的前提[67-70]。

6.1.1.2　多逆变器并网系统谐振分析

依据单台逆变器并网系统诺顿等效模型的建立方法，可得 n 台逆变器并网系统诺顿等效模型如图 6-4 所示。

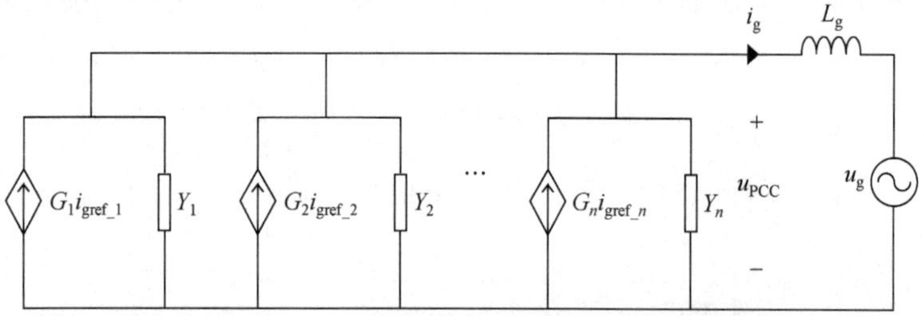

图 6-4　n 台逆变器并网系统诺顿等效模型

n 台逆变器并联系统在计算总等效导纳时，可将其等效为单台并网逆变器工作，简化后的等效模型如图 6-5 所示。

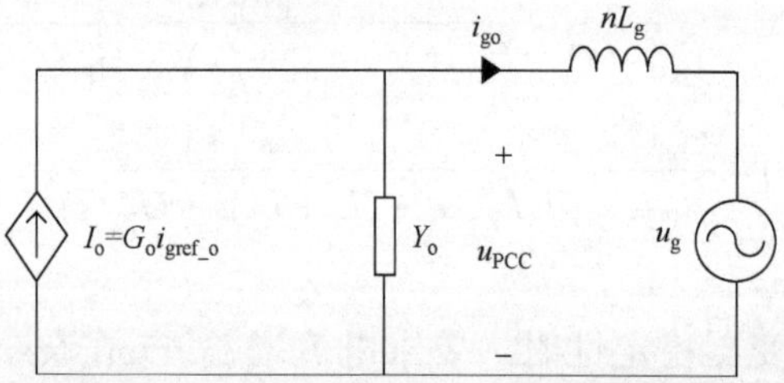

图 6-5　n 台逆变器并网系统简化模型

图 6-5 中总等效电流源 I_o，总等效电流 I_{go} 及总等效导纳 Y_o 为

$$\begin{cases} I_o = \sum_{i=1}^{n} G_i i_{\mathrm{gref}\_i} \\ I_{go} = \dfrac{I_o - u_g Y_o}{1 + sL_g Y_o} \\ Y_o = \sum_{i=1}^{n} Y_i = nY_1 = \dfrac{n(L_1 C s^2 + 1)}{L_1 L_2 C s^3 + (L_1 + L_2)s + G_{\mathrm{PI}}(s)\mathrm{e}^{-1.5T_s}} \end{cases} \tag{6-6}$$

由式(6-6)可知，等效导纳的值与并联逆变器台数有关[122-123]。取逆变器台数 n=1、2、3、4、5，画出 Y_o 与 Y_g 伯德图如图 6-6 所示。

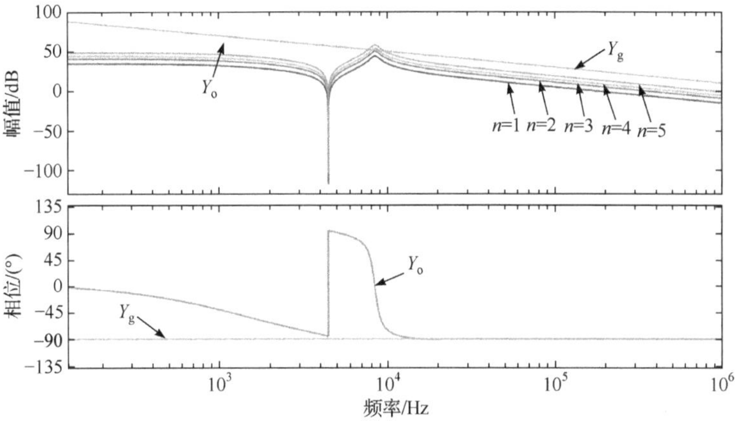

图 6-6　逆变器台数 n=1、2、3、4、5 时 Y_o 与 Y_g 伯德图

由图 6-6 可知，当逆变器台数 n 增加时，Y_o 幅值增益也随之增加，在 n 增加到 2 时，Y_o 与 Y_g 相交，而当 n=3 时，并网系统稳定性得不到保证。结合式(6-1)与图 6-5，n 台逆变器并联的并网发电系统传递函数为

$$G_{\mathrm{eq}\_n}(s) = \frac{G_{\mathrm{PI}}(s)\mathrm{e}^{-1.5T_s}}{L_1(L_2 + nL_g)Cs^3 + (L_1 + L_2 + nL_g)s + G_{\mathrm{PI}}(s)\mathrm{e}^{-1.5T_s}} \tag{6-7}$$

依据式(6-7)可得 n 台逆变器并网系统谐振频率为

$$f_{\mathrm{eq}\_n}(s) = \frac{1}{2\pi}\sqrt{\frac{L_1 + L_2 + nL_g}{L_1(L_2 + nL_g)C}} \tag{6-8}$$

当 n=1 时，单台逆变器并网系统谐振频率为

$$f_{\mathrm{eq}\_1}(s) = \frac{1}{2\pi}\sqrt{\frac{L_1 + L_2 + L_g}{L_1(L_2 + L_g)C}} \tag{6-9}$$

当 n=2 时，两台逆变器并网系统谐振频率为

$$f_{\mathrm{eq\_2}}(s)=\frac{1}{2\pi}\sqrt{\frac{L_1+L_2+2L_{\mathrm{g}}}{L_1\left(L_2+2L_{\mathrm{g}}\right)C}} \tag{6-10}$$

通过对比式(6-8)、式(6-9)、式(6-10)可知，n 台逆变器并联时的并网系统谐振频率中的电网阻抗是单台逆变器并网系统的 n 倍，并且在逆变器并联台数增加的过程中，谐振频率也将相应的逐渐降低[123-126]。

以 1、2 台逆变器为例，得出并网等效系统控制框图如图 6-7 所示。

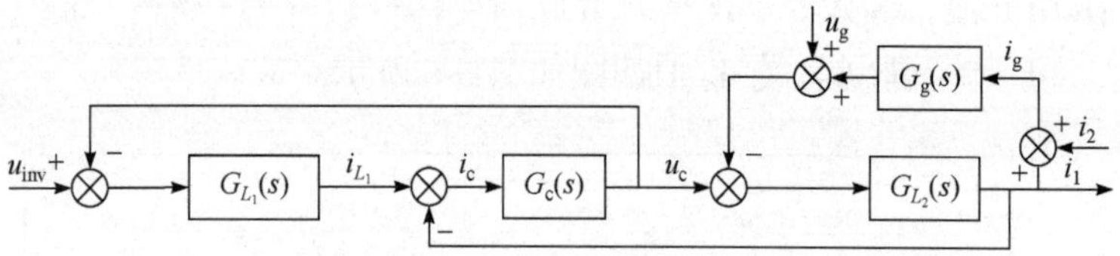

图 6-7　两台 LCL 型逆变器并网系统控制框图

由图 6-7 可知，逆变器输出电压 u_{inv} 至并网电流 i_{g} 的传递函数为

$$G_{\mathrm{eq\_2}}(s)=\frac{G_{\mathrm{L1}}(s)G_{\mathrm{L2}}(s)G_{\mathrm{c}}(s)}{1+G_{\mathrm{V}}(s)} \tag{6-11}$$

式中

$$\begin{cases}G_{\mathrm{V}}(s)=G_{L_1}(s)G_{\mathrm{c}}(s)+G_{L_2}(s)G_{\mathrm{c}}(s)+G_{L_1}(s)G_{L_2}(s)G_{\mathrm{c}}(s)+G_{L_2}(s)G_{\mathrm{g}}(s)\\ \qquad +G_{L_1}(s)G_{L_2}(s)G_{\mathrm{g}}(s)+G_{L_1}(s)G_{L_2}(s)G_{\mathrm{c}}(s)G_{\mathrm{g}}(s)\\ G_{L_1}(s)=1/(sL_1),\ \ G_{L_2}(s)=1/(sL_2),\ \ G_{\mathrm{c}}(s)=1/(sC)\\ G_{\mathrm{g}}(s)=1/(sL_{\mathrm{g}})\end{cases} \tag{6-12}$$

令式(6-11)中 s=jω，则可将其改写为

$$G_{\mathrm{eq\_2}}(\mathrm{j}\omega)=\frac{L_1+L_2+L_{\mathrm{g}}-\omega^2L_1C\left(L_2+L_{\mathrm{g}}\right)}{L_1^2L_2^2C\left(L_2+2L_{\mathrm{g}}\right)\left(\omega^2-\dfrac{L_1+L_2}{L_1L_2C}\right)\left[\omega^2-\dfrac{L_1+L_2+2L_{\mathrm{g}}}{L_1C\left(L_2+2L_{\mathrm{g}}\right)}\right]} \tag{6-13}$$

由式(6-13)可知，系统存在一个零点和两个极点，分别为

$$\begin{cases}L_1+L_2+L_{\mathrm{g}}-\omega^2L_1C\left(L_2+L_{\mathrm{g}}\right)=0\\ \rightarrow f_0=\dfrac{1}{2\pi}\sqrt{\dfrac{L_1+L_2+L_{\mathrm{g}}}{L_1C\left(L_2+L_{\mathrm{g}}\right)}}=1187\mathrm{Hz}\end{cases} \tag{6-14}$$

$$\begin{cases}\omega^2-\dfrac{L_1+L_2}{L_1L_2C}=0\\ \rightarrow f_1=\dfrac{1}{2\pi}\sqrt{\dfrac{L_1+L_2}{L_1L_2C}}=1383\text{Hz}\end{cases}\tag{6-15}$$

$$\begin{cases}\omega^2-\dfrac{L_1+L_2+2L_g}{L_1C\left(L_2+2L_g\right)}=0\\ \rightarrow f_2=\dfrac{1}{2\pi}\sqrt{\dfrac{L_1+L_2+2L_g}{L_1C\left(L_2+2L_g\right)}}=1083\text{Hz}\end{cases}\tag{6-16}$$

为了更直观地分析系统谐振频率，2 台逆变器并网系统伯德图如图 6-8 所示。系统仿真参数 L_1=5mH，L_2=1.8mH，C=10μF，L_g=1mH。

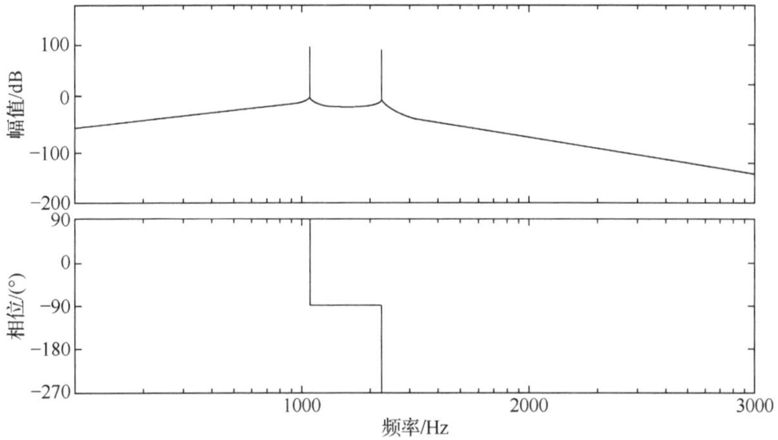

图 6-8　2 台 LCL 型逆变器并网系统伯德图

由图 6-8 可知，图中存在两个谐振尖峰，分别为极点处的两个频率，与系统谐振频率一致，f_1 为逆变器自身谐振频率，f_2 为 2 台逆变器并联产生的谐振频率。为进一步研究台数更多时的谐振情况，结合式(6-7)、式(6-11)与 s=jω，得到 n 台逆变器并联时的系统传递函数为

$$G_{\text{eq\_}n}\left(\text{j}\omega\right)=\frac{L_1+L_2+\left(n-1\right)L_g-\omega^2L_1C\left[L_2+\left(n-1\right)L_g\right]}{L_1^2L_2C^2\left(L_2+nL_g\right)\left(\omega^2-\dfrac{L_1+L_2}{L_1L_2C}\right)\left[\omega^2-\dfrac{L_1+L_2+nL_g}{L_1C\left(L_2+nL_g\right)}\right]}\tag{6-17}$$

取 n=2、4、6、8、12，由式(3-17)可画出对应并联逆变器系统伯德图如图 6-9 所示。

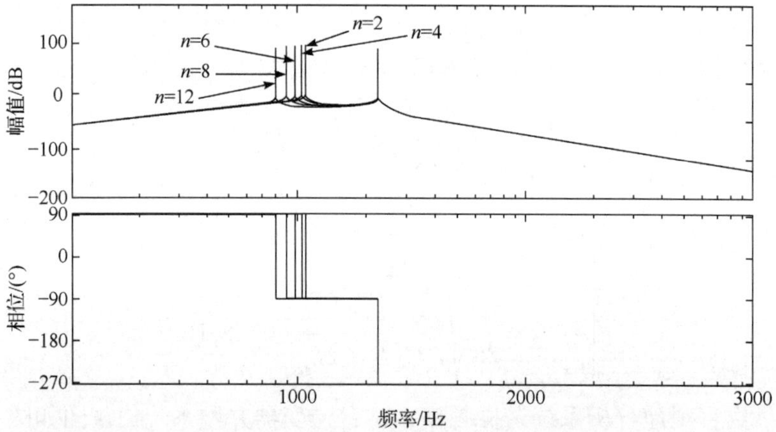

图 6-9　n=2、4、6、8、12 时并联逆变器并网系统伯德图

由图 6-9 可知，随着 n 增大，即逆变器台数增加，并网系统谐振频率不断减小，而逆变器自身谐振频率不变。

6.1.2　基于负虚拟电容的谐振抑制分析

6.1.2.1　负虚拟电容及参数估算方法

LCL 滤波器与三相并网逆变器相连的并网系统电路图如图 6-10 所示。

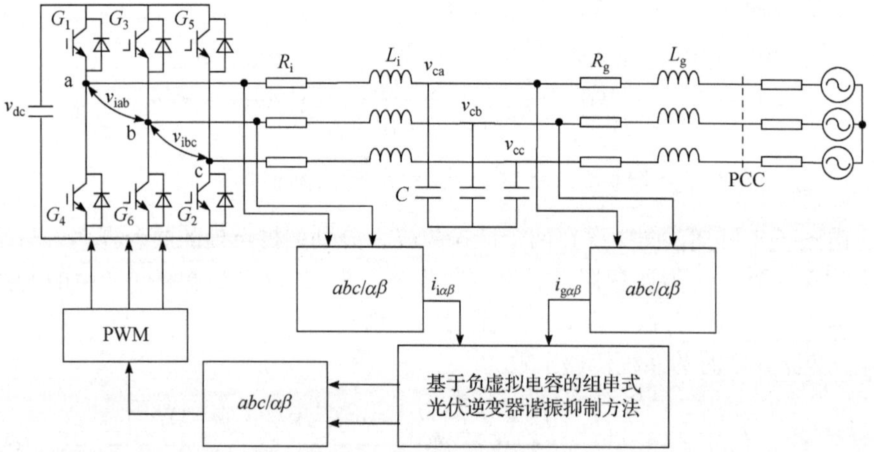

图 6-10　并网系统电路图

逆变器侧和电网侧寄生电阻均被考虑在内。R_i、L_i 分别为逆变器侧寄生电阻及滤波电感，R_g、L_g 分别为电网侧电阻及电感。

忽略了 LCL 滤波器中所有寄生电阻的简化等效电路如图 6-11 所示。

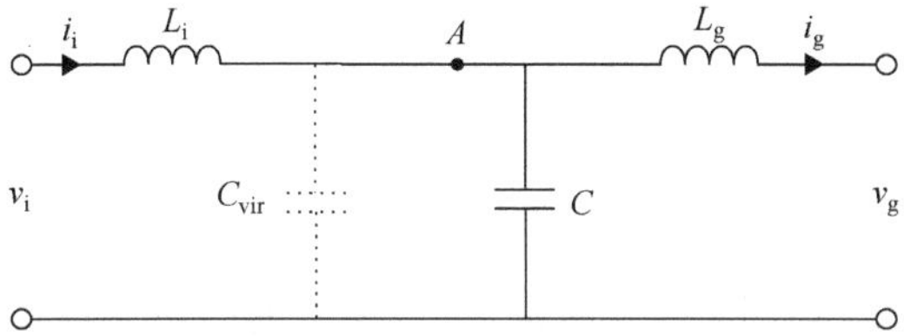

图 6-11　具有虚拟电容的 LCL 滤波器单相等效电路

该电路的动态方程为

$$\begin{cases} L_i \dfrac{di_i}{dt} = v_i - v_c \\ (C + C_{vir}) \dfrac{dv_c}{dt} = i_i - i_g \\ L_g \dfrac{di_g}{dt} = v_c - v_g \end{cases} \tag{6-18}$$

式中，v_i 为逆变器电压；v_g 为电网电压；i_i 为逆变器侧电流；i_g 为电网侧电流；v_c 为电容电压，即节点 A 处的电压。对于 β 轴，可以得出类似的方程，式(6-18)中给出的公式对于 α 和 β 轴均有效。因此，对式(6-18)进行的分析对于三相系统也有效。对于当前的 LCL 滤波器，不考虑 C_{vir}，从逆变器到电网的状态方程为

$$\begin{cases} L_i \dfrac{di_i}{dt} = v_i - v_c \\ C \dfrac{dv_c}{dt} = i_i - i_g \\ L_g \dfrac{di_g}{dt} = v_c - v_g \end{cases} \tag{6-19}$$

而为了消除谐振影响，需要在式(6-19)的状态方程中模拟 C_{vir}，并选择一个值以消除实际电容 C 的影响。通过将 $C_{vir}=-C$，修改后的方程为

$$\begin{cases} (L_i + L_g) \dfrac{di_i}{dt} = v_i - v_g \\ i_i = i_g \\ v_i = v_c \end{cases} \tag{6-20}$$

考虑到在理想条件下，可以将式(6-19)的三阶系统简化为式(6-20)所示的等效一阶系统。在一定程度上，一阶系统相对于三阶系统更有利于控制[127-128]。而虚拟电容 C_{vir} 会改变逆变器侧电流，使逆变器电压升高。因此，从图 6-11 中添加了 C_{vir} 的节点 A 处可以得出

$$i_i' = i_i + C_{vir} \frac{dv_c}{dt} \tag{6-21}$$

由式(6-21)可得，逆变器到节点 A 的动态关系为

$$L_{\mathrm{i}}\frac{\mathrm{d}i_{\mathrm{i}}}{\mathrm{d}t}=v_{\mathrm{i}}-L_{\mathrm{i}}C_{\mathrm{vir}}\frac{\mathrm{d}^2v_{\mathrm{c}}}{\mathrm{d}t^2}-v_{\mathrm{c}} \tag{6-22}$$

由式(6-22)可知，要模拟与现有滤波器电容并联的虚拟电容，必须从逆变器参考电压中减去以下项：$L_{\mathrm{i}}C_{\mathrm{vir}}(\mathrm{d}^2v_{\mathrm{c}}/\mathrm{d}t^2)$。该参考电压是从控制器获得的输出，将在下一节中介绍。测量逆变器侧和电网侧的电流，并估算电容电压为

$$v_{\mathrm{c}}^{\mathrm{est}}=\frac{1}{C}\int\left(i_{\mathrm{i}}-i_{\mathrm{g}}\right)\mathrm{d}t \tag{6-23}$$

同样通过式(6-22)，模拟的负虚拟电容项涉及二阶导数作用。考虑到电网电压中的谐波含量小于基波的 10%，并且不平衡最小，$\alpha\beta$ 坐标系中的正序电压起主导作用，其电压可以表示为

$$\begin{cases}v_{\mathrm{c}\alpha}^{\mathrm{est}}=V_{\mathrm{c}}\cos\left(\omega t+\varphi\right)\\v_{\mathrm{c}\beta}^{\mathrm{est}}=V_{\mathrm{c}}\sin\left(\omega t+\varphi\right)\end{cases} \tag{6-24}$$

由式(6-24)中定义，可以将式(6-22)中的导数项 $L_{\mathrm{i}}C_{\mathrm{vir}}(\mathrm{d}^2v_{\mathrm{c}}/\mathrm{d}t^2)$近似为

$$\begin{cases}v_{\mathrm{d}\alpha}=-\omega^2L_{\mathrm{i}}C_{\mathrm{vir}}v_{\mathrm{c}\alpha}^{\mathrm{est}}\\v_{\mathrm{d}\beta}=-\omega^2L_{\mathrm{i}}C_{\mathrm{vir}}v_{\mathrm{c}\beta}^{\mathrm{est}}\end{cases} \tag{6-25}$$

式中，$v_{\mathrm{d}\alpha}$和 $v_{\mathrm{d}\beta}$分别是α和β轴的阻尼电压。式(6-25)中的阻尼电压包含逆变器侧滤波器电感 L_{i}，而在运行过程中，滤波器的参数值会发生变化。因此，一种类似文献[129]的基于模型参考自适应系统(model reference adaptive system，MRAS)的估算架构被用来估算滤波器参数。在文献[130]中，总体估算架构是在 dq 坐标系中实现的。同样，在本节中，实现了 MRAS，从两个定义的 M 和 N 模型来估算两个虚拟量 A 和 B。用于估算 A_{est} 和 B_{est} 的简化框图如图 6-12、图 6-13 所示。$v_{\mathrm{i}d}^{\mathrm{ref}}$和 $v_{\mathrm{i}q}^{\mathrm{ref}}$是来自基于 Lyapunov 的电流控制器的参考电压，v_{g} 为电网电压，$i_{\mathrm{i}d}^{\mathrm{ref}}$和 $i_{\mathrm{i}q}^{\mathrm{ref}}$为参考电流，$i_{\mathrm{i}d}$ 和 $i_{\mathrm{i}q}$ 为逆变器侧电流，A_{est} 和 B_{est} 为估算量，G_{c} 为选择的补偿器。结合上述参数，估算量为

$$A_{\mathrm{est}}=\left(i_{\mathrm{i}d}^2-i_{\mathrm{i}q}^2\right)R_{\mathrm{i}}^{\mathrm{est}}-2\omega L_{\mathrm{i}}^{\mathrm{est}}i_{\mathrm{i}d}i_{\mathrm{i}q} \tag{6-26}$$

$$B_{\mathrm{est}}=2R_{\mathrm{i}}^{\mathrm{est}}i_{\mathrm{i}d}i_{\mathrm{i}q}+\left(i_{\mathrm{i}d}^2-i_{\mathrm{i}q}^2\right)\omega L_{\mathrm{i}}^{\mathrm{est}} \tag{6-27}$$

结合式(6-26)、式(6-27)，在进行运算后，逆变器侧阻抗的估算值为

$$R_{\mathrm{i}}^{\mathrm{est}}=\frac{A_{\mathrm{est}}\left(i_{\mathrm{i}d}^2-i_{\mathrm{i}q}^2\right)+2B_{\mathrm{est}}i_{\mathrm{i}d}i_{\mathrm{i}q}}{\left(i_{\mathrm{i}d}^2+i_{\mathrm{i}q}^2\right)^2} \tag{6-28}$$

$$L_{\mathrm{i}}^{\mathrm{est}}=\frac{B_{\mathrm{est}}\left(i_{\mathrm{i}d}^2-i_{\mathrm{i}q}^2\right)-2A_{\mathrm{est}}i_{\mathrm{i}d}i_{\mathrm{i}q}}{\omega\left(i_{\mathrm{i}d}^2+i_{\mathrm{i}q}^2\right)^2} \tag{6-29}$$

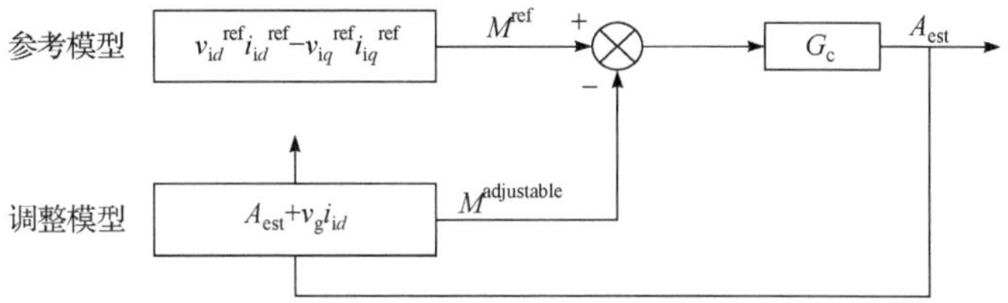

图 6-12 确定 A_{est} 的简化框图

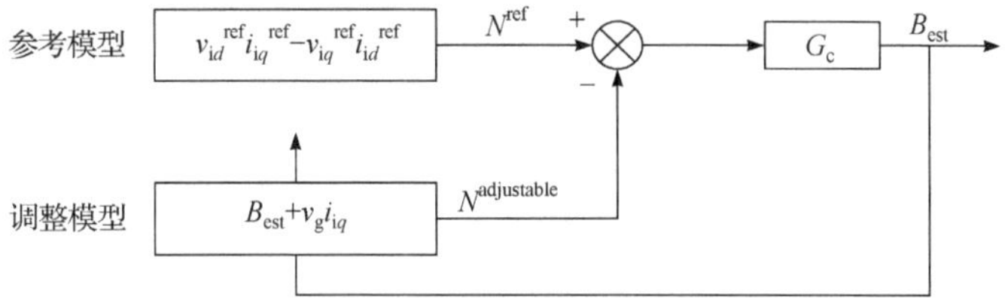

图 6-13 确定 B_{est} 的简化框图

6.1.2.2 基于 Lyapunov 的间接电网电流控制器

在文献[72]、[73]中已经阐述了基于 Lyapunov 函数的间接电网电流控制器。本节将类似的方法应用于所提方法的三相并网系统中。为了减少方程数量，控制器在 $\alpha\beta$ 坐标系中实现。在考虑到两个轴的对称性和空间限制的前提下，仅给出了 α 轴方程，对于 β 轴也同样具有类似的表达式。对于图 6-10 所示的三相并网逆变器，误差动态为

$$\begin{cases} L_i\dot{x}_1 = -x_1R_i + \Delta m_\alpha \dfrac{V_{dc}}{2} - x_2 \\ C\dot{x}_2 = x_1 - x_3 \\ L_g\dot{x}_3 = -x_3R_g + x_2 \end{cases} \tag{6-30}$$

式中，$x_1 = i_\alpha - i_\alpha^{ref}$，$x_2 = v_{c\alpha} - v_{c\alpha}^{ref}$，$x_3 = i_{g\alpha} - i_{g\alpha}^{ref}$。考虑到正弦脉冲宽度调制(sinusoidal pulse width modulation，SPWM)，$v_{i\alpha}=m_\alpha(V_{dc}/2)$。因此，调制指数为 $m_\alpha= M_\alpha+\Delta m_\alpha$，其中，$M_\alpha$ 是稳态值，而 Δm_α 是扰动值。对于 α、β 轴，总的调制指数为

$$\begin{cases} m_\alpha = \dfrac{2}{V_{dc}}\left(L_i^{est}\dfrac{di_{i\alpha}^{ref}}{dt} + R_i^{est}i_{i\alpha}^{ref} + v_{c\alpha}^{ref} - R_c x_1\right) \\ m_\beta = \dfrac{2}{V_{dc}}\left(L_i^{est}\dfrac{di_{i\beta}^{ref}}{dt} + R_i^{est}i_{i\beta}^{ref} + v_{c\beta}^{ref} - R_c x_4\right) \end{cases} \tag{6-31}$$

式中，对于 β 轴来说，$x_4 = i_{i\beta} - i_{i\beta}^{ref}$，$R_c$ 为 Lyapunov 控制器增益。式(6-31)中提出的基于 Lyapunov 函数的控制器的输出中增加了用于实现负虚拟电容的项，因此，输出电压为

$$\begin{cases} v_{i\alpha} = m_\alpha \dfrac{V_{dc}}{2} - \omega^2 L_i^{est} C_{vir} v_{c\alpha}^{est} \\ v_{i\beta} = m_\beta \dfrac{V_{dc}}{2} - \omega^2 L_i^{est} C_{vir} v_{c\beta}^{est} \end{cases} \tag{6-32}$$

式中，ω 为电网频率，L_i^{est} 为估算的逆变器侧电感。

通过式(6-31)、式(6-32)中可知，控制规则以及负虚拟电容项分别是逆变器侧滤波器参数和 LCL 滤波器的直流侧电容的函数。逆变器侧滤波器参数的估算方法与 6.2.1 节中所述类似。加入有源阻尼环节前后 LCL 滤波器的简化框图分别如图 6-14、图 6-15 所示。考虑到对称性，在图 6-14、图 6-15 中仅给出了 α 轴框图，对于 β 轴，可以获得类似的简化框图。

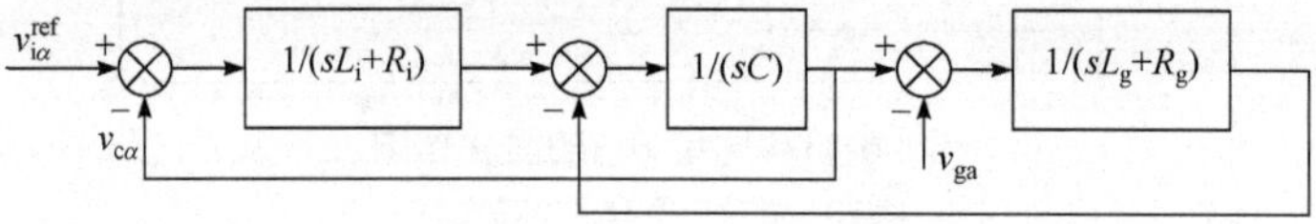

图 6-14　未加入有源阻尼环节的 LCL 滤波器的简化框图

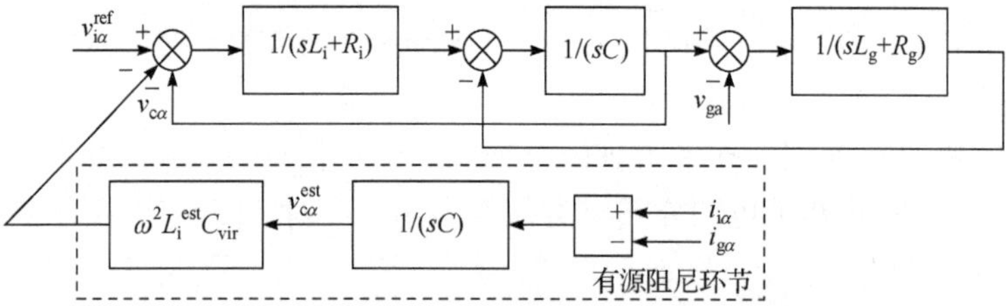

图 6-15　加入有源阻尼环节的 LCL 滤波器的简化框图

为分析加入有源阻尼环节前后的谐振抑制效果，通过图 6-15 可得系统传递函数的开环增益，系统伯德图如图 6-16 所示。

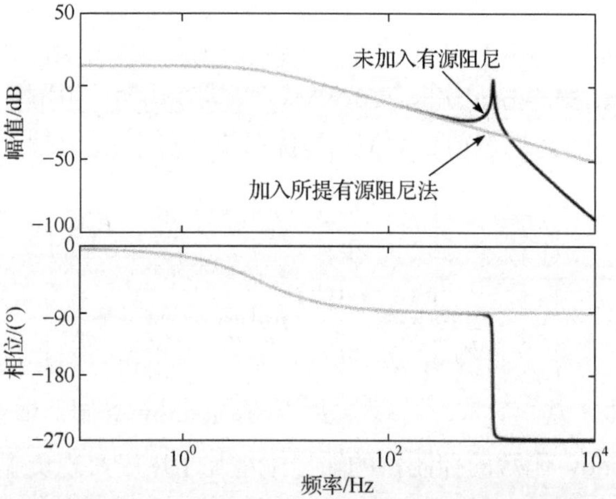

图 6-16　加入有源阻尼环节前后的系统伯德图

由图 6-16 可知，在未加入有源阻尼环节的情况下，LCL 滤波器的谐振频率处存在一个谐振峰，超过该频率时，系统的性质为三阶，表现为−60dB/dec。但是，加入负虚拟电容后，谐振峰被消除。并且，在谐振峰之外，伯德图表现为−20dB/dec，表明等效系统本质上是一阶的，且一阶系统更易于控制。

6.1.2.3　仿真验证

为验证所提基于负虚拟电容的组串式光伏逆变器谐振抑制方法的效果，本节运用仿真软件以一个含谐波的畸变电网为研究对象搭建仿真模型，并且考虑了最坏情况。其中，电网的某一相上存在电压骤降，并且在同一时刻电流出现瞬时变化。用于仿真验证的系统参数如表 6-1 所示。

表 6-1　用于仿真验证的系统参数

参数名称	数值
逆变器侧电感 L_i/mH	4.1
逆变器侧电阻 R_i/Ω	1.16
电网侧电感 L_g/mH	1.45
电网侧电阻 R_g/Ω	0.2
滤波电容 C/μF	20
虚拟电容 C_{vir}/μF	20
Lyapunov 控制器增益 R_c/Ω	80
开关频率 f_s/kHz	20

通过加入负虚拟电容前后的结果来验证所提方法是否有效。在仅提供有功功率的情况下，加入负虚拟电容回路前后的瞬态性能如图 6-17、图 6-18 所示。

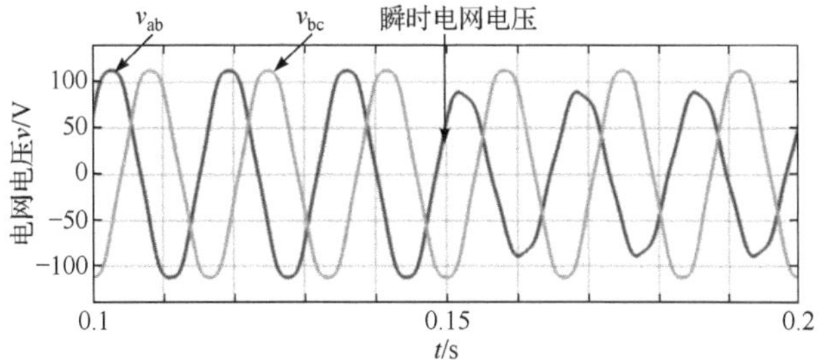

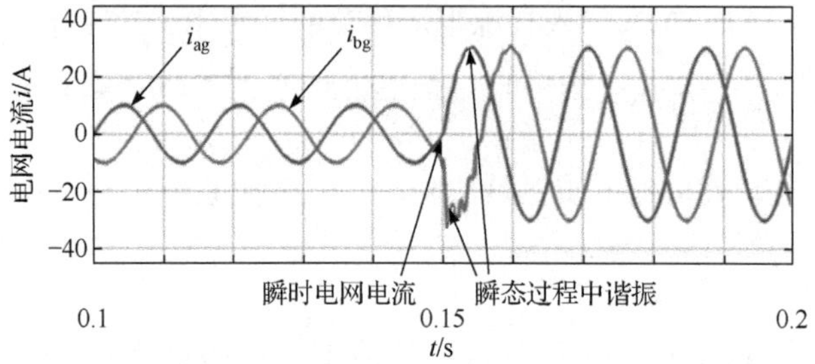

图 6-17　仅提供有功功率的情况下加入负虚拟电容回路前的瞬态性能

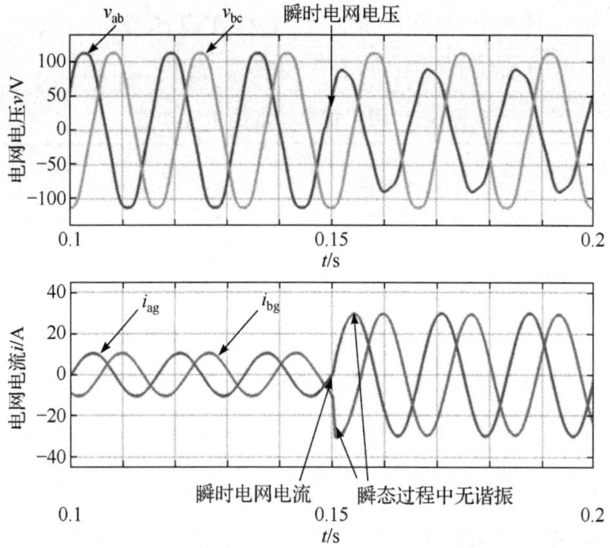

图 6-18　仅提供有功功率的情况下加入负虚拟电容回路后的瞬态性能

由图 6-17、图 6-18 可知，未加入负虚拟电容回路的情况下，谐振现象明显，而加入负虚拟电容回路后，谐振被有效抑制，从而证明了所提出方法的有效性。同样地，为了确保所提出的基于负虚拟电容的有源阻尼法完整性，在仅提供无功功率的情况下，加入负虚拟电容回路前后的瞬态性能如图 6-19、图 6-20 所示。

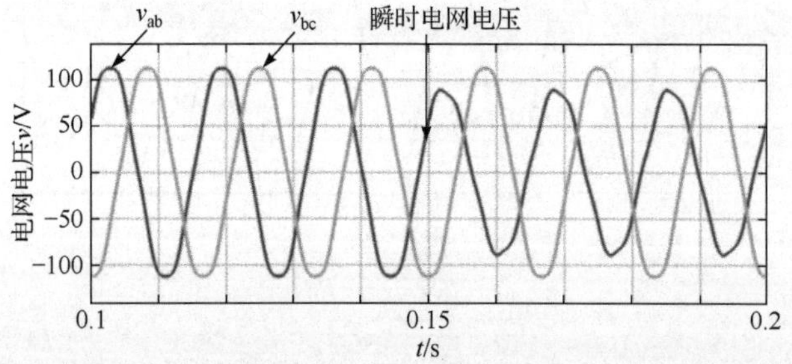

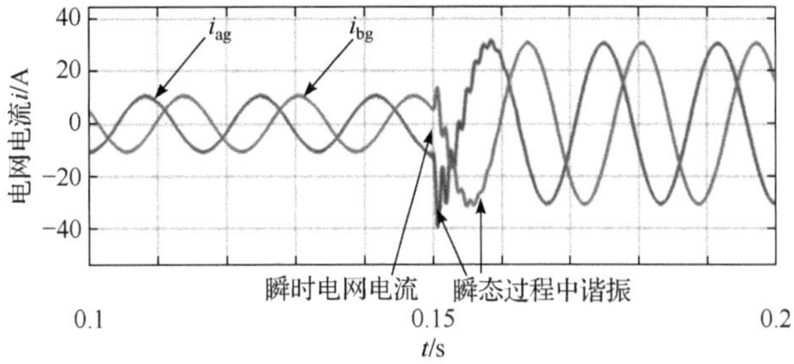

图 6-19　仅提供无功功率的情况下加入负虚拟电容回路前的瞬态性能

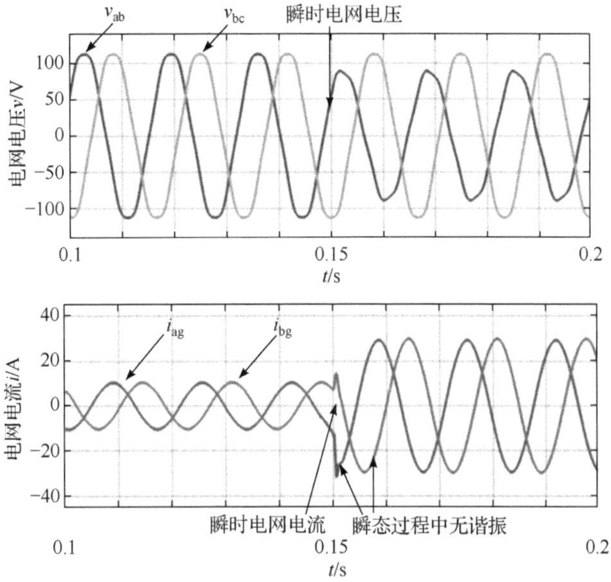

图 6-20　仅提供无功功率的情况下加入负虚拟电容回路后的瞬态性能

由图 6-19、图 6-20 可知，如果未加入负虚拟电容回路，则在瞬态情况下能够观察到谐振，加入负虚拟电容回路后，谐振得到有效抑制。

在相同的瞬态条件下，即在同一时刻发生的电网电压骤降和电流阶跃变化，逆变器侧的估算阻抗如图 6-21 所示。在瞬时条件下，估算的阻抗会收敛到其实际值。

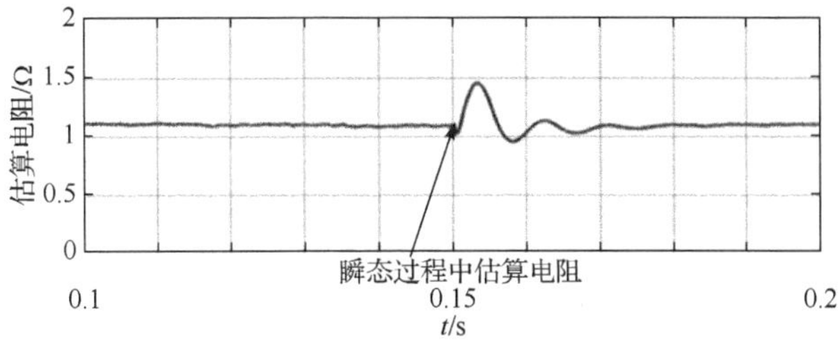

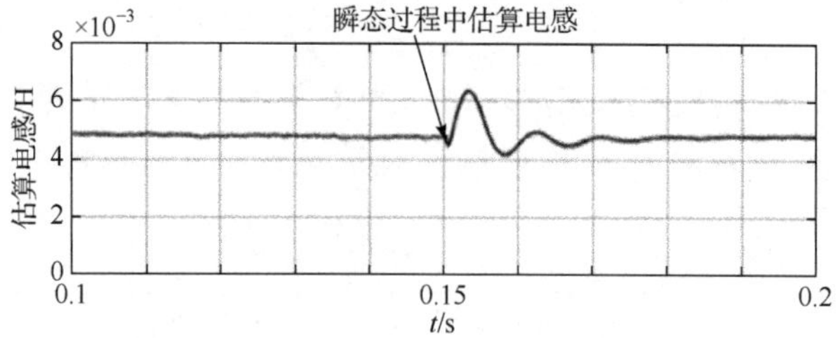

图 6-21　瞬态过程中估算阻抗

6.1.3　小结

6.1 节首先通过诺顿等效模型分析了单逆变器并网系统和多逆变器并联系统的谐振特性，得出逆变器不同台数时的并网系统谐振频率公式，为谐振抑制方法建立了理论基础。然后，针对逆变器自身谐振，提出了一种基于负虚拟电容的组串式光伏逆变器谐振抑制方法。通过加入负虚拟电容回路消除了由滤波电路带来的谐振影响，引入参数估算模型，准确地估算出了瞬态过程中的电网电压及逆变器侧阻抗值，引入了基于 Lyapunov 的间接电网电流控制器，验证了所提方法的兼容性。最后，在畸变的电网电压条件下，运用仿真软件进行仿真分析，通过得出的仿真结果，证明了所提出的基于负虚拟电容的组串式光伏逆变器谐振抑制方法的正确性及有效性。

6.2　基于自适应陷波器的组串式光伏逆变器谐振抑制方法

6.2.1　传统组串式光伏逆变器谐振抑制方法

LCL 型滤波器阶数较高，存在谐振尖峰，因而需要增加系统阻尼来抑制谐振。目前，应用范围最广的抑制谐振尖峰的方法为无源阻尼法及有源阻尼法。

(1) 无源阻尼法，加入实际电阻。常见无源阻尼法可分为 6 类，具体结构如图 6-22 所示。

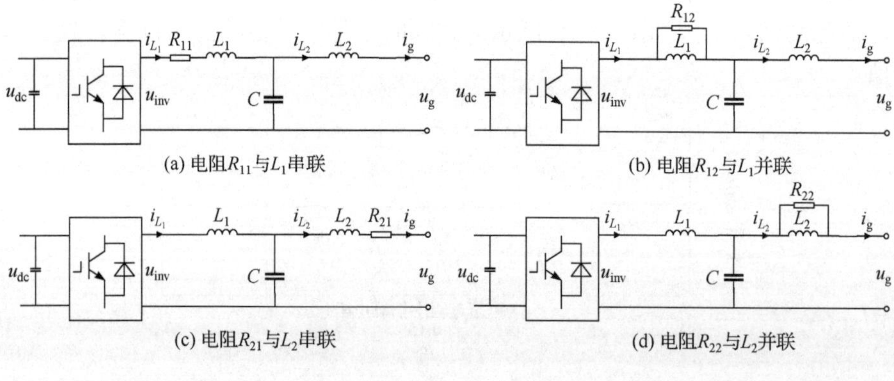

(a) 电阻R_{11}与L_1串联　(b) 电阻R_{12}与L_1并联

(c) 电阻R_{21}与L_2串联　(d) 电阻R_{22}与L_2并联

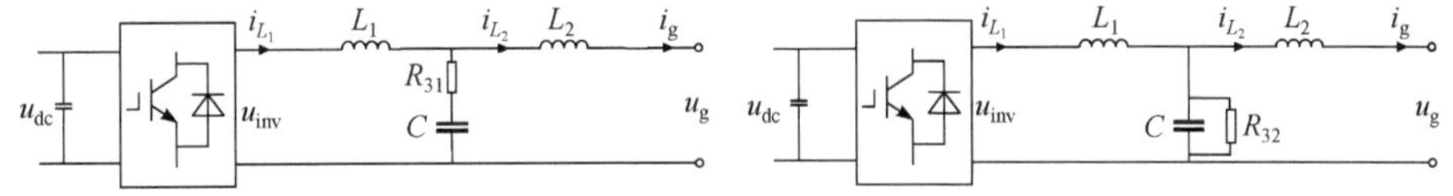

(e) 电阻R_{31}与C串联　(f) 电阻R_{32}与C并联

图 6-22　无源阻尼法结构

由图 6-22 可知，网侧电流 i_{L_2} 到逆变器侧输出电压 u_{inv} 的传递函数分别为

$$G_{LCL\_a}(s)=\frac{i_2(s)}{u_{inv}(s)}=\frac{1}{s^3L_1L_2C+s^2L_2CR_{11}+s(L_1+L_2)+R_{11}} \tag{6-33}$$

$$G_{LCL\_b}(s)=\frac{i_2(s)}{u_{inv}(s)}=\frac{1}{s^3L_1L_2C+s^2L_1L_2/R_{12}+s(L_1+L_2)} \tag{6-34}$$

$$G_{LCL\_c}(s)=\frac{i_2(s)}{u_{inv}(s)}=\frac{1}{s^3L_1L_2C+s^2L_1CR_{21}+s(L_1+L_2)+R_{21}} \tag{6-35}$$

$$G_{LCL\_d}(s)=\frac{i_2(s)}{u_{inv}(s)}=\frac{1}{s^3L_1L_2C+s^2L_1L_2/R_{22}+s(L_1+L_2)} \tag{6-36}$$

$$G_{LCL\_e}(s)=\frac{i_2(s)}{u_{inv}(s)}=\frac{1}{s^3L_1L_2C+s^2L_2CR_{31}+s(L_1+L_2)} \tag{6-37}$$

$$G_{LCL\_f}(s)=\frac{i_2(s)}{u_{inv}(s)}=\frac{1}{s^3L_1L_2C+s^2L_1L_2/R_{32}+s(L_1+L_2)} \tag{6-38}$$

(2) 有源阻尼法，既可通过改变系统控制结构增加系统阻尼，如电容电流反馈有源阻尼法，也可通过在系统前向通道中加入滤波环节，例如，在图 6-23 传统控制结构框图中加入虚线框内所示滤波环节。

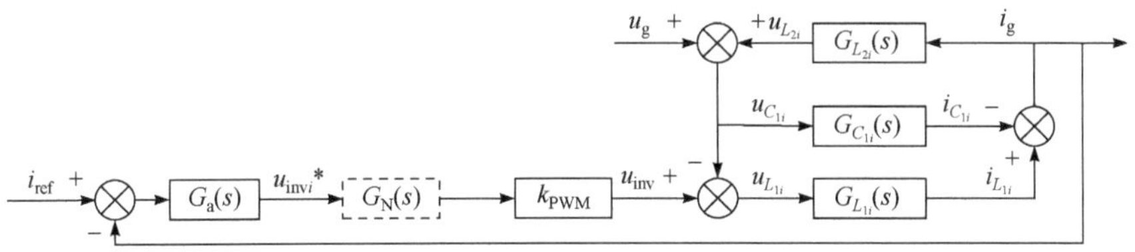

图 6-23　传统控制方法框图

本章所提出的谐振抑制方法是建立在弱电网情况下的有源阻尼法。弱电网中的阻性分量能够增加系统的阻尼，提高系统稳定性。为保证所提控制方法在系统谐振最严重情况下的抑制能力，假设弱电网为纯感性，即忽略 R_g，只含有电网阻抗 L_g，可得逆变器的 LCL 滤波电路如图 6-24 所示。L_{11}、L_{21}、C_{11} 分别为逆变

器侧电感、网侧电感和滤波电容。

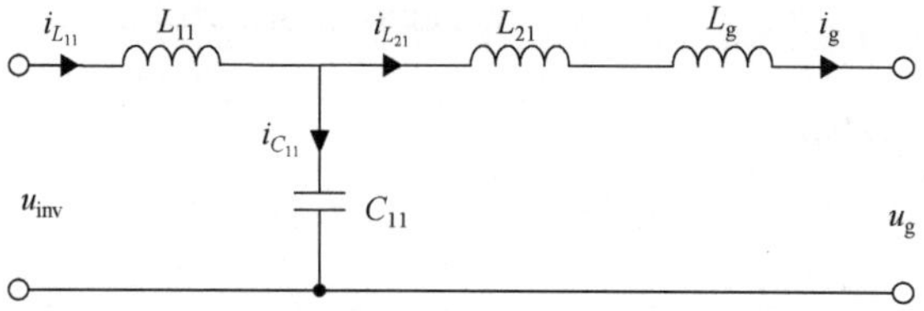

图 6-24　LCL 滤波电路

由图 6-24 可知，逆变器输入电压 u_{inv} 至并网电流 i_g 的开环传递函数为

$$G_{LCL}(s)=\frac{i_g(s)}{u_{inv}(s)}=\frac{1}{As^3+Bs}=\frac{1}{sL_{11}(L_{21}+L_g)C_{11}}\frac{1}{s^2+\omega_{res}^2} \tag{6-39}$$

式中，$A=L_{11}(L_{21}+L_g)C_{11}$，$B=(L_{11}+L_{21}+L_g)$, ω_{res} 为 LCL 滤波器的谐振角频率。

因此，单台逆变器时，谐振频率表达式为

$$f_{res}=\frac{\omega_{res}}{2\pi}=\frac{1}{2\pi}\sqrt{\frac{L_{11}+L_{21}+L_g}{L_{11}(L_{21}+L_g)C_{11}}} \tag{6-40}$$

当并网逆变器台数增加到 n 时，谐振频率为

$$f_{resn}=\frac{1}{2\pi}\sqrt{\frac{L_{11}+L_{21}+nL_g}{L_{11}(L_{21}+nL_g)C_{11}}} \tag{6-41}$$

通过式(6-41)可得谐振频率与并联台数及电网阻抗间关系如图 6-25 所示。随着逆变器并联台数 n 增加或电网阻抗 L_g 增大，谐振频率 f_{res} 减小，在 $n\geqslant 200$ 时，f_{res} 值稳定。

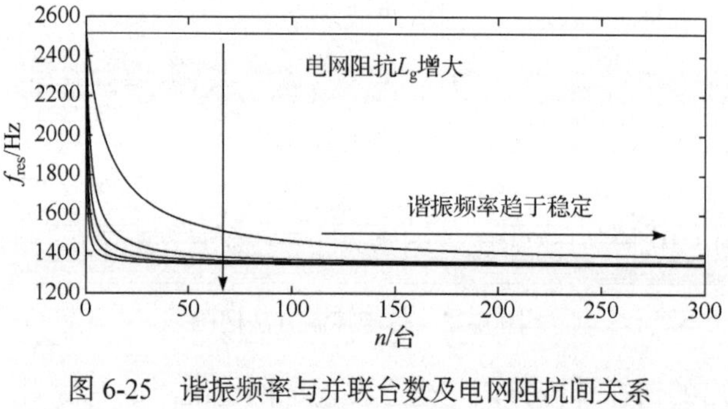

图 6-25　谐振频率与并联台数及电网阻抗间关系

由图 6-23 可知，本节传统组串式光伏逆变器谐振抑制方法采用陷波滤波器，并引入并网电流反馈，图中各环节传递函数为

$$\begin{cases} G_{L_{1i}}(s)=\dfrac{1}{sL_{1i}};\quad G_{C_{1i}}(s)=sC_{1i};\quad G_{L_{2i}}(s)=\dfrac{1}{s\left(L_{2i}+L_{\mathrm{g}}\right)} \\ G_{\mathrm{N}}(s)=\dfrac{s^2+\omega_{\mathrm{a}}^2}{s^2+Qs+\omega_{\mathrm{a}}^2} \end{cases} \tag{6-42}$$

此外，$G_a(s)$为 PI 电流控制器，$G_a(s)=k_p+k_i/s$，逆变器等效增益 $k_{PWM}=1$。陷波滤波器传递函数如式(6-42)中 $G_N(s)$所示，其中 Q 为陷波品质，ω_a为陷波角频率。得出 LCL 滤波器与陷波器伯德图如图 6-26 所示。

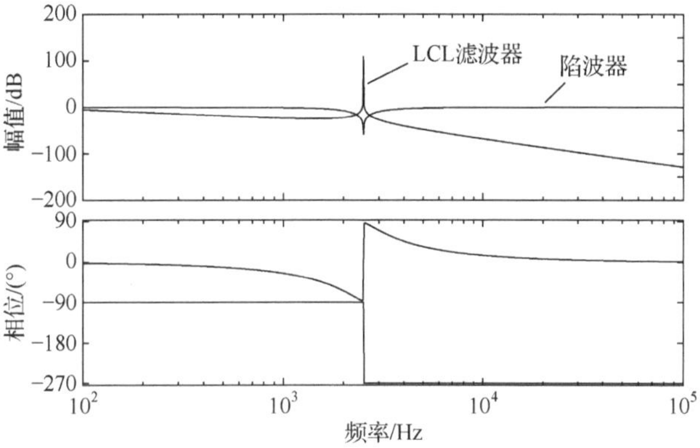

图 6-26　LCL 滤波器、陷波器伯德图

对比 LCL 滤波器与陷波器伯德图可知，加入陷波器可抑制由 LCL 滤波器带来的特定谐振频率 f_{res} 处的谐振尖峰，而不影响其他频率。

结合图 6-23 与式(6-31)，可得传统控制方法的系统开环传递函数为

$$G_1(s)=\frac{\left(k_{\mathrm{p}}s+k_{\mathrm{i}}\right)G_{\mathrm{N}}(s)}{s^4L_{11}\left(L_{21}+L_{\mathrm{g}}\right)C_{11}+\left(L_{11}+L_{21}+L_{\mathrm{g}}\right)s^2} \tag{6-43}$$

由传统陷波器函数 $G_N(s)$可知，此类陷波器仅能在固定谐振频率下产生抑制作用，而电网阻抗 L_g 并非固定的，电网阻抗的变化会使此类陷波器的抑制效果减弱，为此下一节提出了基于自适应陷波器的组串式光伏逆变器谐振抑制方法。

6.2.2　基于自适应陷波器的谐振抑制方法

6.2.2.1　系统控制结构及稳定性分析

由于传统陷波器函数 $G_N(s)$中，$\omega_a=2\pi f_a$，经化简可得双二阶陷波器，其传递函数为

$$G_{\mathrm{n}}(s)=\frac{\left(\dfrac{s}{2\pi f_{\mathrm{a}}}\right)^2+2m_1\dfrac{s}{2\pi f_{\mathrm{a}}}+1}{\left(\dfrac{s}{2\pi f_{\mathrm{a}}}\right)^2+2m_2\dfrac{s}{2\pi f_{\mathrm{a}}}+1} \tag{6-44}$$

式中，m_1、m_2 为调节系数。因此，结合式(6-43)、式(6-44)将传统陷波器函数 $G_{\mathrm{N}}(s)$替换为改进后的双二阶陷波器 $G_{\mathrm{n}}(s)$，可得系统开环传递函数为

$$G_2(s)=\frac{\left(k_{\mathrm{p}}s+k_{\mathrm{i}}\right)G_{\mathrm{n}}(s)}{s^4L_{11}\left(L_{21}+L_{\mathrm{g}}\right)C_{11}+\left(L_{11}+L_{21}+L_{\mathrm{g}}\right)s^2} \tag{6-45}$$

由式(6-45)可知，对于系统传递函数 $G_2(s)$，除双二阶陷波器 $G_{\mathrm{n}}(s)$外，电网阻抗对系统稳定性的影响也至关重要，电网阻抗对系统稳定性影响如图 6-27 所示。

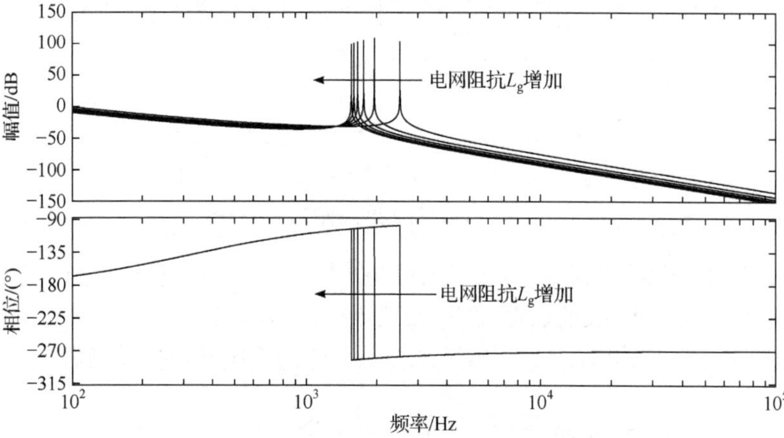

图 6-27　电网阻抗对系统稳定性影响

为了解决传统控制方法带来的系统稳定性差的问题，首先将 PI 控制器替换为 QPR 控制器能够更好地无静差追踪特定频率，QPR 控制器函数为

$$G_{\mathrm{b}}=k_{\mathrm{p}}+\frac{2\omega_{\mathrm{i}}k_{\mathrm{r}}s}{s^2+2\omega_{\mathrm{i}}s+\omega_{\mathrm{o}}^2} \tag{6-46}$$

式中，k_{p}为比例系数，k_{r}为谐振系数，ω_{o}为基波角频率，ω_{i}为截止角频率。装机容量 3GW 以下电网频率通常为(50±0.5)Hz，式(6-46)QPR 传递函数中的 $2\omega_{\mathrm{i}}$ 虽然使 f_{res} 处的增益减小，但是引入了一个较大的带宽，以此来减小电网频率波动带来的影响。

然后，通过对式(6-44)中涉及的比例系数 m_1、m_2 进行选取，可得不同 m_1、m_2 时陷波器伯德图如图 6-28 所示。

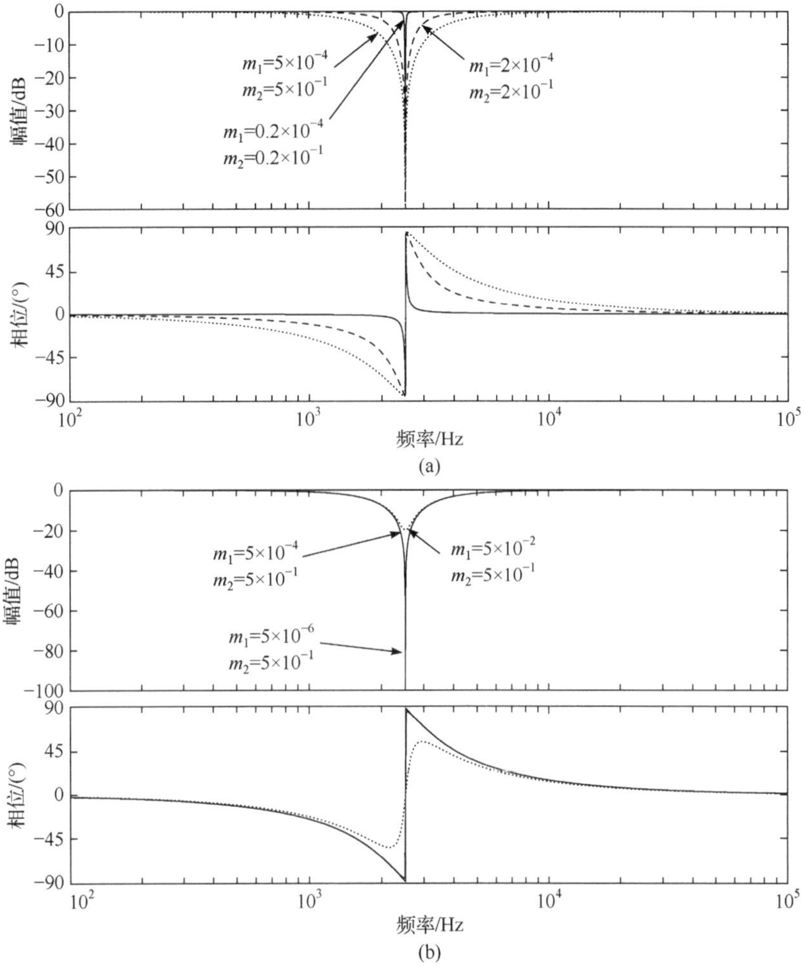

图 6-28　不同 m_1、m_2 的陷波器伯德图

图 6-28(a)中 m_1/m_2 不变，则陷波深度不变，带宽随 m_1、m_2 减小而减小；图 6-28(b)中 m_1/m_2 改变，则带宽不变，陷波深度随 m_1/m_2 减小而增大。

最后，得出改进后控制方法框图如图 6-29 所示。

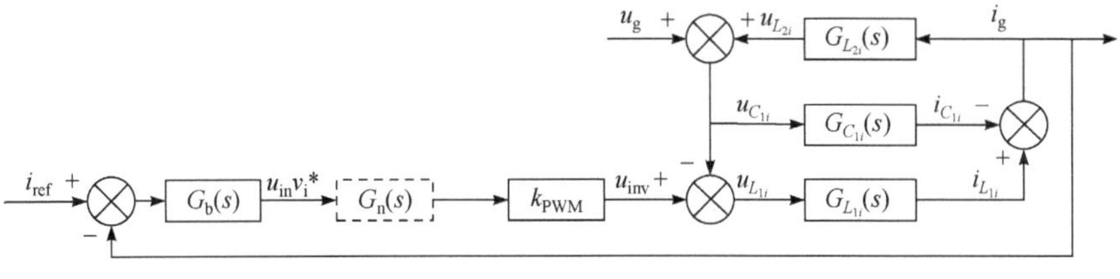

图 6-29　改进后控制方法框图

由图 6-29 可得改进后系统开环传递函数为

$$G_3 = \frac{C_1 s^4 + C_2 s^3 + C_3 s^2 + C_4 s + C_5}{D_1 s^7 + D_2 s^6 + D_3 s^5 + D_4 s^4 + D_5 s^3 + D_6 s^2 + D_7 s} \tag{6-47}$$

式中

$$\begin{cases} C_1 = \dfrac{k_\mathrm{p}}{(2\pi f_\mathrm{a})^2} \\ C_2 = \dfrac{k_\mathrm{p} m_1}{\pi f_\mathrm{a}} + \dfrac{2\omega_\mathrm{i}(k_\mathrm{p} + k_\mathrm{r})}{(2\pi f_\mathrm{a})^2} \\ C_3 = \dfrac{2\omega_\mathrm{i} m_1 (k_\mathrm{p} + k_\mathrm{r})}{\pi f_\mathrm{a}} + \dfrac{k_\mathrm{p}\omega_\mathrm{o}^2}{(2\pi f_\mathrm{a})^2} + k_\mathrm{p} \\ C_4 = \dfrac{k_\mathrm{p}\omega_\mathrm{o}^2 m_1}{\pi f_\mathrm{a}} + 2\omega_\mathrm{i}(k_\mathrm{p} + k_\mathrm{r}) \\ C_5 = k_\mathrm{p}\omega_\mathrm{o}^2 \end{cases} \tag{6-48}$$

$$\begin{cases} D_1 = \dfrac{A}{(2\pi f_\mathrm{a})^2} \\ D_2 = \dfrac{A m_2}{\pi f_\mathrm{a}} + \dfrac{2A\omega_\mathrm{i}}{(2\pi f_\mathrm{a})^2} \\ D_3 = A + \dfrac{2A\omega_\mathrm{i} m_2}{\pi f_\mathrm{a}} + \dfrac{B + A\omega_\mathrm{o}^2}{(2\pi f_\mathrm{a})^2} \\ D_4 = 2A\omega_\mathrm{i} + \dfrac{m_2(B + A\omega_\mathrm{o}^2)}{\pi f_\mathrm{a}} + \dfrac{2B\omega_\mathrm{i}}{(2\pi f_\mathrm{a})^2} \\ D_5 = B + A\omega_\mathrm{o}^2 + \dfrac{2B\omega_\mathrm{i} m_2}{\pi f_\mathrm{a}} + \dfrac{B\omega_\mathrm{o}^2}{(2\pi f_\mathrm{a})^2} \\ D_6 = 2B\omega_\mathrm{i} m_2 + \dfrac{B\omega_\mathrm{o}^2 m_2}{\pi f_\mathrm{a}} \\ D_7 = B\omega_\mathrm{o}^2 \end{cases} \tag{6-49}$$

综上所述，改进后系统伯德图如图 6-30 所示，谐振点处波形平滑，系统稳定。

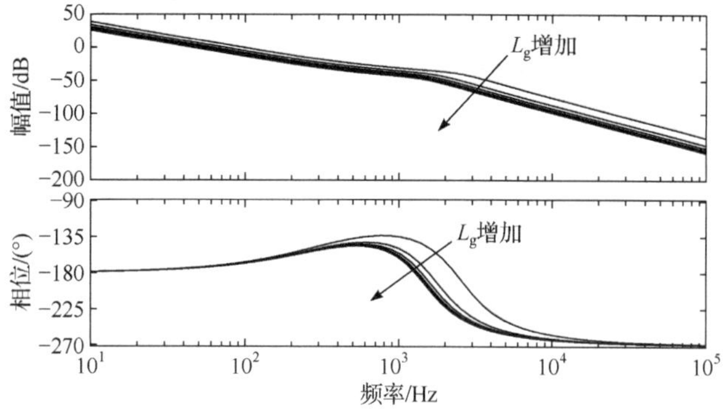

图 6-30　改进后系统伯德图

6.2.2.2　电网阻抗及电流控制器参数自适应

电网阻抗值实时变化的特性导致系统需要相应的高精度测量方法以解决其与系统谐振频率的关联性。因此，参数设计包括固定参数及与电网阻抗相关联参数的设计。本章采用的是电网阻抗准被动测量方式，测量流程如图 6-31 所示，在检测到电网阻抗变化 R_{est} 大于或等于阈值时启动主动测量，电网阻抗变化 R_{est} 为

$$R_{est} = r_k + r_{k-1} + r_{k-2} \tag{6-50}$$

式中，$r_k=|(i_k-i_{k-1})-(i_{k-1}-i_{k-2})|$，$i_k=kT_s$，$i_{k-1}=(k-1)T_s$，$i_{k-2}=(k-2)T_s$，$T_s$ 为系统采样时间。

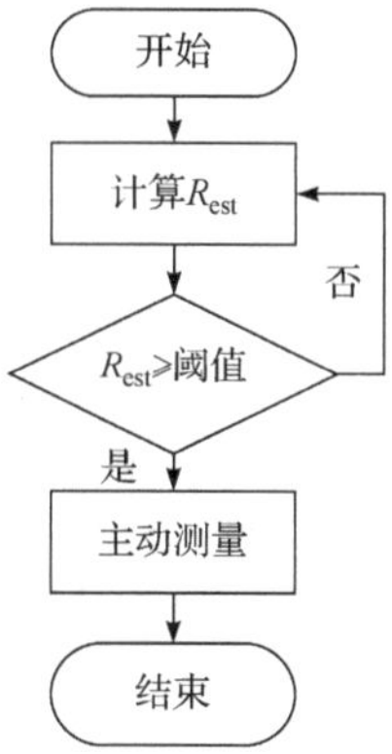

图 6-31　电网阻抗准被动测量方式

然后，分别采集两台并网逆变器电网侧电感电流送入 L_g 准被动测量模块，得到更新后的 L_g 等效至 L_2 中。

在理想情况下，电网阻抗 L_g 不变，此时电网表现为强电网，R_{est} 值趋近于 0，无法达到阈值，因此，主动测量模块不会启动。而在实际电网中电网阻抗并非固定不变的，相应的电网表现为弱电网，随着电网阻抗的变化，R_{est} 值一旦超

过阈值，系统便能够判断出是否需要进行主动测量，然后采用小信号注入法得到电网阻抗值，最后达到电网阻抗自适应的目的。小信号注入法则是将特定频率的谐波电流 i_{in} 即小信号注入到 PCC，直至系统达到稳定，对 PCC 电压 u_{PCC} 和输出电流 i_2 采样并进行快速傅里叶变换(fast Fourier transform，FFT)，最后通过计算得到 R_g 及 L_g。

通过上述 FFT 分析后，再对注入 i_{in} 时的频率 f_{in} 进行分析，得出其相位及幅值为

$$\begin{cases}\left|Z\left(f_{in}\right)\right|=\dfrac{\left|u_{PCC}\left(f_{in}\right)\right|}{\left|i_2\left(f_{in}\right)\right|}\\ \angle Z\left(f_{in}\right)=\angle u_{PCC}\left(f_{in}\right)-\angle i_2\left(f_{in}\right)\end{cases}\tag{6-51}$$

最后，得出 L_g 和 R_g 为

$$\begin{cases}R_g=\left|Z\left(f_{in}\right)\right|\cos\angle Z\left(f_{in}\right)\\ L_g=\dfrac{1}{2\pi f_{in}}\left|Z\left(f_{in}\right)\right|\sin\angle Z\left(f_{in}\right)\end{cases}\tag{6-52}$$

在分析求解电网阻抗时，式(6-52)中频率 f_{in} 和幅值 $|i_{in}|$ 需要进一步分析。

(1) 注入小信号时频率 f_{in} 的值。在考虑到低频谐波分量较大的基础上为减少已存在谐波频率对测量方法精度的影响，选取 f_{in} 时，尽量避开 3、5、7 等奇次谐波。最后，选择相对较低的 f_{in}，能够极大程度上降低对 FFT 运算量和 AD 采样速度的要求。

(2) 注入小信号 $|i_{in}|$ 的值。幅值 $|i_{in}|$ 太小或者太大分别会影响系统输出响应以及并网电流质量。因此，选取 $|i_{in}|$ 要兼顾这两点，本书 $|i_{in}|$ 取参考电流 i_2^* 的 5%。

本章谐振抑制方法采用的是 QPR 控制器，引用文献[74]中的参数设计原则，可计算出 QPR 控制器中所涉及的参数 k_p、ω_i、k_r。但是，由文献[75]可知，为保证系统良好的相位裕度(phase margin，PM)，需要提高系统开环增益，保持系统带宽不变。因此，设实时测得谐振频率为 f_b，则有谐振频率 f_a 与 f_b 比值的平方 α 为

$$\alpha=\left(\frac{f_a}{f_b}\right)^2=\frac{\left(L_1+L_2\right)^2}{L_2\left(L_1+L_2+L_g\right)}\tag{6-53}$$

在低频段忽略滤波电容带来的高阶项，可得并网电流反馈的系统开环传递函数为

$$G_4(s)=\frac{G_b(s)}{\left(L_1+L_2+L_g\right)s}\tag{6-54}$$

结合式(6-53)、式(6-54)可得系统自适应开环传递函数为

$$G_{4\_adapt}(s)=\frac{\left[\alpha\left(L_1+L_2\right)-L_2\right]G_b(s)}{\alpha L_1L_2\left(L_1+L_2\right)s}\tag{6-55}$$

则有优化函数 $F(\alpha)$与自适应 QPR 函数为

$$
\begin{cases}
G_{\text{b\_adapt}}(s) = F(\alpha)G_{\text{b}}(s) \\
F(\alpha) = \dfrac{\alpha L_1 L_2}{\alpha(L_1+L_2)-L_2}
\end{cases}
\tag{6-56}
$$

6.2.2.3　仿真验证

为验证所提基于自适应陷波器的组串式光伏逆变器谐振抑制方法的正确性及有效性，本章使用仿真软件搭建了两台组串式光伏逆变器系统的仿真模型，控制原理如图 6-32 所示，仿真所涉及的系统参数如表 6-2 所示。

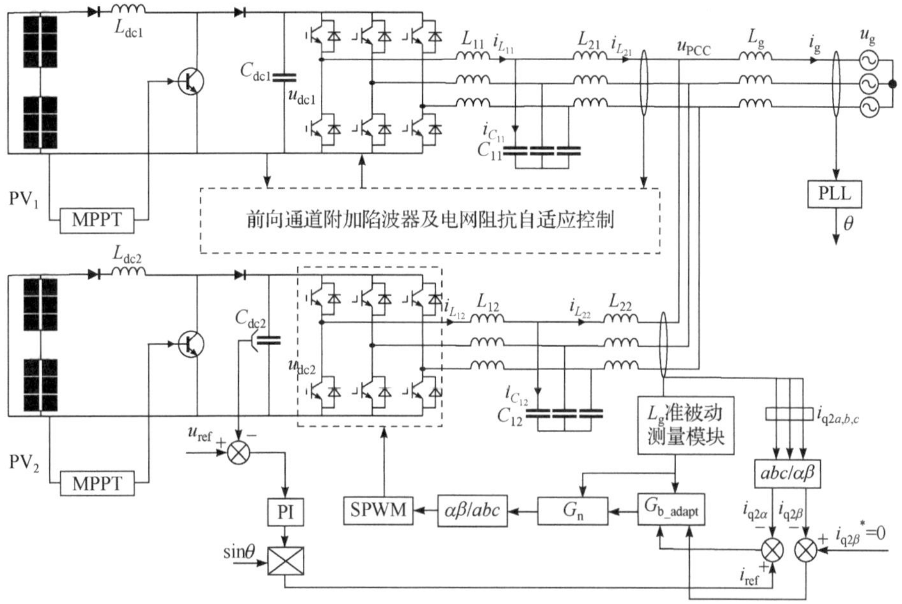

图 6-32　两台组串式光伏逆变器并网系统控制图

表 6-2　仿真所涉及的系统参数

参数名称	数值
直流母线电压 U_{dc}/V	660
电网电压频率 f/Hz	50
比例系数 m_1	5×10^{-4}
比例系数 m_2	5×10^{-1}
逆变器侧电感 L_1/mH	2
滤波电容 C/μF	7
网侧电感 L_2/mH	0.9
电网阻抗 L_g/mH	0～5

本章以 2 台逆变器为例，改进前后并网电压电流波形，并网电流 FFT 分析分别如图 6-33～图 6-35 所示。

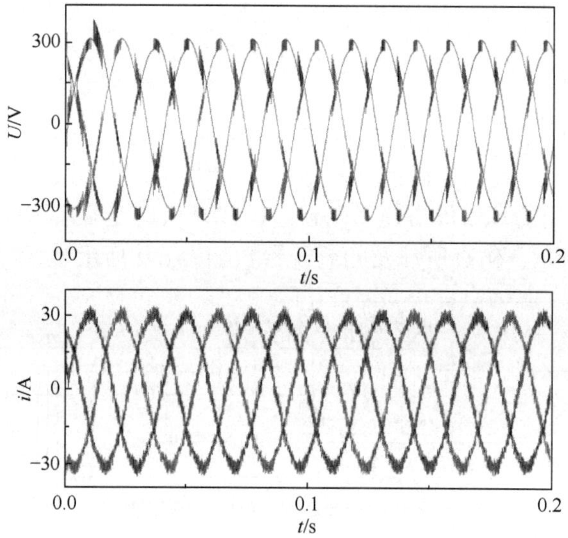

图 6-33　L_g=1mH 时改进前的并网电压电流波形

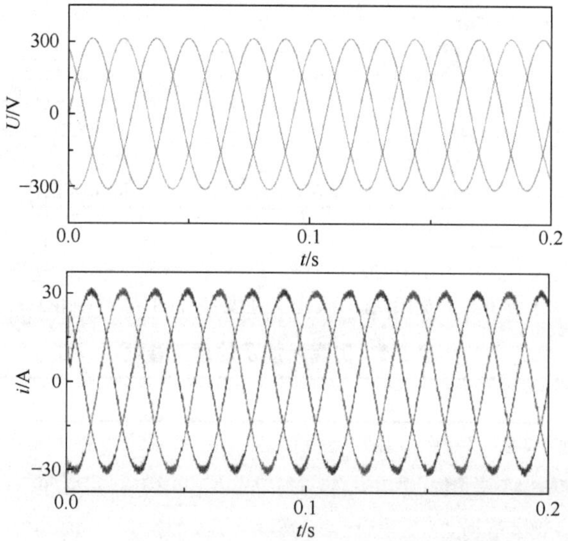

图 6-34　L_g=1mH 时改进后的并网电压电流波形

由图 6-33 可知，改进前，并网系统电压及电流波形均出现了不同程度的谐振，系统稳定性非常差。由图 6-34 可知，改进后的并网电压及电流波形光滑，谐振得到了有效的抑制。

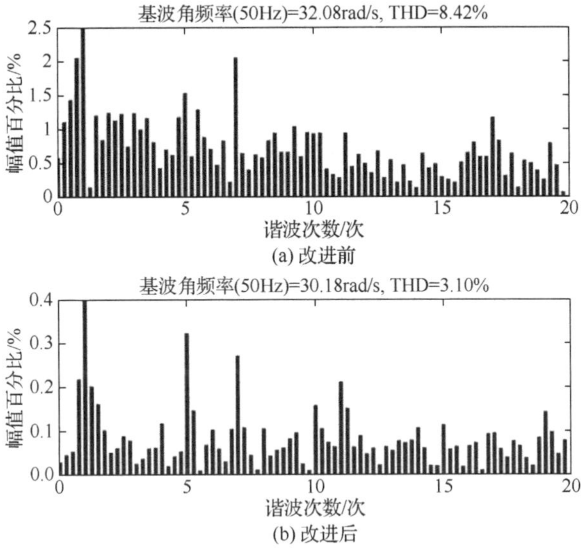

图 6-35　L_g=1mH 时改进前后的并网电流 FFT 分析

由图 6-35 可知，改进前并网电流波形畸变严重，总谐波含量为 8.42%，在加入改进后的陷波器及电网阻抗自适应控制后总谐波含量减小到3.10%，满足并网条件。

考虑实际电网环境下电网阻抗值会有波动，在仿真软件中，当电网阻抗在 0.15s 由 4mH 减小为 1mH 时，为验证系统动态性能，分别对加入自适应陷波器前后的系统进行仿真，仿真波形如图 6-36、图 6-37 所示。

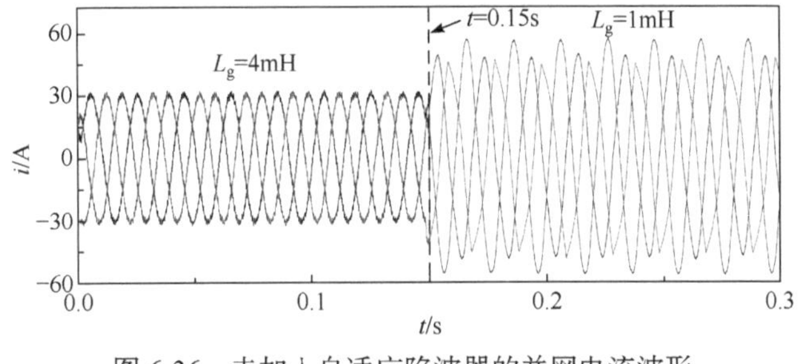

图 6-36　未加入自适应陷波器的并网电流波形

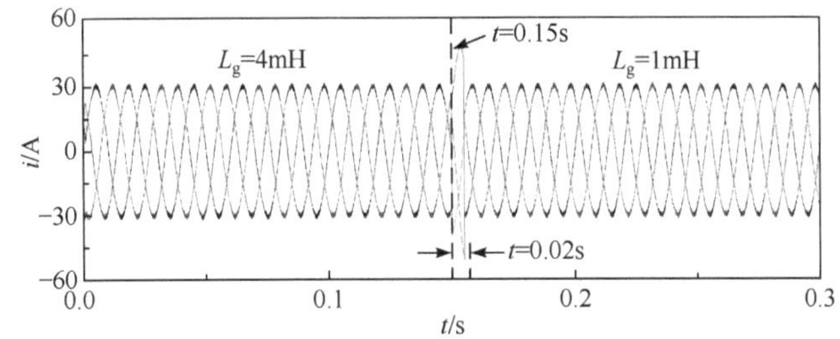

图 6-37　加入自适应陷波器的并网电流波形

由图 6-36 可知，未加入自适应陷波器的系统，并网电流在 0.15s 后发生波动且系统无法保持稳定，而图 6-37 中加入自适应陷波器的系统，首先在 0.15s 时检测到电网阻抗发生改变，然后在 0.02s 内重新测量和分配电网阻抗值，并更新系统参数，最后并网电流经过短暂波动后恢复稳定，系统也趋于稳态。

6.2.3 小结

6.2 节首先分析了在 LCL 滤波器电感及电容上增加实际电阻的 6 类无源阻尼法，以及采用传统陷波器抑制谐振的有源阻尼法。然后，在此基础上针对传统陷波器控制的多逆变器并联系统较难解决弱电网下的逆变器串联谐振问题，提出了一种基于自适应陷波器的组串式光伏逆变器谐振抑制方法，引入调节系数改进传统陷波器的传递函数，采用准被动测量方式实时测量电网阻抗值，通过更新 QPR 电流控制器、调节系数以达到自适应抑制谐振的目的。最后，通过仿真软件搭建仿真模型，验证了所提方法在静态及动态情况下均能有效抑制逆变器谐振，证明了所提谐振抑制方法的正确性及有效性。

第 7 章　组串式 LLCL 型光伏逆变器全局高频谐振抑制策略

LLCL 型逆变器虽然能够有效改善系统稳定性，但会导致系统呈现高阶欠阻尼状态，增加系统的复杂性。并且，多谐振的产生使得整个系统输出电流、电压质量不达标，因此对光伏逆变器系统进行谐振抑制十分必要。本章首先对比系统中三种主要的无源阻尼谐振抑制策略，并分析无源阻尼的利弊。然后针对组串式 LLCL 型光伏逆变器系统的高频谐振问题，提出一种复合阻尼全局高频谐振抑制策略，对逆变器系统产生的自身谐振、集群谐振以及并网谐振进行全局抑制。最后通过软件仿真表明，本章所提谐振抑制策略对逆变器自身谐振、集群谐振以及并网谐振均有显著的抑制效果，并且能很好适应电网阻抗动态变化。

7.1　LLCL 型光伏逆变器无源阻尼谐振抑制策略

目前，最为常见的谐振抑制措施是在滤波器模块内加入阻性元件来增强系统阻尼，从而达到谐振抑制的效果[121]。下面将分析 LLCL 型光伏逆变器系统的无源阻尼谐振抑制策略。

1) 在滤波电容支路串联电阻

滤波电容支路串联电阻形式的无源阻尼策略结构如图 7-1 所示。

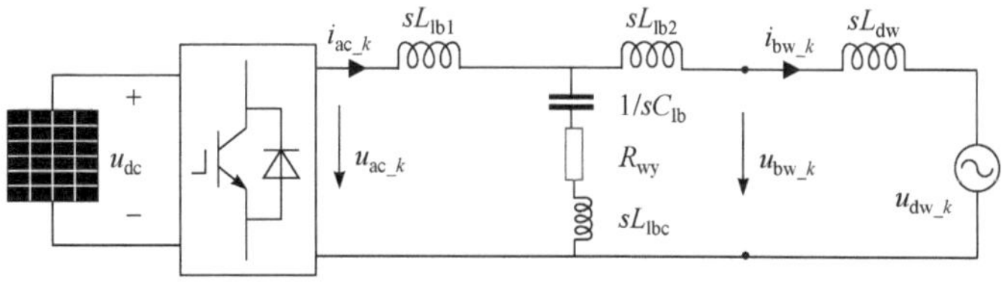

图 7-1　滤波电容支路串联电阻结构图

由图 7-1 可知，传递函数 $G_{LLCL_1}(s)$的表达式为

$$G_{LLCL\_1}(s)=\frac{i_{bw\_k}}{u_{ac\_k}}=\frac{L_{lbc}C_{lb}s^2+C_{lb}R_{wy}s+1}{L_aC_{lb}R_{wy}s^3+L_bC_{lb}R_{wy}s^2+L_bs} \tag{7-1}$$

式中

$$\begin{cases} L_a = L_{\mathrm{lb1}}(L_{\mathrm{lb2}} + L_{\mathrm{dw}}) + L_{\mathrm{lbc}}L_{\mathrm{lb1}} + L_{\mathrm{lbc}}(L_{\mathrm{lb2}} + L_{\mathrm{dw}}) \\ L_b = L_{\mathrm{lb1}} + L_{\mathrm{lb2}} + L_{\mathrm{dw}} \end{cases} \tag{7-2}$$

由式(7-1)可知，当 R_{wy}=1Ω、10Ω、100Ω 时 $G_{\mathrm{LLCL_1}}(s)$的幅频特性曲线如图 7-2 所示。

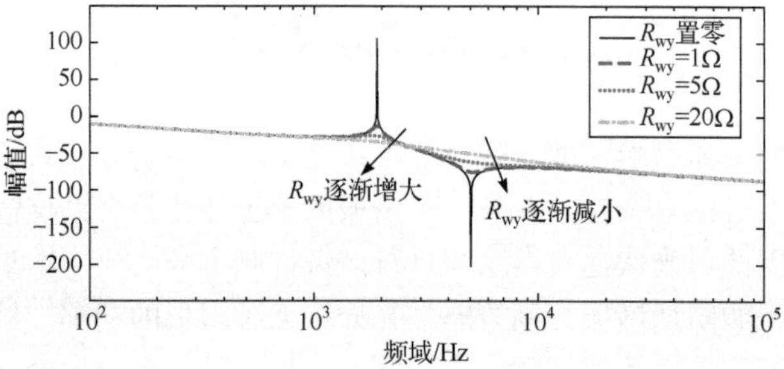

图 7-2　$G_{\mathrm{LLCL_1}}(s)$的幅频特性曲线图

由图 7-2 可知，滤波电容支路串联电阻可有效抑制系统谐振。该策略不会影响高频和低频处谐振衰减特性，并且其谐振尖峰幅值抑制效果随着串联电阻值的增大而增大，但其开关频率处的滤波效果却随之减小。

2) 在滤波电容侧并联电阻

滤波电容侧并联电阻形式的无源阻尼策略结构如图 7-3 所示。

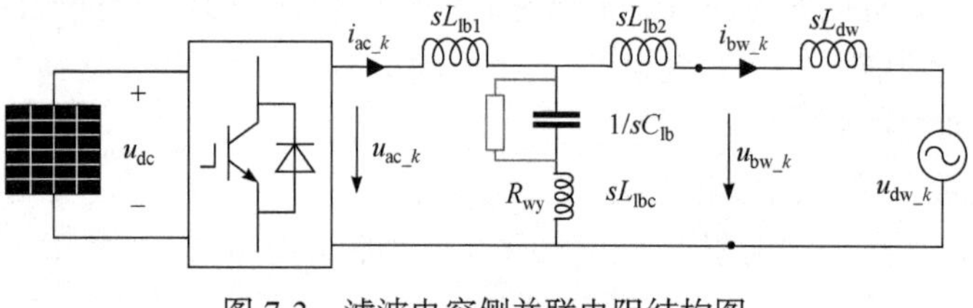

图 7-3　滤波电容侧并联电阻结构图

由图 7-3 可知，传递函数 $G_{\mathrm{LLCL_2}}(s)$的表达式为

$$G_{\mathrm{LLCL\_2}}(s) = \frac{i_{\mathrm{bw\_}k}}{u_{\mathrm{ac\_}k}} = \frac{L_{\mathrm{lbc}}C_{\mathrm{lb}}R_{\mathrm{wy}}s^2 + L_{\mathrm{lbc}}s + R_{\mathrm{wy}}}{L_aC_{\mathrm{lb}}R_{\mathrm{wy}}s^3 + L_as^2 + L_bR_{\mathrm{wy}}s} \tag{7-3}$$

由式(7-3)可知，当 R_{wy}=1Ω、5Ω、20Ω 时 $G_{\mathrm{LLCL_2}}(s)$的幅频特性曲线如图 7-4 所示。

由图 7-4 可知，滤波电容侧并联电阻可有效抑制系统谐振。该策略不会影响高频处谐振衰减特性，并且其谐振尖峰幅值抑制效果随着串联电阻值的减小而加强，但其开关频率处的滤波效果却随之削弱。

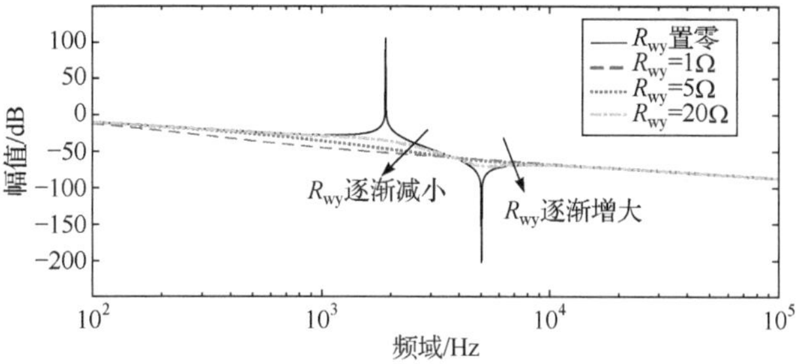

图 7-4　$G_{LLCL_2}(s)$的幅频特性曲线图

3) 在滤波电容支路并联电阻

滤波电容支路并联电阻形式的无源阻尼策略结构如 7-5 所示。

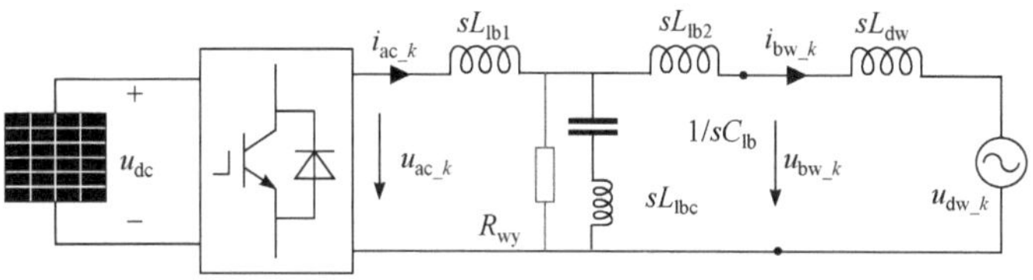

图 7-5　滤波电容支路并联电阻结构图

根据图 7-5 可知，传递函数 $G_{LLCL_3}(s)$的表达式为

$$G_{LLCL\_3}(s)=\frac{i_{bw\_k}}{u_{ac\_k}}=\frac{L_{lbc}C_{lb}R_{wy}s^2+R_{wy}}{L_cC_{lb}s^4+L_aC_{lb}R_{wy}s^3+L_ds^2+L_bR_{wy}s} \tag{7-4}$$

式中

$$\begin{cases}L_c=L_{lb1}L_{lbc}(L_{lb2}+L_{dw})\\L_d=L_{lb1}(L_{lb2}+L_{dw})\end{cases} \tag{7-5}$$

由式(7-4)可知，当 R_{wy}=1Ω、5Ω、20Ω 时 $G_{LLCL_3}(s)$的幅频特性曲线如图 7-6 所示。

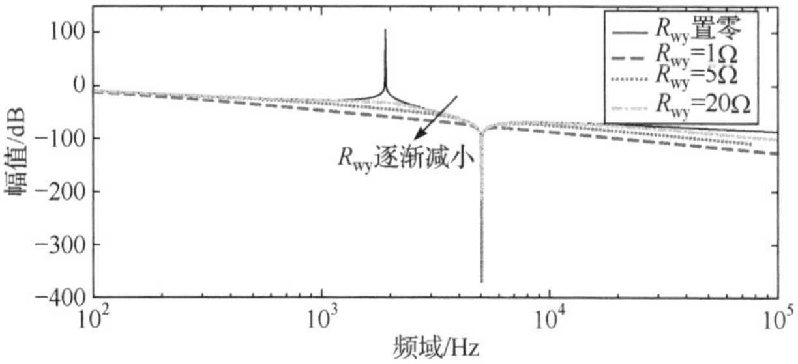

图 7-6　$G_{LLCL_3}(s)$的幅频特性曲线图

由图 7-6 可知，滤波电容支路并联电阻可有效抑制系统谐振。该策略不会影响低

频处谐振衰减特性和开关频率处的滤波效果，并且其谐振尖峰幅值抑制效果随着串联电阻值的减小而增强，但由于电压直接加在电阻两端，会造成较大的功率损耗。

通过 $G_{\mathrm{LLCL\_1}}(s)$、$G_{\mathrm{LLCL_2}}(s)$以及 $G_{\mathrm{LLCL_3}}(s)$伯德图分析可知，三种无源阻尼策略的优缺点对比如表 7-1 所示。

表 7-1　三种无源阻尼策略的优缺点

无源阻尼策略	优点	缺点
滤波电容支路串联电阻	功率损耗较小	开关频率处滤波效果较差
滤波电容侧并联电阻	高频衰减影响较小	功率损耗较大
滤波电容支路并联电阻	开关频率处滤波效果好	功率损耗大

综上所述，在 LLCL 型光伏逆变器并网系统中采用滤波电容支路串联电阻的无源阻尼策略最合适。无源阻尼策略在抑制 LLCL 型光伏逆变器系统谐振方面效果较为明显，但对于规模化的光伏逆变器集群并网系统，实际电阻大量加入势必会带来较大的额外功耗，并且还会增加系统控制难度，使得系统能量传输无法满足要求。通常在规模化的光伏多逆变器集群系统中会考虑加入有源阻尼的谐振抑制策略。

7.2　基于复合阻尼的 LLCL 型光伏逆变器全局高频谐振抑制策略

结合谐振机理研究可知，在 LLCL 型高阶欠阻尼特性下，逆变器系统出现相位裕度降低，以及系统阻尼减少时将引发复杂高频谐振问题[122-123]。为此，本章提出一种有源阻尼双环高频谐振抑制与并网 RC 高频谐振抑制相结合的复合阻尼全局高频谐振抑制策略，其结构如图 7-7 所示。

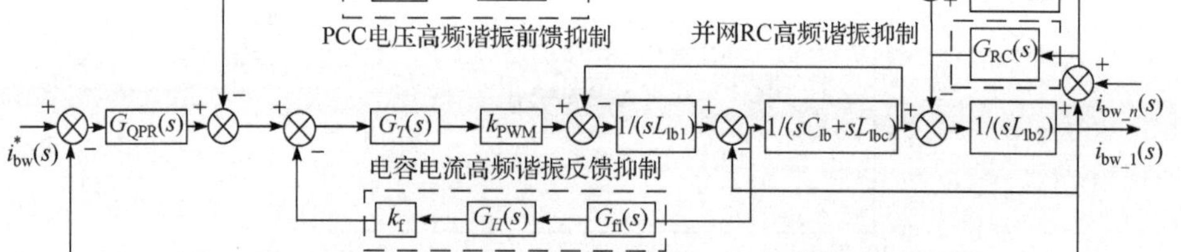

图 7-7　复合阻尼全局高频谐振抑制策略框图

图 7-7 中，$G_{fi}(s)$和 $G_{fu}(s)$分别表示用于提取支路电流、电压的高次谐波的一阶高通滤波器传递函数，其表达式为

$$G_{fu}(s)=G_{fi}(s)=\frac{k_{gt}s}{\omega_{gt}+s} \tag{7-6}$$

式中，k_{gt} 为高频反馈增益系数，ω_{gt} 为高通滤波截止角频率。

7.2.1　PCC 电压高频谐振前馈抑制策略

组串式 LLCL 型光伏逆变器系统中，存在电网谐波激励与多逆变器耦合谐波激励导致的系统高频谐振问题，可通过对公共耦合点电压进行高频谐振前馈控制，提高系统阻尼，有效抑制谐振产生。其等效电路如图 7-8 所示。

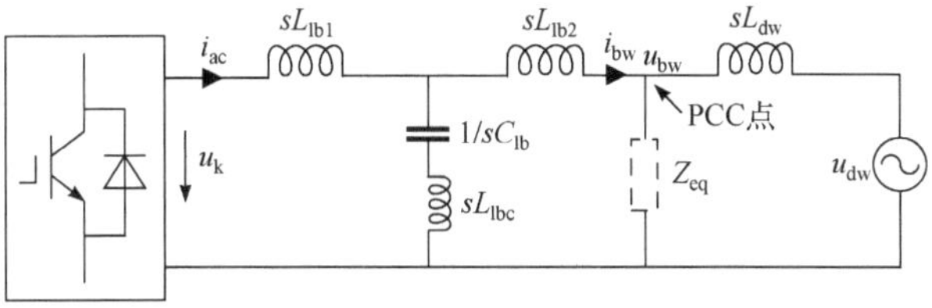

图 7-8　PCC 电压高频前馈有源阻尼等效电路图

考虑电容电流反馈环节与输出滤波电容并联形成的等效虚拟阻抗 Z_{eqi}，可表示为等效虚拟电阻 R_{eqi} 和虚拟电抗 X_{eqi} 的并联，考虑数字延迟时其表达式分别为

$$\begin{cases} R_{eqi}=-\dfrac{R_{eqi0}}{\cos(1.5T_s\omega)} \\ X_{eqi}=-\dfrac{R_{eqi0}}{\sin(1.5T_s\omega)} \end{cases} \tag{7-7}$$

式中，ω 为角频率；T_s 为 PWM 采样延迟时间；R_{eqi0} 为不考虑数字控制延迟的电容电流反馈控制等效虚拟电抗[124]，其表达式为

$$R_{eqi0}=\frac{L_{lb1}}{C_{lb}k_f k_{PWM}G_{fi}(s)} \tag{7-8}$$

式中，k_f 为电容电流反馈环节系数，k_{PWM} 为逆变桥等效增益系数。

考虑 PCC 电压前馈环节，并联虚拟阻抗为 Z_{eqv}，可表示为等效虚拟电阻 R_{eqv} 和虚拟电抗 X_{eqv} 并联，考虑数字延迟时其表达式分别为

$$\begin{cases} R_{eqv}=-\dfrac{X_{eqv0}}{\sin(1.5T_s\omega)} \\ X_{eqv}=-\dfrac{X_{eqv0}}{\cos(1.5T_s\omega)} \end{cases} \tag{7-9}$$

式中，X_{eqv0} 为不考虑数字控制延迟的 PCC 电压前馈控制等效虚拟电抗，其表达式为

$$X_{\text{eqv0}} = -\frac{\omega L_{\text{lb1}}(L_{\text{lb2}} + L_{\text{bw}})}{L_{\text{bw}} k_{\text{PWM}} k_{\text{PCC}} G_{\text{fu}}(s)} \tag{7-10}$$

式中，k_{PCC} 为 PCC 电压前馈环节系数。

结合式(7-7)、式(7-9)可知，考虑数字延迟时，PCC 电压前馈与电容电流反馈控制形成的并联等效虚拟阻抗为 Z_{eq}，其表达式为

$$Z_{\text{eq}} = \frac{Z_{\text{eqi}} Z_{\text{eqv}}}{Z_{\text{eqi}} + Z_{\text{eqv}}} = \frac{R_{\text{eq}} X_{\text{eq}}}{R_{\text{eq}} + X_{\text{eq}}} \tag{7-11}$$

式中

$$\begin{cases} R_{\text{eq}} = -\dfrac{R_{\text{eqi0}} X_{\text{eqv0}}}{R_{\text{eqi0}} \sin(1.5T_{\text{s}}\omega) - X_{\text{eqv0}} \cos(1.5T_{\text{s}}\omega)} \\ X_{\text{eq}} = \dfrac{R_{\text{eqi0}} X_{\text{eqv0}}}{R_{\text{eqi0}} \sin(1.5T_{\text{s}}\omega) + X_{\text{eqv0}} \cos(1.5T_{\text{s}}\omega)} \end{cases} \tag{7-12}$$

由文献[125]可知，逆变器并网系统考虑数字延迟后，可优化电容电流反馈环节的阻尼效果，提高光伏逆变器系统输出稳定性。因此，考虑数字延迟控制后，分析 R_{eqi}、R_{eq} 和 X_{eqi}、X_{eq} 的频率特性曲线如图 7-9 所示。图中，f_{s} 为 PWM 采样频率。

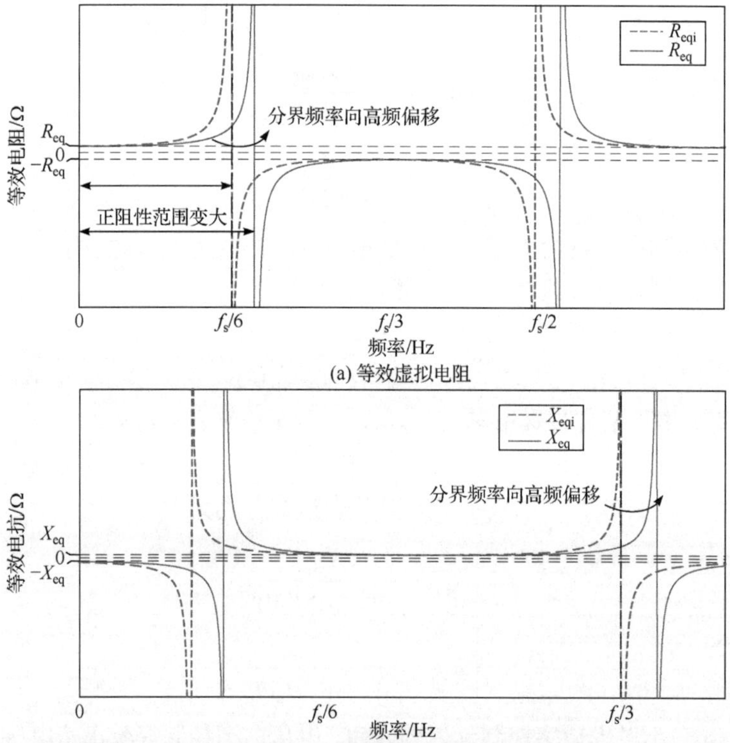

(a) 等效虚拟电阻

(b) 等效虚拟电抗

图 7-9　等效虚拟电阻、电抗的频率特性图

由图 7-9 可知，施加 PCC 电压高频谐振前馈抑制后，等效阻尼分界频率将越过 $f_s/6$、$f_s/3$，并逐渐向高频偏移，扩大了 R_{eqv} 正阻性范围。结合式(7-8)、式(7-12)可知，k_f 适当减小会使得 R_{eq}、X_{eq} 分界频率向高频方向移动，正阻性范围增大，使得系统阻尼增强，从而有效抑制电网激励与逆变器耦合激励导致的高频谐振。

考虑数字控制延迟的 PCC 电压高频谐振前馈抑制策略如图 7-10 所示。

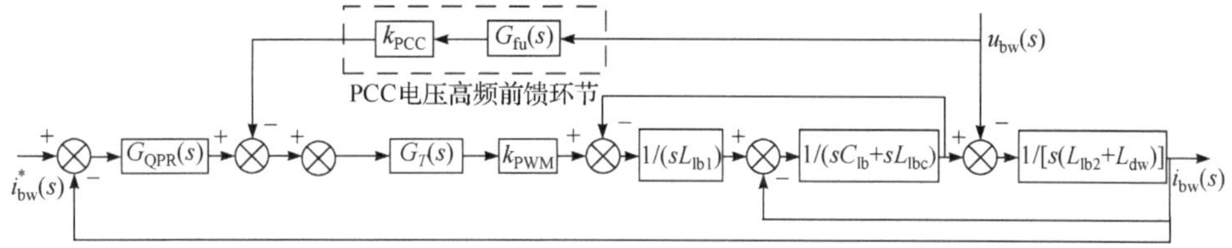

图 7-10　考虑数字控制延迟的 PCC 电压高频谐振前馈抑制框图

由图 7-10 可知，加入 PCC 电压高频谐振前馈抑制后 LLCL 型光伏逆变器系统的传递函数 $G_{PCC}(s)$ 为

$$G_{PCC}(s)=\frac{i_{bw}}{i^*_{bw}-i_{bw}}=\frac{k_{PWM}G_T(s)G_{QPR}(s)C_{lb}(L_{lb2}+L_{dw})s^2+1}{C_{lb}\left[L_{lb1}(L_{lb2}+L_{dw})+L_{lbc}(L_{lb1}+L_{lb2}+L_{dw})\right]s^3+(L_{lb1}+L_{lb2}+L_{dw})s-k_{PWM}k_{PCC}(s)G_{fu}(s)L_{dw}s} \tag{7-13}$$

7.2.2　电容电流高频谐振反馈抑制策略

当光伏逆变器系统加入数字延迟控制，若采用传统电容电流反馈谐振抑制，则其等效阻尼在 $f_s/6$ 以上的频段内将呈现负阻尼性质。若组串式逆变器系统与电网阻抗相互耦合，则在 $f_s/6$ 以上频段内系统可能引发高频谐振，使整个系统输出稳定性受到威胁[126]。为解决这个问题，本章提出在电容电流反馈模块中加入相位超前补偿和高通滤波器，减少由于相位裕度过低导致的高频谐振问题。基于相位超前补偿的电容电流高频谐振反馈抑制策略如图 7-11 所示。

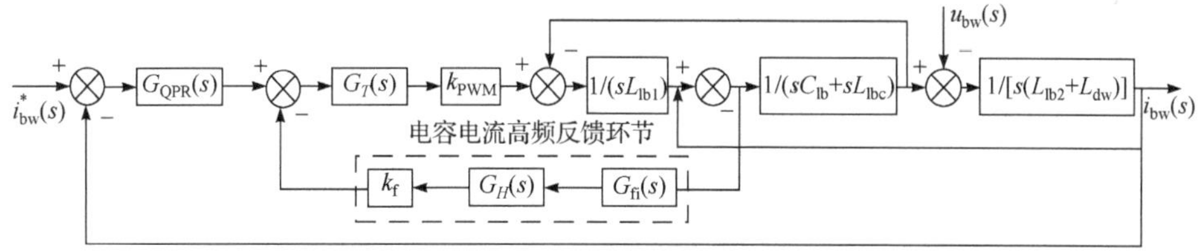

图 7-11　基于相位超前补偿的电容电流高频谐振反馈抑制框图

由图 7-11 可知，加入电容电流高频谐振反馈抑制后 LLCL 型光伏逆变器系统的传递函数 $G_{ci}(s)$ 为

$$G_{ci}(s)=\frac{i_{bw}}{i_{bw}^{*}-i_{bw}}=\frac{k_{PWM}G_T(s)G_{QPR}(s)G_H(s)(L_{lbc}C_{lb}s^2+1)}{\begin{gathered}\left[L_{lb1}(L_{lb2}+L_{dw})+L_{lbc}L_{lb1}+L_{lbc}(L_{lb2}+L_{dw})\right]C_{lb}s^3+\\ k_f k_{PWM}G_{fi}(s)G_T(s)(L_{lb2}+L_{dw})C_{lb}s^2+(L_{lb1}+L_{lb2}+L_{dw})s\end{gathered}} \tag{7-14}$$

式中，$G_{QPR}(s)$为 QPR 控制器传递函数；$G_T(s)$为 PWM 采样延迟传递函数；$G_H(s)$为相位超前补偿传递函数，其表达式分别为

$$\begin{cases}G_{QPR}(s)=k_p+\dfrac{2\omega_i k_r s}{s^2+2\omega_i s+\omega_o^2}\\ G_T(s)\approx e^{-1.5sT_s}\\ G_H(s)=k_n\cdot\dfrac{\alpha\beta s+1}{\alpha\beta}\end{cases} \tag{7-15}$$

式中，k_p、k_r、ω_i、ω_o 分别为比例系数、谐振系数、截止角频率及基波角频率；k_n、α、β 均为相位超前补偿参数。

由上述分析可知，电网阻抗动态变化下光伏逆变器系统相频特性关系如图 7-12 所示。

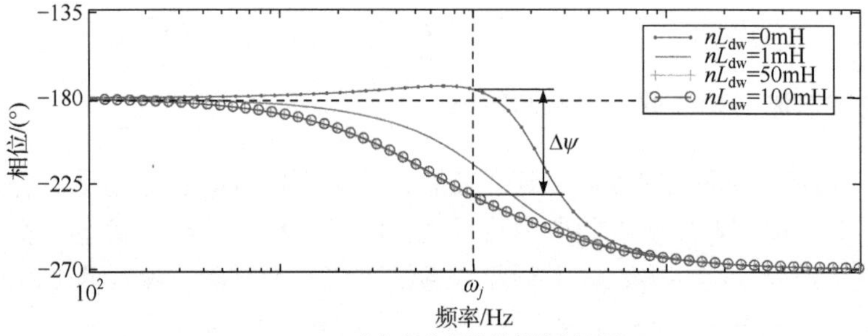

(a) 未加相位超前补偿控制环节

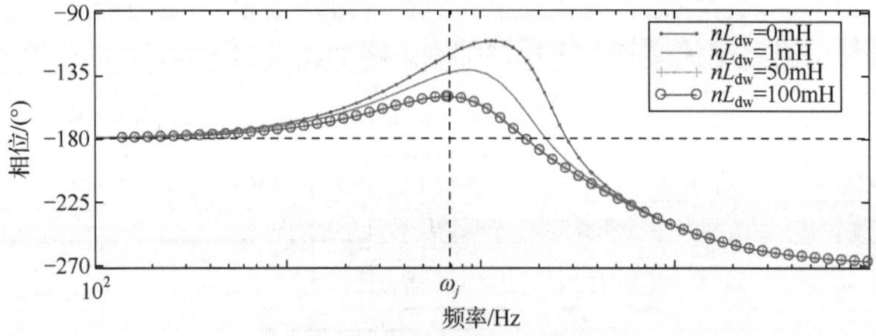

(b) 加入相位超前补偿控制环节

图 7-12　电网阻抗动态变化下光伏逆变器系统相频特性图

由图 7-12 可知，光伏逆变器系统相位随着电网阻抗动态增大而随着增大，最终将趋于一个稳定值。结合式(7-14)、式(7-15)可知，可改变k_n大小使得截止频

率峰值相位始终处于 ω_j，系统将不会因为相位裕度的降低而引发高频谐振问题。

电容电流高频谐振反馈抑制等效框图如图 7-13 所示，其高频分量反馈可等效为在滤波电容电感支路并联虚拟阻抗 Z_c。

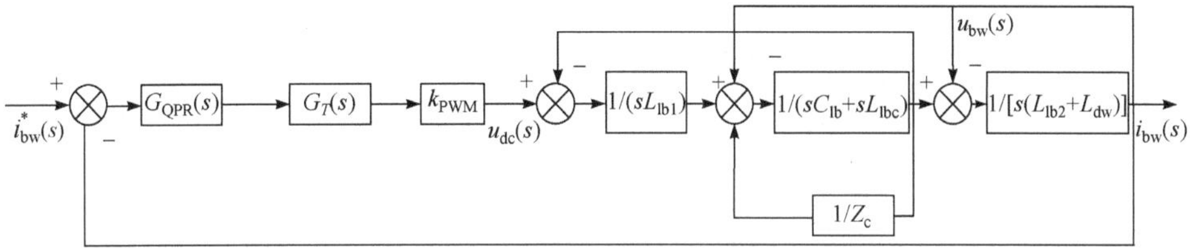

图 7-13　电容电流高频谐振反馈抑制等效框图

由图 7-13 可知，电容电流高频等效阻抗 Z_c、虚拟电阻 R_c 和虚拟电容 C_c 的等效表达式分别为

$$\begin{cases} Z_c(j\omega)=L_{lb1}(L_{lb2}+L_{dw})\omega^2 k_f^{-1}-jL_{lb1}(L_{lb2}+L_{dw})(k_f T_s)^{-1} \\ R_c=L_{lb1}(L_{lb2}+L_{dw})\omega^2 k_f^{-1} \\ C_c=k_f T_s\left[L_{lb1}(L_{lb2}+L_{dw})\omega^2\right]^{-1} \end{cases} \tag{7-16}$$

由式(7-16)可知，Z_c 由 R_c 和 C_c 并联组成，其大小与 k_f 有关。

由上述分析可得，电容电流高频谐振反馈抑制策略下 LLCL 型逆变器系统的传递函数 $G_{dci}(s)$ 为

$$G_{dci}(s)=\frac{i_{bw}}{u_{dc}}=\frac{R_c(L_{lbc}C_{lb}s^2+1)}{L_{lb1}(L_{lb2}+L_{dw})R_c(C_{lb}+C_c)s^3+L_{lb1}(L_{lb2}+L_{dw})s^2+(L_{lb2}+L_{dw})R_c s} \tag{7-17}$$

由式(7-17)可得，LLCL 型系统阻尼系数 ξ 表达式为

$$\xi=\frac{1}{2R_c}\sqrt{\frac{L_{lb1}L_{lb2}}{(L_{lb1}+L_{lb2}+L_{dw})(C_{lb}+C_c)}} \tag{7-18}$$

加入电容电流高频谐振反馈抑制策略后，基于有源阻尼的电压、电流双环高频谐振抑制的 LLCL 型光伏逆变器系统总传递函数 $G_{total}(s)$ 为

$$G_{total}(s)=\frac{i_{bw}}{i^*_{bw}-i_{bw}}=\frac{k_{PWM}G_T(s)G_{QPR}(s)As^2+1}{Bs^3+ACs^2+Ds-k_{PWM}k_{PCC}(s)G_{fu}(s)s} \tag{7-19}$$

式中，$A=C_{lb}(L_{lb2}+L_{dw})$，$B=C_{lb}[L_{lb1}(L_{lb2}+L_{dw})+L_{lbc}(L_{lb1}+L_{lb2}+L_{dw})]$，$C=k_f k_{PWM}\cdot G_H(s)G_{fi}(s)G_T(s)$，$D=L_{lb1}+L_{lb2}+L_{dw}$，$G_{fi}(s)$ 和 $G_{fu}(s)$ 表示一阶高通滤波器传递函数，结合式(7-6)可知，高通滤波器是由两个自由度构成的控制器，其两个变量为 k_{gt} 和 ω_{gt}。为正确分析逆变器系统稳定性与变量参数之间的关系，需要先固定某

一参数，然后分析另一参数变化所带来的影响。通常 $\omega_{gt} \in (0,\pi f_{sw})$，取 $\omega_{gt}=0.5\pi f_{sw}$。为满足 $G_{fi}(s)$和 $G_{fu}(s)$的高频反馈增益要求，取 $k_{gt}=5$。

7.2.3 并网 RC 高频谐振抑制策略

为更好地改善组串式 LLCL 型逆变器的全局高频谐振抑制效果，可采取在 PCC 进行 RC 电路并联来实现多逆变器的谐振抑制。其中，电阻 R_d 可以增强阻尼，抑制电网谐波激励造成的谐振；利用电容 C_d 的高通特性可使 R_d 仅在高频谐振处进行谐振抑制，在工频区间内尽可能地减少额外功耗。其控制结构如图 7-14 所示。

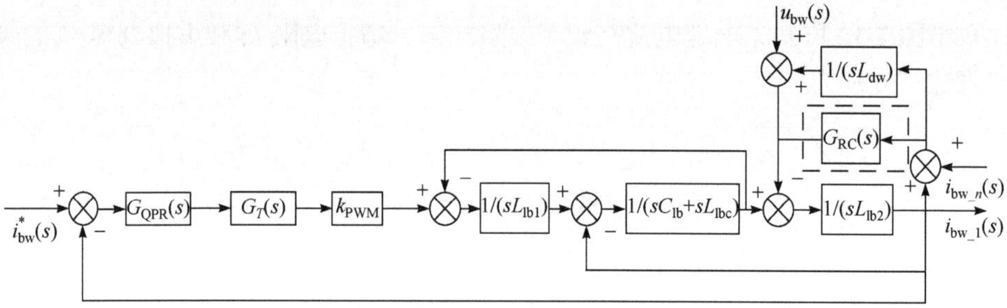

图 7-14　并网 RC 高频谐振抑制框图

由图 7-14 可知，加入 RC 电路后的等效电网阻抗 $Z_{dw}(s)$的表达式为

$$Z_{dw}(s) = G_{RC}(s) \| (nsL_{dw}) = \frac{nsL_{dw}(1/sC_d + R_d)}{1/sC_d + R_d + nL_{dw}} \tag{7-20}$$

式中，$G_{RC}(s)$为并网 RC 高频谐振抑制等效电路的传递函数，其表达式为

$$G_{RC}(s) = R_d + \frac{1}{sC_d} \tag{7-21}$$

由式(7-21)可知，并网 RC 电路等效谐振频率 f_{RC} 可表示为

$$f_{RC} = \frac{1}{2\pi R_d C_d} = \frac{1}{2\pi}\sqrt{\frac{1}{\left[\dfrac{L_{lb1}(L_{lb2}+nL_{dw})}{L_{lb1}+L_{lb2}+nL_{dw}} + L_{lbc}\right]C_{lb}}} \tag{7-22}$$

由式(7-22)可知，电阻 R_d 和电容 C_d 的取值为

$$\begin{cases} C_d = \dfrac{\sqrt{3}ni_{bw}}{2\pi f_0 u_{bw}/1000} \\ R_d C_d = \sqrt{\left[\dfrac{L_{lb1}(L_{lb2}+nL_{dw})}{L_{lb1}+L_{lb2}+nL_{dw}} + L_{lbc}\right]C_{lb}} \end{cases} \tag{7-23}$$

式中，f_0为电网频率，n为逆变器数量。

综上所述，在组串式 LLCL 型光伏逆变器系统中，施加与未施加复合阻尼全局高频谐振抑制策略的幅频特性曲线如图 7-15 所示。

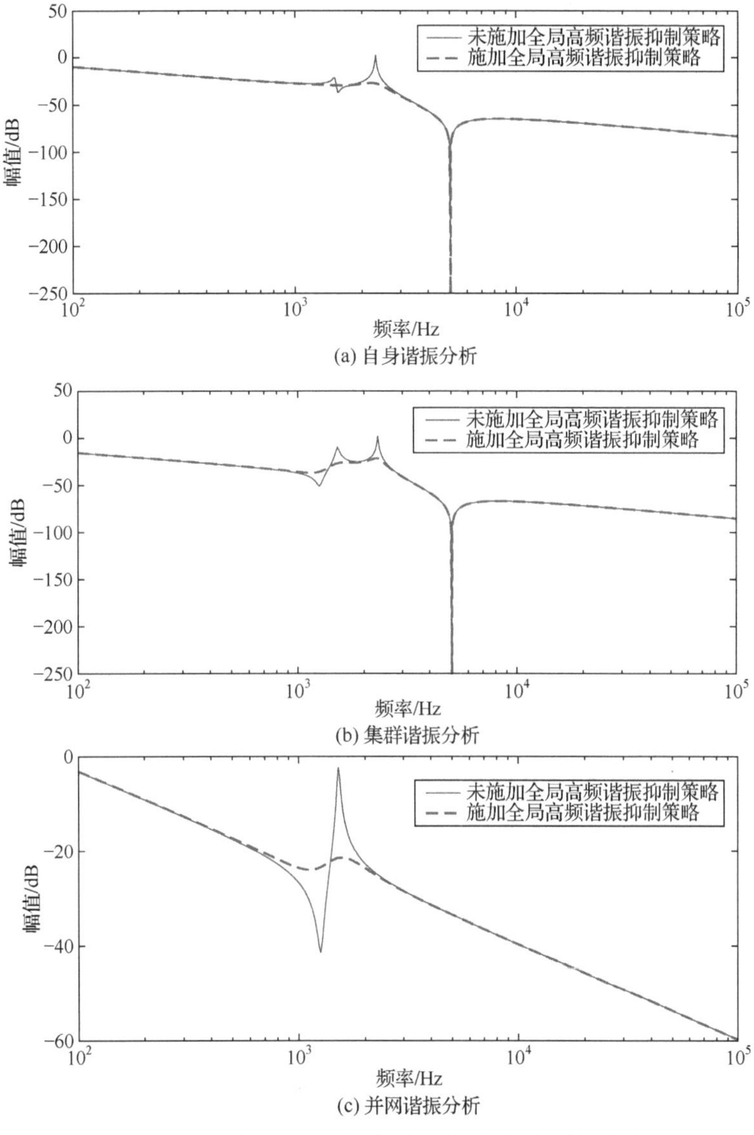

(a) 自身谐振分析

(b) 集群谐振分析

(c) 并网谐振分析

图 7-15　组串式 LLCL 型光伏逆变器系统幅频特性曲线图

由图 7-15 可知，加入复合阻尼全局高频谐振抑制策略能有效抑制组串式 LLCL 型光伏逆变器系统产生的自身谐振、集群谐振和并网谐振，并且不会干扰

LLCL 型系统开关频率处的谐振滤波效果。

7.2.4 仿真验证

验证复合阻尼全局高频谐振抑制策略的科学性及有效性，可以通过仿真软件搭建三台组串式 LLCL 型光伏逆变器模型。组串式 LLCL 型光伏逆变器系统主要仿真参数如表 7-2 所示，其系统主电路结构如图 7-16 所示。下面将对逆变器系统自身谐振、集群谐振、并网谐振的抑制情况，以及谐振抑制策略对电网阻抗动态变化的适应能力进行分析。

表 7-2 组串式 LLCL 型光伏逆变器系统主要仿真参数

参数名称	数值
逆变侧滤波电感 L_{lb1}/mH	3
并网侧滤波电感 L_{lb2}/mH	1
并网电感 L_{bw}/mH	1
并网电阻 R_{bw}/Ω	0.5
滤波模块电容 $C_{\mathrm{lb}}/\mu\mathrm{F}$	5
滤波电容支路电感 L_{lbc}/mH	0.2
开关频率 f_{sw}/kHz	5
电网频率 f_0/Hz	50
直流输入电压 u_{dc}/V	650
电网电压 u_{dw}/V	380
阻尼系数 ξ	0.707
高通滤波参数 $k_{\mathrm{gt}}/\omega_{\mathrm{gt}}$	5/0.25
相位补偿参数 $\alpha/\beta/k_n$	$5.6/2\times10^{-5}/1$
QPR 控制参数 $k_{\mathrm{p}}/k_{\mathrm{r}}/\omega_{\mathrm{i}}/\omega_{\mathrm{o}}$	0.2/100/3.14/314

1) 自身谐振抑制分析

仅保留仿真模型中第 1 台逆变器的谐波源激励，对两种谐振抑制策略进行分析：策略 1 为加入有源阻尼双环高频谐振抑制；策略 2 为加入复合阻尼全局高频谐振抑制。不同谐振抑制策略下第 1 台逆变器输出电压波形和谐波分析分别如图 7-17、图 7-18 所示。

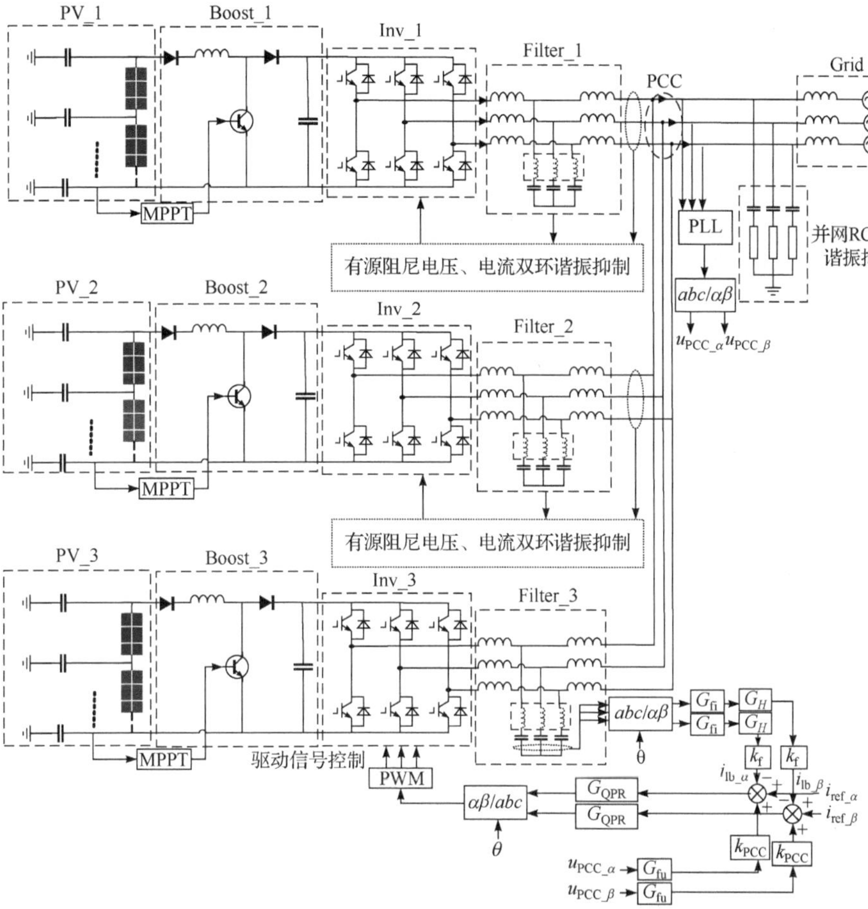

图 7-16　三台组串式 LLCL 型光伏逆变器系统主电路图

由图 7-17 可知，施加有源阻尼双环高频谐振抑制策略后逆变器输出电压波形有了较为明显改善，第 35 次和第 46 次高频谐波得到明显抑制，并且开关频率处的谐波效果未受干扰，但总谐波畸变率为 2.94%。

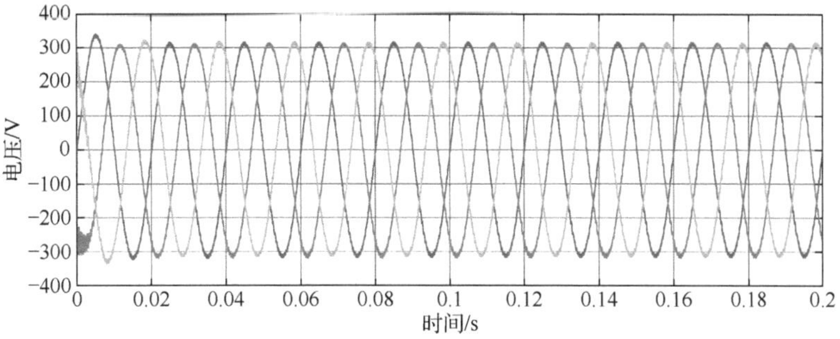

(a) 并网电压波形图

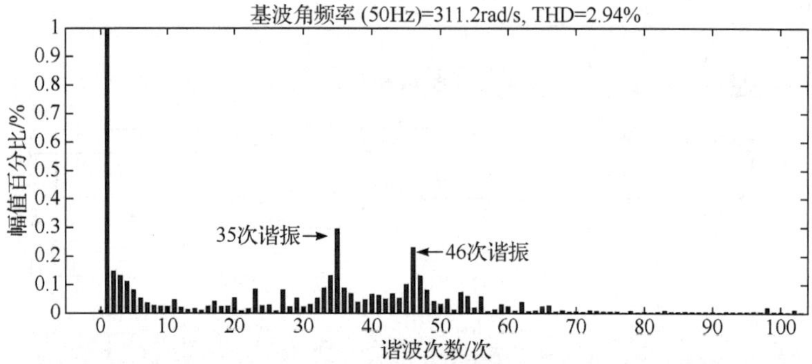

(b) 谐波分析图

图 7-17　策略 1 下第 1 台逆变器输出电压波形和谐波分析图(自身谐振抑制分析)

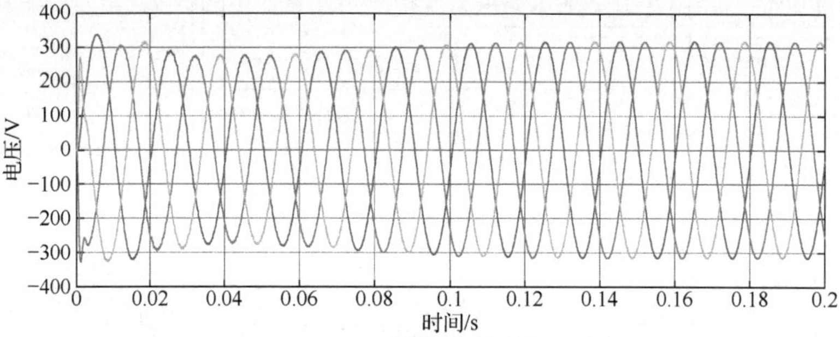

(a) 并网电压波形图

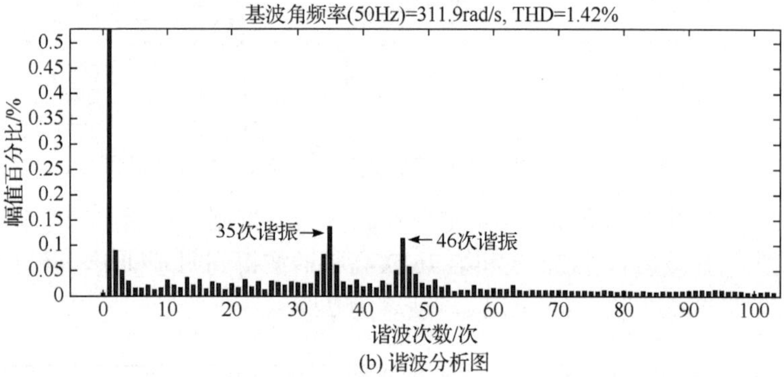

(b) 谐波分析图

图 7-18　策略 2 下第 1 台逆变器输出电压波形和谐波分析图(自身谐振抑制分析)

由图 7-18 可知，增加并网 RC 高频谐振抑制后的复合阻尼全局高频谐振抑制策略可显著改善 LLCL 型逆变器系统输出电压波形，第 35 次和第 46 次高频谐波也得到显著抑制，其总谐波畸变率为 1.42%，并且开关频率处的谐波效果未受干扰。与施加谐振抑制策略 1 相比，该抑制策略下系统自身谐振抑制效果提升了 51.7%。不同谐振抑制策略下 LLCL 型逆变器自身谐振畸变率对比如表 7-3 所示。

表 7-3　不同谐振抑制策略下 LLCL 型逆变器自身谐振畸变率

谐振抑制策略	谐振畸变率/%
未施加谐振抑制策略	14.58
加入有源阻尼双环高频谐振抑制策略	2.94
加入复合阻尼全局高频谐振抑制策略	1.42

2) 集群谐振抑制分析

仅保留仿真模型中第 1 台和第 2 台逆变器的谐波源激励，对两种谐振抑制策略进行分析：策略 1 为加入有源阻尼双环高频谐振抑制；策略 2 为加入复合阻尼全局高频谐振抑制。不同谐振抑制策略下第 1 台逆变器输出电压波形和谐波分析分别如图 7-19、图 7-20 所示。

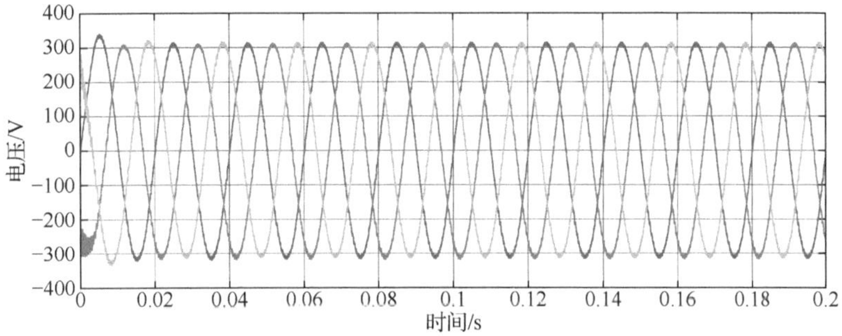

(a) 并网电压波形图

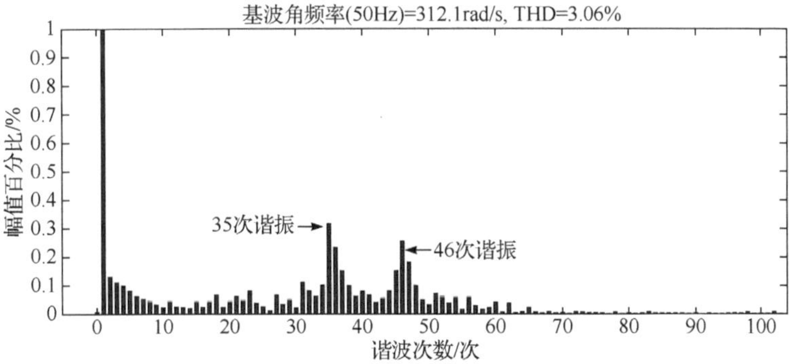

(b) 谐波分析图

图 7-19　策略 1 下第 1 台逆变器输出电压波形和谐波分析图(集群谐振抑制分析)

由图 7-19 可知，施加有源阻尼双环高频谐振抑制策略后逆变器输出电压波形有了较为明显改善，第 35 次和第 46 次高频谐波得到明显抑制，并且开关频率处的谐波效果未受干扰，但总谐波畸变率为 3.06%。

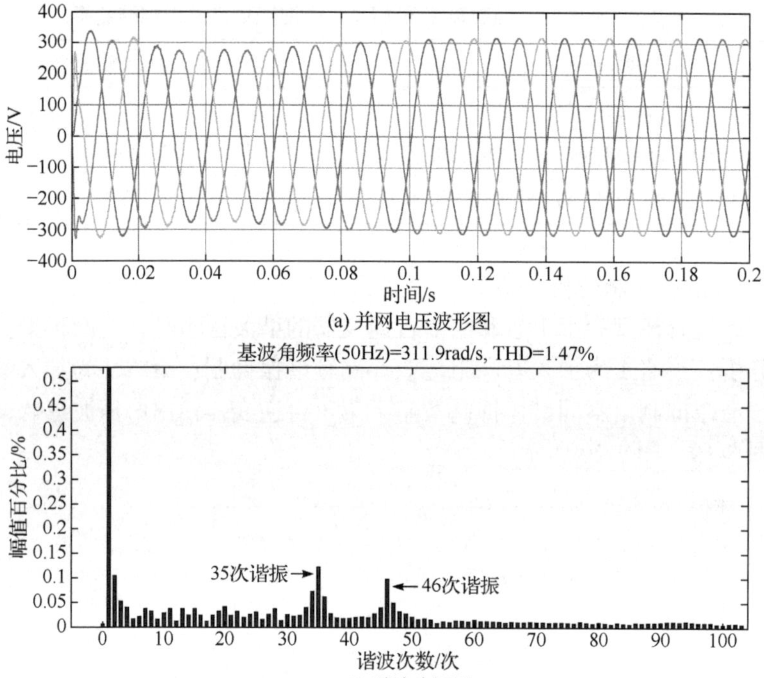

(a) 并网电压波形图

(b) 谐波分析图

图 7-20　策略 2 下第 1 台逆变器输出电压波形和谐波分析图(集群谐振抑制分析)

由图 7-20 可知，施加谐振抑制策略 2 后 LLCL 型逆变器系统输出电压波形得到显著改善，第 35 次和第 46 次高频谐波得到显著抑制，其总谐波畸变率为 1.47%，并且开关频率处的谐波效果未受干扰。与施加谐振抑制策略 1 相比，该抑制策略下系统集群谐振抑制效果提升了 51.9%。不同谐振抑制策略下 LLCL 型逆变器集群谐振畸变率对比如表 7-4 所示。

表 7-4　不同谐振抑制策略下 LLCL 型逆变器集群谐振畸变率

谐振抑制策略	谐振畸变率/%
未加谐振抑制策略	14.95
加入有源阻尼双环高频谐振抑制策略	3.06
加入复合阻尼全局高频谐振抑制策略	1.47

3) 并网谐振抑制分析

仅保留仿真模型中并网输出模块的谐波源激励，对两种谐振抑制策略进行分析：策略 1 为加入有源阻尼双环高频谐振抑制；策略 2 为加入复合阻尼全局高频谐振抑制。不同谐振抑制策略下第 1 台逆变器输出电压波形和谐波分析分别如图 7-21、图 7-22 所示。

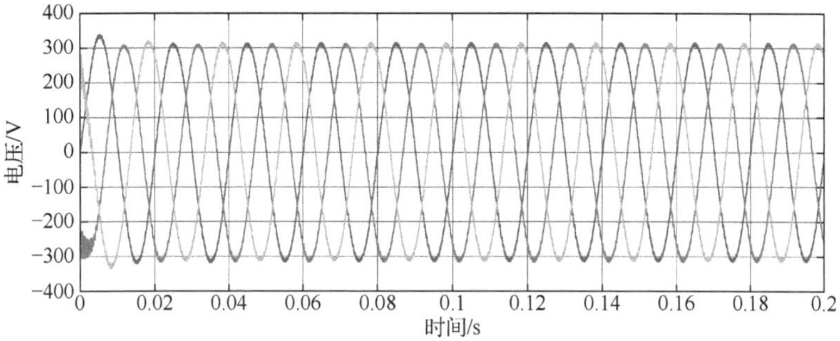

(a) 并网电压波形图

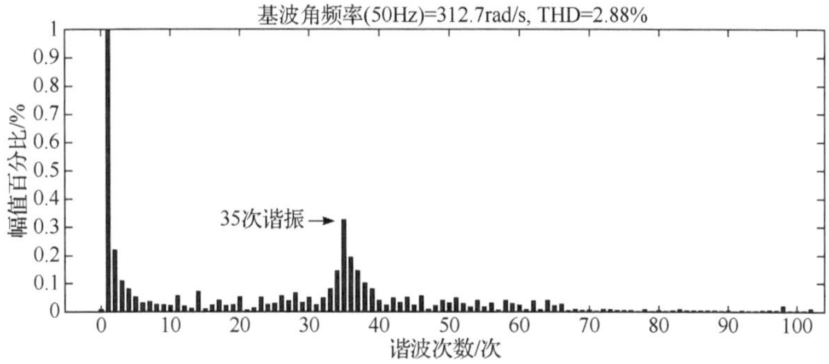

(b) 谐波分析图

图 7-21　策略 1 下第 1 台逆变器输出电压波形和谐波分析图(并网谐振抑制分析)

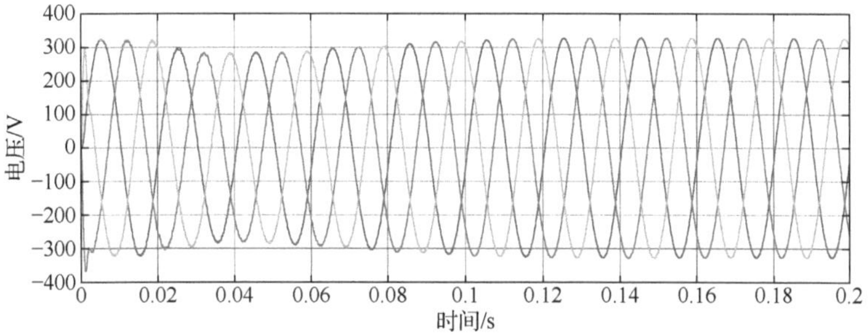

(a) 并网电压波形图

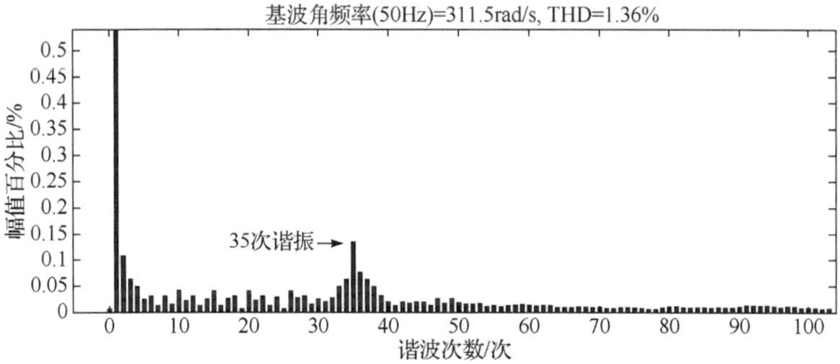

(b) 谐波分析图

图 7-22　策略 2 下第 1 台逆变器输出电压波形和谐波分析图(并网谐振抑制分析)

由图 7-21 可知，施加有源阻尼双环高频谐振抑制策略后逆变器输出电压波形改善明显，第 35 次高频谐波抑制明显，并且开关频率处滤波效果未受干扰，但总谐波畸变率为 2.88%。

由图 7-22 可知，施加谐振抑制策略 2 可显著改善 LLCL 型逆变器系统输出电压波形，第 35 次高频谐波抑制显著，其总谐波畸变率为 1.36%，且开关频率处谐波效果未受干扰。与施加谐振抑制策略 1 相比，该抑制策略下系统并网谐振抑制效果提升了 52.7%。不同谐振抑制策略下 LLCL 型逆变器并网谐振畸变率对比如表 7-5 所示。

表 7-5　不同谐振抑制策略下 LLCL 型逆变器并网谐振畸变率

谐振抑制策略	谐振畸变率/%
未加谐振抑制策略	13.94
加入有源阻尼双环高频谐振抑制策略	2.88
加入复合阻尼全局高频谐振抑制策略	1.36

4) 电网阻抗动态变化适应性分析

考虑到电网阻抗在实际环境下会产生一定的波动情况，为验证所提复合阻尼全局高频谐振抑制策略在电网阻抗动态变化下的适应能力，将对两种电网阻抗动态变化进行仿真。

(1) 电网阻抗动态仿真工况 1：在未加入谐振抑制策略仿真模型 0.1s 后将原有的 1mH 并网电抗增加到 3mH，并网电压波形如图 7-23 所示。

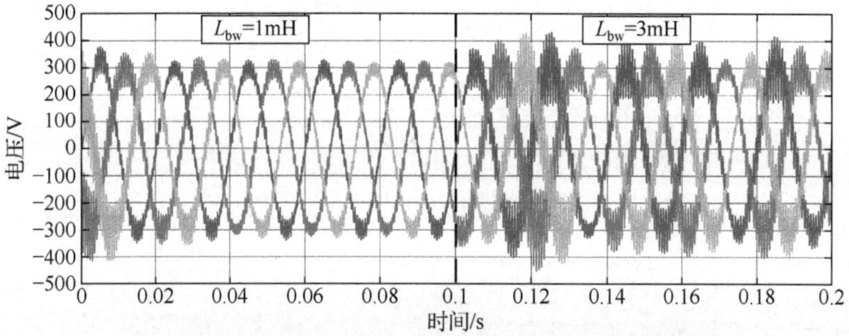

图 7-23　电网阻抗动态仿真工况 1 的并网电压波形图

(2) 电网阻抗动态仿真工况 2：在未加入谐振抑制策略仿真模型 0.1s 后加入复合阻尼全局高频谐振抑制策略，仿真到 0.2s 后将原有的 1mH 并网电抗增加到 3mH，仿真到 0.3s 后变化后的 3mH 并网电抗恢复到原有的到 1mH，并网电压波形如图 7-24 所示。

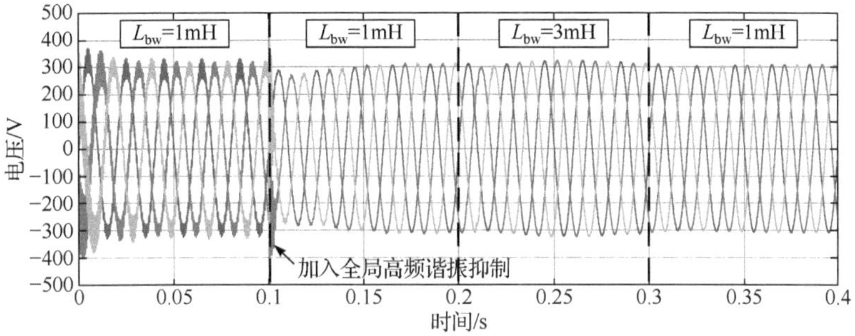

图 7-24　电网阻抗动态仿真工况 2 的并网电压波形图

由图 7-23 可知，仿真 0.1s 后电网阻抗从 1mH 上升到了 3mH，组串式 LLCL 型光伏逆变器系统并网电压波形发生了大幅震荡。由图 7-24 可知，仿真 0.1s 后施加复合阻尼全局高频谐振抑制策略，逆变器系统在短时间内达到了谐振抑制效果；仿真 0.1～0.4s 内，电网阻抗从 1mH 上升到 3mH 又降回到 1mH，谐振抑制策略能很好地适应电网阻抗动态变化过程，能自动恢复稳定的并网电压波形。

综上所述，本书所提复合阻尼谐振抑制策略能有效抑制组串式 LLCL 型光伏逆变器系统自身谐振，集群谐振以及并网谐振，并且其策略能很好地适应电网阻抗动态变化。

7.3　本 章 小 结

本章针对组串式 LLCL 型光伏逆变器系统的高频谐振问题，提出一种复合阻尼全局高频谐振抑制策略。首先加入考虑时间延迟的 PCC 电压高频分量前馈构建 PCC 虚拟阻抗；然后基于相位补偿的电容电流高频分量反馈构造虚拟阻抗；最后引入并网 RC 阻尼谐振电路，对多逆变器系统进行全局谐振抑制。通过仿真搭建三台组串式 LLCL 型光伏逆变器模型，数据表明施加本章所提的复合阻尼全局高频谐振策略可有效抑制逆变器系统自身谐振、集群谐振和并网谐振。与单独施加有源阻尼双环高频谐振抑制策略相比，该抑制策略下系统谐振抑制效果提升了近 50%，并且能很好适应电网阻抗动态变化。

第 8 章　弱电网下 LCL 型光伏并网逆变器多谐振控制策略

由于电网阻抗的增大使得光伏并网逆变器的谐波含量急增，引发系统不稳定。为此，本章首先分析弱电网下电网阻抗对比例前馈控制的影响，提出一种多谐振前馈与电流估计的控制策略，通过加入多谐振前馈有效抑制并网电流中的谐波，同时采用电流估计法代替电容电流反馈，使其在满足并网电流谐振抑制的条件下，达到降低系统成本的目的；接着，对该控制策略在弱电网下的稳定性进行分析；并搭建仿真模型并验证所提控制策略的可行性。同时数字控制延迟对 LCL 型光伏并网逆变器也会产生严重的影响。为此，本章进一步提出一种弱电网下并网逆变器多谐振前馈的相位补偿控制策略，分别在多谐振前馈和前向通路上设计相位补偿器，改善系统的相频特性，对补偿后系统的参数进行设计，并基于设计的参数进行稳定性分析。最后，通过在仿真软件搭建仿真模型，验证含相位补偿的多谐振前馈控制策略在弱电网下的动态性能和稳定性。

8.1　弱电网下并网逆变器多谐振前馈与电流估计控制策略

8.1.1　电网阻抗对比例前馈控制的影响

8.1.1.1　并网逆变器的等效阻抗模型

由分析可知，弱电网下 LCL 型光伏并网逆变器经解耦后，d 轴与 q 轴的结构相同。因此，本章以 d 轴为例进行分析，其弱电网下电流的双闭环控制框图如图 8-1 所示。

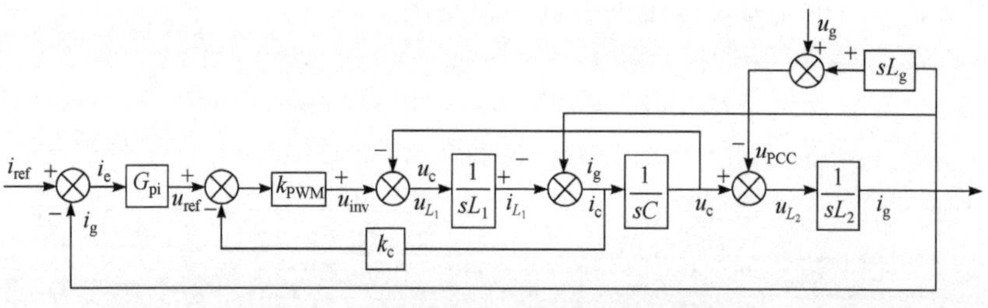

图 8-1　弱电网下电流双闭环控制框图

根据图 8-1 可知，参考电流 i_{ref} 到并网电流 i_{g} 之间的系统开环传递函数 $G_{\text{ig_iref}}(s)$为

$$G_{\text{ig\_iref}}(s)=\frac{G_{\text{pi}}(s)k_{\text{PWM}}}{s^3L_1L_2C+s^2k_{\text{PWM}}k_{\text{c}}L_2C+s(L_1+L_2)} \tag{8-1}$$

公共耦合点电压 $u_{\text{PCC}}(s)$到并网电流 i_{g} 之间的系统开环传递函数 $G_{\text{ig_upcc}}(s)$为

$$G_{\text{ig\_upcc}}(s)=\frac{s^2L_1c+sk_{\text{PWM}}k_{\text{c}}C+1}{s^3L_1L_2C+s^2k_{\text{PWM}}k_{\text{c}}L_2C+s(L_1+L_2)} \tag{8-2}$$

逆变器输出的并网电流 $i_{\text{g}}(s)$可写为

$$i_{\text{g}}(s)=\frac{G_{\text{ig\_iref}}(s)}{1+G_{\text{ig\_iref}}(s)}i_{\text{ref}}(s)-\frac{G_{\text{ig\_upcc}}(s)}{1+G_{\text{ig\_iref}}(s)}u_{\text{PCC}}(s) \tag{8-3}$$

式中，$u_{\text{PCC}}(s)=u_{\text{g}}(s)+i_{\text{g}}(s)L_{\text{g}}s$，令 $Z_{\text{g}}(s)=L_{\text{g}}s$。根据式(8-3)可知并网电流 $i_{\text{g}}(s)$由参考电流 $i_{\text{ref}}(s)$和公共耦合点电压 $u_{\text{PCC}}(s)$共同作用。为方便后续分析，将并网电流 $i_{\text{g}}(s)$可简化为

$$i_{\text{g}}(s)=\frac{1}{1+\dfrac{Z_{\text{g}}(s)}{Z_{\text{o}}(s)}}\cdot i(s)-\frac{1}{1+\dfrac{Z_{\text{g}}(s)}{Z_{\text{o}}(s)}}\cdot\frac{u_{\text{g}}(s)}{Z_{\text{o}}(s)} \tag{8-4}$$

式中，$i(s)$为等效电流源，其传递函数为

$$i(s)=\frac{G_{\text{ig\_iref}}(s)}{1+G_{\text{ig\_iref}}(s)}i_{\text{ref}}(s) \tag{8-5}$$

由式(8-4)根据叠加定理可建立弱电网下光伏并网逆变器的等效阻抗模型，如图 8-2 所示。PCC 的左侧可等效为电流源 $i(s)$和输出阻抗 $Z_{\text{o}}(s)$并联，PCC 右侧可等效为电压源 $u_{\text{g}}(s)$与电网阻抗 $Z_{\text{g}}(s)$串联。

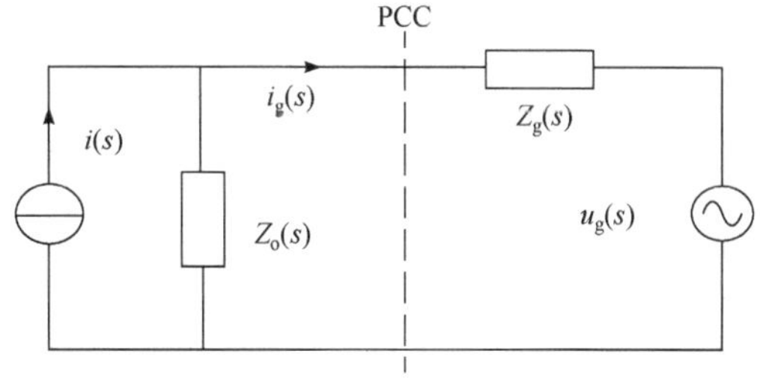

图 8-2　弱电网下 LCL 型光伏并网逆变器的等效阻抗模型

由图 8-2 可知，电网阻抗的大小将直接影响逆变器与电网之间的交互作用。根据阻抗分析法可知，并网电流 i_{g} 的稳定性取决于式(8-4)中分母的取值。当 $Z_{\text{g}}=0$

时即强电网下，$i_g=i(s)-u_g(s)/Z_o(s)$，并网电流为定值时，逆变器可保持稳定；而当 $Z_g\neq 0$ 时，Z_g/Z_o 需满足奈奎斯特稳定依据。其中应用最广泛的是根据逆变器输出阻抗 $Z_o(s)$ 与电网阻抗 Z_g 的幅值裕度 GM 和相位裕度 PM 进行判定，其表达式为

$$\begin{cases}180^\circ-\mathrm{PM}<\angle Z_g-\angle Z_o<180^\circ+\mathrm{PM}\\ \mathrm{GM}>|Z_o|-|Z_g|\end{cases} \tag{8-6}$$

8.1.1.2 电网阻抗对前馈控制的影响

针对背景谐波的抑制主要是通过在控制回路中引入网侧电压来抵消实际电网电压的扰动，即前馈控制。第一种是比例前馈控制，通过增大背景谐波处增益；第二种是多谐振前馈控制，通过增加环路增益抑制电网电流扰动。

比例前馈控制的采样电压是从 PCC 处进行反馈的，而弱电网下 u_{PCC} 中包含电网电感 L_g 的信息。因此，在图 8-1 的基础上增加一条输入电流的正反馈通道，即弱电网下基于电网电压比例前馈的控制框图如图 8-3 所示。

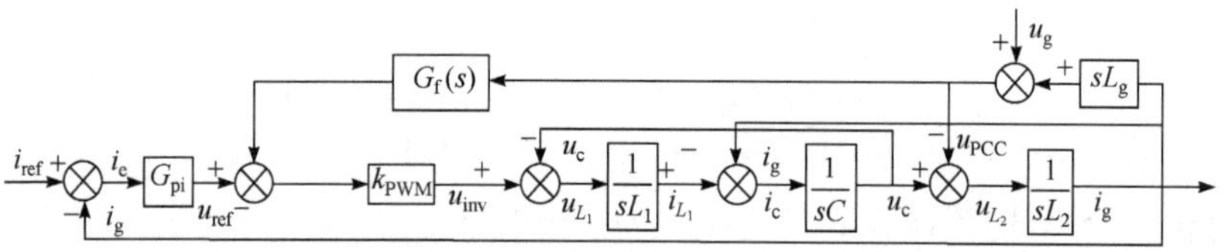

图 8-3 基于电网电压比例前馈控制的 LCL 型并网逆变器控制框图

从图 8-3 中可得，基于比例前馈控制的系统开环传递函数为

$$G_{iref}(s)=\frac{G_{pi}(s)k_{PWM}}{L_1C(L_2+L_g)s^3+k_{PWM}k_c(L_2+L_g)Cs^2+(L_1+L_2+L_g)s-G_f(s)k_{PWM}L_gs} \tag{8-7}$$

式中，$G_f(s)=\dfrac{1}{k_{PWM}}$。

由式(8-7)可知，系统开环传递函数的分母多出一个 $G_f(s)$ 与电网电感 L_g 的乘积项。该项的存在会减少传递函数中 L_g 的一次分量，相当于降低了系统的实际谐振频率，进而降低了系统的相位裕度，导致系统存在失稳的可能。为验证该理论的正确性，根据式(8-7)的系统开环传递函数可绘制电网电感 L_g 为 0mH、5mH、10mH 时的伯德图，如图 8-4 所示。

由图 8-4 可知，随着电网阻抗的增加，比例前馈的加入对系统开环传递函数在低频处没有受到太大的影响；而在中高频率处，系统幅值裕度 GM 与 0dB 处的交截频率出现明显的左移，相位裕度 PM 也大幅下降。在强电网下即 L_g=0mH 时，相位裕度 PM=46.397°，系统可保持稳定，而当电网电感 L_g=5mH 时与强电

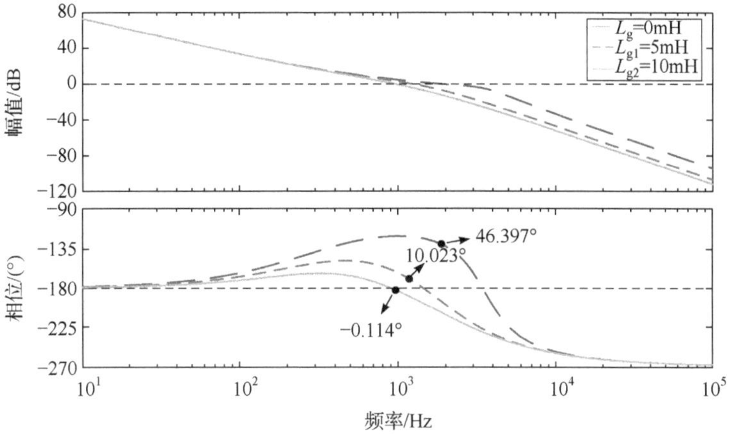

图 8-4　比例前馈+电流估计的系统开环传递函数伯德图

网相比，由原来的 46.397°下降至 10.023°，系统的相位裕度发生了急速下降，系统将接近临界稳定状态；当电网阻抗继续增大至 L_g=10mH 时，相位裕度 PM=−0.114°为负值，此时逆变器的输出阻抗与电网阻抗发生严重的不匹配，并网电流中的谐振开始发散，造成系统失稳。

8.1.2　多谐振前馈电流估计的控制策略

基于 8.1 节的分析可知，弱电网下随着电网阻抗的增大，比例前馈控制的加入使得系统中高频率处的相位裕度发生明显降低，进而造成了系统失稳。为此，本章研究多谐振前馈与电流估计的控制策略。

8.1.2.1　多谐振前馈控制策略

多谐振前馈控制策略可通过提取电网电压的背景谐波，实现对背景谐波的衰减，从而有效减少弱电网下前馈控制对系统传递函数的影响，其控制框图如图 8-5 所示。

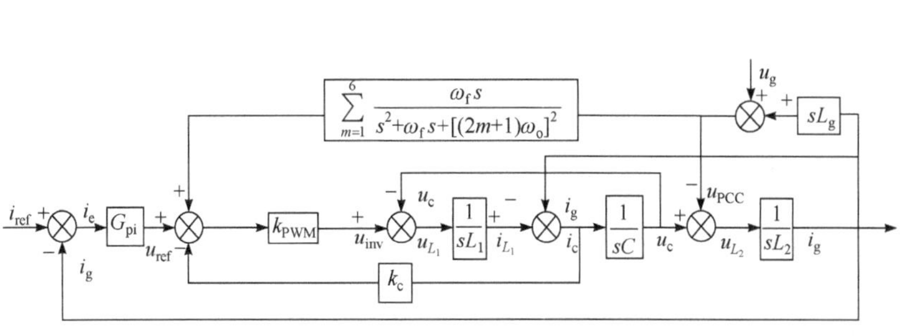

图 8-5　基于多谐振前馈有源阻尼的并网电流闭环控制框图

为后续分析的方便，图 8-5 中多谐振前馈的表达式可简化为

$$G_v(s)=\sum_{m=1}^{6}\frac{\omega_r s}{s^2+\omega_r s+[(2m+1)\omega_o]^2} \tag{8-8}$$

式中，$2m+1$ 表示谐波频率的次数；ω_o 为基波的角频率；ω_r 为谐振的深度系数，取 $\omega_r=15\pi$[1-2]。由于前馈控制对电网阻抗的取值会产生影响，为方便后续分析，将前向通道中的多谐振前馈控制进行等效变换，其等效控制框图如图 8-6 所示。

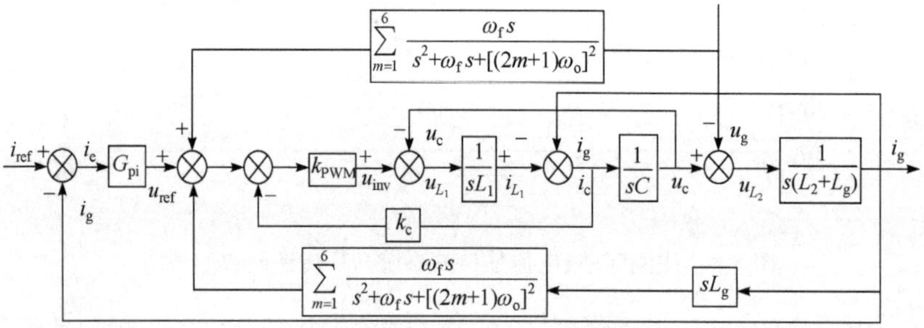

图 8-6　多谐振前馈的等效控制框图

图 8-6 与图 8-3 相比加入多谐振前馈后，电网电感值 $L_{g\_G_v}$ 的表达式为

$$L_{g\_G_v}=\sum_{m=1}^{6}\frac{\omega_r s}{s^2+\omega_r s+[(2m+1)\omega_o]^2}L_g \tag{8-9}$$

由式(8-9)可得，多谐振前馈下系统实际的电网阻抗与等效阻抗的伯德图，如图 8-7 所示。

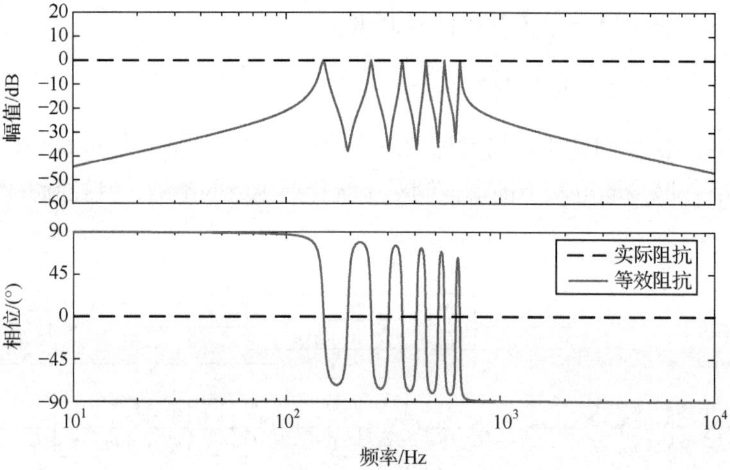

图 8-7　实际阻抗与等效阻抗的伯德图

从图 8-7 中可以看出，在基波频率处，电网阻抗的实际值与等效阻抗值相等。但随着频率的增加，等效阻抗值的相位裕度开始迅速衰减，并且在中高频率

处对选定频率进行相应的衰减而其他频率保持不变。因此，在中高频段可实现对谐波的抑制。

8.1.2.2　多谐振前馈的电流估计控制

由图 8-7 可知，多谐振前馈在中高频段可达到较好的抑制效果，而比例前馈控制即使在弱电网下对低频仍能达到较好的抑制效果。因此，为实现对全频段的谐波抑制，本章在多谐振前馈的基础上增加比例前馈系数 h_g，其控制框图如图 8-8 所示。

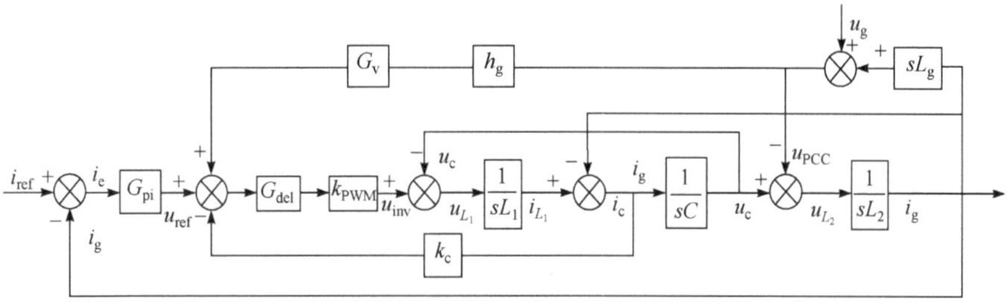

图 8-8　改进后多谐振前馈的并网电流闭环控制框图

根据图 8-8 可得，改进后多谐振前馈控制的传递函数为

$$G''(s)=\frac{G_{pi}(s)k_{PWM}}{s^3L_1(L_2+L_g)C+s^2(L_2+L_g)k_{PWM}k_c+s[(L_1+L_2+L_g)-L_gk_{PWM}h_gG_v(s)]}\tag{8-10}$$

结合 8.2.1 节，根据图 8-8 可得

$$\begin{cases}(i_eG_{pi}(s)+u_{PCC}h_gG_v)k_{PWM}=u_{inv}\\u_{irv}-u_{PCC}=\hat{I}_g(s)(L_1+L_2)s\end{cases}\tag{8-11}$$

将 $h_g=1/k_{PWM}$ 代入式(8-11)并忽略滤波电容后，可估算出 LCL 型滤波器谐振峰被抑制后的并网电流值为

$$\hat{I}_g(s)=\frac{i_eG_{pi}(s)k_{PWM}+(G_v-1)u_{PCC}}{(L_1+L_2)s}\tag{8-12}$$

式中，$\hat{I}_g(s)$ 为并网电流估算值，i_e 为参考电流与并网电流的差值。根据式(8-12)可得谐振峰被抑制后估算电流的控制框图，如图 8-9 所示。

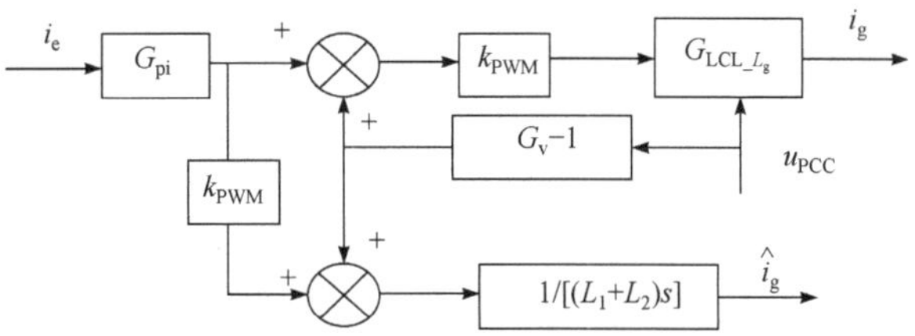

图 8-9　多谐振前馈下 LCL 型滤波器谐振峰被抑制后的估算电流

图 8-9 中得到的估算电流值 $\hat{I}_g(s)$ 与实际电流值 i_g 存在误差 i_{ge}，i_{ge} 中不但含有系统低频信号而且还包含了 LCL 型滤波器中的谐振电流。因此为达到谐振抑制效果满足 i_g 的并网要求。在图 8-9 的基础上进行估算电流的补偿，如图 8-10 所示。

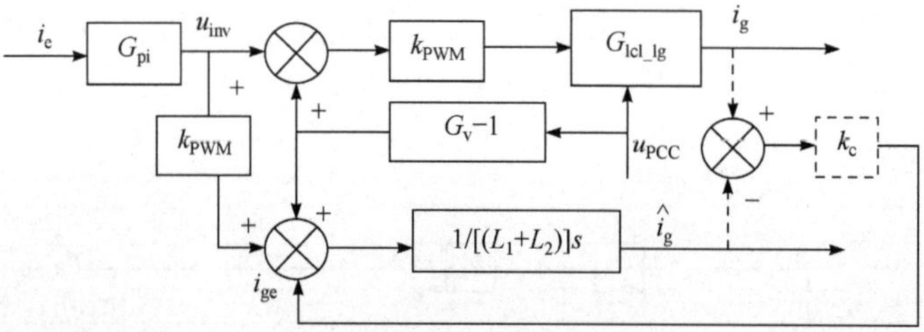

图 8-10　估算电流的补偿

通过在误差电流 i_{ge} 后串联反馈补偿信号 k_c，实现与电容电流反馈相似的谐振抑制效果。故可得基于电容电流估计多谐振前馈的控制策略，其控制框图如图 8-11 所示。

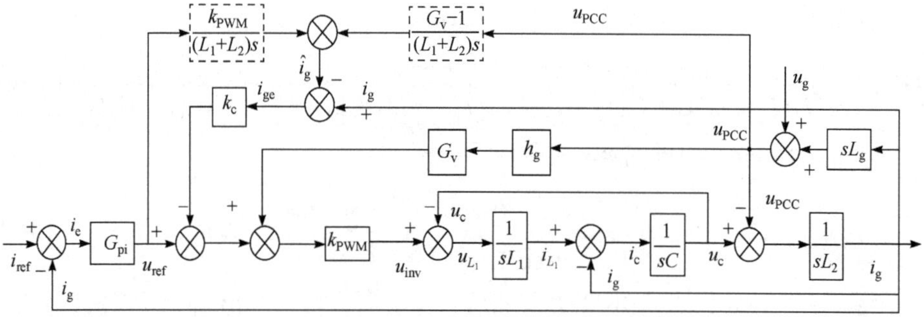

图 8-11　加入电流估计的多谐振前馈控制框图

根据基尔霍夫电压、电流定律，可列出图 8-11 中控制框图所对应的微分方程：

$$
\begin{cases}
\dfrac{\mathrm{d}i}{\mathrm{d}t}=\dfrac{1}{L_1}\left\{\left[u_{ref}+k_c(i_g-\hat{i}_g)+u_{PCC}h_gG_v\right]G_{del}k_{PWM}-u_c\right\} \\
\dfrac{\mathrm{d}i_g}{\mathrm{d}t}=\dfrac{1}{L_2}(u_c-u_{PCC}) \\
\dfrac{\mathrm{d}u_c}{\mathrm{d}t}=\dfrac{1}{C}(i_{L_1}-i_g) \\
\dfrac{\mathrm{d}\hat{i}_g}{\mathrm{d}t}=\dfrac{k_{PWM}}{(L_1+L_2)s}u_{ref}+\dfrac{G_v-1}{(L_1+L_2)s}u_{PCC}
\end{cases}
\tag{8-13}
$$

式中，$h_g=1/k_{PWM}$，$u_{PCC}=u_g+i_gL_g$。选取系统状态变量为流过滤波电感 L_1 的电流 i_{L_1}、并网电流 i_g、滤波电容电压 u_c 和估算电流 $\hat{I}_g(s)$，输入量为电网电压 u_g 及控制器 G_{pi}，输出量为 u_{cref}，系统状态方程可写为

$$\begin{cases}\dot{x}=Ax+Bu\\ y=Dx\end{cases} \tag{8-14}$$

式中

$$A=\begin{bmatrix} 0 & \dfrac{1}{L_1(k_c+G_vL_gG_{del})} & -\dfrac{1}{L_1} & -\dfrac{k_ck_{PWM}G_{del}}{L_1} \\ 0 & \dfrac{L_g}{L_2} & \dfrac{1}{L_2} & 0 \\ \dfrac{1}{C} & -\dfrac{1}{C} & 0 & 0 \\ 0 & \dfrac{L_g(G_v-1)}{(L_1+L_2)s} & 0 & 0 \end{bmatrix} \tag{8-15}$$

$$B=\begin{bmatrix} \dfrac{1}{L_1} & \dfrac{G_vG_{del}}{L_1} \\ 0 & -\dfrac{1}{L_2} \\ 0 & 0 \\ \dfrac{k_{PWM}}{(L_1+L_2)s} & \dfrac{G_v-1}{(L_1+L_2)s} \end{bmatrix} \tag{8-16}$$

$$\begin{cases} x=\begin{bmatrix} i_1 & i_g & u_c & \hat{i}_g \end{bmatrix}^{T} \\ u=\begin{bmatrix} u_{ref} & u_g \end{bmatrix}^{T} \end{cases} \tag{8-17}$$

将 $D=[0\ 1\ 0\ 0]$代入传递函数 $W(s)=D(sI-A)^{-1}B$ 中，忽略电网电压 u_g，根据式(8-13)～式(8-17)可得系统的开环传递函数为

$$G_o(s)=N(s)/D(s) \tag{8-18}$$

式中

$$\begin{cases} N(s)=k_{PWM}G_{pi}((L_1+L_2)s)-k_ck_{PWM}G_{del} \\ D(s)=[CL_1L_2(L_1+L_2)s^4+CL_1L_g(L_{1+}L_2)s^3+(L_1+L_2)^2s^2 \\ \qquad +(L_1+L_2)(k_c+L_g+L_gG_{del}G_v)s+G_{del}k_ck_{PWM}L_g(G_v-1)] \end{cases}$$

由式(8-18)可得，系统的闭环传递函数为

$$G_{\mathrm{clo}}(s)=\frac{G_{\mathrm{o}}(s)}{1+G_{\mathrm{o}}(s)}=\frac{D(s)+N(s)}{D(s)} \tag{8-19}$$

8.1.2.3　多谐振前馈与电流估计的稳定性分析

基于多谐振前馈与电流估计策略的系统参数如表 8-1 所示。

表 8-1　基于多谐振前馈与电流估计策略的系统参数

参数名称	数值	参数名称	数值
输入电压 V_g/V	750	逆变器侧电感 L_1/mH	2
电网电压 U_g/V	380	网侧电感 L_2/mH	0.5
并网电流 i/A	30	滤波电容 C/μF	21.92
基波频率 f_0/Hz	50	开关频率 f_s/kHz	15
电容电流反馈系数 k_c	0.08	谐振深度系数 ω_r	15π
比例系数 k_p	0.025	积分系数 k_i	100

为了进一步分析所提出的多谐振前馈与电流估计策略在弱电网下的适应性，本节基于系统的开环传递函数，从伯德图分析电网电感 L_g 对系统谐振、稳定性的影响。根据式(8-18)并结合表 8-1 的参数，可得系统开环传递函数的伯德图，如图 8-12 所示。

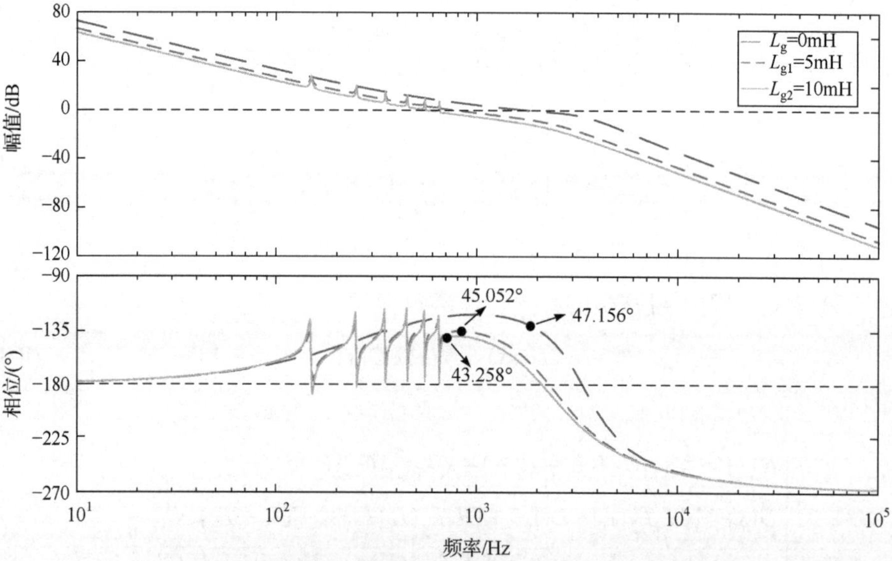

图 8-12　不同电网阻抗下系统开环传递函数的伯德图

从图 8-12 可知多谐振前馈与电流估计的控制策略在低频处影响较小，而在中高频率处，随着电网电感 L_g 的增加，只有在设定频率处的相位值的增益较大，而在其他频率处的相位值保持不变。当系统中的电网电感 L_g=0mH 时，系统在 0dB 处所对的相位裕度 PM 达到 47.156°，具有良好的稳定性；当电网阻抗继续增大到 10mH 时，相位裕度 PM=43.258°，系统的相位裕度始终能够保持良好的稳定性，大大增强了电网阻抗变化时系统的适应性。

与图 8-4 基于比例前馈控制系统开环函数的伯德图相比，在强电网下即 L_g=0mH 时，系统的相位裕度没有明显的变化，说明不论是比例前馈控制还是多谐振前馈与电流估计的控制策略，对系统的稳定性均没有很大的影响。而当电网电感 L_g=5mH 时，比例前馈控制下的相位裕度由 46.397°变化到 10.023°，相位裕度发生了明显的下降。虽然此时比例前馈控制仍能保持稳定性，但是已经接近系统的临界稳定，进一步验证了比例前馈控制在弱电网下容易造成系统失稳的风险。而当电网阻抗继续增大至 L_g=10mH 时，比例前馈控制的相位裕度为−0.114°已经开始出现负值，系统已由临界稳定状态过渡到振荡、发散等不稳定状态。而基于多谐振前馈与电流估计的控制时，电网电感 L_g=10mH 时系统的相位裕度为 43.258°，与强电网时相比，系统的相位裕度仅下降了不到 4°，更加验证了与比例前馈相比，多谐振前馈与电流估计的控制策略在弱电网下具有更好的动态性能。综上可知，该控制策略在弱电网下当电网阻抗发生宽范围变化时，系统仍旧具有充足相位裕度，系统的稳定性得到了大幅提升。

8.1.2.4　仿真验证

由上述的理论分析可得，基于多谐振前馈与电流估计的控制策略在弱电网下能够保持较高的相位裕度，并网逆变器可以安全稳定地运行。根据表 8-1 的系统参数，可在仿真软件中搭建三相 LCL 型并网逆变器仿真模型并进行仿真验证。

(1) 通过对比图 8-13 中的(a)、(b)可知，采用图(a)比例前馈与电流估计时，并网电流存在大量毛刺，而在图(b)多谐振前馈与电流估计时，并网电流的波形变得光滑，其并网电流的波形得到极大改善。证明该策略可有效抑制谐振。

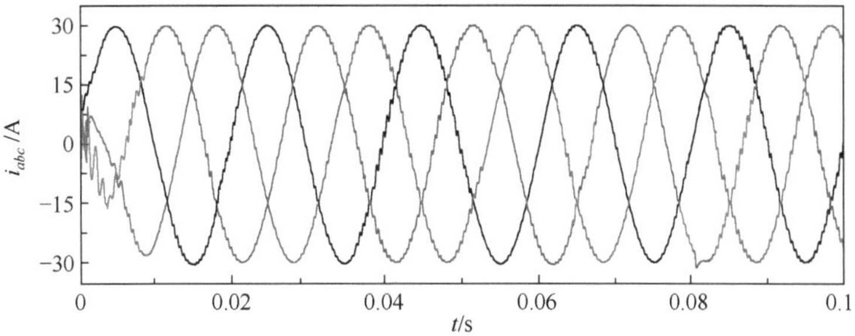

(a) 比例前馈+电流估计法

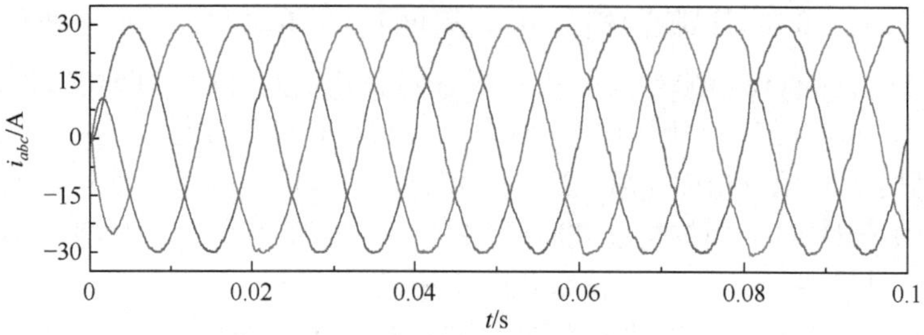

(b) 多谐振前馈+电流估计法

图 8-13 L_g=5mH 时并网电流波形

(2) 通过图 8-14 可以看出，并网电流的总谐波畸变率由原先的 4.31%降至 1.75%，总谐波畸变率得到显著下降，说明本章所提控制策略可有效降低总谐波畸变率，因此提高了弱电网下的并网电流的稳定性，确保了所提策略的精确性。

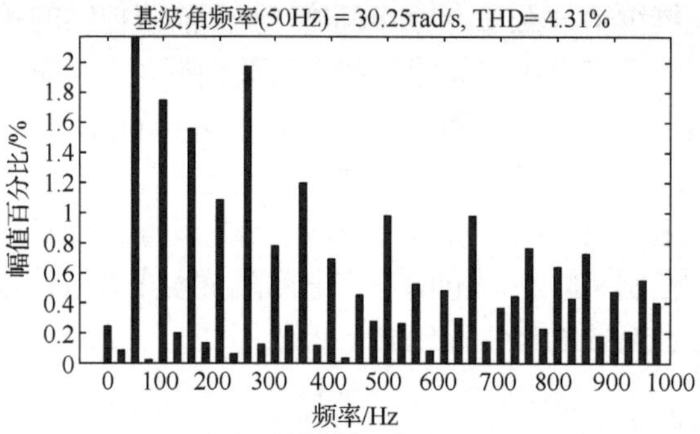

(a) 比例前馈+电流估计法

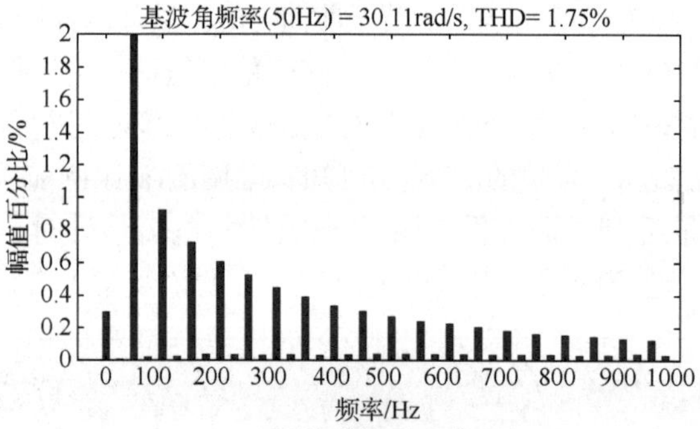

(b) 多谐振前馈+电流估计法

图 8-14 并网电流的总谐波畸变率

(3) 下面对比存在背景谐波时控制策略的抑制能力。可以看出，图 8-15(a)在 0.02s 加入背景谐波后，并网电流的波形发生明显畸变，而在 0.05s 时加入比例前馈与电流估计的控制策略后，并网电流的波形接近正弦波，背景谐波对系统的影响得到改善。但是，并网电流的波形中存在的大量毛刺，并且在 0.05s 的波形存在严重的振荡。而从图 8-15(b)中的并网电流波形可知，在 0.05s 之后波形变得更加平滑，且在 0.05s 并网电流的波形在较短的时间内便可恢复到稳定状态，极大地提升了系统的动态性能。从而说明，多谐振前馈与电流估计法的控制策略可抑制背景谐波的影响，显著提高系统在弱电网下的稳定性。

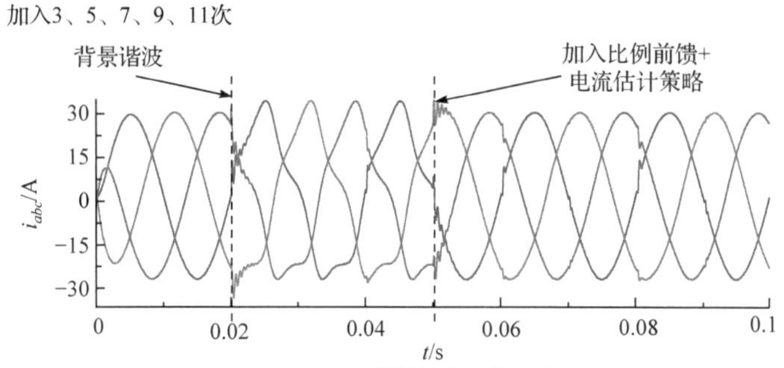

(a) 比例前馈+电流估计法

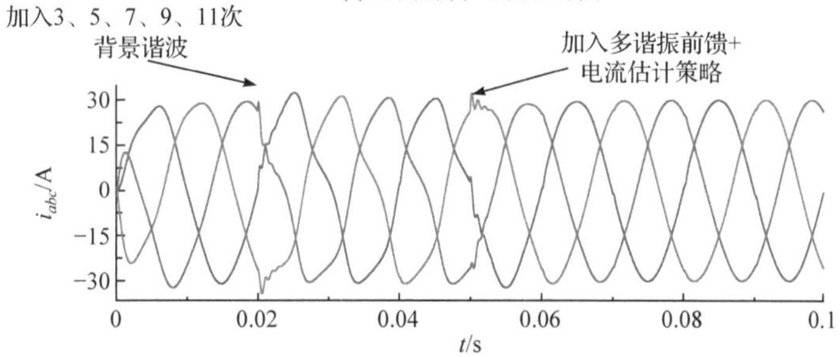

(b) 多谐振前馈+电流估计法

图 8-15　加入 3、5、7、9、11 次背景谐波的并网电流波形

(4) 下面验证弱电网下控制策略的动态性能。可以看出，在 t=0.05s、并网电流从 20A 跳变到 30A 时，图 8-16(a)需要经过 0.05s 稳定，而图 8-16(b)可迅速达到新的稳定，显著提升系统的快速性和平稳性。

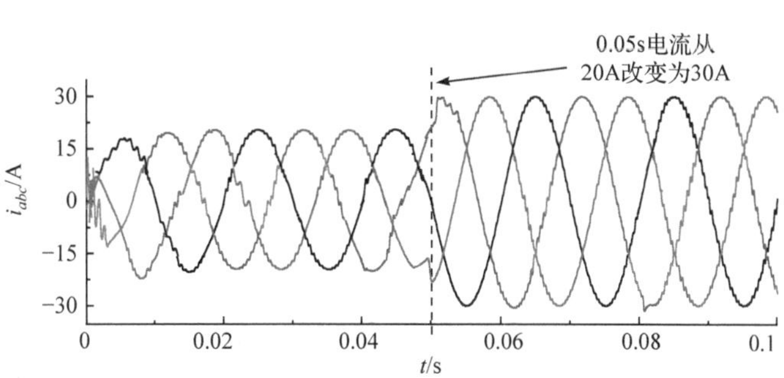

(a) 比例前馈+电流估计法

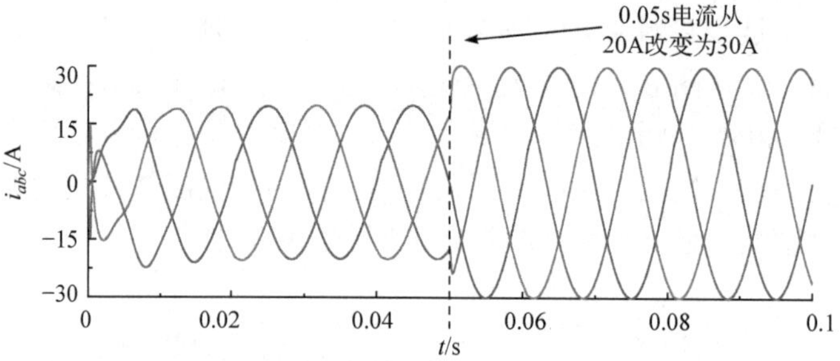

(b) 多谐振前馈+电流估计法

图 8-16 阶跃扰动下的并网电流波形

通过对基于比例前馈与电流估计和基于多谐振前馈与电流估计的控制策略进行对比可知，本章所提控制策略可有效利用多谐振前馈控制提取低次谐波，使得正反馈通道只在主要背景谐波处起抑制作用，同时电流估计法使系统不仅实现了与电容电流反馈相似的谐振抑制效果而且降低了系统成本。

8.1.3 小结

8.1 节首先分析弱电网下电网阻抗增大对比例前馈控制的影响，得到比例前馈会降低系统相位裕度的结果。然后，提出一种弱电网下 LCL 型光伏并网逆变器多谐振前馈与电流估计的控制策略，通过在前馈通道加入多谐振控制有效抑制并网电流内的背景谐波，并在此基础上，采用电流估计法代替电容电流反馈的有源阻尼法，使系统实现与电容电流反馈相同的谐振抑制效果的同时能够降低成本。为确保该策略的有效性，基于阻抗分析法的稳定判据对弱电网下系统的稳定性进行分析；最后，通过仿真软件验证了本章所提控制策略可使并网电流的总谐波畸变率从 4.31%降低到 1.75%，极大改善了弱电网下并网电流的质量，提高了弱电网下光伏并网逆变器的稳定性。

8.2 弱电网下并网逆变器多谐振前馈的相位补偿控制策略

8.2.1 控制延迟对基于多谐振前馈控制的系统影响

基于多谐振前馈控制的系统开环传递函数的表达式为

$$\begin{cases} G(s)=\dfrac{G_{\mathrm{pr}}(s)k_{\mathrm{PWM}}}{s^3L_1(L_2+L_{\mathrm{g}})C+s^2(L_2+L_{\mathrm{g}})k_{\mathrm{PWM}}k_{\mathrm{c}}+s[(L_1+L_2+L_{\mathrm{g}})-L_{\mathrm{g}}k_{\mathrm{PWM}}h_{\mathrm{g}}G_{\mathrm{v}}(s)]} \\ G'(s)=\dfrac{G_{\mathrm{pr}}(s)k_{\mathrm{PWM}}\mathrm{e}^{-1.5sT_{\mathrm{s}}}}{s^3L_1(L_2+L_{\mathrm{g}})C+s^2(L_2+L_{\mathrm{g}})k_{\mathrm{PWM}}k_{\mathrm{c}}\mathrm{e}^{-1.5sT_{\mathrm{s}}}+s[(L_1+L_2+L_{\mathrm{g}})-L_{\mathrm{g}}k_{\mathrm{PWM}}h_{\mathrm{g}}G_{\mathrm{v}}(s)]} \end{cases} \tag{8-20}$$

式中，$G(s)$、$G'(s)$ 分别是未考虑数字延迟与考虑数字延时的开环传递函数。对比可知考虑延迟时，传递函数分母的 s^2 项上增加延时函数 $e^{-1.5sT_s}$，使系统开环传递函数的极点分布发生变化，改变系统的有源阻尼特性，进而影响系统的稳定性；而在分子上增加延时函数 $e^{-1.5sT_s}$，使系统的相位发生滞后，即相频特性左移，影响系统的动态性能。

由式(8-20)可得，系统开环函数的谐振频率表达式为

$$\begin{cases} f_{\text{res\_1}} = \dfrac{1}{2\pi}\sqrt{\dfrac{L_1 + L_2 + L_g}{L_1(L_2 + L_g)C}} \\ f_{\text{res\_2}} = \dfrac{1}{2\pi}\sqrt{\dfrac{L_1 + L_2 + (1 - G_v(s))L_g}{L_1(L_2 + L_g)C}} \end{cases} \tag{8-21}$$

式中，$f_{\text{res\_1}}$ 是基于比例前馈控制的系统谐振频率，$f_{\text{res\_2}}$ 是基于多谐振前馈控制的系统谐振频率。

由式(8-21)可知，与基于比例前馈控制的系统相比，多谐振前馈控制的谐振频率在分子增加了与电网阻抗相关的 $G_v(s)L_g$ 项，对系统开环传递函数的谐振频率产生了直接影响。因此在弱电网下，当多谐振前馈的控制函数 $G_v(s)$增大时，系统谐振频率 f_{res} 的分子减少，造成系统谐振频率 f_{res} 的降低。如果自身 LCL 型滤波器的谐振频率 f_{res} 高于分界频率 f_R，那么当电网阻抗较大时实际谐振频率便会左移，导致实际频率 $f_{\text{res}} \approx$ 分界频率 f_R 造成系统失稳。根据式(8-20)的多谐振前馈控制的开环传递函数表达式，可得不同电网阻抗下系统开环传递函数伯德图，如图 8-17 所示。

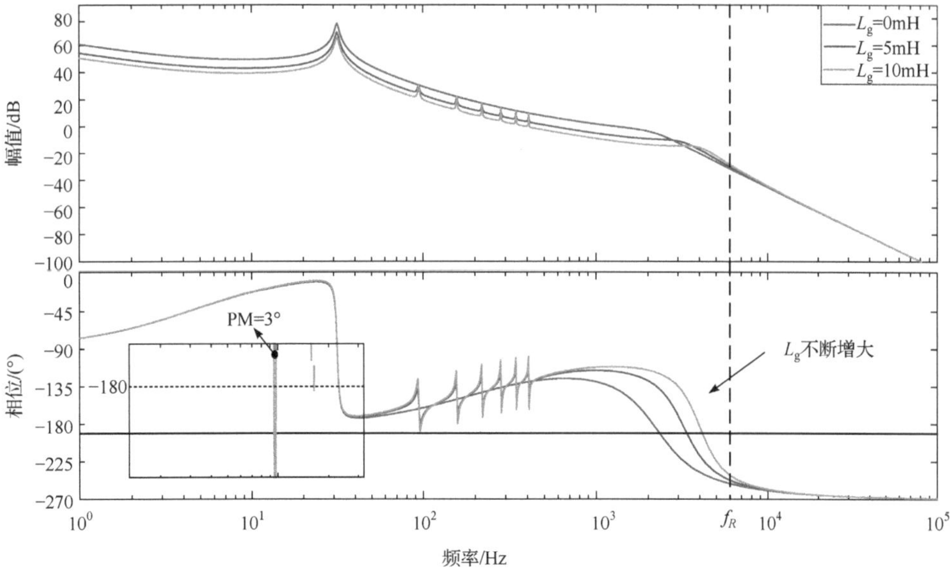

图 8-17　基于多谐振前馈的双电流环反馈的伯德图

由图 8-17 可得，在强电网下(L_g=0mH)，基于多谐振前馈控制的系统开环传递函数在基波处可保持良好的增益，且系统实际频率 f_{res} 远离分界频率 f_R，系统可保持稳定性；但当 L_g=5mH 时，在多谐振频率处，系统开环传递函数的相位裕度下降为 5°存在失稳的可能，与强电网(L_g=0mH)相比 0dB 线所对的谐振频率发生明显右移；而当 L_g=10mH 时，在多谐振前馈频率处的系统相频特性与−180°多次相交，0dB 线所对的谐振频率再次向右移动已接近分界频率。当实际频率 f_{res}=分界频率 f_R 时，严重影响弱电网下系统的稳定性及动态性能。

8.2.2　基于多谐振前馈控制的超前相位补偿控制策略

基于 8.1.1 节分析可知，弱电网下数字控制的延迟会严重影响系统的相频特性，造成并网逆变器失稳。为提高弱电网下电网阻抗发生变化时光伏并网逆变器的稳定性，本章采用超前相位补偿的策略分别对多谐振前馈回路和系统开环的前向通路进行相应补偿。首先通过在前向通路增加延时补偿环节来增大系统的分界频率，使系统的分界频率 $f_R>f_s/6$，其次在多谐振前馈回路上增加超前相位补偿，提高多谐振频率处的系统相位裕度。

8.2.2.1　超前相位补偿策略

多谐振前馈控制回路中补偿器的函数 $G_{hr_pc}(s)$表达式为

$$G_{hr\_pc}(s)=\sum_{m=1}^{6}k_u\omega_r\frac{s\cos\theta_n-\omega_o\sin\theta_n}{s^2+\omega_r s+(2m+1)\omega_o^2} \tag{8-22}$$

式中，k_u 为谐振增益，令 u=2m+1；ω_o 为基波角频率；ω_r 为谐振深度系数，取 ω_r=15π[1-2]；θ_n 为谐振频率处的补偿相角。

前向通路中超前补偿函数 $G_c(s)$的表达式为

$$G_c(s)=\left(\frac{1+m}{1+me^{-sT_s}}\right)^2 \tag{8-23}$$

式中，m 为超前补偿系数。

综上，改进后的基于多谐振前馈控制的系统控制框图，如图 8-18 所示。

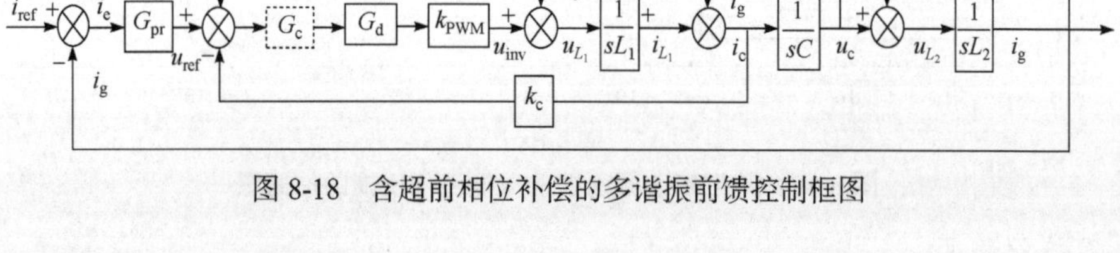

图 8-18　含超前相位补偿的多谐振前馈控制框图

由图 8-18 可得，含超前相位补偿的系统开环传递函数为

$$G_{\text{iref}}(s)=\frac{G_{\text{pr}}(s)k_{\text{PWM}}G_{\text{c}}(s)G_{\text{d}}(s)}{L_1(L_2+L_{\text{g}})Cs^3+k_{\text{c}}k_{\text{PWM}}(L_2+L_{\text{g}})Cs^2+\left[L_1+L_2+(1-G_{\text{hr\_pc}}(s)G_{\text{c}}(s)G_{\text{d}}(s))L_{\text{g}}\right]s} \tag{8-24}$$

通过超前相位补偿后，系统有源阻尼法的等效并联阻抗为

$$Z_{\text{eq}}(s)=\frac{L_1}{k_{\text{PWM}}k_{\text{c}}CG_{\text{del}}(s)}=\frac{L_1\text{e}^{-1.5sT_{\text{s}}}}{k_{\text{PWM}}k_{\text{c}}C}\frac{(1+m\text{e}^{-sT_{\text{s}}})^2}{(1+m)^2} \tag{8-25}$$

将有源阻尼的等效阻抗转化为与频率相关的复合阻抗 $Z_{\text{eq}}(\text{j}\omega)$，表达式为

$$Z_{\text{eq}}(\text{j}\omega)=Z_{\text{eq}}(\text{j}\omega)=R_{\text{eq}}(\omega)+\text{j}X_{\text{eq}}(\omega) \tag{8-26}$$

式中，$R_{\text{eq}}(\omega)=\dfrac{R_1}{(1+m)^2}\dfrac{A^2+B^2}{A}$，$X_{\text{eq}}(\omega)=\dfrac{R_1}{(1+m)^2}\dfrac{A^2+B^2}{B}$，$A=\cos(3\pi fT_{\text{s}})+(m^2+2m)\cdot\cos(\pi fT_{\text{s}})$，$B=\sin(3\pi fT_{\text{s}})+(2m-m^2)\sin(\pi fT_{\text{s}})$。

结合式(8-26)可以得到，当 m 从 0.4 变化到 1 时所对应阻抗 R_{eq} 的频率特性，如图 8-19 所示。

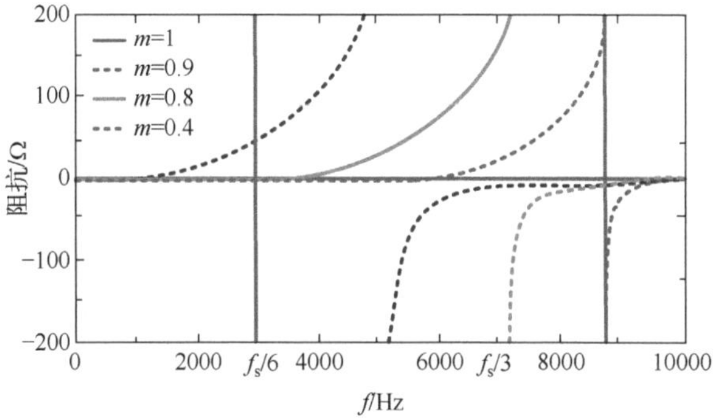

图 8-19　等效阻抗的频率特性

从图 8-19 中可以看出，加入超前相位补偿后，系统等效阻尼 R_{eq} 的分界频率 f_R 增大，并且当补偿程度 m 越高，正负阻抗的分界频率 f_R 越大。引入补偿相位的同时应对相关参数进行科学且合理的设计，才能有效提高系统的稳定裕度，增加光伏并网系统在弱电网下的稳定性。

8.2.2.2　超前相位补偿的参数设计

1) 多谐振前馈相位补偿角的参数设计

在采用式(8-24)的多谐振前馈控制器时，准 PR 控制器中的比例系数 k_{p} 导致

谐振频率附近的相位补偿角 φ_n 不等于谐振频率处补偿相位角 θ_n，实际补偿相角 φ_n 与谐振频率处补偿相位角 θ_n 的关系式为

$$\tan\varphi_n = \frac{\sin\theta_n}{2k_\text{p} + k_{rm}\cos\theta_n} \tag{8-27}$$

通过计算在谐振频率处的补偿相位角 θ_n 的表达式为

$$\theta_n = \arcsin\frac{\dfrac{2k_\text{p}}{k_m\tan\varphi_n} + \sqrt{1+\left(\dfrac{1}{\tan\varphi_n}\right)^2 - \left(\dfrac{2k_\text{p}}{k_m}\right)^2}}{1+\dfrac{1}{\tan\varphi_n}} \tag{8-28}$$

在对实际相位补偿角 φ_n 幅值大小进行设计时，必须考虑谐振频率处的相位裕度、谐振相位突变角等对参数的影响，然后根据 φ_n 与 θ_n 的关系式，通过式(8-28)计算得出谐振频率处的补偿相位角 θ_n。由于计算的复杂性，表 8-2 直接给出了 3、5、7、11 及 13 次的谐振补偿角和增益。

表 8-2 不同谐波次数的补偿相位角、增益和带宽

次数	3	5	7	11	13
补偿相位角 θ_n	30	30	30	60	75
增益 k_{rm}	140	150	150	180	180
带宽 ω	10π	10π	10π	10π	10π

2) 电容电流反馈的参数设计

根据式(8-25)可知，当 m=0 时，$G_\text{c}(s)$=1 相当于未加入补偿环节；而当 m=1 时，相当于在采样频率 f_s 处存在一个 180°的相位超前角，即实现了对系统的完全超前补偿。但是当 m 减少时，$G_\text{c}(s)$的幅值有所减少，存在相位超前角不满足补偿的要求。因此，为保证相位超前角满足系统相位裕度的需求，经过综合考虑分析后，本章选取 m=0.93，即正阻的频率范围为(0～0.45f_s)。

加入补偿后系统开环传递函数在 z 域的表达式为

$$G_\text{D}(z) = \frac{k_\text{PWM}(1+m^2)z}{\omega_\text{r}(L_1+L_2)} \frac{\left[\omega_\text{r}T_\text{s}(z^2-2z\cos(\omega_\text{r}T_\text{s})+1)-(z-1)^2\sin(\omega_\text{r}T_\text{s})\right]G_i(z)}{(z-1)\left[(z+m)^2(z^2-2z\cos(\omega_\text{r}T_\text{s})+1)+z(z-1)\dfrac{k_\text{PWM}k_\text{c}\sin(\omega_\text{r}T_\text{s})(1-m)^2}{\omega_\text{r}L_1}\sin(\omega_\text{r}T_\text{s})\right]} \tag{8-29}$$

将 m=0.93 代入式(7-29)中可得，极点形式下系统的开环传递函数为

$$(z+0.95)^2(z^2-2z\cos(\omega_\text{r}T_\text{s})+1)\frac{k_\text{c}k_\text{PWM}\sin(\omega_\text{r}T_\text{s})(1+0.95)^2}{\omega_\text{r}T_\text{s}}z(z-1)=0 \tag{8-30}$$

根据 Routh 判据可知，若系统的开环传递函数在右半平面不含极点，则电容电流反馈系数 k_c 的约束条件为

$$k_c \leqslant \frac{(0.0462+0.0513)L_1\omega_r}{\sin(\omega_r T_s)k_{PWM}} = k_{cm} \tag{8-31}$$

此时系统开环传递函数的相频特性只在 f_R 处负向穿越 180°。由奈奎斯特稳定判据可知，当幅值裕度 GM>0 时系统稳定。幅值裕度 GM 的定义为

$$\mathrm{GM} = -20\lg|G_D(j2\pi f_{res})| \tag{8-32}$$

式中，$G_D(j2\pi f_{res})$为谐振频率处的环路增益函数。其在 f_{res} 处的幅值表达式为

$$|G_D(j2\pi f_{res})| = \frac{L_g k_p}{(L_1+L_2)k_c} \approx \frac{2\pi f_c L_1}{k_{PWM}k_c} \tag{8-33}$$

根据式(8-33)截止频率的最小约束条件为

$$k_c > \frac{10^{\frac{\mathrm{GM}}{20}} 2\pi f_c L_1}{k_{PWM}} = k_{c\_GM} \tag{8-34}$$

由式(8-31)、式(8-34)可得，电容电流反馈系数 k_c 和截止频率 f_c 的取值范围。为满足系统稳定性，本章设幅值裕度的最小值 GM=5dB、截止频率 f_c=(5%～10%)f_s。因此，在对数字控制延时进行补偿后的电容电流反馈系数 k_c=0.02，f_c=10%f_s=1.5kIIz。

3) 控制器的参数设计

PI 控制器可在 dq 旋转坐标系下实现基波的无静差跟踪。但在弱电网下，dq 轴间的耦合项会影响系统的稳定性，且 dq 轴的解耦过程复杂烦琐，对并网电流的控制增加了难度，而本章所考虑的多谐振前馈控制在 $\alpha\beta$ 坐标系下无需解耦便可实现无静差跟踪。为此本章在 $\alpha\beta$ 坐标系下采用准 PR 控制，其表达式为

$$G_{PR} = k_p + \frac{2k_r\omega_i s}{s^2+\omega_i s+\omega_o^2} \tag{8-35}$$

式中，k_p 为比例系数，k_r 谐振系数，ω_o 基波角频率，ω_i 截止角频率。

截止频率 f_c 处的环路增益为

$$|G_D(j2\pi f_c)| = \left|\frac{k_{PWM}G_i(j2\pi f_c)}{(L_1+L_2)s}\right| \tag{8-36}$$

式中，$G_D(j2\pi f_c)|$ 可近似用 k_p 代替，因此可得

$$k_p \approx \frac{2\pi f_c(L_1+L_2)}{k_{PWM}} \tag{8-37}$$

根据式(8-35)、式(8-37)可得，系统相位裕度 PM 对谐振系数的约束值为

$$k_{r\_PM}=\frac{2\pi f_c^2(L_1+L_2)}{k_{PWM}}\tan\left(-PM-3\pi f_cT_s+2\arctan\frac{0.95\sin(2\pi f_cT_s)}{1+0.95\cos(2\pi f_cT_s)}\right)+\arctan\frac{D}{E} \tag{8-38}$$

式中，$D=2\pi f_cL_1(f_r^2-f_c^2)+f_ck_ck_{PWM}\dfrac{3.8025B}{A^2+B^2}$，$E=f_ck_ck_{PWM}\dfrac{3.8025B}{A^2+B^2}$，$A=\cos(3\pi f_cT_s)+2.8025\cos(\pi f_cT_s)$，$B=\sin(3\pi f_cT_s)+0.9975\sin(\pi f_cT_s)$。

根据上述分析可得，含有超前相位补偿的 LCL 型光伏并网逆变器参数如表 8-3 所示。

表 8-3　含有超前相位补偿的 LCL 型光伏并网逆变器参数

参数名称	数值	参数名称	数值
电网电压 V_g	380V	开关频率 f_{sw}	10kHz
直流电压 V_{in}	720V	采样频率 f_s	20kHz
逆变器电感 L_1	1mH	比例系数 k_p	0.707
滤波电容 C	4.7μF	谐振系数 k_r	350
网侧电感 L_2	0.4mH	电容电流反馈系数 k_c	0.02
谐振深度系数 ω_r	15π	基波角频率 ω_o	100π
截止频率 f_c	1.5kHz	补偿系数 m	0.93

8.2.2.3　超前相位补偿的稳定性分析

为进一步分析所提出的含有超前相位补偿的多谐振前馈策略在弱电网下的相位裕度。本章根据表 8-2、表 8-3 的数据，分析含超前相位补偿的多谐振前馈控制，在加入延迟补偿与不加延迟补偿时，系统开环传递函数的伯德图如图 8-20 所示。

从图 8-20 中可以看出，加入超前相位补偿后的多谐振前馈控制系统伯德图与图 8-1 相比，当电网电感 L_g=10mH 时，补偿前系统的相位裕度 PM= −10°出现负值，系统由稳定状态转化为发散的不稳定状态。经过延时补偿后，系统的相位裕度 PM=20°，弱电网下系统的各谐振峰与−180°不再相交，系统开环传递的幅值裕度 GM 与 0dB 线之间存在足够裕度，使得系统在弱电网下的适应性与稳定性得到大幅提升。

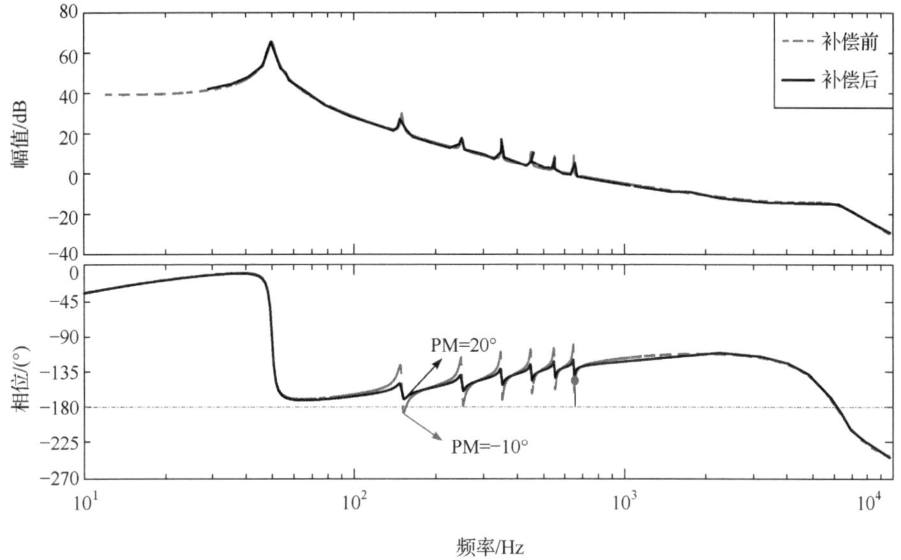

图 8-20　L_g=10mH 时加入超前相位补偿的多谐振前馈系统的伯德图

为确保 LCL 光伏并网逆变器在加入相位补偿器后，系统的实际运行频率未超过分界频率。根据式(8-24)可得系统的开环传递函数的伯德图如图 8-21 所示。

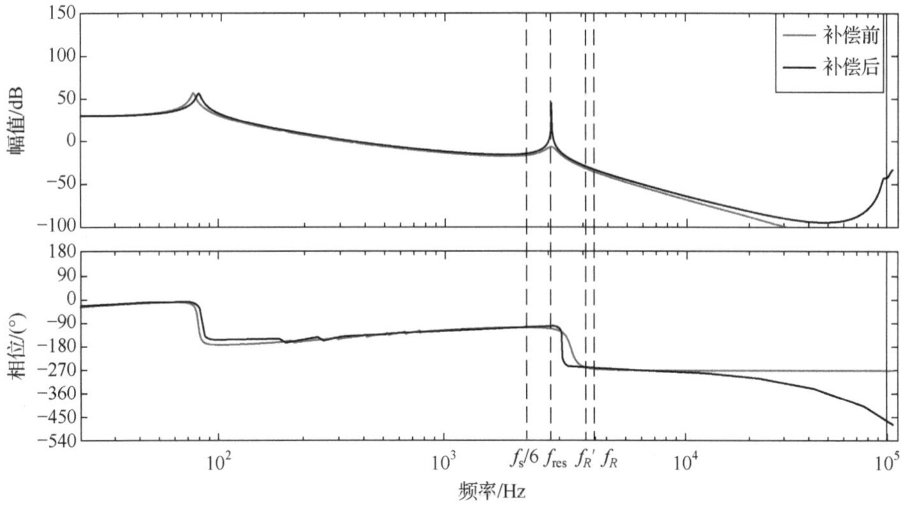

图 8-21　电网电感 L_g=10mH 时超前相位补偿前后系统的伯德图

从图 8-21 可以看出，补偿前系统的实际谐振频率 f_{res}>分界频率 f_R，而在加入延迟补偿后，系统的延迟补偿发生改变，分界频率由 $0.6f_s$ 变为 $0.45f_s$，系统实际谐振频率 f_{res}<分界频率 f_R，电网阻抗的增大不会造成谐振频率穿越新的分界频

率。因此整体进行补偿后，并网系统在电网阻抗发生变化时，仍能保持一定的稳定裕度进而保持系统的稳定运行。

8.2.2.4　仿真验证

为验证 8.2.2.1 节分析的正确性，根据表 8-1、表 8-2 的数据，在仿真软件中搭建一台三相 LCL 型光伏并网逆变器模型，对数字控制延迟进行相应的补偿策略。

为对比不同电网电感变化时，未加相位补偿时多谐振策略的谐振抑制情况，如图 8-22 所示。图(a)是电网电感 L_g 为 5mH 时，在 0～0.1s 未加入多谐振前馈控制系统 a 相电压、电流的波形存在大量毛刺，表明背景谐波未得到良好的抑制；在 0.1～0.2s 加入多谐振前馈控制系统 a 相电压、电流的波形光滑，表明背景谐波得到良好抑制。从图(b)、(c)可发现随着电网电感 L_g 的增大，在 0～0.1s 电压、电流仍存在大量背景谐波。但在 0.1s 之后，在多谐振前馈控制策略下系统 a 相电压、电流的波形仍有畸变，且随着电网阻抗值的增大，并网电压、电流的波形畸变也愈发严重。

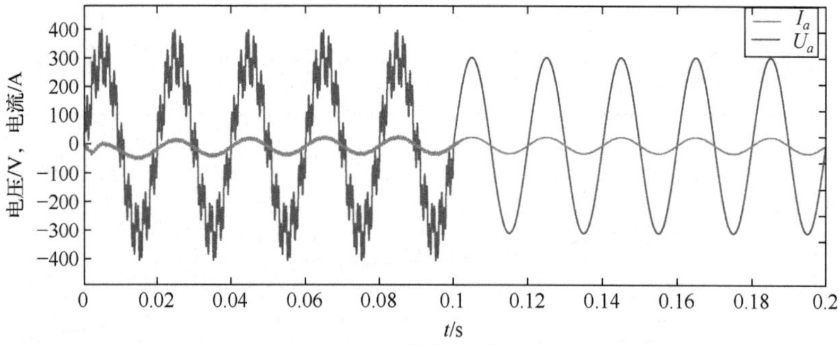

(a) L_g=5mH

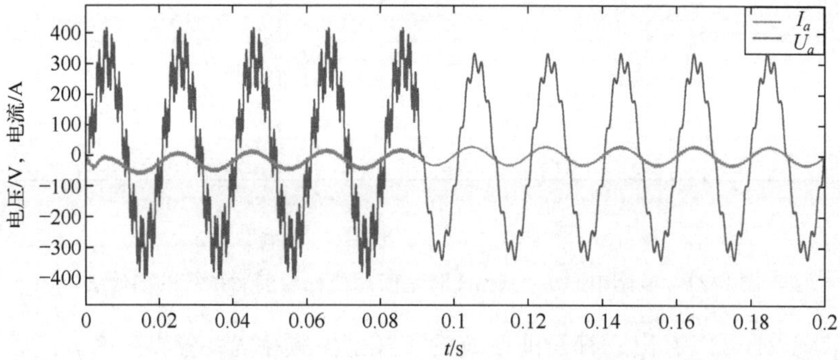

(b) L_g=7mH

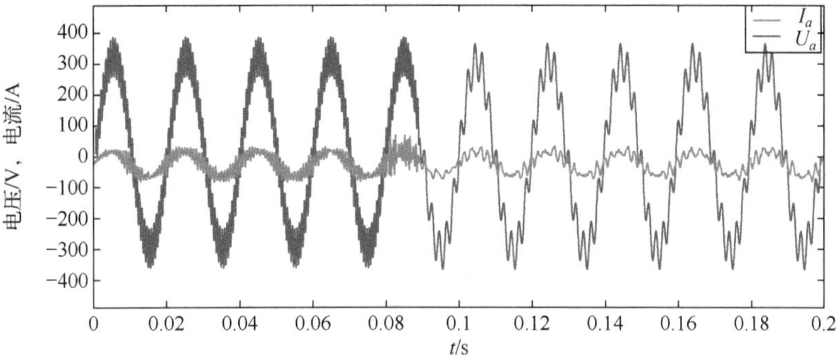

(c) L_g=10mH

图 8-22　不同电网阻抗在多谐振前馈控制前后的仿真图

为对比不同电网电感变化时，加入相位补偿后多谐振策略的谐振抑制情况，如图 8-23 所示。通过对比图(a)、(b)、(c)中可以发现，随着电网阻抗值的增大，系统 a 相电压、电流的波形得到极大的改善，电流质量良好且总谐波畸变率较低，并网电流能够保持与电网电压同频、同相位，实现电流的稳定并网。

为确保加入超前相位补偿环节后并网逆变系统的动态稳定性能。当并网电流发生跳变时系统的仿真波形图如图 8-24 所示。从图中可以看出，当电网电感 L_g=10mH 时，在并网电流发生突变时，并网电流可快速平稳地进入稳态。

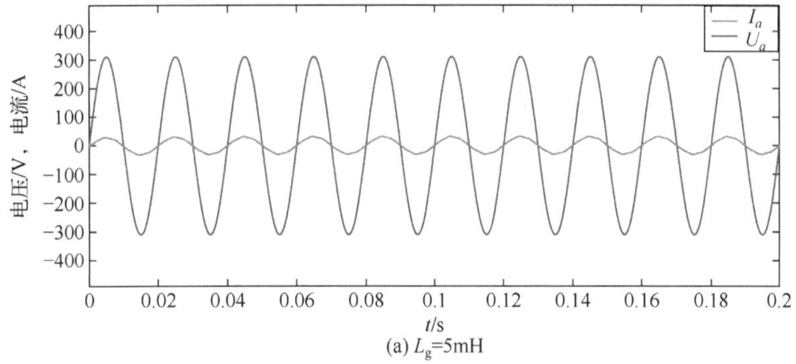

(a) L_g=5mH

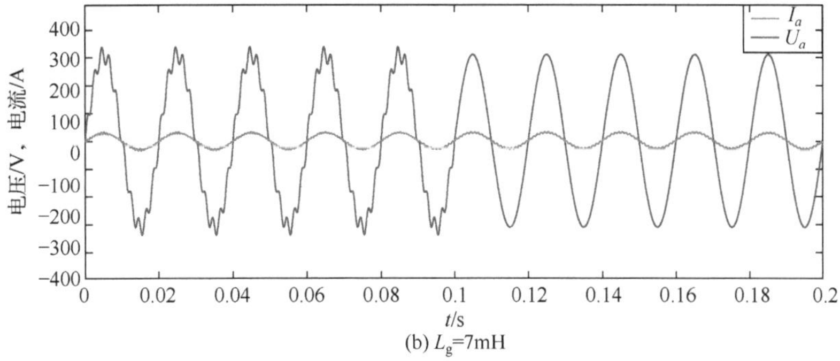

(b) L_g=7mH

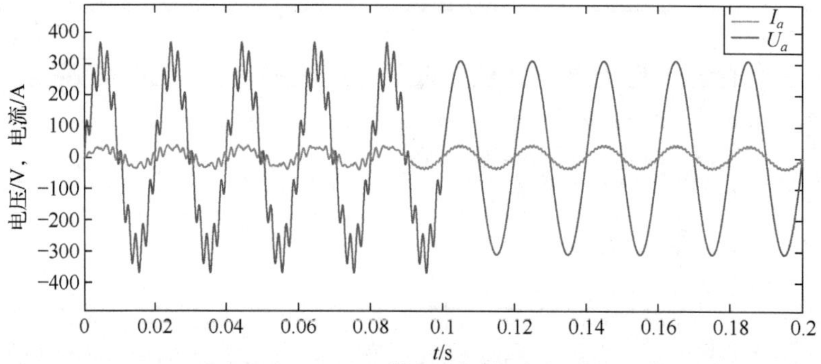

(c) L_g=10mH

图 8-23　不同电网阻抗在补偿后的仿真伯德图

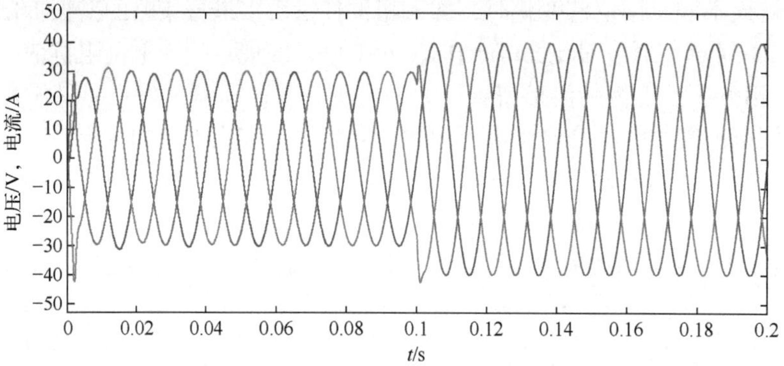

图 8-24　补偿后并网电流突变前后系统的仿真伯德图

综上所述，稳态下并网系统的仿真结果与 8.2.2.1 节所述的理论分析结果一致，说明 8.2.2.2 节、8.2.2.3 节所设计的逆变器参数合理，超前相位补偿器的加入有效降低了数字控制延迟对系统的影响。

8.2.3　小结

8.2 节提出一种基于多谐振前馈的超前相位补偿控制策略，通过在前馈通道和前向通路上设计相位补偿器，改善系统的相频特性。然后，根据系统的稳定裕度和截止频率的约束条件对 k_c、k_p、k_r 等参数进行了设计。为确保系统拥有足够的动态性能，对补偿前后系统频率特性进行了分析。最后，通过仿真软件进行仿真，验证弱电网下 LCL 型光伏并网逆变器多谐振前馈的超前相位补偿控制策略可有效提高系统的相位裕度，使系统的实际频率不超过新的分界频率。

第 9 章　三相组串型光伏逆变器谐振分层抑制策略

组串式光伏集群逆变器系统并网后会引发谐振，给系统带来不利影响。为抑制集群并网谐振，提出一种基于混合阻尼的全局谐振抑制策略。该策略在逆变器电流环中引入电容电流反馈与并网电压比例前馈作为有源阻尼，以削弱并网电流的谐波；在此基础上加入 RLC 型二阶谐振抑制电路作为无源阻尼，以抑制系统谐振，使集群并网时逆变器输出电流满足并网条件。仿真和实验结果表明，3 台组串式光伏集群逆变器采用该策略后，并网电流总谐波畸变率由 10.54%下降至 1.97%，有效抑制了并网谐振。为进一步解决无源阻尼引入的系统损耗、体积和成本增大问题，提高系统在弱网环境下的稳定性，提出了一种基于虚拟阻抗的光伏逆变器谐振分层抑制策略。第一层，在 LCL 滤波器滤波电容并联虚拟电阻+电容，增加了逆变器本体阻尼，抑制逆变器和逆变器集群之间谐振；第二层，引入 PCC 电压前馈和等效虚拟电感，抑制光伏集群与电网之间的谐振。从而实现协同优化并网电流，有效降低硬件成本和功耗，抑制集群并网谐振。

9.1　基于混合阻尼的光伏逆变器谐振分层抑制策略

9.1.1　三相组串型光伏逆变器并网系统谐振分析

9.1.1.1　并网系统谐振机理分析

三相组串型光伏并网逆变器并联构成的光伏群集系统，逆变器输出电流经过 LCL 型滤波器在公共耦合点汇集流入电网。考虑到电网阻抗对规模组化组串型光伏并网系统等效电路的影响，同时方便于分析，暂不考虑各光伏单元连接升压变压器漏感[127-128]。因此，组串型光伏并网系统等效电路模型可简化为图 9-1 所示。从功率变换的视角解析规模化组串型光伏并网系统的等效控制电路模式，可以将其视为各并网逆变器的控制目的，即间接调整其输出端电压。所以，对并网逆变器的输出电压也要做一个简单的控制电源，加以简化研究。因此本章先研究了单台组串型光伏逆变器并网系统谐振原理，继而扩展到多个并网逆变器并联体系中。

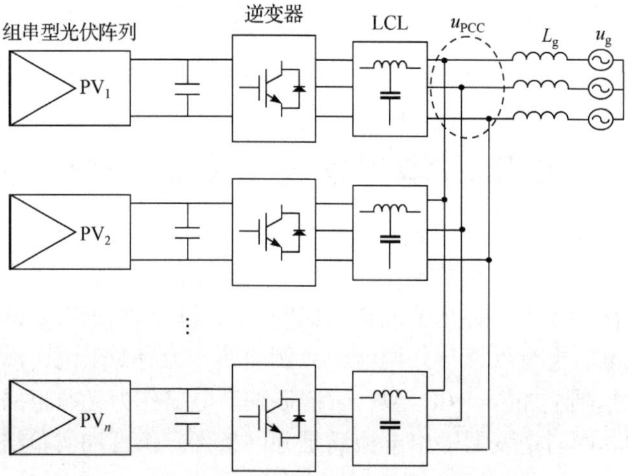

图 9-1 规模化组串型光伏并网系统的等效电路

1) 单台组串型光伏逆变器并网系统谐振机理分析

单台并网逆变器等效电路模型如图 9-2 所示。图中，u_i 为并网逆变器的输出电压，u_g 为电网电压，i_g 为并网电流。

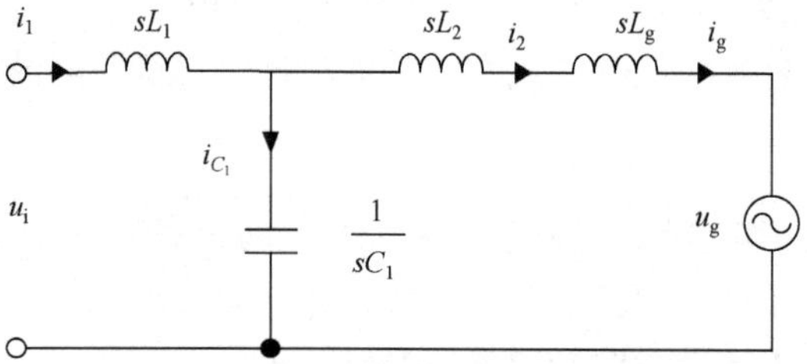

图 9-2 单台并网逆变器等效电路模型

由图 9-2 可得，光伏并网逆变器在复频域下的数学模型表达式如下：

$$\begin{cases} U_i(s) = i_{L_1}(s)G_1(s) + G_{C_1}(s)i_{C_1}(s) \\ (G_2(s)+G_g(s))i_g(s) + U_g(s) = G_{C_1}(s)i_{C_1}(s) \\ i_{L_1}(s) = i_{C_1}(s) + i_g(s) \end{cases} \tag{9-1}$$

式中

$$\begin{cases} G_1(s) = 1/L_1 s \\ G_{C_1}(s) = 1/C_1 s \\ G_2(s) = 1/L_2 s \\ G_g(s) = 1/L_g s \end{cases} \tag{9-2}$$

根据式(9-1)可得单台逆变器并网系统等效框图如图 9-3 所示。

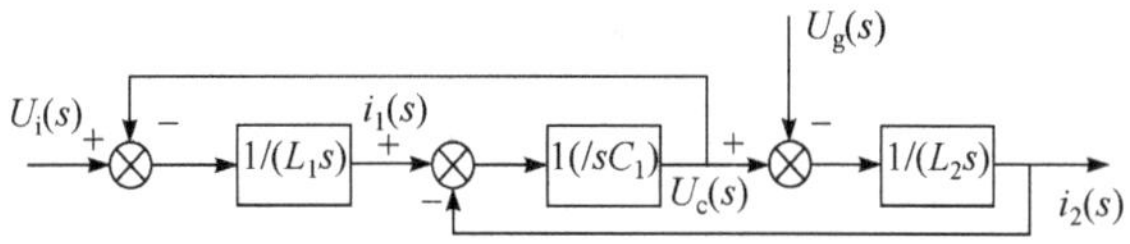

图 9-3　单台逆变器并网系统等效框图

由图 9-3 可得，逆变器并网电流到输出电压之间的传递函数可表示为

$$Y=\frac{i_2(s)}{U_i(s)}=\frac{1}{s^3L_1(L_2+L_g)C_1+s(L_1+L_2+L_g)} \tag{9-3}$$

令 $s=j\omega$ 代入式(9-3)中，可得

$$\phi(h)=Y=-j\frac{1}{\omega(L_1+L_2+L_g)-\omega^3C_1L_1(L_2+L_g)} \tag{9-4}$$

由式(9-4)可知，此时系统的谐振频率为

$$f=\frac{1}{2\pi}\sqrt{\frac{L_1+L_2+L_g}{L_1C_1(L_2+L_g)}} \tag{9-5}$$

通过式(9-3)作出单台组串型光伏逆变器并网系统谐振特性曲线，如图 9-4 所示。

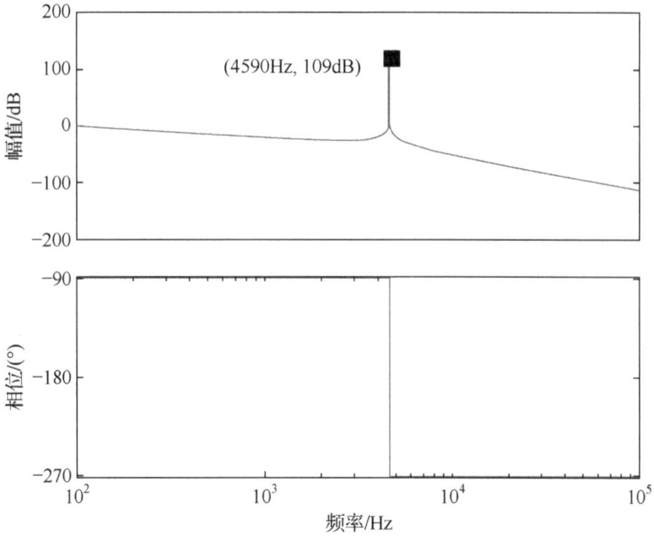

图 9-4　单台组串型光伏逆变器并网系统谐振特性曲线图

由图 9-4 可知，电网等效电感 L_g 对单机模式下的逆变器的谐振频率特性产生主要影响。由于单一逆变器的结构简单，系统中只能产生一个谐振峰。当系统发

生谐振时，理论上系统的谐振电流为无穷大。

2) 多台组串型光伏逆变器并联系统谐振机理分析

组串型光伏逆变器集群系统如图 9-5 所示。

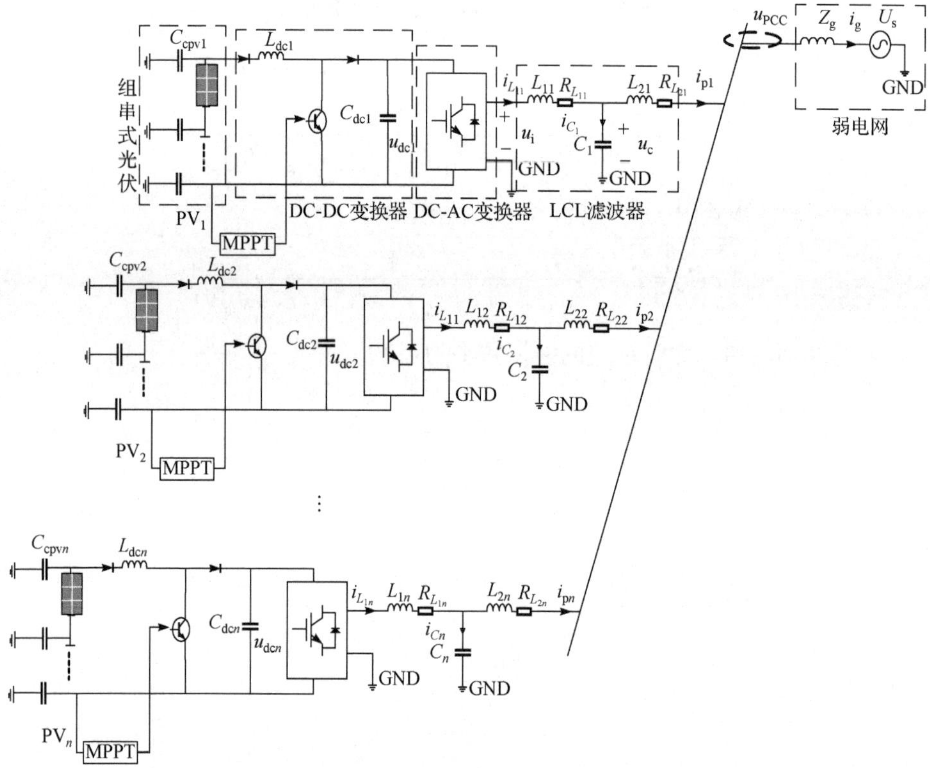

图 9-5　规模化组串型光伏逆变器集群系统

图 9-5 中，每一套光伏并网系统由 5 部分组成，即光伏板、升压电路、逆变器、滤波器、弱电网；PV_i(i=1，2，3，…，N，N 为并联台数)为第 i 个组串型光伏阵列；MPPT 是光伏阵列中最大功率点跟踪模块；直流侧电感 L_{dci}、稳压电容 C_{dci}、二极管、三极管组成直流(DC)/直流(DC)变换器，以及直流(DC)/交流(AC)变换器构成两级式变换器[4]；u_i 为第 i 台逆变器输出电压；i_{pi} 为第 i 台逆变器并网电流；u_{PCC} 为公共耦合点电压；C_{cpvi} 为第 i 个光伏电池板对地寄生电容；Z_g 为弱电网阻抗；u_g 为电网电压；$i_{L_{1i}}$、i_{pi}、i_g 分别代表逆变器输出侧电感电流、并网侧电感电流及并网电流；$R_{L_{1i}}$、$R_{L_{2i}}$ 为滤波电感的寄生电阻；C_i 为滤波电容；u_c 为电容电压。

以图 9-5 中前 3 台并网逆变器并联为集群，分析集群谐振产生的机理，组串型光伏集群逆变器并网系统的数学模型为

$$
\begin{cases}
u_i = L_{11}\dfrac{di_{L_{11}}}{dt} + u_c, \quad u_c = L_{21}\dfrac{di_{p1}}{dt} + L_g\dfrac{di_g}{dt} + u_s \\
C_1\dfrac{du_c}{dt} = i_{L_{11}} - i_{p1}, \quad i_g = i_{p1} + i_{p2} + i_{p3}
\end{cases}
\tag{9-6}
$$

由式(9-6)得集群并网等效控制框图如图 9-6 所示。

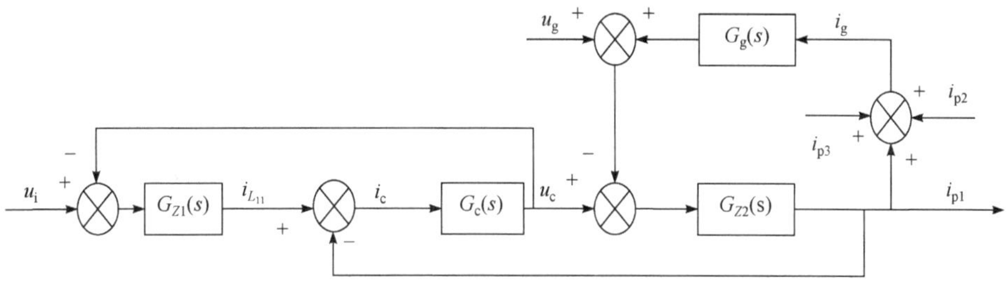

图 9-6　集群并网等效控制框图

由图 9-6 可知，u_i 至并网电流 i_{p1} 的传递函数为

$$
G_g(s) = \frac{G_{Z1}(s)G_{Z2}(s)G_c(s)}{G_p(s)+1}
\tag{9-7}
$$

式中

$$
\begin{aligned}
&G_{Z2}(s) = \frac{1}{sL_{21}}, \quad G_g(s) = \frac{1}{sL_g}, \quad G_{Z1}(s) = \frac{1}{sL_{11}}, \quad G_c(s) = \frac{1}{sC_1}, \\
&G_p(s) = G_{Z1}(s)G_c(s) + G_{Z2}(s)G_c(s) + G_{Z1}(s)G_{Z2}(s)G_c(s) + G_{Z1}(s)G_{Z2}(s) \\
&\qquad \cdot G_g(s) + G_{Z2}(s)G_g(s) + G_{Z1}(s)G_{Z2}(s)G_c(s)G_g(s)
\end{aligned}
\tag{9-8}
$$

由式(9-8)得出系统有两个谐振点，即

$$
\begin{cases}
f_{LCL} = \dfrac{1}{2\pi}\sqrt{\dfrac{L_{11}+L_{21}}{L_{11}L_{21}C_1}} \\
f_{LCLg} = \dfrac{1}{2\pi}\sqrt{\dfrac{L_{11}+L_{21}+3L_g}{L_{11}(L_{21}+2L_g)C_1}}
\end{cases}
\tag{9-9}
$$

集群系统参数如表 9-1 所示，图 9-7 为集群频率特性图。结合式(9-9)和图 9-7 可以看出，系统有两个谐振峰：一个是 f_{LCLg}(1980Hz)，与 N(并联台数)和电网阻抗大小相关；另一个是 f_{LCL}(4590Hz)，其值不受电网阻抗与 N(并联台数)影响。

9.1.1.2　并网系统谐振特性分析

N 台并网逆变器的系统参数和工作条件相同，则每个并网逆变器连接的电网阻抗将放大 N 倍。因此，组串式光伏集群并网产生的谐振频率为

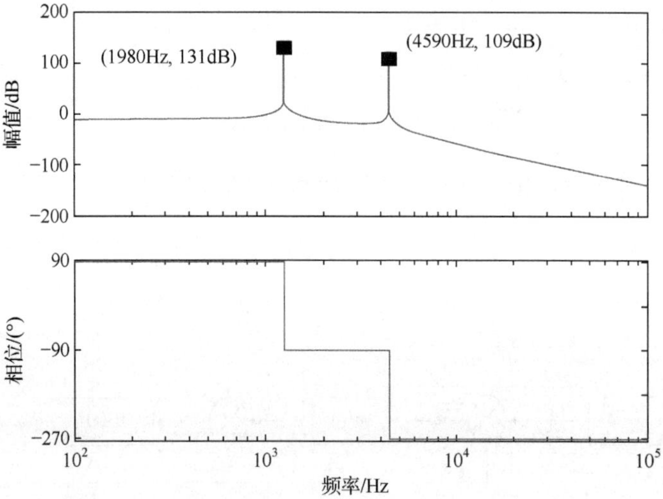

图 9-7　集群频率特性

$$f_{\mathrm{g}}=\frac{1}{2\pi}\sqrt{\frac{L_{11}+L_{21}+NL_{\mathrm{g}}}{L_{11}\left(L_{21}+nL_{\mathrm{g}}\right)C_{1}}} \tag{9-10}$$

多个逆变器的并网谐振频率特性如图 9-8 所示。从图中可以看出，随着集群系统里逆变器数量(3 台、5 台、16 台、32 台、80 台)的增加，集群并网引起的谐振点逐渐移向低频段，LCL 型逆变器引起的谐振点固定不变。

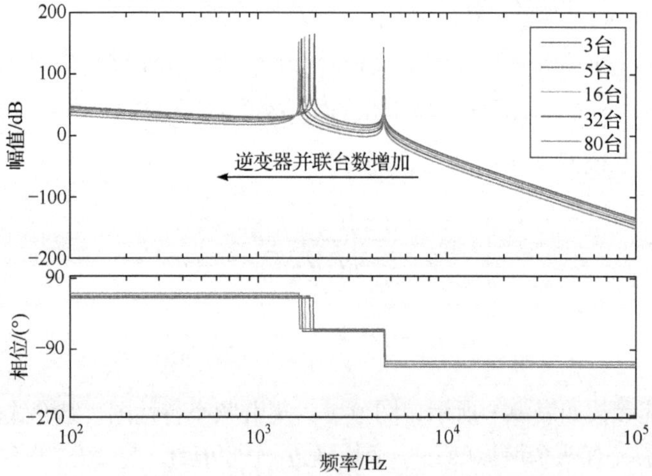

图 9-8　多个逆变器并联谐振频率特性

由式(9-10)可知，系统谐振峰的极限频率为

$$f_{\mathrm{g}}=\lim_{n\to\infty}\frac{1}{2\pi}\sqrt{\frac{L_{11}+L_{21}+NL_{\mathrm{g}}}{L_{11}(L_{21}+NL_{\mathrm{g}})C_{1}}}=\frac{1}{2\pi}\sqrt{\frac{1}{L_{11}C_{1}}} \tag{9-11}$$

由式(9-11)可知，逆变器并联台数(N)与谐振频率关系曲线如图 9-9 所示。

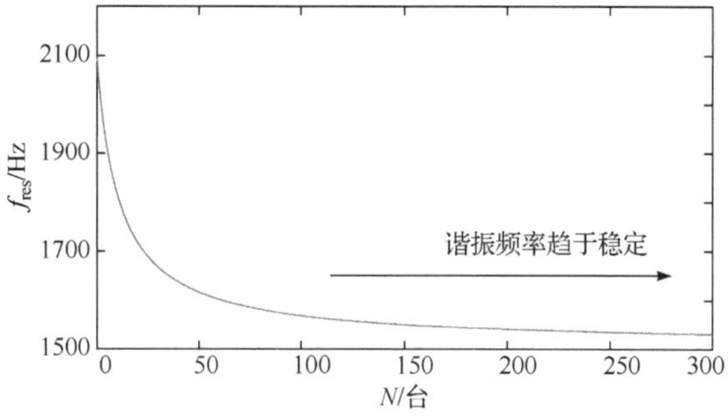

图 9-9　逆变器并联台数与谐振频率关系曲线

随着集群系统里逆变器并联数量(50 台、100 台、150 台、200 台、250 台、300 台)的增加，集群并网产生的谐振频率逐渐趋于一个固定值，最终谐振频率保持在 1.5kHz 左右。

由式(9-11)可得图 9-10，即 N(逆变器并联台数)、电网阻抗与谐振频率三维关系曲线。由图中可以看出，在各逆变器的滤波器电感值、电容参量相同的情况下，逆变器集群-电网之间产生的并网谐振频率会受逆变器台数和并网等效阻抗的影响。当并网等效阻抗一定值时，由于逆变器的并联台数增大，谐振频率降低。也就是说，在集群系统上，多个逆变器并网后，由于流经电网等效阻抗的电流呈几何倍数增长，每个等值电路的阻抗也会呈几何倍数增长，造成电网等效阻抗的变化，使得并网谐振频率发生变化，进而引起新的谐振。

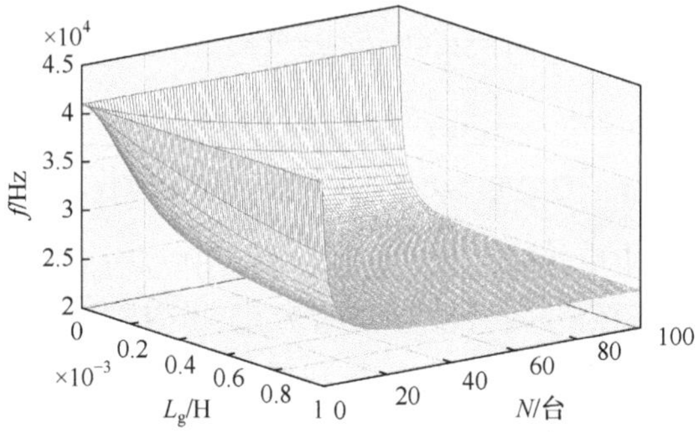

图 9-10　N、电网阻抗与谐振频率三维关系曲线

9.1.2　基于混合阻尼的谐振分层抑制策略

由上节分析可知，光伏集群并网系统中，将每一个与该电网相连逆变器的电网阻抗与其 LCL 滤波器的电网侧滤波电感的组合，等于该逆变器的电网侧滤波

单元的阻抗。由于电网阻抗的变化，逆变器-逆变器集群之间的自谐振和并联谐振是逆变器本体和逆变器并联产生的谐振，可以看作是一个固定值；逆变器集群与电网的谐振点不是固定的。对于这两种谐振需采取不同的抑制方法。首先构建逆变器-逆变器集群-电网两层协同控制结构，形成逆变器分层协同控制系统。其次提出一种基于混合阻尼的谐振分层抑制策略。第一层，在逆变器电流环中引入电容电流反馈与并网电压比例前馈作为有源阻尼，增加逆变器本体阻尼，抑制逆变器集群内部谐振。第二层，加入 RLC 型二阶谐振抑制电路作为无源阻尼，实现线路阻抗的重塑抑制集群与电网之间的谐振。最终抑制光伏集群系统所有谐振点，使系统能安全稳定接入电网。

9.1.2.1 第一层有源阻尼控制策略

抑制逆变器自身谐振的方法一般采用无源阻尼[129-132]或有源阻尼[133-135]。在无源阻尼方法中，增加了电路中的阻尼电阻，提高了系统的阻尼，抑制了谐振。此方法虽然控制算法简单，实现容易，但是会增加系统损耗。与无源阻尼相比，有源阻尼通过改善逆变器的控制结构及控制策略来提高系统的阻尼，从而降低阻尼电阻增大带来的损耗。

在此提出一种并网电压比例前馈与电容电流反馈的控制策略，有效提高逆变器控制系统的稳定性，抑制逆变器自身谐振发生。且有效降低硬件成本和功耗，控制框图如图 9-11 所示。

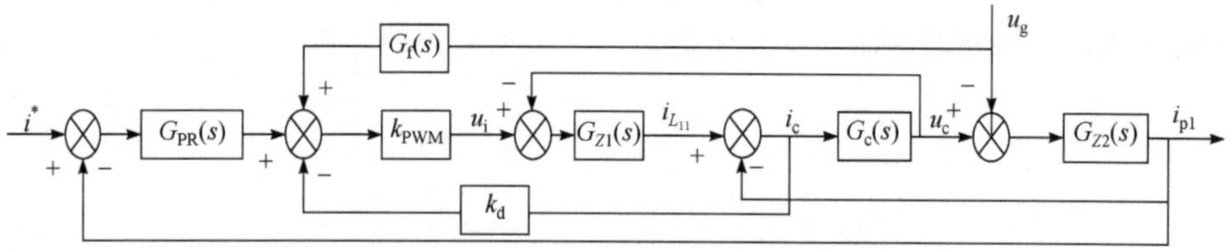

图 9-11 电容电流反馈与并网电压比例前馈控制框图

图 9-11 中，k_d是阻尼系数，输入电流 i^*，输出电流 i_{p1}。电容电流 i_c通过反馈对系统进行补偿，消除由并网引起的电流滞后。逆变器等效增益 $k_{PWM}=1$，$G_f(s)$是比例反馈系数，$G_{PR}(s)$是准 PR 电流控制器，在 PR 控制器中加入谐波补偿环节，可抑制电网波动导致的谐波。

PR 控制器的传递函数如下：

$$G_{PR}(s)=k_p+\sum_{h=1,5,7}\frac{2\omega_c k_r s}{s^2+2\omega_c s+(h\omega_1)^2} \tag{9-12}$$

式中，ω_1、k_p、ω_c、k_r分别代表谐振角频率、比例增益、控制器带宽及广义积分系数。PR 电流调节器的参数如表 9-1 所示。

表 9-1 PR 电流调节器参数

参数名称	数值
k_p	163.5
ω_c	6.28
k_{r1}	360
k_{r3}	210
k_{r5}	150
k_{r7}	10
k_{r9}	10
k_{r11}	10

系统的开环传递函数为

$$G(s)=\frac{G_{PR}(s)k_{PWM}}{L_{11}C_1L_{21}s^3+k_{PWM}k_d(L_{21}+L_g)C_1s^2+(L_{11}+L_{21}+L_g)s-L_gG_f(s)s} \tag{9-13}$$

根据集群系统的参数，可得系统的频率特性曲线和根轨迹如图 9-12 所示。图(a)中，加入策略前后对比发现，电流谐振点峰值由 109dB 降至 −2.09dB，说明电容电流反馈和电网电压前馈控制策略能有效抑制逆变器自身谐振；图(b)中，系统根轨迹分布在复平面的左半平面上，从理论上证明该控制策略是可行的。

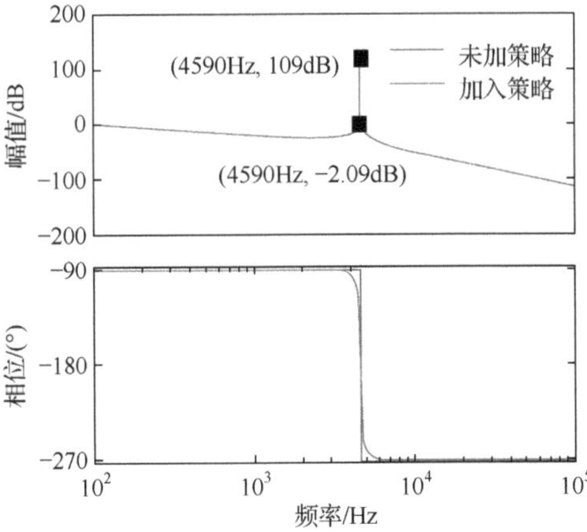

(a) 系统频率特性

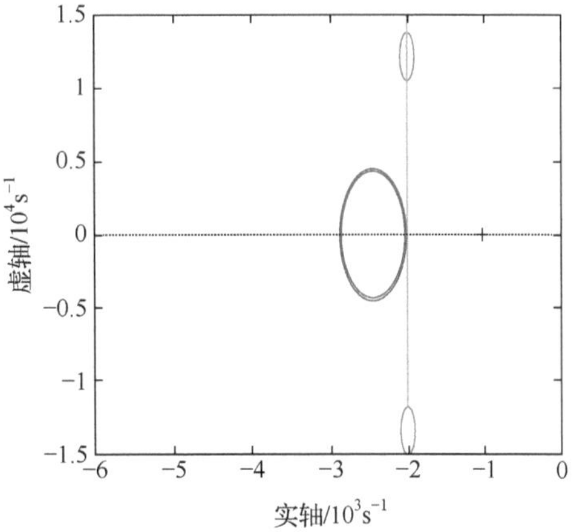

(b) 系统根轨迹分布

图 9-12 控制策略下系统频率特性和根轨迹分布

9.1.2.2　第二层无源阻尼控制策略

在光伏逆变器集群谐振抑制方面，传统方法是将单机谐振抑制方案拓展后用于多逆变器系统，通过改变系统阻抗特性来抑制谐振。由于未考虑宽范围电网阻抗变化时系统稳定性以及多运行模式下光伏逆变器系统的复杂性，结构的多样性，未充分考虑多机优化协同控制以及谐振点与逆变器之间的信息交互，难以有效抑制逆变器并联集群与电网之间的谐振，因此提出了一种改进的全局谐振抑制控制策略。

全局谐振抑制技术是在共用的并网节点上仅设置一个谐振抑制器件，在多个逆变器的情况下，无需对各逆变器进行任何改动，不会对原工作方式产生干扰，从而延长其使用寿命。另外，这种控制策略是特别针对并网逆变器系统所引起的谐振进行抑制的，其控制效果比常规的逆变器控制策略要好。总的抑制策略有三种，即 RC 型谐振抑制策略[136]、RLC 型谐振抑制策略和基于有源阻尼器的谐振抑制策略[137]。其中 RC 型和 RLC 型谐振抑制为无源阻尼抑制策略。

RC 型全局谐振抑制技术是将 RC 谐振抑制电路并联在一个公用节点上，控制原理如图 9-13 所示。电阻增加了系统阻尼，其基波损耗较大，对高频的滤波效果一般。在串联电容器之后，阻尼电阻仅在谐振频率下起作用。这种方法虽然抑制了谐振，但电网阻抗变化后系统稳定性降低。

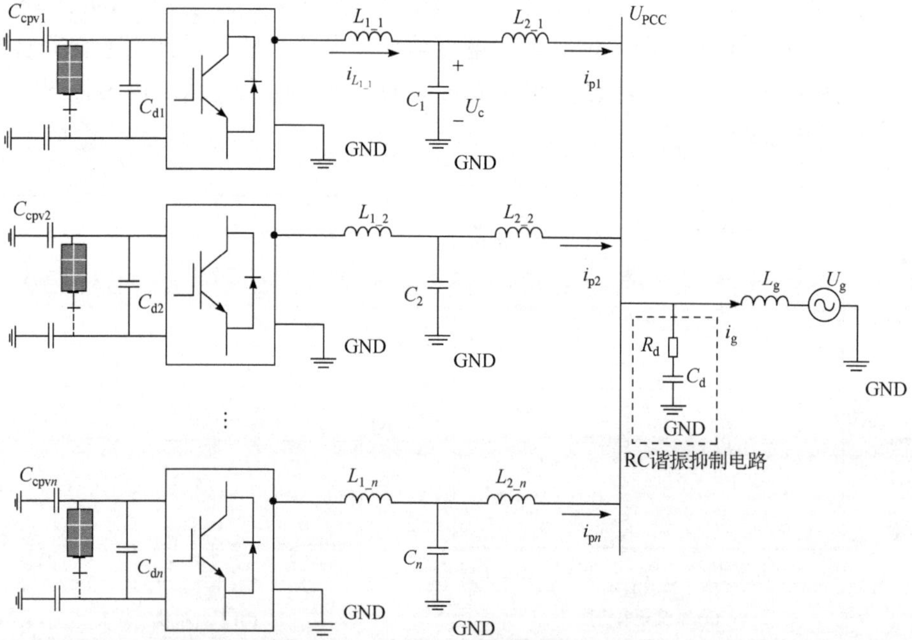

图 9-13　RC 型全局谐振抑制原理图

RLC 型全局谐振抑制技术是将 RC 型谐振抑制电路的电阻并联电感，基频损耗小，高频滤波效果好，对电流跟踪速度的影响小，消除并网谐波电流引起的谐振峰值，从而抑制系统层级的谐振。其控制原理如图 9-14 所示，当 C 增大时，谐振峰减小，滤波效果增强，谐振频率越接近预期截止频率，二阶 RLC 滤波器可以应用于大中型功率场合。

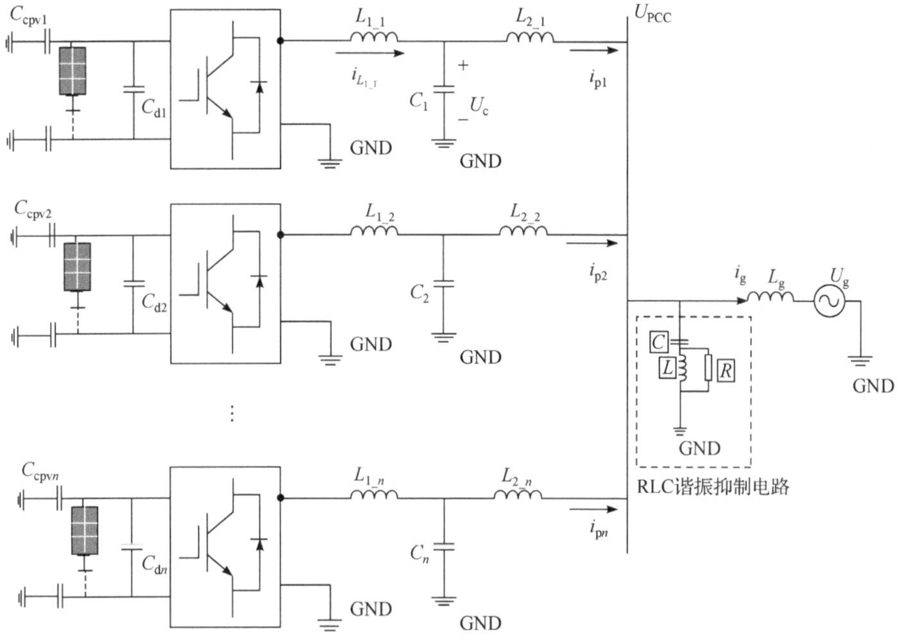

图 9-14　RLC 型全局谐振抑制原理图

基于有源阻尼器的全局谐振抑制技术是通过在公共并联节点上增加有源阻尼器以抑制谐振，其控制原理如图 9-15 所示。该方法利用控制算法通过电力电子器件模拟谐振频率下的阻尼电阻，达到消除谐振的目标。尽管该方法可以降低系统的损失，但其控制结构比较复杂，很容易导致系统的不稳定。此外，在实际工程中，由于系统的大功率，对电力电子设备的功率水平要求很高。

综上所述，本书选取了 RLC 型全局谐振抑制策略，以达到对逆变器并联集群与电网之间谐振的快速有效的抑制，又能减少高频谐波信号，使对低频补偿信号的影响最小，并使谐振峰值最小，基波损耗低。二阶 RLC 谐振抑制电路的原理如图 9-16 所示。

9.1.2.3　系统稳定性分析

为验证所提策略的正确性，本节基于系统的开环增益伯德图，分析所提策略对系统的稳定性影响。

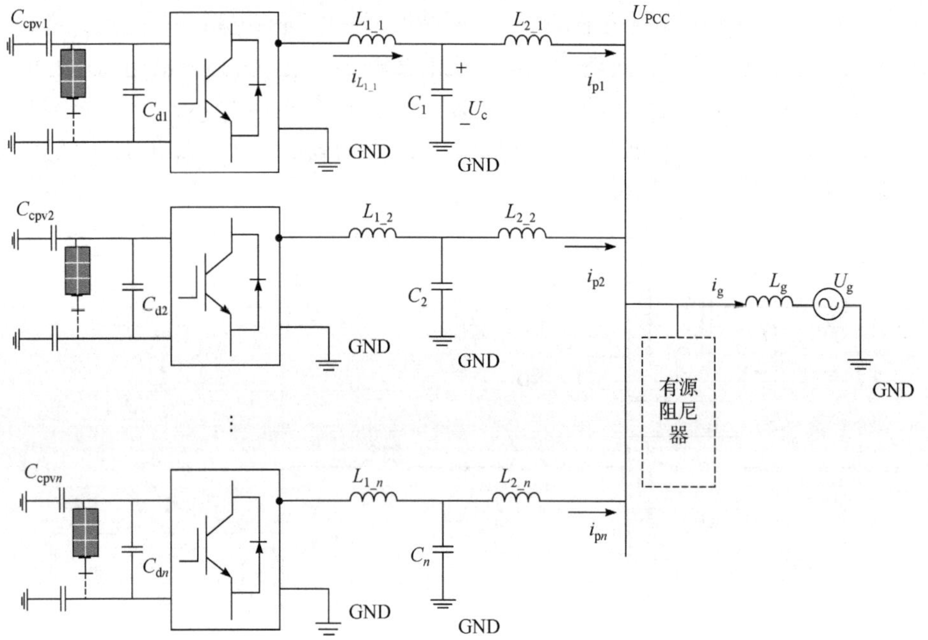

图 9-15　有源全局谐振抑制原理图

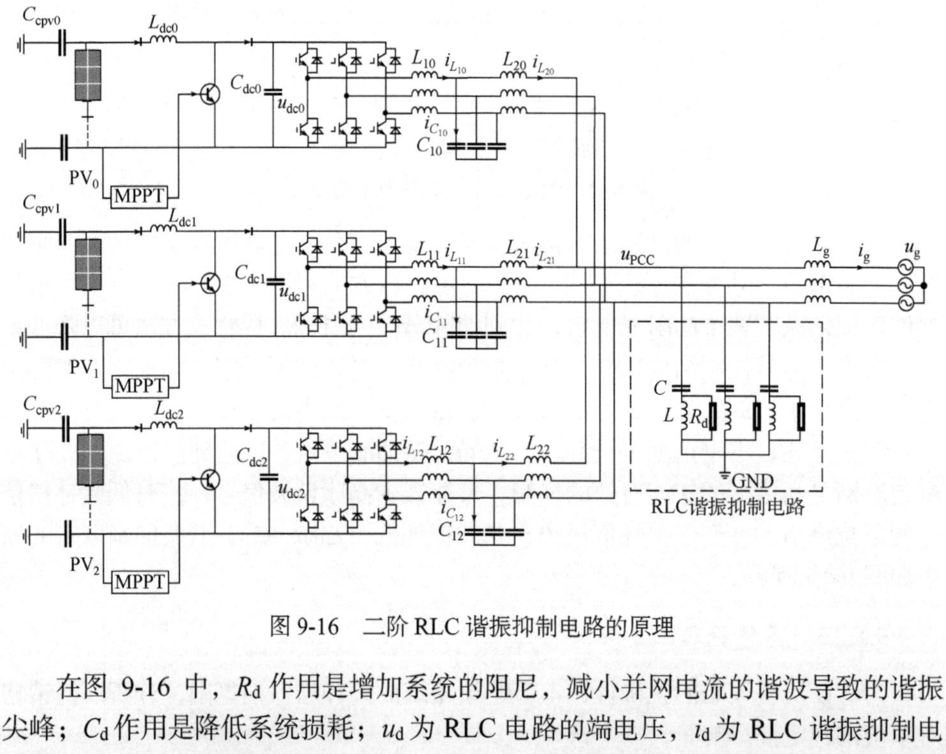

图 9-16　二阶 RLC 谐振抑制电路的原理

在图 9-16 中，R_d 作用是增加系统的阻尼，减小并网电流的谐波导致的谐振尖峰；C_d 作用是降低系统损耗；u_d 为 RLC 电路的端电压，i_d 为 RLC 谐振抑制电路电流。

由式(9-13)得谐振抑制电路的谐振频率为

$$f_g = \frac{1}{2\pi RLC} = \frac{1}{2\pi}\sqrt{\frac{L_{11}+L_{21}+nL_g}{L_{11}\left(L_{21}+nL_g\right)C_1}} \tag{9-14}$$

结合式(9-14)和电路原理，推导出 L、C、R 约束条件为

$$\begin{cases} C = \dfrac{1000\sqrt{3}\mathrm{n}I_g}{2\pi f U_s} \\ L < \dfrac{R}{10\omega} \\ RLC = \sqrt{\dfrac{L_{11}(L_{21}+nL_g)C_1}{L_{11}+L_{21}+nL_g}} \end{cases} \tag{9-15}$$

式中，f=50Hz，ω=2πf。

以三台组串型光伏逆变器并联组成光伏集群系统为例，分析 RLC 型谐振抑制策略对系统控制的稳定性，由图 9-16 得集群系统的数学模型为

$$\begin{cases} u_i = L_{11}\dfrac{\mathrm{d}i_{L_{11}}}{\mathrm{d}t} + u_c, \quad i_g = i_{p1} + i_{p2} + i_{p3} - i_d, \quad u_c = L_{21}\dfrac{\mathrm{d}i_{p1}}{\mathrm{d}t} + u_d \\ u_d = u_g + L_g\dfrac{\mathrm{d}i_g}{\mathrm{d}t}, \quad C_1\dfrac{\mathrm{d}u_c}{\mathrm{d}t} = i_{L_{11}} - i_{p1} \end{cases} \tag{9-16}$$

由式(9-16)可得集群系统控制框图如图 9-17 所示。图中 $G_d(s)$为二阶 RLC 谐振抑制电路等效阻抗拉普拉斯变换，$G_d(s) = 1/(sC) + sLR/(sL+R)$。

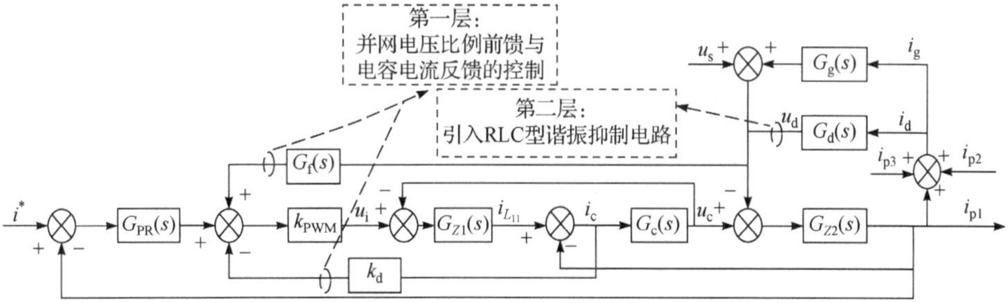

图 9-17　基于混合阻尼的谐振分层抑制策略

由图 9-17 可得加入分层抑制策略前后光伏集群系统并网电流的特性曲线如图 9-18 所示。

图 9-18 中，添加控制策略前，逆变器的谐振峰值为 109dB，并网集群系统的谐振峰值为 131dB。通过电容电流反馈和电网电压前馈控制，逆变器的谐振峰

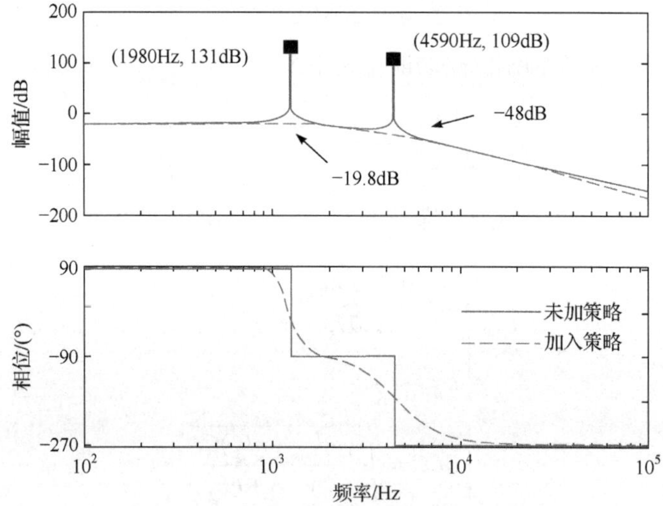

图 9-18　加入分层抑制策略并网电流特性曲线

值降低到−48dB；加入 RLC 二阶谐振抑制电路后，逆变器集群-电网的统并网谐振峰值降至−19.8dB。因此，理论上本书所提策略是正确的和可行的。

为验证该策略在宽范围的电网阻抗变化下，系统拥有较好的稳定裕度，图 9-19 为系统等效开环在不同电网阻抗下的变化曲线。从图(a)可知，未加入谐振抑制策略时，随着电网等效阻抗 L_g 的增加，系统的截止频率和相位裕度逐渐减小，系统的动态性能逐渐变差。但是与图(b)所示加入谐振抑制策略的伯德图相比，系统一直处于稳定状态，说明在加入基于混合阻尼的全局谐振分层抑制策略后系统的稳定性得到了提高。

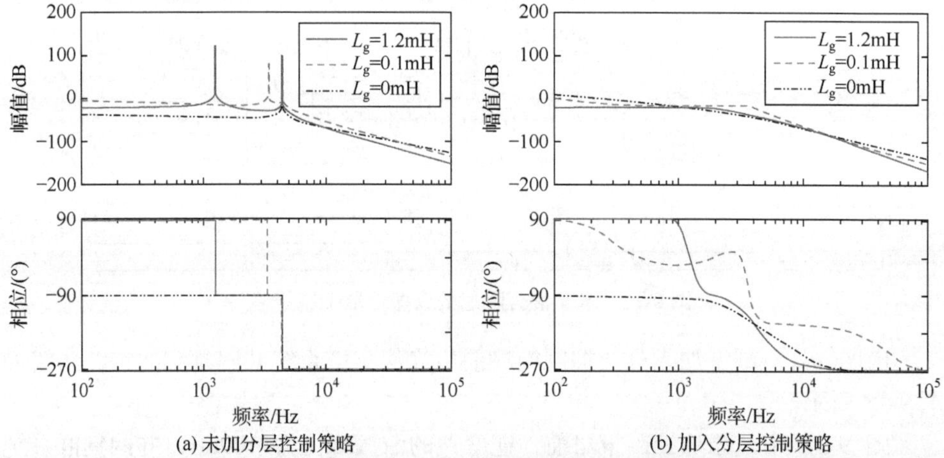

(a) 未加分层控制策略　　(b) 加入分层控制策略

图 9-19　阻抗变化时有无控制策略对比伯德图

9.1.2.4　仿真与实验

1) 仿真分析

为验证基于混合阻尼的光伏逆变器谐振分层抑制策略的正确性和有效性，在仿真软件中搭建 3 台组串型光伏逆变器并联组成的光伏集群并网仿真模型，控制原理如图 9-20 所示，系统所涉及参数见表 9-1，每台逆变器的参数和控制策略相同。

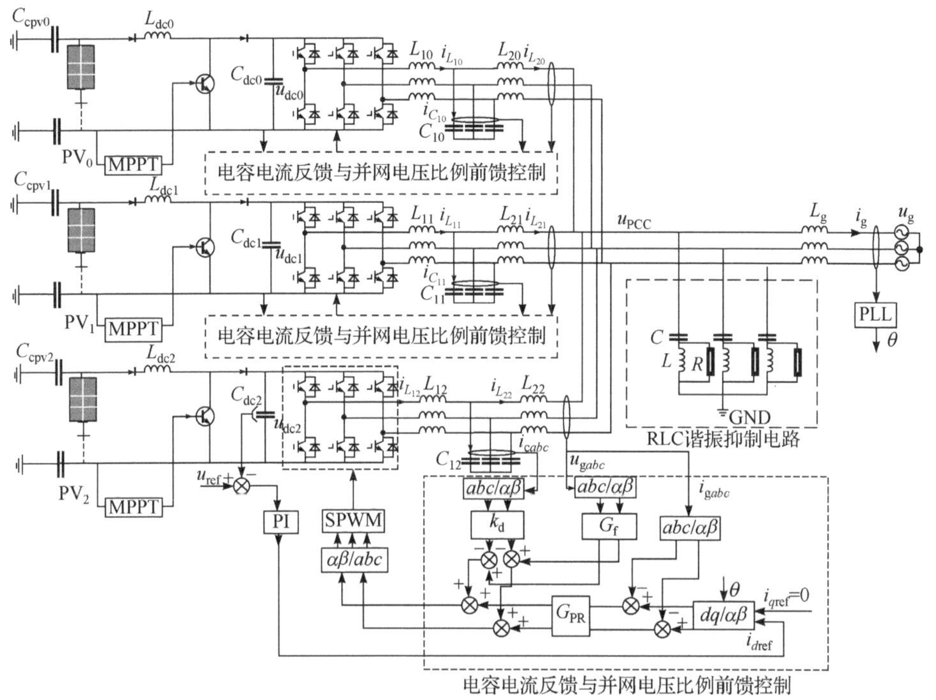

图 9-20　组串型光伏集群并网控制原理图

(1) 控制策略对比分析。

PR 电流调节器的参数如前述表 9-1 所示。R=50Ω，L=0.1mH，C=0.4μF，图 9-21 为传统电容电流反馈并网控制策略与本书所提控制策略的并网电流 FFT 谐波分析图，从图 9-21(a)可以看出，电流波形已发生畸变，并网电流 THD 为 10.54%，其中 39 次谐波(集群并网谐振)和 92 次谐波(逆变器自谐振)含量很高，THD 分别为 3.2%和 3.6%。由图 9-21(b)可见，并网电流 THD 为 1.97%，与传统谐振抑制策略 THD 相比，下降程度高达 81.3%，因此 THD 得到显著抑制，其中 39 次谐波和 92 次谐波分别为 0.05%、0.03%，与传统谐振抑制策略 THD 相比，下降程度分别为 98.44%和 99.17%，说明该策略能够有效地抑制组串型光伏集群逆变器并联系统并网产生的谐振。

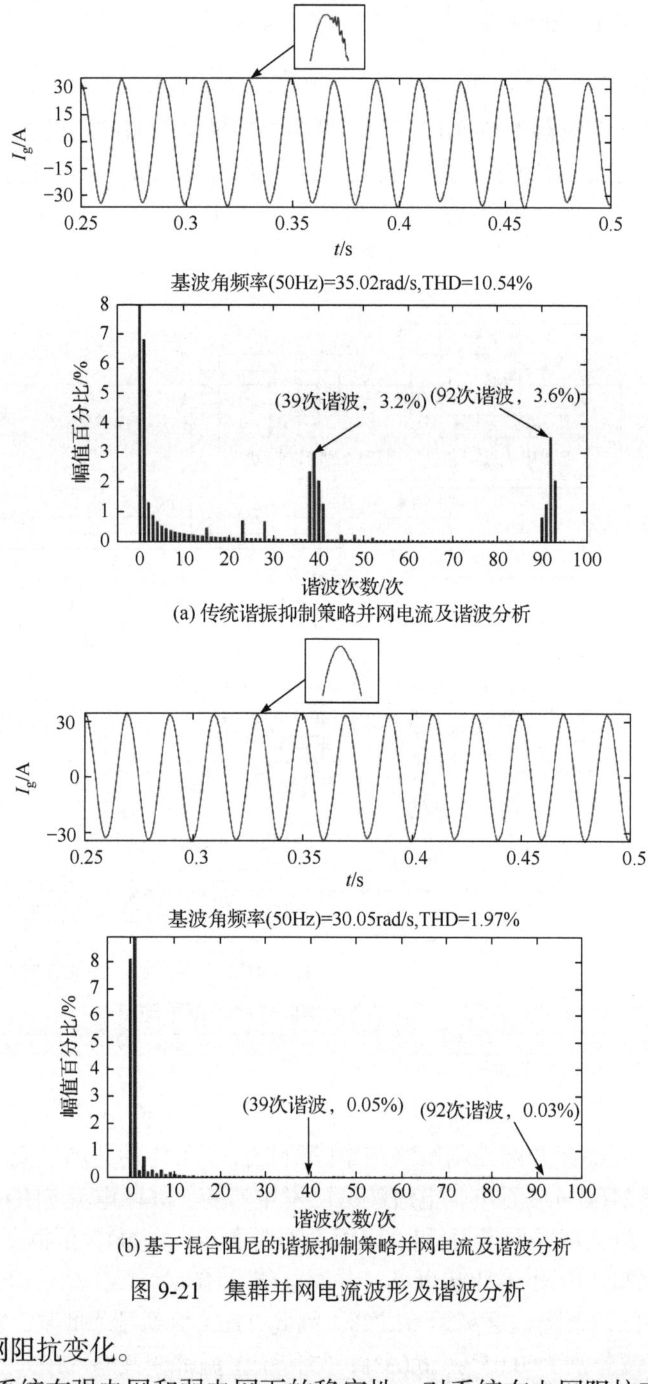

图 9-21　集群并网电流波形及谐波分析

(2) 电网阻抗变化。

为验证系统在强电网和弱电网下的稳定性，对系统在电网阻抗变化下的情况进行仿真，仿真结果如图 9-22、表 9-2 所示。由图 9-22、表 9-2 数据显示，电网阻抗在 0～1.2mH 范围内系统均能稳定运行，与对比方法相比，本书所提控制策略可以有效提高弱电网下集群并网系统的稳定性，证明了该策略的有效性。

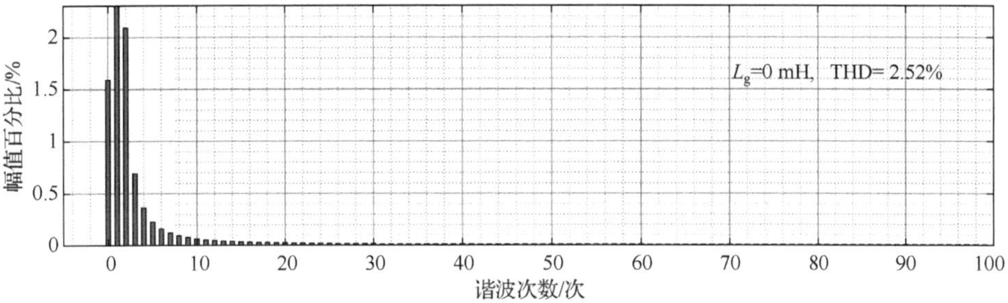

(a) L_g=0mH时并网电流谐波分析

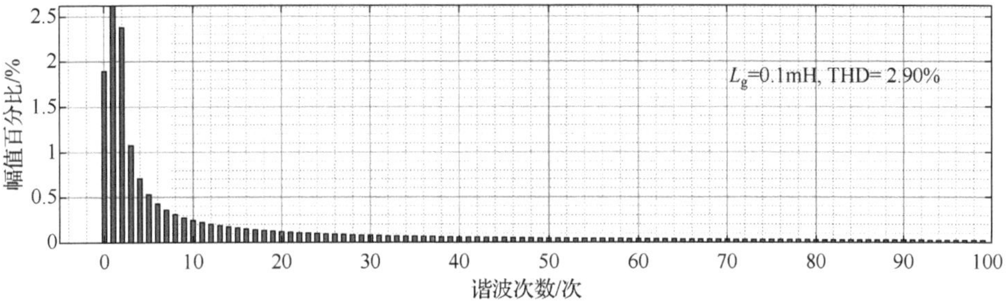

(b) L_g=0.1mH时并网电流谐波分析

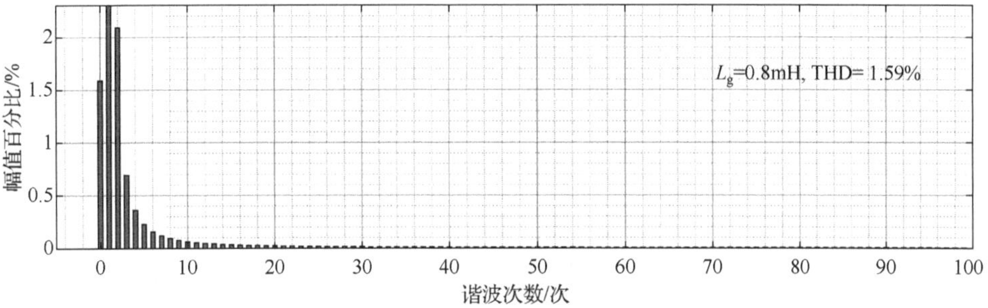

(c) L_g=0.8mH时并网电流谐波分析

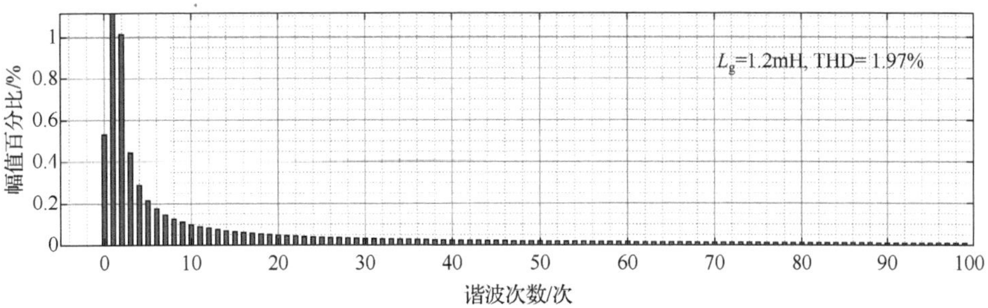

(d) L_g=1.2mH时并网电流谐波分析

图 9-22　分层抑制策略下并网电流谐波分析

表 9-2　仿真结果

电网阻抗 L_g / mH	运行工况		THD 下降程度/%
	未加控制策略 THD/%	加入控制策略 THD/%	
1.2	10.54	1.97	81.3
0.8	11.66	1.59	86.4
0.1	12.84	2.90	77.4
0	13.41	2.52	81.2

2) 实验分析

为验证本章所提谐振抑制策略的有效性，在实验室基于研旭 YXSPACE-SP6000 实时仿真机搭建了三台组串型光伏逆变器并联组成的集群系统，系统结构如图 9-23 所示。实验中逆变器参数如表 9-2 所示。

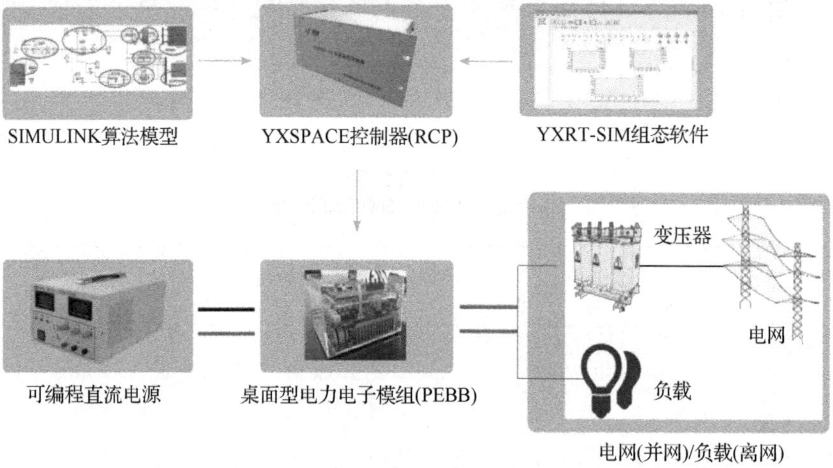

图 9-23　系统结构图

控制策略加入前后并网实验波形图如图 9-24 所示。比较图中加入全局谐振抑制策略前后电流电压波形结果可知，未加策略前，系统发生谐振，并网电压含有大量谐波，并网电流畸变率较大；加入本章所提策略有效抑制了谐振点附近的谐波，并网电压接近正弦，提升了电压的质量，明显减小了电流的畸变率。验证了本章所提谐振抑制策略的有效性。

9.1.3　小结

9.1 节针对组串型光伏集群逆变器并联系统并网谐振问题，分析了谐振产生机理，提出一种基于混合阻尼的组串型光伏集群逆变器并网全局谐振抑制策略。并进行仿真试验，得到以下结论：采用电容电流反馈和电网电压比例前馈的控制

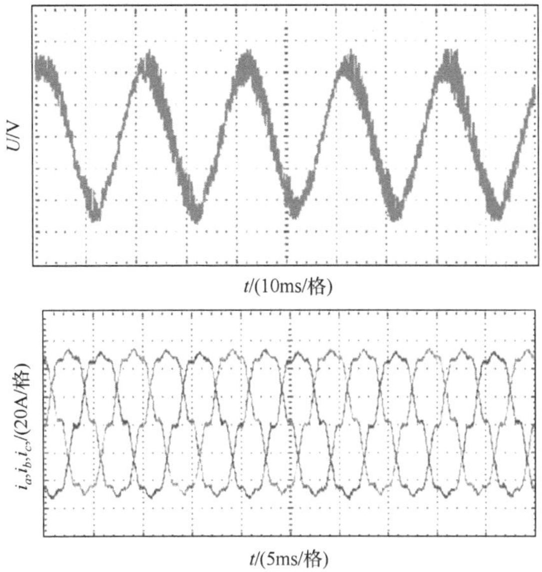

(a) 未加谐振抑制策略并网电压及电流波形

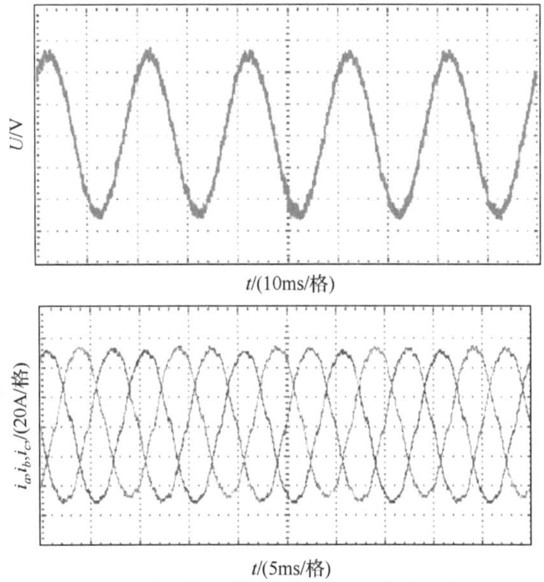

(b) 加谐振抑制策略并网电压及电流波形

图 9-24　加策略前后并网实验波形分析

方法，可以有效地抑制逆变器本身的谐振，有效地提高逆变器控制系统的稳定性，抑制谐振的发生。而且不需要额外的硬件设备，这是可行的，可以取代无源阻尼。但其受电网阻抗变化影响较大，需对其加以改进，以提高系统的稳定性。二阶 RLC 抑制电路具有基频损耗低、抑制效果好等优点，可有效抑制光伏逆变器并联产生的谐振，但依旧存在能量损耗、体积增加和成本较高。本章所提出的全局谐振分层抑制策略，有效抑制谐波电流的输出，仿真和实验结果表明，加入全局谐振抑制策略后并网电流波形的 THD 从 10.54%下降到 1.97%，进而抑制了谐振现象的发生，验证了策略的正确性和有效性。

9.2 基于虚拟阻抗的光伏逆变器谐振分层抑制策略

为解决无源阻尼引入的系统损耗、体积和成本增大问题，进一步提高系统在弱网环境下的稳定性，提出了一种基于虚拟阻抗的光伏逆变器谐振分层抑制策略。第一层，在 LCL 滤波器滤波电容并联虚拟电阻+电容，增加了逆变器本体阻尼，抑制逆变器和逆变器集群之间谐振；第二层，引入 PCC 电压前馈和等效虚拟电感，抑制光伏集群与电网之间的谐振。从而实现协同优化并网电流，有效降低硬件成本和功耗，抑制集群并网谐振，仿真与实验验证了该策略的有效性与可行性。

9.2.1 基于混合阻尼的谐振分层抑制策略的局限性

三相组串型光伏并网逆变器集群控制策略框图如图 9-25 所示。图中，系统由多个组串型光伏并网逆变器并联组成，逆变器输出电流在公共耦合点汇集流入电网。每一套光伏并网系统由 5 部分组成，即光伏板、升压电路、逆变器、滤波器、

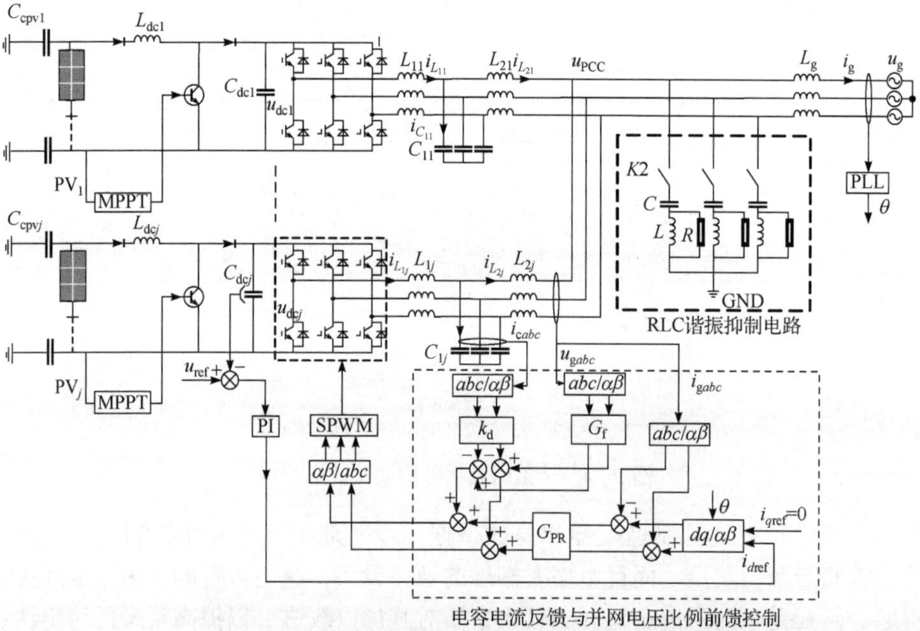

图 9-25 三相组串型光伏并网逆变器集群控制策略框图

弱电网；PV_j(j=1，2，3，…，n，n 为并联台数)为第 j 个组串型光伏阵列；MPPT 是光伏阵列中最大功率点跟踪模块；直流侧电感 L_{dcj}、稳压电容 C_{dcj}、二极管、三极管构成的 DC/DC 变换器和 DC/AC 变换器构成两级式变换器[72]；u_j 为第 j 台逆变器输出电压；i_{ipj} 为第 j 台逆变器并网电流；u_{PCC} 为公共耦合点电压；C_{cpvj} 为第 j 个光伏电池板对地寄生电容；Z_g 为弱电网阻抗；u_g 为电网电压；$i_{L_{1j}}$、$i_{L_{2j}}$、i_g 分别代表逆变器输出侧电感电流、并网侧电感电流及并网电流；$R_{L_{1j}}$、$R_{L_{2j}}$ 为滤波电感的寄生电阻；C_j 为滤波电容；u_c 为电容电压。

以图 9-25 中前 3 台并网逆变器并联系统为集群，基于混合阻尼的谐振分层抑制策略，一方面增加了 RLC 型全局二阶谐振抑制电路，虽然能抑制光伏逆变器并联产生的谐振，但存在能量损耗。另一方面在光伏并网逆变器电流环控制中加入了电阻元件，虽能有效地提高系统阻尼并改善电网的稳定性能，但仍然存在能量损耗但、体积增加和成本较高问题。因此，本章提出一种基于虚拟阻抗控制的方法来减小弱电网对电力系统运行带来的负面影响。为检验该控制策略的谐振抑制效果，并假定弱电网是纯感性的，用 L_g 表示。在不考虑引入无源阻尼和解耦时静止坐标下电流环的传统控制结构框图如图 9-26 所示。

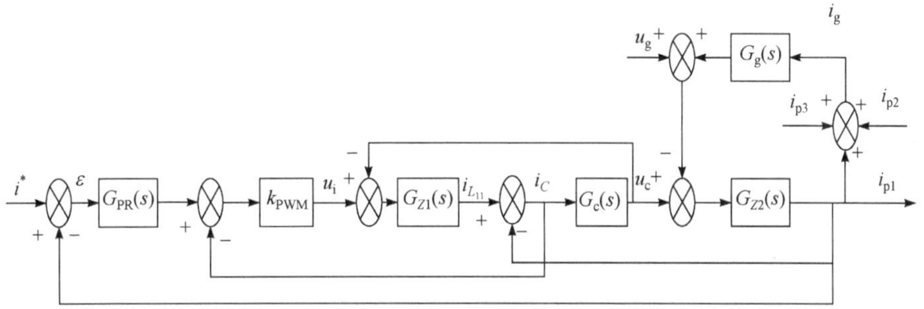

图 9-26　组串型光伏集群传统控制框图

图 9-26 中，控制系统的电流环开环传递函数可表示为

$$
\begin{aligned}
G_{\varepsilon}^{i_{p1}}(s) = & G_{Z1}(s)G_{Z2}(s)G_{PR}(s)/[\,G_{Z1}(s)G_c(s)+G_{Z2}(s)G_c(s)+G_{Z1}(s)G_{Z2}(s) \\
& \cdot G_c(s)+G_{Z1}(s)G_{Z2}(s)G_g(s)+G_{Z2}(s)G_g(s)+G_{Z1}(s)G_{Z2}(s)G_c(s)G_g(s)+1]
\end{aligned}
\tag{9-17}
$$

式中

$$
\begin{cases}
G_{Z1}(s)=\dfrac{1}{sL_{11}}, \quad G_c(s)=\dfrac{1}{sC_1} \\
G_g(s)=\dfrac{1}{sL_g}, \quad G_{Z2}(s)=\dfrac{1}{sL_{21}} \\
G_c(s)=k_p+\sum\limits_{h=1,5,7}\dfrac{2\omega_c k_r s}{s^2+2\omega_c s+(h\omega_1)^2}
\end{cases}
\tag{9-18}
$$

式中，ω_1、k_p、ω_c、k_r 分别代表谐振角频率、比例增益、控制器带宽及广义积分系数。

由式(9-17)结合式(9-9)可得图 9-27 逆变器并联台数和电网阻抗与谐振频率关系曲线。图中，当组串型光伏逆变器并联并网系统中逆变器数量一定时，其本身谐振和并联谐振现象是由其本身和逆变器间交互引起的，而串联谐振则是由多个逆变器和电网的阻抗引起的谐振。在电网背景谐波下，随着电网阻抗的增加，即 L_g=1mH、1.5mH 和 2mH 时，谐振峰点会向低频方向移动，而逆变器和逆变器之间的谐振峰不变，导致系统的稳定性降低。

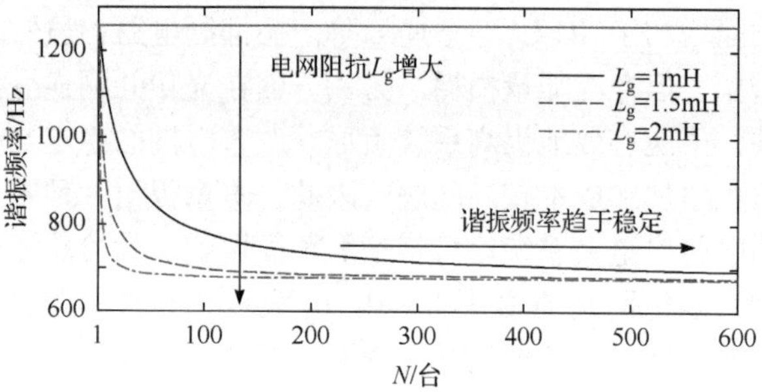

图 9-27 逆变器并联台数与谐振频率及电网阻抗关系曲线

9.2.2 基于虚拟阻抗的谐振分层抑制策略

针对上述分析，为了进一步改善系统的稳定性，减少系统的损耗和费用，本章提出一种基于虚拟阻抗实现光伏集群逆变器分层谐振抑制的策略。第一层，在 LCL 滤波器滤波电容并联虚拟电阻+电容，增加逆变器自身阻尼，抑制逆变器和逆变器并联谐振；第二层，引入 PCC 电压前馈通道和等效虚拟电感，实现线路阻抗的重塑，抑制逆变器集群与电网之间的串联谐振。从而达到分层协同优化并网电流，抑制集群并网谐振，快速实现系统整体振荡最小目标。

9.2.2.1 第一层引入虚拟电阻+电容

并网逆变器的谐振和并联谐振是由逆变器本身和逆变器本身构成的，因此谐振可以通过对逆变器内部信号量的反馈来抑制，并通过构造一个虚拟电阻+电容的有源阻尼系统来实现。

图 9-28 为引入虚拟阻抗+电容的等效控制结构图。

从图 9-28 中可得逆变器输出电压 u_{inv} 至电网电流 i_g 的传递函数为

$$G_{LCL}(s)=(R_{ad}C_{ad}s+1)/[s^4L_1(L_2+L_g)CR_{ad}C_{ad}+s^3(L_2+L_g)(C+C_{ad})+s^2R_{ad}C_{ad}(L_1+L_2+L_g)+(L_1+L_2+L_g)s] \tag{9-19}$$

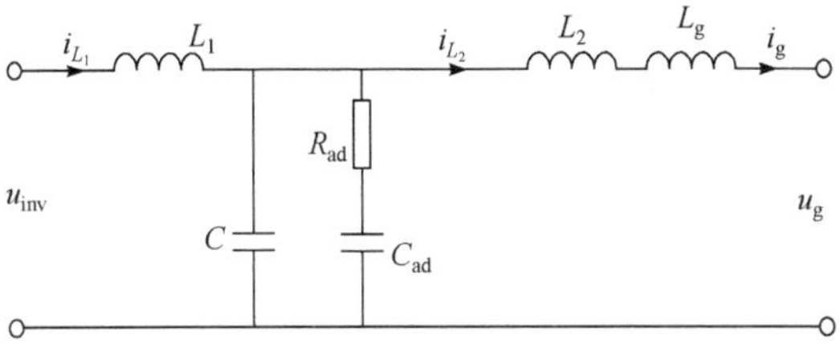

图 9-28　虚拟电阻+电容等效控制框图

图 9-29 为在弱电网条件下虚拟电阻+电容有源阻尼法与无源阻尼法伯德图。通过对两种阻尼方法的比较，提出的虚拟电阻+电容策略可以有效抑制并网逆变器本体及逆变器集群之间的谐振。

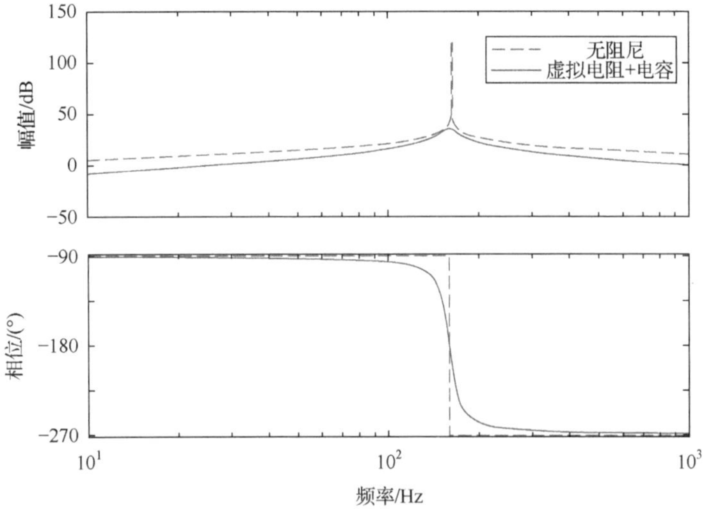

图 9-29　光伏集群逆变器谐振分层抑制策略

如图 9-29 所示，流过虚拟电阻和电容支路的电流在 s 域可表示为

$$I_{ad}(\mathrm{s}) = \frac{sC_{ad}}{sR_{ad}C_{ad}+1}u_c \tag{9-20}$$

式中，u_c 为并网逆变器滤波电容电压。

令 K_{ad}=1/R_{ad}、T_{ad}=$R_{ad}C_{ad}$，则式(9-20)可表示为

$$I_{ad}(s) = K_{ad}\frac{sT_{ad}}{sT_{ad}+1}u_c \tag{9-21}$$

式中，K_{ad}、T_{ad} 可分别表示为高阶滤波器的比例系数和滤波时间常数。

通过 K_{ad}、T_{ad} 即可改变滤波器谐振抑制阻尼。由式(9-21)可知，三相 LCL 型滤波器谐振的有源阻尼信号可由滤波器的电容电压通过高阶滤波器得到。在考虑

三相组串型光伏逆变器并网控制策略的情况下，必须对逆变器的滤波电容电压进行采样。传统方法是通过串联或并联多个滤波器来实现，但存在着开关频率较高、体积大等缺点。而并联虚拟电阻+电容可有效地抑制谐波电流，同时可以减小系统损耗且不需要增加传感器，降低逆变器的成本，提高逆变器可靠性。

9.2.2.2 第二层引入等效虚拟电感

由于多并网逆变器并联和电网阻抗的串联谐振是由于网络阻抗耦合而引起的，所以利用前馈网络和逆变器的 PCC 反馈信号，构造等值的虚电感阻尼，从而实现了对串联谐振的抑制。

从控制的角度来看，电网的阻抗在整个频带内没有衰减响应，因此相位角裕度由于附加正反馈电路中的微分项(实际上是电网的感应阻抗，暂不考虑其物理意义)而大大降低。微分项不仅引入了噪声问题，而且在实际应用中也很难实现[138-140]。因而，有学者建议将微分项改为积分传递函数。本节首先对理想和不理想的广义积分器进行了详细的介绍，并对其从理论分析上证明了在某些情况下，非理想广义积分器是可以直接代替微分的。

理想的广义积分器具有无限增益点，其存在着一定的噪声问题。非理想的广义积分器没有无限增益点。因此，采用了不理想的广义积分等价替换。给出了传递函数，并通过伯德图分析其特点，具体如下。

理想的广义积分器传递函数为

$$G_1(s)=\frac{s\omega''}{s^2+\omega\omega''^2} \tag{9-22}$$

式中，ω'' 是无穷大增益点的频率。

令式(9-22)中 $s=\mathrm{j}\omega$。当 $\omega\ll\omega''$ 时，分离幅值相位，式(9-22)可以化简为

$$\begin{cases}\left|G_1(\mathrm{j}\omega)\right|=\dfrac{\omega}{\omega''^2-\omega^2}\\ \angle G_1(\mathrm{j}\omega)=\mathrm{sgn}\left(\omega''^2-\omega^2\right)\cdot 90^\circ\end{cases} \tag{9-23}$$

非理想的广义积分器传递函数为

$$G_2(s)=\frac{s\omega''^2}{s^2+\omega_\mathrm{c}s+\omega''^2} \tag{9-24}$$

式中，ω_c 为截止频率。

图 9-30 为理想广义积分器和非理想广义积分器幅频特性曲线。

从图 9-30 中可以看出，理想广义积分器在当 $\omega\ll\omega''$ 时，对理想微分函数进行了很好的模拟，但在 ω'' 处增益结果是无穷大的，所以无穷增益问题可以用离散化的方法解决。非理想广义积分器可以很好地模拟理想的微分函数，其不存在

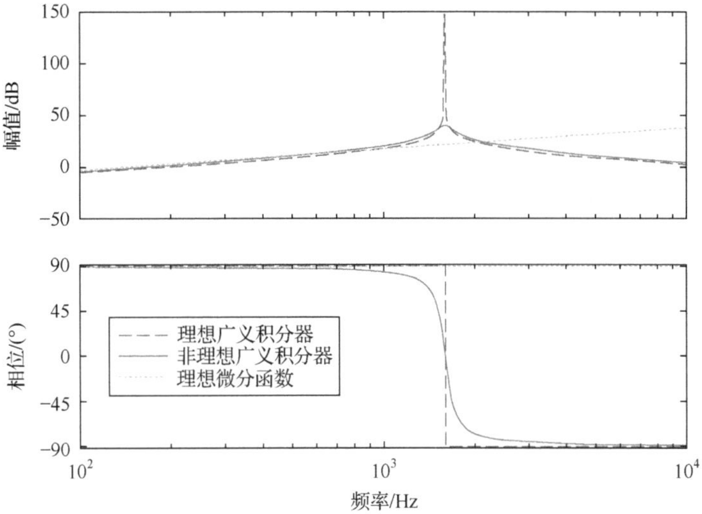

图 9-30　广义积分器频率响应图

无穷大增益问题，可通过设置 ω_c 来调节 ω'' 处的增益。然而，ω_c 的存在并不能完全消除非理想的广义积分器与理想的广义积分器之间的相位差。因此，在进行积分变换时可以通过选择最小化 ω_c 来保证两者之间具有较小的相对误差。当 ω_c 趋于零时，非理想广义积分器就能成为理想广义积分器，所以 ω_c 的取值不能太小。

通过引入对电网阻抗具有全通性阻抗的正反馈回路，PCC 电压比例前馈控制降低了系统的稳定性。图 9-30 显示了非理想的广义积分器的频率特性与虚拟电感相似，利用等效虚拟电感能达到低频全通和中高频衰减的效果，在全频段中，正反馈环路的电感会发生变化。

为此，本节提出的等效虚拟电感可以实现低频增益不变和中高频的衰减，抑制集群和电网之间因宽范围的电网阻抗引起的谐振，提高系统的稳定性。本章所提等效虚拟电感表达式为

$$G_h(s)=\frac{s\omega^2}{s^2+\omega_c s+\omega^2} \tag{9-25}$$

式中，ω、ω_c 分别表示无穷大增益点对应的频率及其截止频率。

9.2.2.3　系统稳定性分析

为验证所提策略的正确性，本节基于系统的开环增益伯德图，对比分析传统控制策略与本章所提控制策略对系统稳定性的影响。

光伏集群逆变器谐振分层抑制策略如图 9-31 所示。

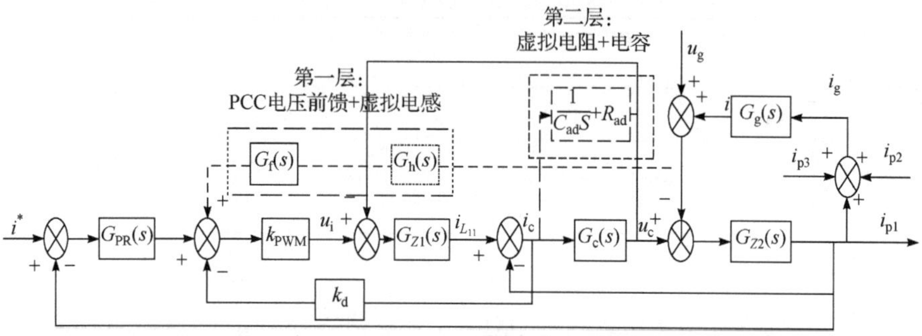

图 9-31　光伏集群逆变器谐振分层抑制策略

图9-31中，$G_f(s)$为比例反馈系数，一般取值为$1/k_{PWM}$，结合式(9-21)、式(9-25)和图 9-31 可得系统的传递函数为

$$
\begin{aligned}
G_{iref}^{i_{p1}}(S) = {} & (R_aC_as+1)k_{PWM}G_{PR}(s)/[G_{Z1}(s)(G_{Z2}(s)+G_g(s))R_aC_aG_c(s)s \\
& +G_{Z1}(s)(G_{Z2}(s)+G_g(s))(G_c(s)+C_as)+R_aC_a(G_{Z1}(s)+G_{Z2}(s)+G_g(s))s \\
& +(G_{Z1}(s)+G_{Z2}(s)+G_g(s))-G_g(s)G_h(s)]
\end{aligned}
\tag{9-26}
$$

图 9-32 为基于虚拟阻抗的谐振分层抑制策略伯德图。

由图 9-32(a)可知，采用传统电容电流反馈控制策略时，随着电网阻抗在 0～2mH 范围内变化时，系统出现谐振，稳定性降低；图 9-32(b)中采用分层抑制策略时抑制了系统谐振尖峰，同时使得系统有足够高的低频增益和高频谐波衰减能力。随着电网阻抗从 0～2mH 的增大时，系统仍处于稳定状态。

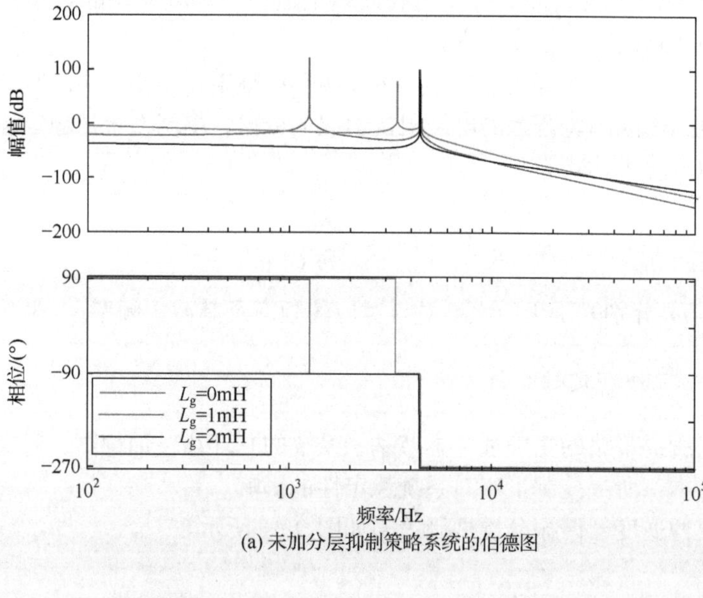

(a) 未加分层抑制策略系统的伯德图

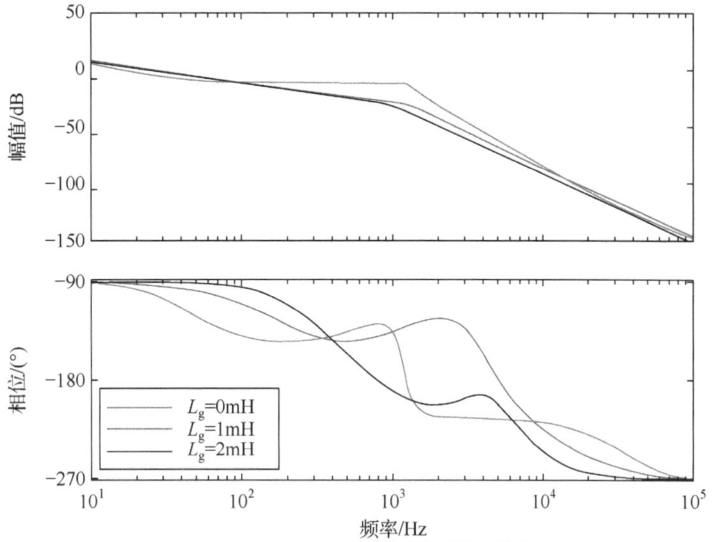

(b) 加谐振分层抑制策略系统的伯德图

图 9-32　分层抑制策略伯德图

图 9-33 为基于虚拟阻抗的谐振分层抑制策略的零极点图。

从图 9-33(a)可知，传统的控制策略随着电网感性阻抗增大，有一对向左半平面运动的共轭极点，并穿越至左半平面，系统处于不稳定状态；图 9-33(b)中采用了所提策略，当电网感性阻抗在一个合理的范围内增加时，一对极点在左半平面上缓慢地运动，但保持在右半平面，表明系统仍然稳定，系统的稳定性明显提高。因此，本章所提策略理论上是正确的。

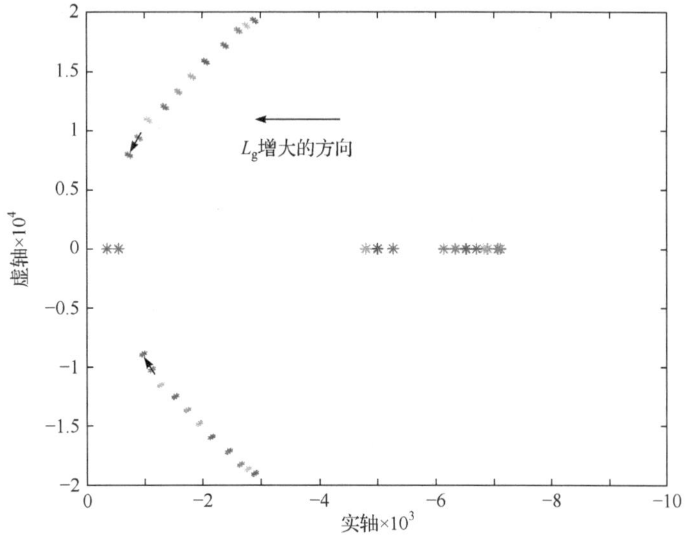

(a) 未加谐振分层抑制策略

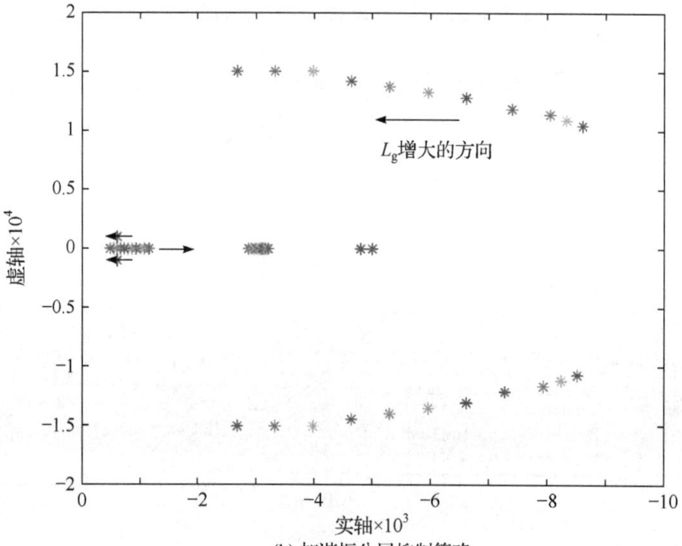

(b) 加谐振分层抑制策略

图 9-33 分层抑制策略零极点图

与 9.1.2 节提出的基于混合阻尼的逆变器谐振分层抑制策略相比，本节所提出的策略在宽范围的电网阻抗变化下具有更好的适应性，进一步提高了系统的稳定性。

9.2.2.4 仿真与实验

1) 仿真分析

为验证本章所提基于虚拟阻抗的光伏逆变器谐振分层抑制策略理论分析的正确性，通过仿真软件搭建三台组串型并联逆变器集群系统仿真模型，控制框图如图 9-34 所示。系统所涉及参数为：U_{dc}=750V；L_2=0.2mH；电网电压频为 50Hz；u_g=380V；L_1=1.5mH；L_g=2.5mH；C=8μF；开关频率为 10kHz；ω=1200rad/s；ω_{c1}=500rad/s；C_{ad}=50μF；R_{ad}=10Ω。PR 电流调节器参数：k_p=163.5；k_{r5}=150；ω_{c2}=6.28rad/s；k_{r7}=10；k_{r1}=360；k_{r9}=10；k_{r3}=210；k_{r11}=10。每台逆变器的参数和控制策略相同。

图 9-35 给出传统电容电流反馈控制策略和本章所提控制策略并网电流的 FFT 分析图。从图中可得，采用谐振分层抑制策略后并网电流的 THD 从 4.43%降到 0.17%，下降程度高达 96.2%，效果显著。结果表明，该策略对光伏集群并网时的谐振抑制效果明显，验证了所提控制策略的有效性。

2) 实验分析

为验证本章所提控制策略的可行性，按照图 9-23 结构基于远宽 MT1000 电力电子实时控制器搭建了三台组串型光伏并网逆变器并联组成的光伏集群并网系统。实验中参数如表 9-1 所示，半实物仿真实验结构图如图 9-36 所示。

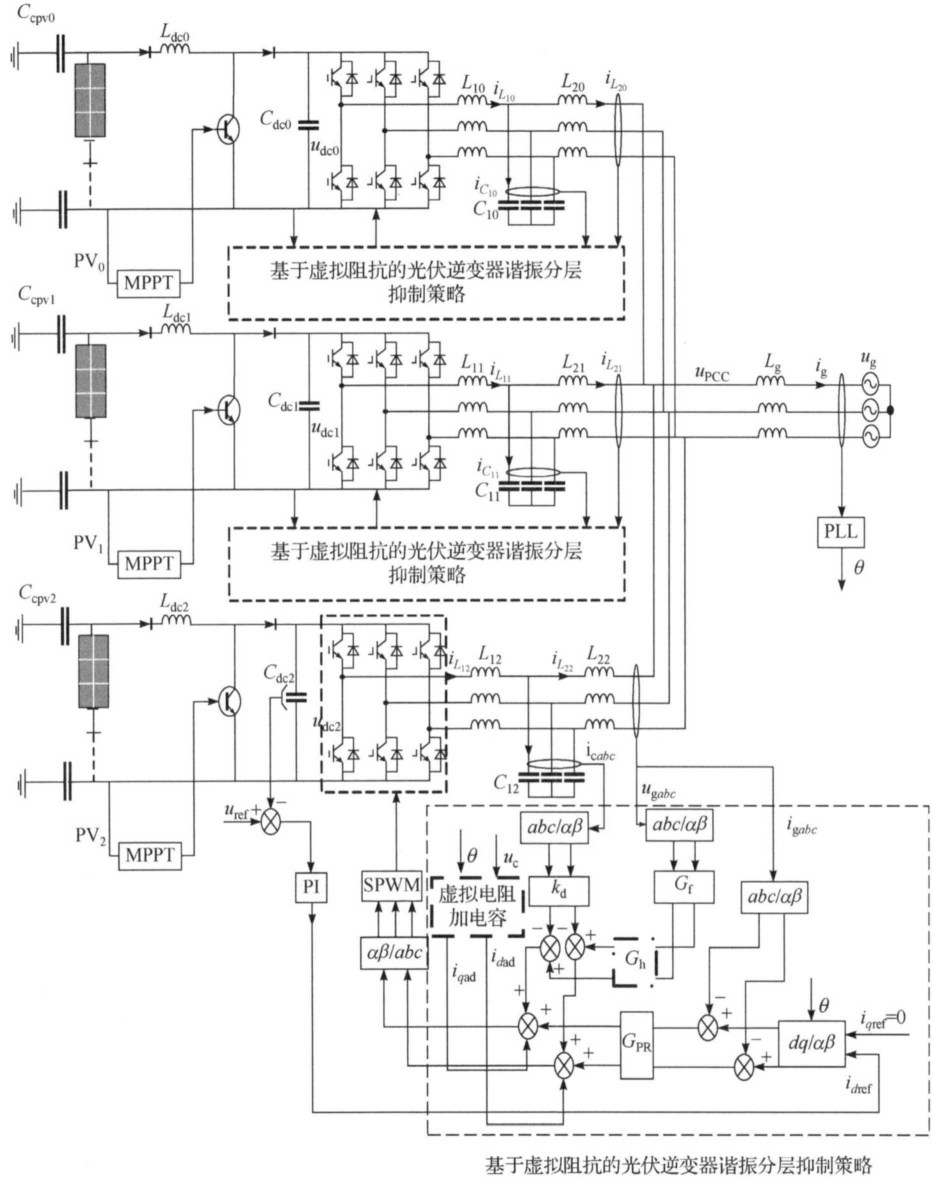

图 9-34　基于虚拟阻抗的光伏逆变器谐振分层抑制策略框图

图 9-37 给出了系统分别采用传统控制策略与谐振分层抑制策略并网电流实验波形。图 9-37(a)为采用传统电容电流反馈并网控制策略时系统并网电流波形，

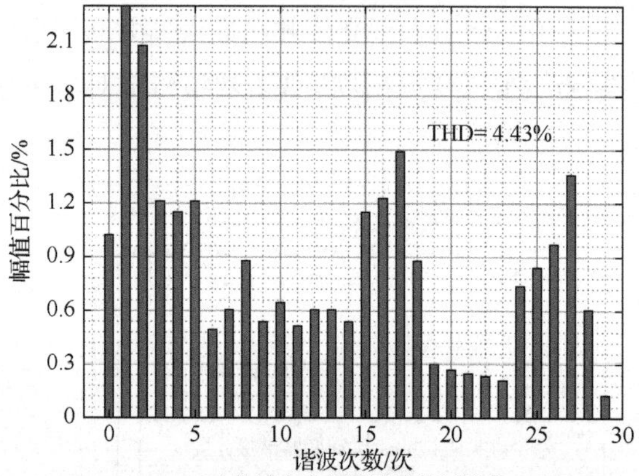

(a) 传统电容电流反馈控制策略

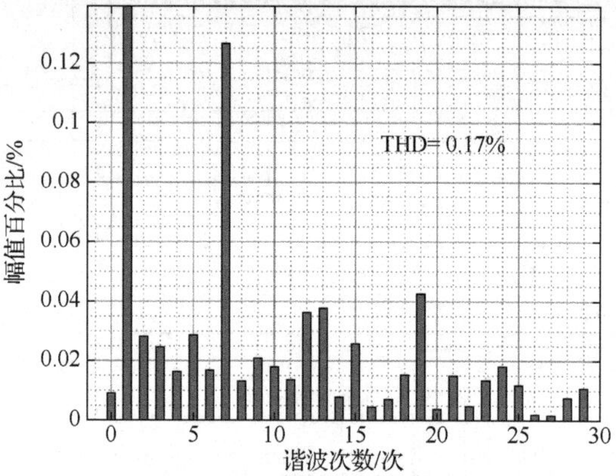

(b) 谐振分层抑制策略

图 9-35 并网电流 FFT 分析图

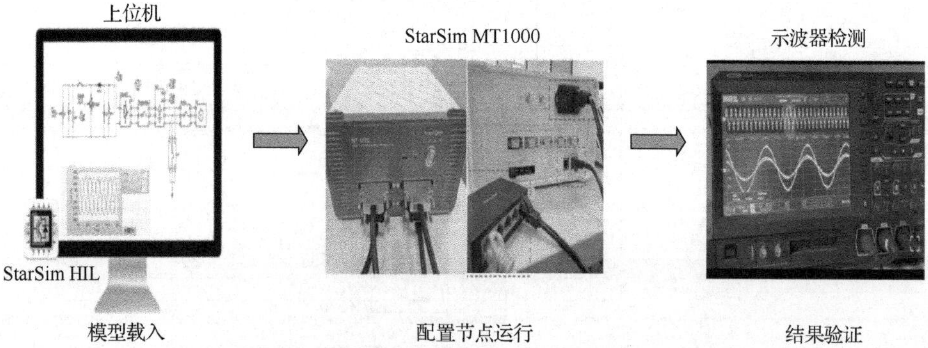

图 9-36 基于远宽 MT1000 半实物仿真图

可知并网电流谐波含量较大，系统不稳定；图 9-37(b)中采用基于虚拟阻抗的谐振分层抑制策略，对比可知并网电流谐波含量少，波形为正弦波，有较好的电能质量。

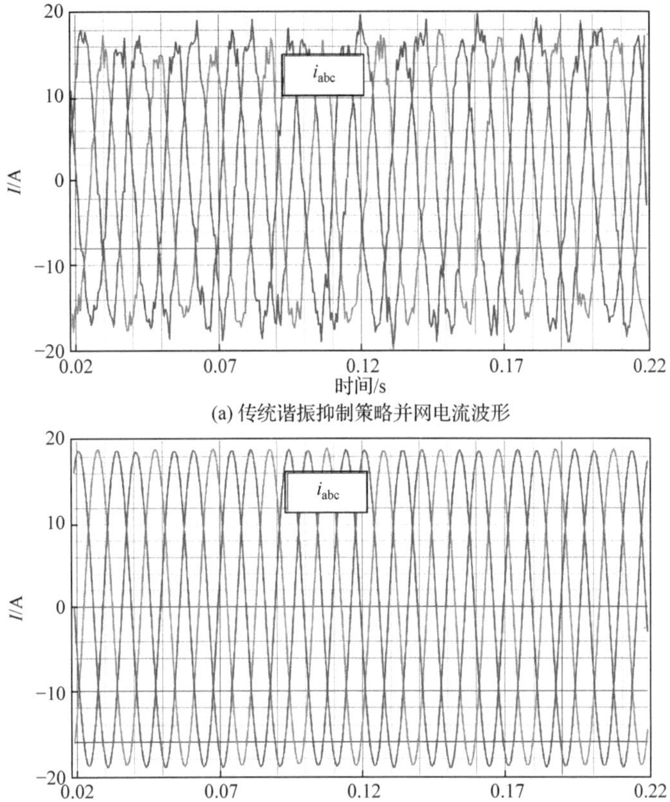

(a) 传统谐振抑制策略并网电流波形

(b) 分层谐振抑制策略并网电流波形

图 9-37　并网电流实验波形图

考虑电网阻抗在实际并网环境中的波动，在电网阻抗值从 2mH 下降至 1mH 时对系统的系统动态性能进行了验证。与传统控制策略对比，实验波形如图 9-38、图 9-39 所示。由图 9-38(a)、图 9-39(a)可知，传统谐振分层抑制策略

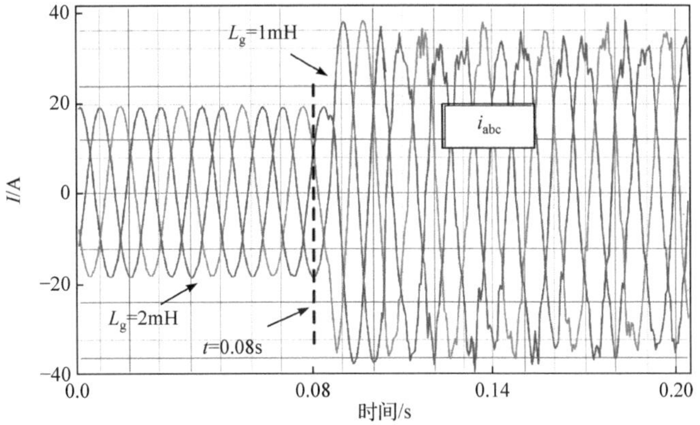

(a) 传统谐振抑制策略

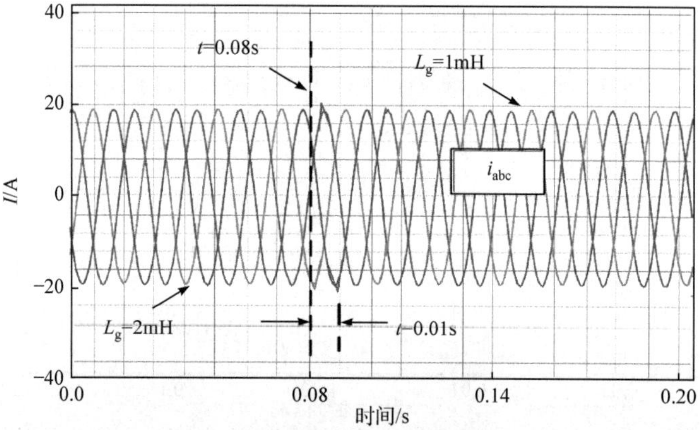

(b) 加分层谐振抑制策略

图 9-38　时变系统并网电流实验波形图

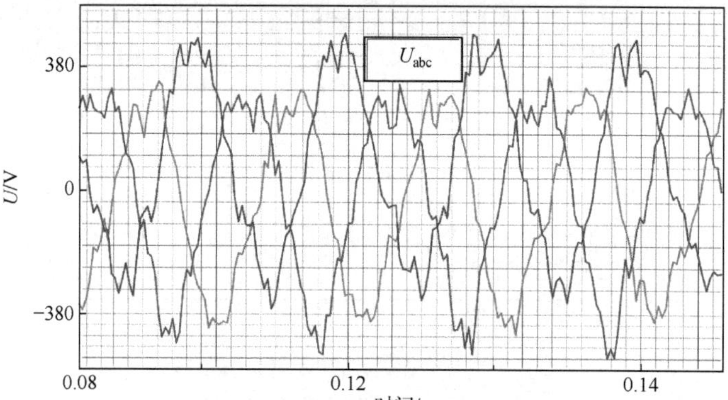

(a) 传统谐振抑制策略

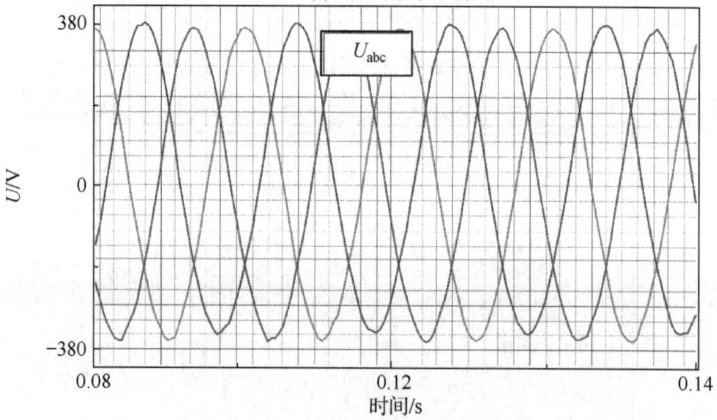

(b) 采用分层谐振抑制策略

图 9-39　时变系统并网电压实验波形图

的系统并网电流在 0.08s 后发生波动，系统不能稳定运行，且电压波形发生畸变；而图 9-38(b)、图 9-39(b)中加入谐振分层抑制策略，0.08s 后并网电流在 0.01s 内经过短暂波动后稳定下来，并网电压波形为正弦波，系统稳态运行。由图 9-37、图 9-38、图 9-39 的试验结果对比可知，采用分层抑制策略后，组串型光伏并网系统的并网电流品质有了显著提高，并网电流 THD 显著下降，满足了并网要求，进一步验证了本章所提谐振抑制策略的可行性。

9.2.3　小结

9.2 节构建光伏逆变器-光伏逆变器集群-电网两层协同控制结构，提出了一种基于虚拟阻抗的光伏集群逆变器谐振分层抑制策略，并进行仿真和实验验证，得出以下结论：采用谐振分层抑制策略，通过在 LCL 滤波器滤波电容并联虚拟电阻+电容，与实际阻尼相比有效降低硬件成本和功耗；在电网阻抗变化时提高了系统的稳定性，仿真与试验结果表明，本章理论分析正确，控制策略可行，增强了系统的鲁棒性，因而在光伏发电领域有较好的应用前景。

第 10 章　LCL 光伏并网逆变器谐振相位补偿控制策略

首先，针对电网电压谐波与电网阻抗变化使 LCL 光伏并网逆变器系统的稳定性受到破坏的问题，提出基于电网电压前馈的超前相位补偿控制策略。引入加权系数及超前补偿环节补偿系统的相位滞后，并通过设计合理的参数，提高系统在全频段的相位。其次，针对逆变器输出阻抗与传输线阻抗幅频特性曲线交互使并网逆变器系统中出现的多谐振点问题，提出基于准比例谐振的协调相位补偿控制策略。同时考虑到电网电压背景谐波分量会使交互谐振点处谐波振荡放大问题，结合电网电压比例前馈控制构成协调相位补偿控制策略，提高逆变器输出阻抗的相位裕度，对并网电流中的主要低次谐波进行抑制。最后，进行仿真试验，验证了所提出谐振抑制策略的有效性。

10.1　并网逆变器单交互谐振超前相位补偿控制策略

10.1.1　电网电压前馈控制输出阻抗分析

由第 9 章的分析可以清楚地看到电网阻抗 Z_g 以及电网电压 u_g 对并网电流均产生了影响，逆变器输出阻抗 Z_o 与电网阻抗 Z_g 的幅频特性曲线存在的交点会使系统发生单谐振问题，而电网电压的背景谐波会造成到并网电流与其基准值之间的稳态误差。为使系统保持良好的稳定性，可采用有效的控制策略提高输出阻抗 Z_o 的幅值裕度和相位裕度，如图 10-1 所示加入电网电压前馈环节 G_f 来抑制电压的扰动作用。

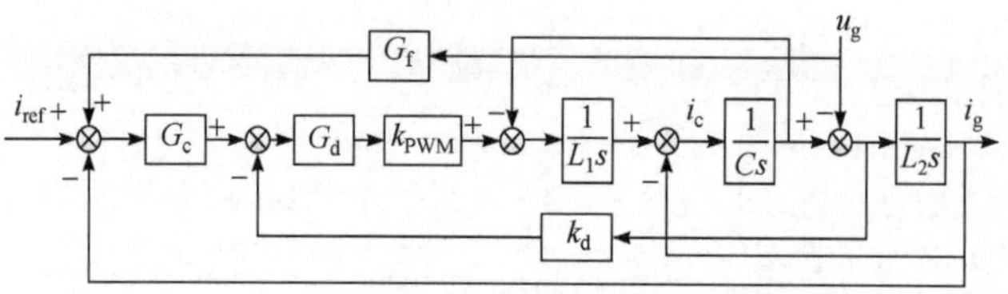

图 10-1　加入电网电压前馈的控制框图

图 10-1 进行等效变换可得到电网电压前馈等效框图如图 10-2 所示。

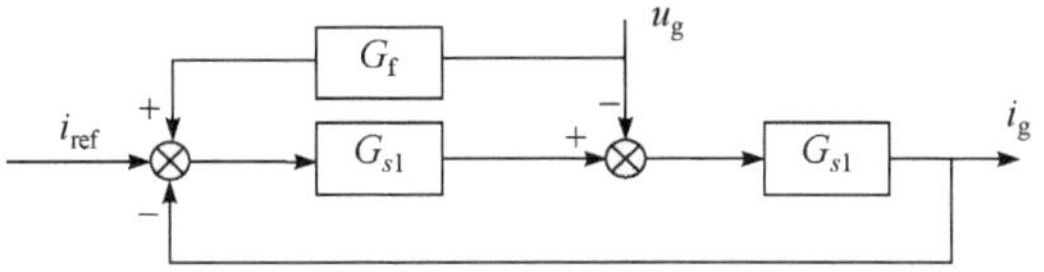

图 10-2　电网电压前馈等效框图

由图 10-2 可得并网电流 i_g 表达式为

$$i_g = \frac{G_{s1}G_{s2}}{1+G_{s1}G_{s2}} i_{ref} - \frac{G_{s1}G_{s2}}{1+G_{s1}G_{s2}} \left(G_f - \frac{1}{G_{s1}} \right) u_g \tag{10-1}$$

式中

$$G_{s1} = \frac{k_{PWM} G_d G_c}{1 + sCk_{PWM}k_d G_d + s^2 L_1 C} \tag{10-2}$$

$$G_{s2} = \frac{1 + sCk_{PWM}k_d G_d + s^2 L_1 C}{s(L_1 + L_2) + s^2 L_2 C k_{PWM} k_d G_d + s^3 L_1 L_2 C} \tag{10-3}$$

对比式(10-1)与未加电网电压前馈控制的式(10-17)，可知电网电压项的系数发生了改变，如果式(10-1)中的电网电压前馈环节 $G_f = 1/G_{s1}$，则并网电流 i_g 只受并网电流基准值 i_{ref} 的影响，此时 G_f 的表达式为

$$G_f = \frac{s^2 L_1 C + sCk_{PWM}k_d G_d + 1}{k_{PWM} G_d G_c} \tag{10-4}$$

由式(10-4)可看出，电网电压前馈环节中有两项包含了延时函数 G_d，考虑到 G_d 在低频段对系统的影响较小，且难以通过设计实现，故在此处忽略 G_d 部分。即此时的电网电压前馈环节为 G_f 忽略延时之后的表达式，令其为 G_{f1}，且将前馈点向后移至电流控制器 G_c 输出侧的合点处并整理可得

$$G_{f1} = \frac{s^2 L_1 C}{k_{PWM}} + sCk_d + \frac{1}{k_{PWM}} \tag{10-5}$$

根据式(10-5)可知，前馈函数 G_{f1} 中包含了比例、一次微分和二次微分项，令其为全电网电压前馈环节。其中，比例项为常数项，其值与电网电压中的谐波频率没有关系，而一次微分项和二次微分项的模值直接受电网电压中谐波的影响，并且当电网电压中谐波分量的含量较高时，前馈中一阶微分项和二阶微分项的比例相应较大。因此，通过电网电压谐波的频率分布来简化前馈函数，可以在实际应用中有效降低控制系统的复杂度。

考虑到二次微分项可能引入噪声且难以实现，而比例加一次微分前馈项和比例前馈项在电网电压背景谐波中主要频率次数都较低的情况下，同样可以满足系统对谐波的抑制要求，令比例加一次微分函数为 G_{f2}、比例前馈函数为 G_{f3}，表达

式分别为

$$G_{f2} = sCk_d + \frac{1}{k_{PWM}} \tag{10-6}$$

$$G_{f3} = \frac{1}{k_{PWM}} \tag{10-7}$$

由图 10-2 可得出考虑电网电压前馈控制后逆变器输出阻抗 Z_o 表达式为

$$Z_o = \frac{s^3 L_1 L_2 C + s^2 L_2 C k_{PWM} k_d G_d + s(L_1 + L_2) + k_{PWM} G_d G_c}{s^2 L_1 C + sCk_{PWM} k_d G_d + 1 - k_{PWM} G_d G_f} \tag{10-8}$$

将式(10-5)、式(10-6)、式(10-7)分别代入式(10-8)可得电网电压全前馈输出阻抗 Z_{o1}、比例加一次微分前馈输出阻抗 Z_{o2}、比例前馈输出阻抗 Z_{o3}，结合本章表 10-1 中的参数，可分别得出 Z_{o1}、Z_{o2} 和 Z_{o3} 的频率特性曲线如图 10-3 所示。

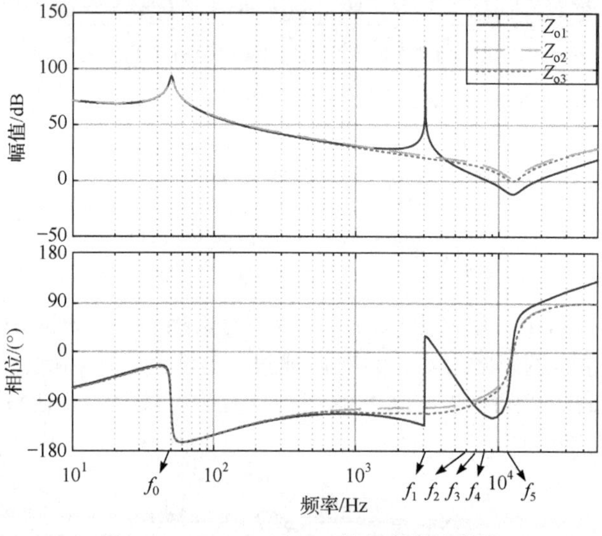

图 10-3　Z_{o1}、Z_{o2} 和 Z_{o3} 的频率特性曲线

由图 10-3 中 Z_{o1}、Z_{o2} 和 Z_{o3} 的频率特性曲线可以看出，当采用比例前馈控制函数 G_{f1} 时，其对应的逆变器输出阻抗 Z_{o1} 的相位频率曲线在 f_0～f_1 和 f_3～f_5 两个频段内相位低于−90°，逆变器系统处于这两个频段间时的相位裕度 θ_{PM} 小于 0°，此时系统的稳定裕度较低，影响系统稳定性；当采用比例加一次微分前馈控制函数 G_{f2} 时，其对应的逆变器等效输出阻抗 Z_{o1} 的相位频率曲线在 f_0～f_2 频段内相位低于−90°，在这个频段内系统的稳定裕度较低，不利于系统保持稳定；当采用全前馈控制函数 G_{f3} 时，其对应的逆变器等效输出阻抗 Z_{o1} 的相位频率曲线在 f_0～f_4 频段内相位低于−90°，此时系统的稳定裕度较低，不利于系统稳定。

为更加清晰地比较采用电网电压全前馈、比例加一次微分前馈和比例前馈控制策略下并网系统的稳定性，通过仿真软件搭建三相 LCL 并网逆变器系统模型，并结合本章表 10-1 中的参数分别得到感性电网阻抗 Z_g 的值取 0 时与感性电网阻抗 Z_g 取不稳定区间时采用电网电压全前馈、比例加一次微分前馈和比例前馈控制策略的电压电流波形如图 10-4 所示。

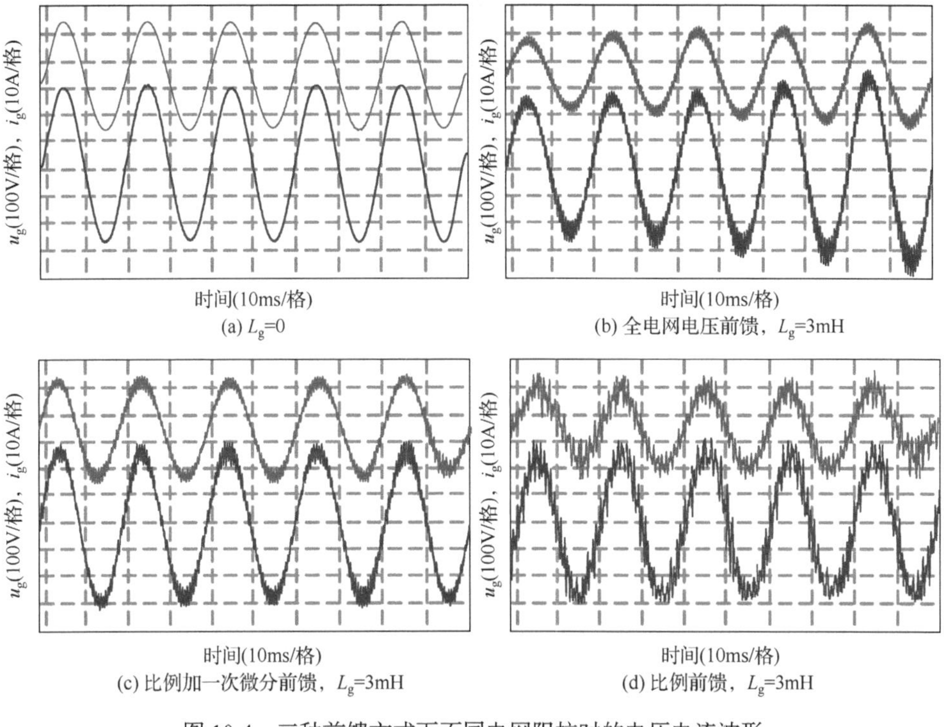

图 10-4 三种前馈方式下不同电网阻抗时的电压电流波形

由图 10-4 可以推导出，当电网阻抗 Z_g 的值取 0 时，并网逆变器系统电压电流波形无振荡现象，即系统可以稳定运行，说明此时逆变器系统满足系统稳定运行的条件一；当电网阻抗 Z_g 取不稳定区间的值时，并网电压 u_g 和并网电流 i_g 的波形都会发生振荡现象，此时，电网阻抗 Z_g 与逆变器输出阻抗 Z_o 的比值不满足奈奎斯特稳定判据，即不满足系统稳定运行的条件二。通过比较图 10-4 中(b)、(c)、(d)可以看出，采用全电网电压前馈时并网电压电流波形会出现强烈的振荡和发散现象。结合图 10-3，电网阻抗 Z_g 与逆变器输出阻抗 Z_o 的不稳定交截频率在电流控制环的带宽以外，超出了电流控制器的调节范围，从而使得并网电压 u_g 和电流 i_g 出现发散现象。采用比例加一次微分前馈和比例前馈时并网电压电流波形出现的振荡现象较弱，不稳定交截频率点在并网逆变器电流环的控制带宽以内，即电流控制器 G_c 对该频率处的振荡有调节作用，因此并网电压 u_g 和并网电

流 i_g 不会发生强烈的振荡。

10.1.2 基于电网电压比例前馈的超前相位补偿控制策略

根据前一节的分析可以看出，加入电网电压比例前馈、比例加一次微分前馈和全前馈时，逆变器等效输出阻抗的相位都存在−90° 以下的频段，引入了相位滞后，不利于系统的稳定性。由于微分项可能引入噪声，且难以实现，所以本章选择没有微分项的电网电压比例前馈控制进行改进，以补偿电网电压前馈控制策略引入的相位滞后，并研究改进后的超前相位补偿控制策略对逆变器输出阻抗频率特性的影响。

10.1.2.1 基于电网电压加权比例的相位补偿控制策略

为分析电网电压比例前馈控制策略下逆变器输出阻抗的频率特性，结合式(10-4)与式(10-7)，可以得到采用电网电压比例前馈控制时，其对逆变器输出阻抗 Z_o 的影响函数为

$$I_n = 1 - \frac{G_d}{s^2 L_1 C + sCk_{PWM} G_d + 1} \tag{10-9}$$

由式(10-12)可以看出，影响函数 I_n 的值不等于 0，即电网电压比例前馈控制无法抵消电网电压对并网电流的干扰。此时，当忽略延时函数 G_d，记并网系统输出阻抗 Z_o 的分母为 $D_{Z_{o3}}$，则其谐振频率 f_r 表达式为

$$f_r = \frac{1}{2\pi}\sqrt{\frac{1-G_{f3}}{L_1 C}} \tag{10-10}$$

为防止电网电压前馈控制策略导致逆变器输出阻抗引入 90°相位滞后，从而影响逆变器输出阻抗 Z_o 的相频特性，可引入加权系数 k_f，使比例前馈函数表达式为

$$G_f = \frac{k_f}{k_{PWM}} \tag{10-11}$$

其目的是使谐振频率 f_r 远小于逆变器带宽 f_{bw} 从而缓解相位延迟，根据式(10-11)可得

$$G_f < 1 - L_1 C (2\pi f_{bw})^2 \tag{10-12}$$

结合式(10-10)与式(10-12)可得到不同加权系数 k_f 下的系统输出阻抗幅相频率特性曲线如图 10-5 所示，从而确定合理的 k_f 取值使电网电压加权比例前馈控制策略获得最优性能。

由图 10-5 中的相位频率特性曲线可以看出，当 k_f 的取值小于 1 时，逆变器输出阻抗在低频段的相频特性得到了有效改善，且随着 k_f 的取值减小，相位的

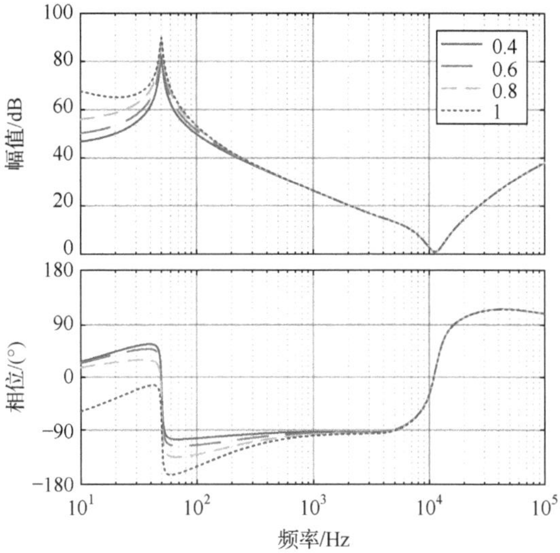

图 10-5　不同 k_f 下的系统输出阻抗幅相频率特性曲线

提升增大，即系统稳定性增强。只要 k_f 的值选取适当，就可以保证在电网阻抗 Z_g 变化时系统仍能保持稳定运行，结合图 10-5 与式(10-11)，本章取 k_f=0.6，此时系统截止频率约为 1000Hz。同时，可看出当加权系数 k_f=0.6 时，相对于不引入加权系数(k_f=1)的电网电压比例前馈控制，逆变器输出阻抗在低频段的相频特性有所提高的同时其阻抗幅值较小，即在不显著降低 Z_o 模值的情况下，实现低频段稳定性的提高。

10.1.2.2　加入超前相位补偿的控制策略

根据分析可知电网电压加权比例前馈能够提高系统在低频段的稳定性，但考虑到高频段并网逆变器系统的稳定性，本节提出基于电网电压加权比例前馈的超前补偿控制，其控制框图如图 10-6 所示。

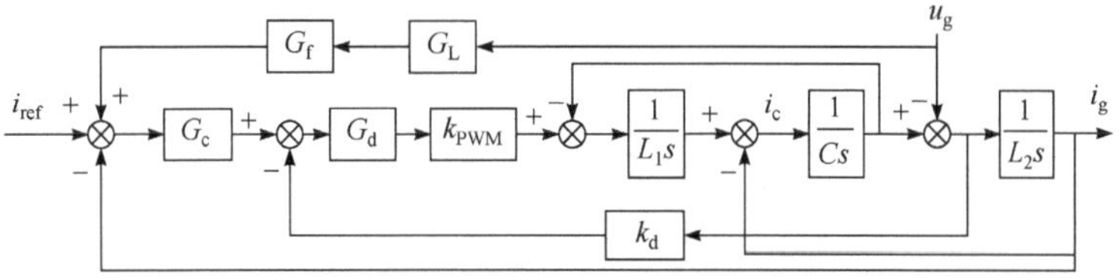

图 10-6　加入超前相位补偿的控制框图

图 10-6 中，超前补偿函数的表达式为

$$G_L = \frac{\alpha T_L s + 1}{T_L s + 1} \tag{10-13}$$

式中，T_L 为时间常数；α为超前校正系数，目的在于实现并网逆变器系统输出阻抗超前校正。由前一节的分析可知，电网电压加权比例前馈控制下并网逆变器系统的截止频率约为 1000Hz，即在角频率 ω=2000πrad/s 处获取最大超前角时可有效补偿输出阻抗相位，此时超前角度的表达式为

$$\theta = \arctan(\alpha T_L \omega) - \arctan(T_L \omega) \tag{10-14}$$

对式(10-13)进行求导取零，可得最大相位角及其对应的角频率表达式为

$$\theta_m = \arctan(\sqrt{\alpha}) - \arctan(\frac{1}{\sqrt{\alpha}}) \tag{10-15}$$

$$\omega_m = \frac{1}{\sqrt{\alpha} T_L} \tag{10-16}$$

由式(10-18)可知，最大相位角随超前校正系数α的增大而增大，且当α的值大于 10 之后，最大相位角的增大速度变慢；时间常数 T_L 的值也与α有关，若时间常数 T_L 的取值过小，会使系统难以滤除高频谐波分量，若时间常数 T_L 的取值过大，则会引发前馈控制环路发生滞后现象，从而影响输出阻抗幅值的提升，使得超前补偿环节无法达到对并网电流中谐波成分的抑制效果。所以超前补偿函数的参数确定需要考虑：整个频带的幅值相差较小，且在最大频带附近的超前角度保持较大值，在最小频带附近的超前角度保持较小值，同时最大相位角对应的频率为较高频段，以便设计超前环节的相位补偿。根据综合考虑，本章取α=10，可得 $T_L=5.04\times10^{-5}$s，那么超前补偿网络传递函数 G_L 表达式为

$$G_L = \frac{5.04\times10^{-4}s+1}{5.04\times10^{-5}s+1} \tag{10-17}$$

由式(10-17)可得到的超前补偿函数的幅相频率特性曲线如图 10-7 所示。

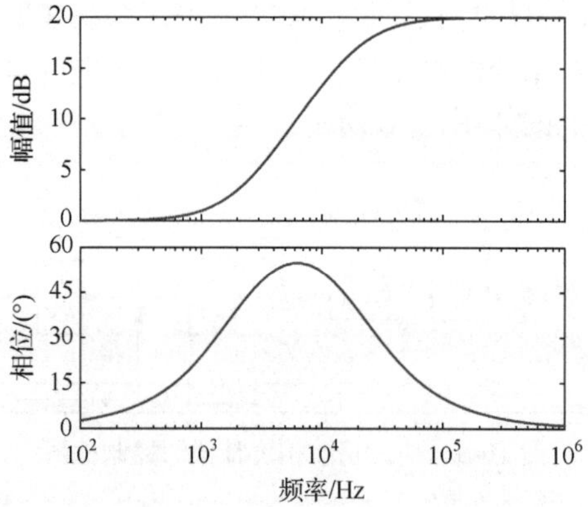

图 10-7　超前补偿函数的幅相频率特性曲线

由图 10-7 中超前补偿函数的幅相频率特性曲线可看出，所提超前补偿函数

符合前文中补偿设计要求，即能够在保证最大相位角对应的频率尽量高的同时维持整个函数频带的幅值变化范围小。

将超前补偿网络函数 G_L 代入逆变器输出阻抗函数，可得出加入超前补偿后逆变器输出阻抗的幅相频率特性曲线如图 10-8 所示。

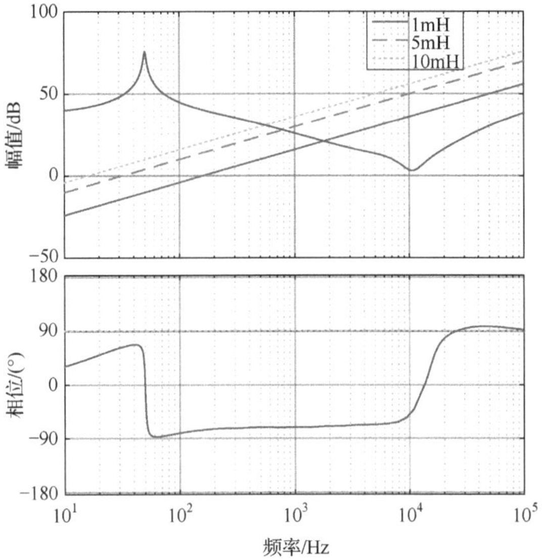

图 10-8 加入超前补偿后输出阻抗的幅相频率特性曲线

由图 10-8 可以看出，在加入超前补偿环节 G_L 之后，并网逆变器系统输出阻抗的幅值在低频段和高频段都有明显的提升，当感性电网阻抗增大时，都能保证系统输出阻抗与感性电网阻抗交截点处，输出阻抗 Z_o 的相频曲线在−90° 以上，说明本节所提加入超前补偿的控制策略对电网中的谐波电压有更好的抑制效果。

10.1.3 仿真验证

为验证所提超前相位补偿控制策略的正确性及有效性，根据图 10-1 所示系统框图，在仿真软件中搭建三台 T 型三电平 LCL 并网逆变器模型，加入电网电压奇次背景谐波，分析不同谐振频率下所提超前相位补偿控制策略的控制效果，并网逆变器系统仿真参数如表 10-1 所示。

表 10-1 并网逆变器系统仿真参数

参数名称	数值
直流母线电压 U_{dc}/V	700
额定功率 P/kW	5
逆变侧电感 L_1/mH	0.78

续表

参数名称	数值
并网侧电感 L_2/mH	0.45
电网电感 L_g/mH	1
滤波电容 C/μF	6.8
电网电压频率 f/Hz	50
电网电压 U_g/V	220
采样频率 f_{sw}/kHz	15
加权系数 k_f	0.6
超前校正系数 α	10

图 10-9 为谐振频率 f_r 约为 500Hz 时，不加超前相位补偿控制与加入超前相位补偿控制下并网电流仿真波形及对应的谐波分析图。

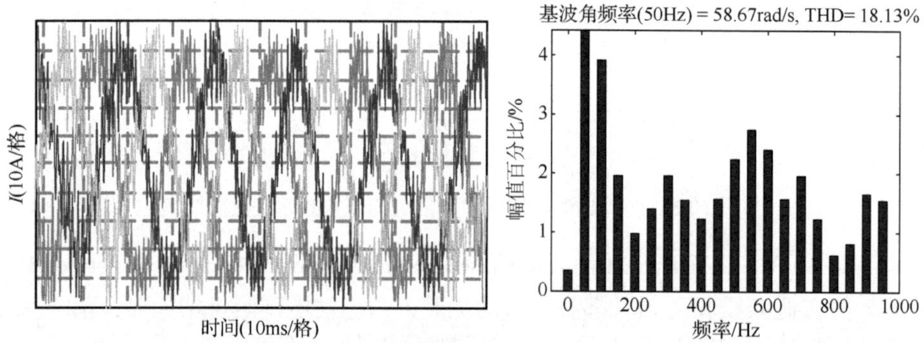

(a) 不加超前相位补偿控制

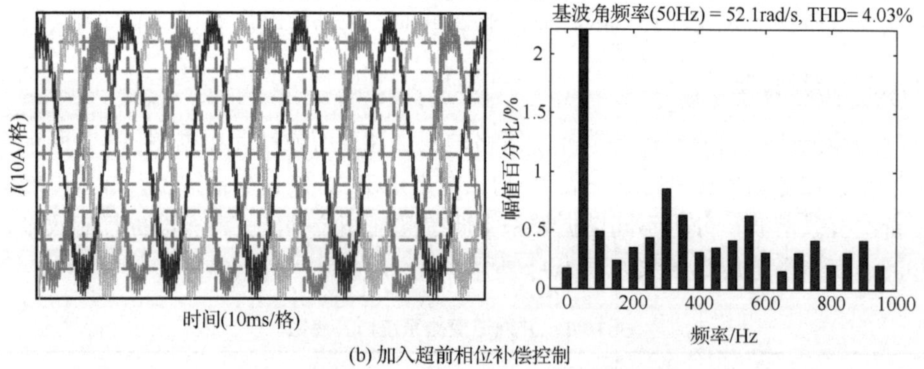

(b) 加入超前相位补偿控制

图 10-9 f_r≈500Hz 时并网电流仿真波形及谐波分析图

由图 10-9 可看出，当谐振频率离逆变器有效带宽较远，不加超前相位补偿控制时并网电流波形振荡现象严重，总谐波畸变率超过 15%；而采用加入超前相位补偿控制时并网电流波形振荡现象有所改善，且并网电流总谐波畸变率下降至 4.03%。

图 10-10 为谐振频率 f_r 约为 1000Hz 时，不加超前相位补偿控制与加入超前相位补偿控制下并网电流仿真波形及对应的谐波分析图。

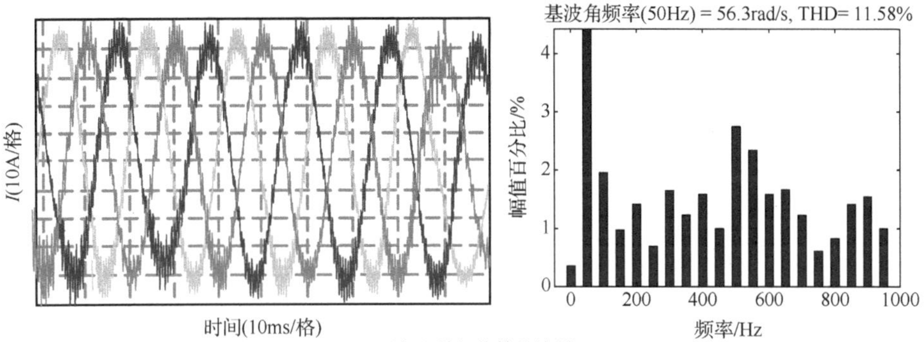

(a) 不加超前相位补偿控制

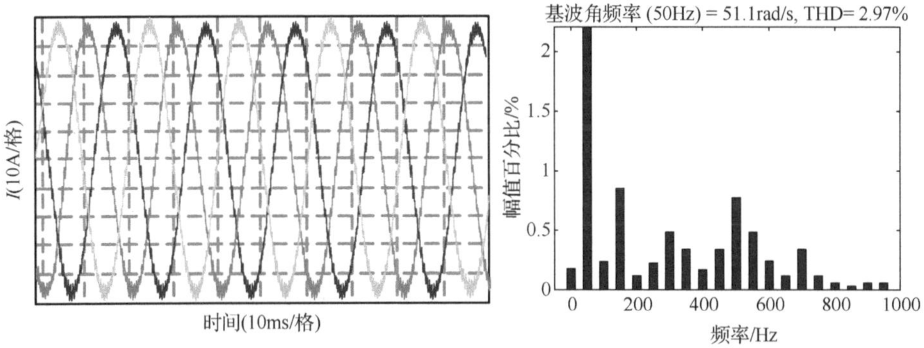

(b) 加入超前相位补偿控制

图 10-10　f_r≈1000Hz 时并网电流仿真波形及谐波分析图

由图 10-10(a)、(b)可以看出，当谐振频率接近逆变器有效带宽边界，不加超前相位补偿控制时并网电流波形会发生振荡现象，且总谐波畸变率较高；而采用加入超前相位补偿的控制时并网电流波形振荡现象有明显改善，且总谐波畸变率减小至 2.97%，说明所提超前相位补偿控制策略能够明显改善并网逆变器系统在有效带宽边界附近的谐振现象。

综上仿真结果可知，加入超前相位补偿控制策略能够有效抑制电网阻抗和电网电压背景谐波对并网电流产生的谐波和谐振问题，从而提高并网逆变器系统稳定性。

10.1.4　小结

10.1 节针对逆变器输出阻抗与感性电网阻抗交互作用引发的三相 LCL 光伏

并网逆变器系统单谐振问题，提出一种加入超前补偿的电网电压加权比例前馈控制策略。首先分析了电网电压前馈对逆变器输出阻抗幅相频率特性的影响，指出电网电压前馈环节可以有效抑制电网电压中谐波对系统的不利影响，其中比例前馈控制条件设计相对易于实现。然后分析了电网电压加权比例前馈控制对逆变器输出阻抗在低频段稳定性的提升效果，并通过输出阻抗特性和电网阻抗之间的相频特性确定参数设计，加入超前相位补偿控制，并给出了超前补偿环节中参数的设计步骤，从而实现并网逆变器输出阻抗的相位补偿，使得并网逆变器在宽范围频率内均具有良好的稳定性。最后通过仿真软件分析验证了所提超前相位控制策略在宽范围频率内的有效性。

10.2 并网逆变器多交互谐振协调相位补偿控制策略

10.2.1 准比例谐振控制研究及参数设计

PR 控制器在基波频率处的增益为无穷大，可以对正弦信号实现无静差跟踪。但是一旦电网频率发生偏移，PR 控制器的增益会随之骤降，使得系统的电流控制策略跟踪效果变差，从而对并网逆变器系统动态性能造成影响。为了减小电网电压频率偏移对系统稳定性带来的影响，提高控制器增益和带宽，通常在 PR 控制器的传递函数基础上进行改进，以此得到 QPR 控制器。QPR 控制器能够在实现交流信号无静差跟踪的同时增加系统带宽，在系统频率发生偏移时，依然能获得足够的增益来保证系统的稳定性。PR 与 QPR 控制器传递函数表达式分别为

$$G_{\mathrm{PR}}(\mathrm{s})=k_{\mathrm{p}}+\frac{k_{\mathrm{r}}s}{s^2+{\omega_{\mathrm{o}}}^2} \tag{10-18}$$

$$G_{\mathrm{QPR}}=k_{\mathrm{p}}+\frac{2k_{\mathrm{r}}\omega_{\mathrm{c}}s}{s^2+2\omega_{\mathrm{c}}s+{\omega_{\mathrm{o}}}^2} \tag{10-19}$$

令 PR 和 QPR 控制器中的参数相同，由式(10-18)和式(10-19)可得到 PR 与 QPR 控制器的幅相频率特性曲线如图 10-11 所示。

由图 10-11 可以看出，当参数条件相同时，两个控制器在非基波频段的幅频特性曲线与增益基本一致；而在基波频段，虽然两个控制器的增益都趋于无穷大，但 QPR 控制器的带宽明显高于 PR 控制器，验证了其在电网频率处实现对基准电流无误差跟踪的同时还可以增加带宽的性能。所以本书选用 QPR 作为电流控制器。

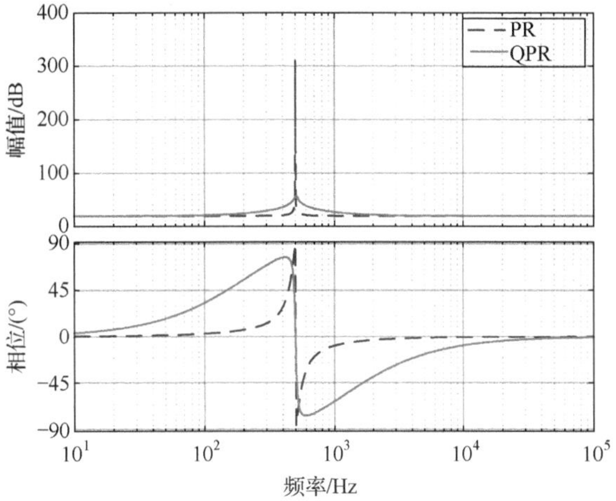

图 10-11　PR 与 QPR 控制器的幅相频率特性曲线

将 QPR 控制器应用到电流控制器中，三相 LCL 光伏并网逆变器系统控制结构图如图 10-12 所示。

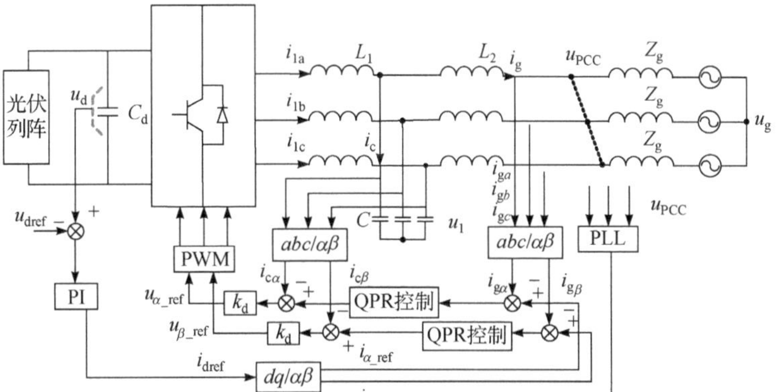

图 10-12　三相 LCL 光伏并网逆变器系统控制结构图

由图 10-12 的控制结构可以看出，三相 LCL 光伏并网逆变器控制系统的运行过程为：将直流侧电压 u_d 与其基准值 u_{dref} 进行比较后由 PI 控制器输出直流电流基准值 i_{dref}，经过坐标变换后输出两相$\alpha\beta$坐标系下的电流基准值 i_{α_ref} 和 i_{β_ref}。LCL 滤波器的滤波电容电流 i_c 与并网电流 i_g 同样经过坐标变换后输出两相$\alpha\beta$坐标系下的电流 $i_{c\alpha}$和 $i_{c\beta}$、$i_{g\alpha}$和 $i_{g\beta}$，再将电流基准值 i_{α_ref} 和 i_{β_ref} 与并网电流 $i_{g\alpha}$和 $i_{g\beta}$进行比较后输入 QPR 控制器，并用输出电流值分别与电容电流 $i_{g\alpha}$和 $i_{g\beta}$进行比较后与有源阻尼比例系数作积得到两相$\alpha\beta$坐标系下的电压基准值 u_{α_ref} 和 u_{β_ref}，最后输入 PWM 中控制开关。

根据图 10-12 的电流双闭环控制框图，可得到采用 QPR 控制的电流双闭环控制框图如图 10-13 所示。

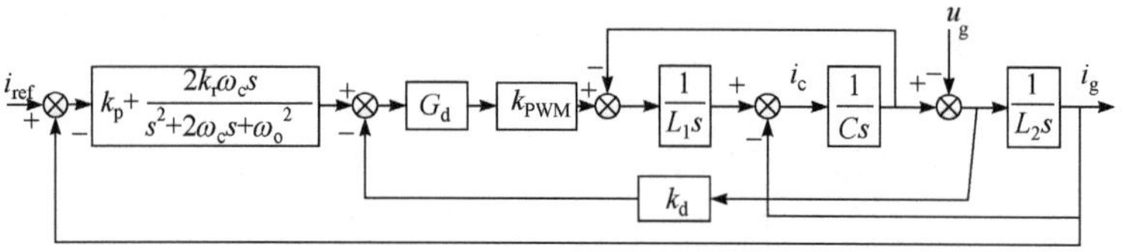

图 10-13 采用 QPR 控制的控制框图

由于 QPR 控制对其谐振频率有影响，在系统交叉频率 f_c 处，电流控制器表达式可近似等于 k_p，其表达式为

$$k_p = 2\pi(L_1 + L_2)f_c \tag{10-20}$$

由式(10-19)可知，当 ω_o=314rad/s，其他参数不变时，QPR 控制器随 k_p 取值变化的幅相频率特性曲线如图 10-14 所示。

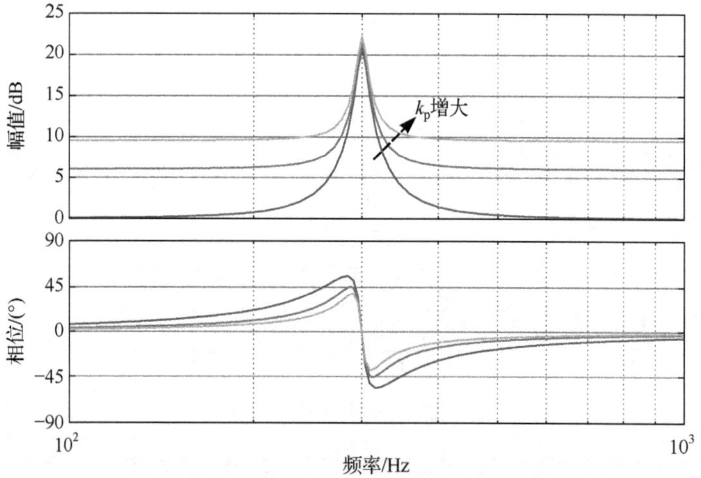

图 10-14 QPR 控制器随 k_p 取值变化的幅相频率特性曲线

由图 10-14 中幅值和相位频率特性曲线可看出，QPR 控制器的幅值以及相位裕度大小都会因 k_p 取值增大而增加，为平衡系统快速性与准确性之间的关系，综合考量并结合式(9-20)，本章取 k_p=9.2。

结合式(10-19)，可推导处 QPR 控制传递函数为

$$\begin{cases} G_{QPR}(j\omega) = \dfrac{k_r}{1 + j(\omega^2 - \omega_o^2)/2\omega_c\omega} \\ \left|G_{QPR}(j\omega)\right| = \dfrac{k_r}{\sqrt{2}} \end{cases} \tag{10-21}$$

由式(10-21)可推得，系统的交叉频率 $f_c=\omega_c/2\pi$，根据电网系统中电网电压频率(50Hz)能够存在±5%偏差的原则，本章取交叉频率 f_c=1Hz，故谐振带宽 ω_c 的值约为 6.3rad/s。

令式(10-19)中其余参数保持不变，可得 QPR 控制器随 k_r 取值变化的幅相频率特性曲线如图 10-15 所示。由图可看出，控制器带宽和谐振峰值都随着 k_r 取值的增大而增大，为了保证系统幅值有足够的增益，本章取 k_r=100。

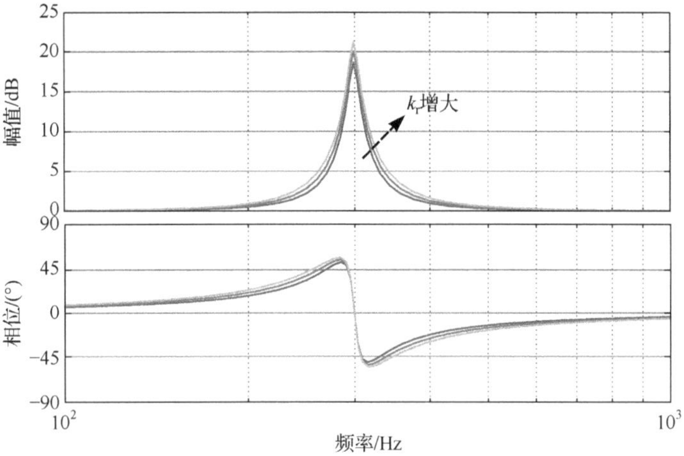

图 10-15　QPR 控制器随 k_r 取值变化的幅相频率特性曲线

综上可知，QPR 控制器参数如表 10-2 所示。

表 10-2　QPR 控制器参数

参数名称	数值
比例增益 k_p	9.2
谐振增益 k_r	100
基波角频率 ω_o/(rad/s)	314
谐振带宽 ω_c/(rad/s)	6.3

由图 10-13 所示的控制框图可得，采用 QPR 控制的系统基准电流 i_{ref} 至并网电流 i_g 之间的开环传递函数表达式为

$$G_{QPRo}=\left(k_p+\frac{2k_r\omega_c s}{s^2+2\omega_c s+\omega_o^2}\right)\frac{G_d k_{PWM}}{L_1L_2Cs^3+k_d k_{PWM}L_2Cs^2+(L_1+L_2)s} \tag{10-22}$$

由式(10-22)结合表 10-1 中 LCL 滤波器的参数值与表 10-2 中 QPR 控制器参数，可得到采用 QPR 控制的系统开环传递函数的幅相频率特性曲线如图 10-16 所示。

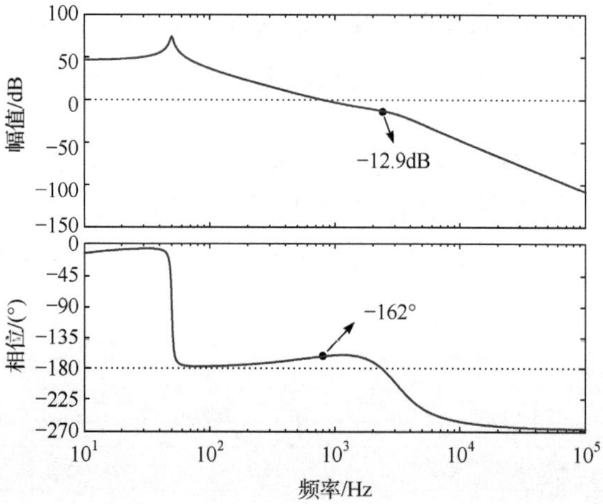

图 10-16　采用 QPR 控制的开环传递函数幅相频率特性曲线

由图 10-16 可以看出，基于 QPR 控制的电流双闭环控制系统在相位穿越频率处的幅值裕量约为 12.9dB，在截止频率处的相角裕量约为 18°，说明采用 QPR 控制能够保证系统处于稳定状态。

同样由图 10-13 的控制框图可得到基于 QPR 控制的系统闭环传递函数表达式为

$$H_{\text{QPR}} = G_{\text{QPR}} \frac{G_{\text{d}} k_{\text{PWM}}}{L_1 L_2 C s^3 + k_{\text{d}} k_{\text{PWM}} L_2 C s^2 + (L_1 + L_2) s + G_{\text{d}} k_{\text{PWM}} G_{\text{QPR}}} \tag{10-23}$$

由式(10-23)可得采用 QPR 控制的系统闭环传递函数幅相频率特性曲线如图 10-17 所示。

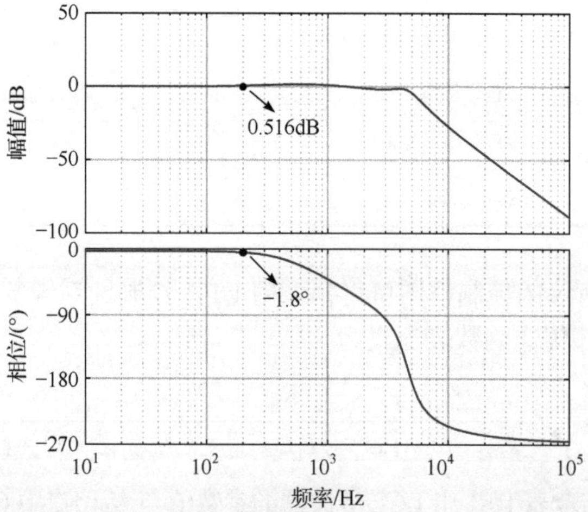

图 10-17　采用 QPR 控制的系统闭环传递函数幅相频率特性曲线

由图 10-17 可看出，基于 QPR 控制的电流双闭环控制系统在基波频率处的幅值增益为 0.516dB，相位差为−1.8°，此时系统的稳态误差几乎为 0，即可实现零误差跟踪控制。

10.2.2 基于准比例谐振的协调相位补偿控制策略

10.2.2.1 准比例谐振相位补偿控制策略

考虑到电网背景谐波中含量较多的 3、5、7 次谐波频率波动对并网电流的影响，可以通过增加特定频率的相位补偿，提高系统稳定性。

为有效抑制特定频率处谐波分量，使电流控制器在电网电压扰动下仍能输出高质量的并网电流，文中引入一种带相位补偿(phase compensation，PC)的控制器，其传递函数为

$$G_{\mathrm{PC}} = \sum_{n=3,5,7} k_{\mathrm{rh}} \frac{\sqrt{1-\lambda_n^{\ 2}}s - n\omega_{\mathrm{o}} \cdot \lambda_n}{s^2 + 2\omega_{\mathrm{c}}s + (n\omega_{\mathrm{o}})^2} \tag{10-24}$$

式中，ω_{o}、ω_{c} 均与 QPR 控制器相同，补偿谐振系数 k_{rh} 的取值需要保证 PC 控制器在特定谐波频率 $n\omega_{\mathrm{o}}$ 处有足够增益，提高系统稳态误差和抗扰能力，设幅值裕度大于 40dB，则 k_{rh} 与 ω_{c} 的取值应满足

$$20\lg\left(\frac{k_{\mathrm{rh}}}{\omega_{\mathrm{c}}}\right) > 40\mathrm{dB} \tag{10-25}$$

根据式(10-25)，本章取 k_{rh}=630。

补偿系数 λ_n 用来决定 $n\omega_{\mathrm{o}}$ 处相角滞后量 θ_n，且 λ_n 与 θ_n 的关系为

$$\theta_n = \arctan(\lambda_n / \sqrt{1-\lambda_n^{\ 2}}) \tag{10-26}$$

根据式(10-24)与式(10-26)，可得 λ_n 与 $n\omega_{\mathrm{o}}$ 处理想相角 θ_n^* 的关系式为

$$\lambda_n = \frac{\omega_{\mathrm{c}} k_{\mathrm{p}} \tan\theta_n^* + \sqrt{k_{\mathrm{r}}^{\ 2} \tan^2\theta_n^{\ *} - (\omega_{\mathrm{c}} k_{\mathrm{p}} \tan\theta_n^{\ *})^2 + k_{\mathrm{r}}^{\ 2}}}{k_{\mathrm{r}}(1+\tan^2\theta_n^{\ *})} \tag{10-27}$$

为了使 PC 控制器在 $n\omega_{\mathrm{o}}$ 处相位保持稳定，文中选取 λ_3=0.454，λ_5=0.643，λ_7=0.766，故 PC 控制器的参数如表 10-3 所示。

表 10-3 PC 控制器参数

参数名称	数值
补偿谐振系数 k_{rh}	630
3 次补偿系数 λ_3	0.454
5 次补偿系数 λ_5	0.643
7 次补偿系数 λ_7	0.766

为将 QPR 控制器与 PC 控制器结合，可采用传统并联连接方式，其结构如图 10-18 所示。

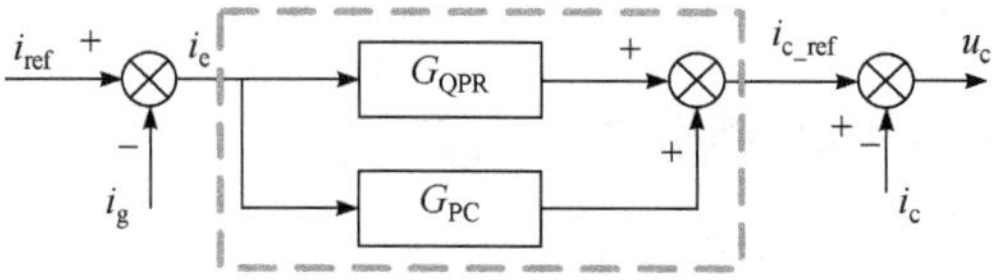

图 10-18　传统并联连接结构图

图 10-18 中，i_{ref}、i_g、i_c 分别为基准电流、并网电流、LCL 滤波器滤波电容电流，u_c 为滤波器逆变器侧电压。采用传统并联连接的 QPR_PC 控制器的传递函数表达式为

$$G_{QPR\_PC}=k_p+\frac{2k_r\omega_c s}{s^2+2\omega_c s+\omega_o^2}+\sum_{n=3,5,7}k_r\frac{\sqrt{1-\lambda_n^2}s-n\lambda_n\omega_o}{s^2+2\omega_c s+(n\omega_o)^2} \tag{10-28}$$

由式(10-11)结合式(10-5)可得采用 QPR_PC 控制的系统开环传递函数表达式为

$$G_{co}=G_{QPR\_PC}\frac{G_d k_{PWM}}{L_1L_2Cs^3+k_d k_{PWM}L_2Cs^2+(L_1+L_2)s} \tag{10-29}$$

由式(10-29)结合前文中给出的 LCL 滤波器与 QPR_PC 控制器参数，可得到采用 QPR_PC 控制的系统开环传递函数幅相频率特性曲线如图 10-19 所示。

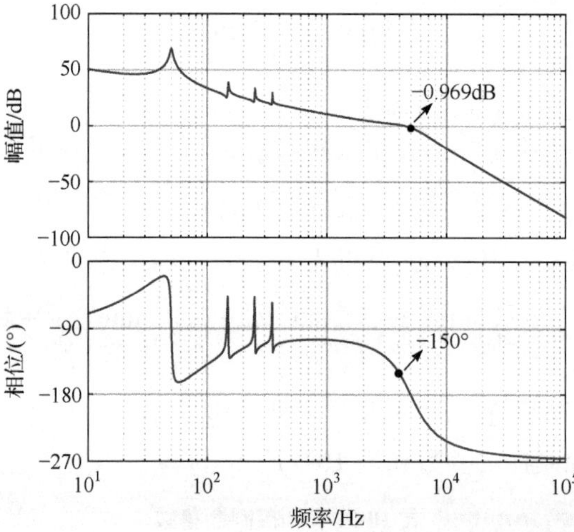

图 10-19　采用 QPR_PC 控制的开环传递函数幅相频率特性曲线

由图 10-19 可以看出，在截止频率处系统相频曲线的相角裕量为 34.6°，在相位穿越频率处系统幅频曲线的幅值裕量为 6.69dB，说明系统处于稳定状态。

同样由式(10-23)可得到采用 QPR_PC 控制的系统闭环传递函数结合前文中给出的系统参数，可得到此时的系统闭环传递函数幅相频率特性曲线如图 10-20 所示。

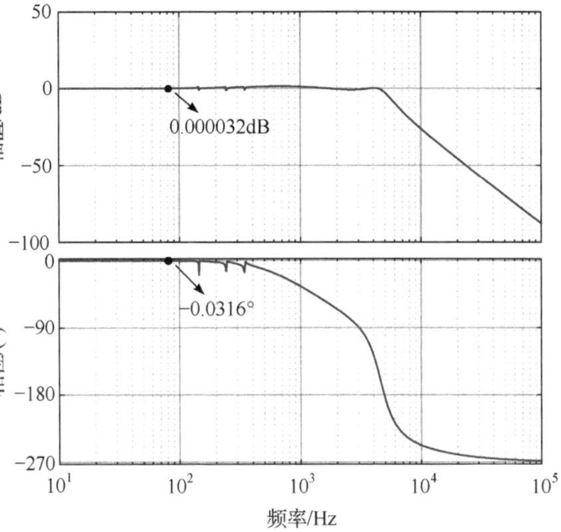

图 10-20　采用 QPR_PC 控制的闭环传递函数幅相频率特性曲线

由图 10-20 可以看出，基于 QPR_PC 控制的系统在基波频率处的幅值增益为 0.000032dB，相位差为–0.0316°，此时系统的稳态误差接近 0，说明在采用传统并联连接的 QPR_PC 控制器既保持了基频处的高增益特性，而且通过比例及谐波补偿环节处理电流基准信号，能够提高电网阻抗变化下并网电流的跟踪性能。

将式(10-29)与式(10-28)可得出 QPR 与 QPR_PC 控制下输出阻抗 Z_o 的幅相频率特性曲线如图 10-21 所示，通过阻抗分析法比较两个控制器下系统的稳定性。

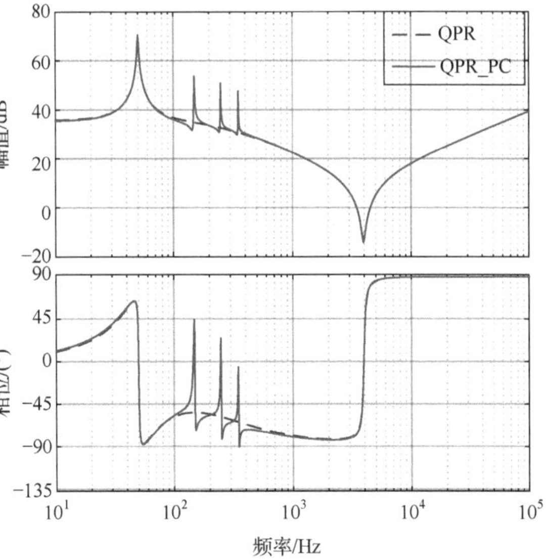

图 10-21　输出阻抗幅相频率特性曲线

由图 10-21 可以看出，QPR 控制下的输出阻抗 Z_o 在低频波段上幅值大于 40dB，具有高模量，有利于抑制谐波，但 Z_o 的相位与−90°线相近，在实际情况中需要并联更多的逆变器，这可能会导致系统不稳定。与之相比，引入相位补偿的 QPR 控制不仅能够使输出阻抗 Z_o 保持高幅值状态，而且明显能够提高 Z_o 的相位裕度，特别是在特定频率处，由于相位补偿环节的加入，电网的谐波被很好地抑制，有效提高系统稳定性。

10.2.2.2　协调相位补偿控制策略

由于截止角频率 ω_c 的存在，多个控制器之间容易形成干扰，为实现对主要低次频率分量的高增益稳态控制，并抑制特定次调节器对其他次频率分量的不利影响，可对谐波补偿器进行改进，针对各次频率分量进行单独的控制，如图 10-22 所示。对误差信号 i_e 进行比例控制，并通过傅里叶变换(Fourier transform，FT)分离出 i_e 的基波分量和各次谐波分量进行单独控制，将各调节器的输出分量与电容反馈电流做差生成调制信号，以实现基波处无静差跟踪基准电流以及对 3、5、7 次谐波的协调相位补偿控制。

同时，针对电网中的背景谐波会放大交互谐振频率处的谐波振荡，结合电网电压前馈控制，将干扰量反馈到电流控制器，对调制信号进行补偿，以达到抑制谐波分量的目的。

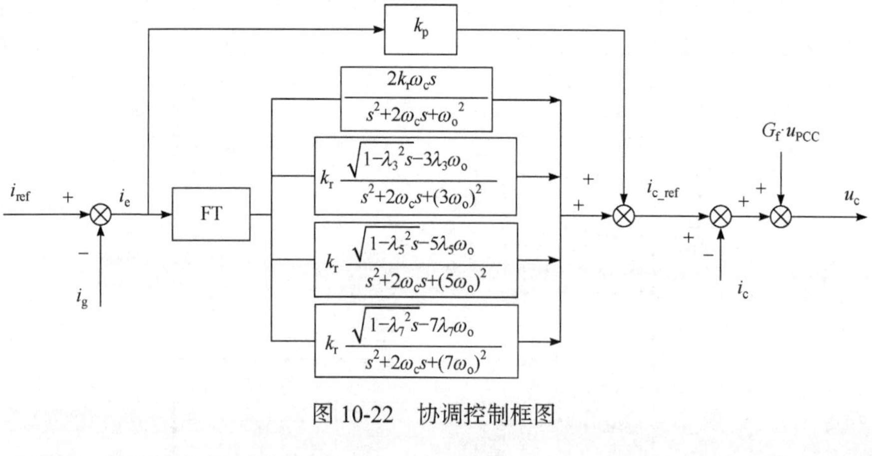

图 10-22　协调控制框图

协调相位补偿控制与传统并联连接相位补偿控制虽然表达式相同，但是在补偿结构上不同。传统并联连接谐波补偿控制是将基准电流 i_{ref} 与并网电流 i_g 的反馈信号作差后得到误差信号 i_e，再通过 QPR 和 PC 并联补偿控制进行基波控制和各次谐波的补偿；而协调相位补偿控制是将误差信号 i_e 进行比例控制并进行各次谐波分量的单独补偿控制，以得到更加稳定及精准的相位补偿效果。

由于协调相位补偿控制策略与传统并联连接的相位补偿控制表达式相同，故根据对 QPR_PC 控制的分析可以得出，协调相位补偿控制能够使系统状态保持稳定，同时，实现对基准电流无静差跟踪，降低并网电流中的谐波含量，进而提高系统谐振抑制能力。

为验证协调相位补偿控制策略的性能，根据图 10-22 可得出系统开环传递函数及闭环传递函数随传输线阻抗变化的幅相频率特性曲线，分别如图 10-23、图 10-24 所示。

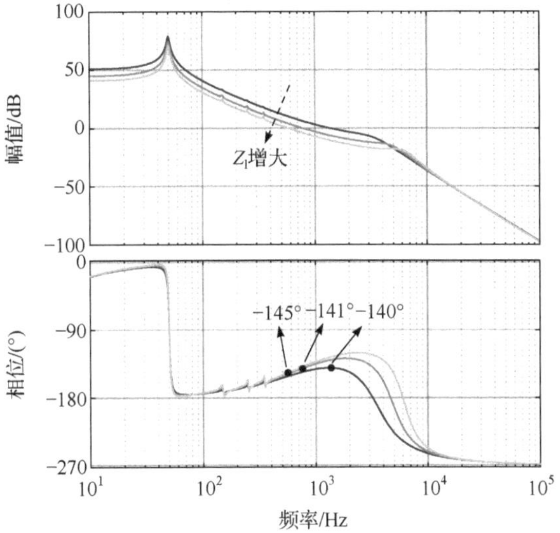

图 10-23　开环传递函数幅相频率特性曲线

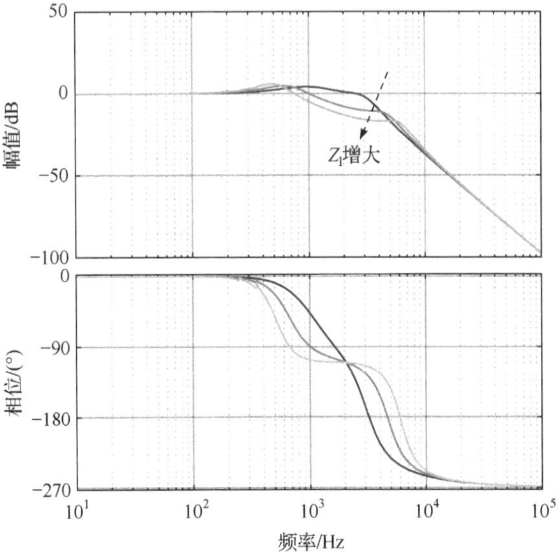

图 10-24　闭环传递函数幅相频率特性曲线

根据图 10-23、图 10-24 可看出，随着传输线阻抗增大，对应的相位裕度依次为 40°、39°和 35°，可见当采用所提协调相位补偿控制时，逆变器系统的稳定性会随着传输线阻抗的增大而降低，但是谐振响应只发生在相对应的谐振频率处，控制策略中的正增益即可对这些谐波信号进行跟踪，同时形成有效的负反馈。由此可说明本章所提协调相位补偿控制策略可实现对 3、5、7 次谐波分量的准确跟踪补偿，以保证系统的稳定运行。

所提协调相位补偿控制策略系统输出阻抗与传输线阻抗幅相频率特性曲线如图 10-25 所示，据图可分析输出阻抗与传输线阻抗交互情况。

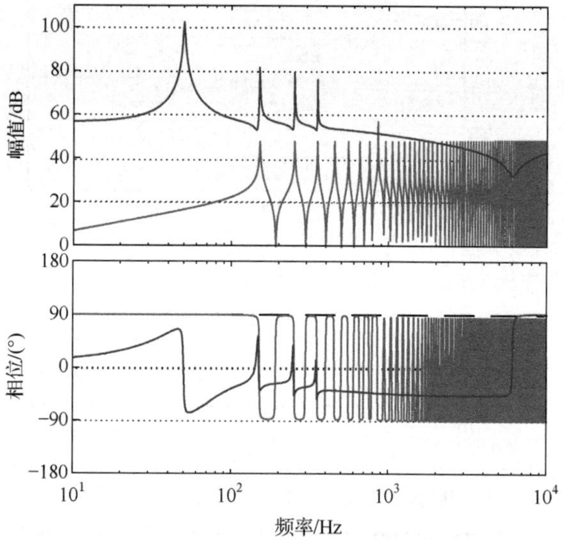

图 10-25　输出阻抗与传输线阻抗幅相频率特性曲线

由图 10-25 中相位频率特性曲线可以看出，当采用协调相位补偿控制策略时，输出阻抗的相位整体得到了提升，特别是在 3、5、7 次频率处输出阻抗 Z_o 的相位得到了大幅提升，同时，由幅值特性曲线可看出采用协调相位补偿控制策略还能够提高系统输出阻抗的幅值，使系统输出阻抗与传输线阻抗在低频段不发生交互，即可有效抑制逆变器系统中出现的多谐振问题。

10.2.3　仿真验证

为验证所提方法的有效性，根据图 10-12 的控制框图在仿真软件中搭建三台 T 型三电平 LCL 并网逆变器模型进行分析，并网逆变器系统仿真参数如表 10-4 所示。其中，光伏发电侧电压 u_{dc} 和电网电压 u_g 分别由直流恒压源和交流电压源提供，u_g 含有 3、5、7 次谐波；电网阻抗 Z_g 通过在 PCC 和 u_g 之间串联电感来模拟。

表 10-4　并网逆变器系统仿真参数

参数名称	数值
直流母线电压 U_{dc}/V	700
额定功率 P/kW	5
逆变侧电感 L_1/mH	0.78
并网侧电感 L_2/mH	0.45
电网电感 L_g/mH	1
滤波电容 C/μF	6.8
电网电压频率 f/Hz	50
电网电压 U_g/V	220
采样频率 f_{sw}/kHz	15
加权系数 k_f	0.6
比例增益 k_p	9.2
谐振增益 k_r	100
基波角频率 ω_o/(rad/s)	314
谐振带宽 ω_c/(rad/s)	6.3
补偿谐振系数 k_{rh}	630
3 次补偿系数 λ_3	0.454
5 次补偿系数 λ_5	0.643
7 次补偿系数 λ_7	0.766

图 10-26 为不加协调相位补偿的控制与加入协调相位补偿控制下并网电流波形以及对应的谐波分析图。由图中的并网电流 THD 分析可以看出，采用不加协调相位补偿的控制时，并网电流的谐波畸变率为 1.97%，而采用协调相位补偿控

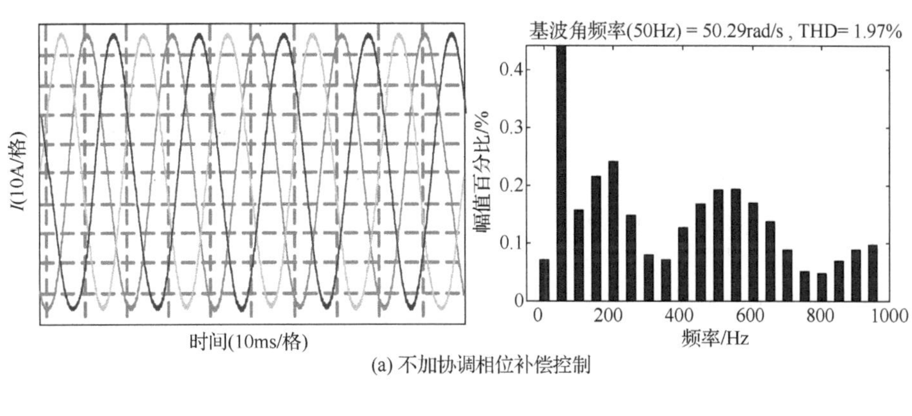

(a) 不加协调相位补偿控制

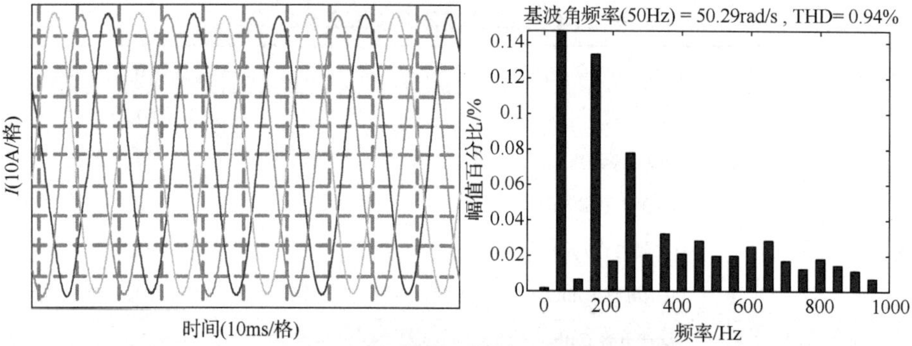

(b) 协调相位补偿控制

图 10-26 并网电流波形与谐波分析图

制时，并网电流的谐波畸变率变为 0.94%，降低了 1.03%，说明该控制策略可有效抑制并网电流中所含谐波，提高电流质量。

图 10-27 为不加协调相位补偿的控制和协调相位补偿控制策略下基准电流 i_{ref} 和并网电流 i_g 的波形图。

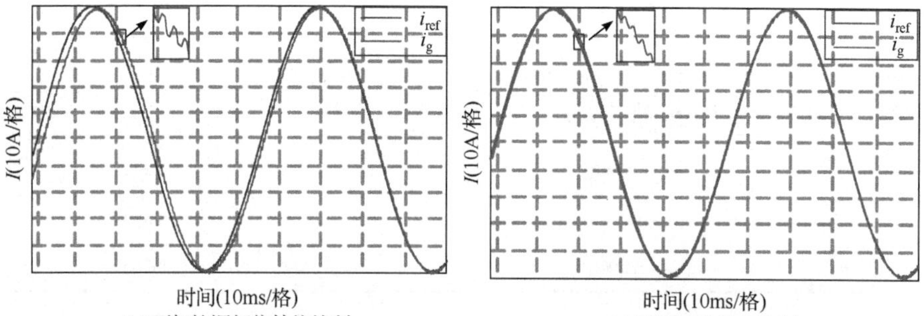

(a) 不加协调相位补偿控制　　(b) 协调相位补偿控制

图 10-27 基准电流与并网电流波形

由图 10-27 可以看出，采用不加协调相位补偿的控制策略时，并网电流中主要低次谐波的含量较高，且相位存在滞后；采用协调相位补偿控制后，在抑制谐波的基础上，并网电流还能极好地跟踪基准电流，电流质量明显改善，验证了所提协调相位补偿控制策略的有效性。

图 10-28 给出了不加协调相位补偿的控制策略和协调相位补偿控制策略在改变基准电流指令下的并网电流波形，在 0.05s 时设定电流指令变化。

对比图 10-28(a)、(b)可以看出，采用不加协调相位补偿的控制时并网电流从 50A 切换至 70A 的过程存在延迟，而采用协调相位补偿控制时并网电流明显能够更为快速地切换，且平滑过渡到稳定状态，说明本章提出的协调相位补偿控制策略能使系统具有良好的动态性能。

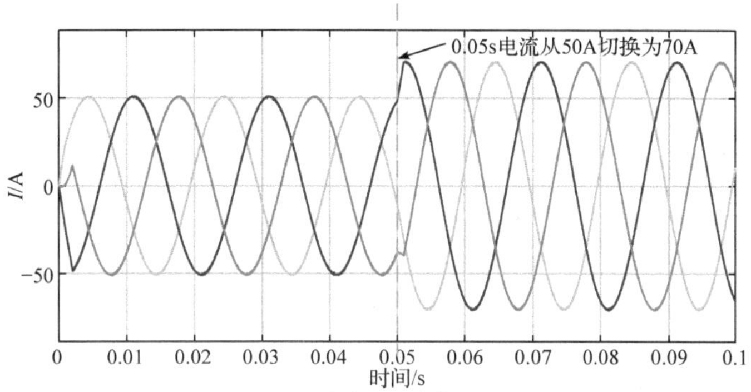

(a) 不加协调相位补偿控制

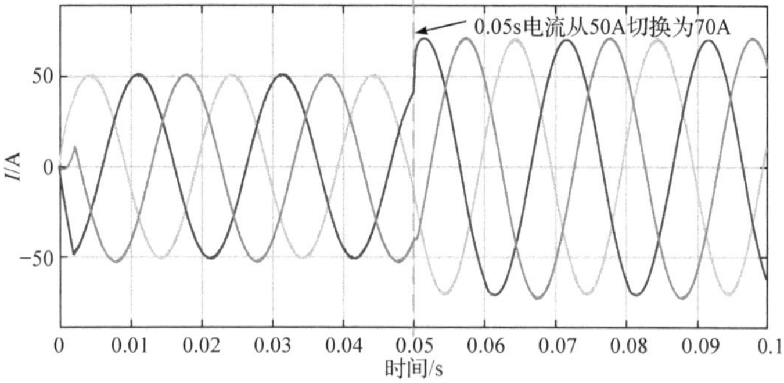

(b) 协调相位补偿控制

图 10-28　改变基准电流指令时的并网电流波形

综上，本章所提协调相位补偿控制策略相较于不加协调相位补偿的控制能够有效地抑制电网电压中含有的主要低次谐波对系统造成的谐振问题，实现并网电流的对基准电流的无静差跟踪控制；采用所提协调相位补偿控制策略后，并网电流的谐波畸变率降低 1.03%，说明系统抵抗 3、5、7 次谐波扰动的能力很高；在多个逆变器并联时，LCL 光伏并网集群系统可以稳定运行，注入高质量的电流。

10.2.4　小结

10.2 节提出基于准比例谐振的多谐振协调相位补偿控制策略，采用带宽与增益大的 QPR 控制器作为电流控制器，并对控制器的参数进行合理设计。将 QPR 控制器引入到双闭环控制策略当中，考虑到电网电压中多次谐波对参考电流的影响，设计加入针对特定次谐波相位补偿的 PC 补偿器。由于采用传统并联连接的补偿器无法很好解决多个控制器之间的相互干扰，提出结合电网电压前馈的协调相位补偿控制，以实现基波处无静差跟踪基准电流以及对 3、5、7 次谐波的抑制，并根据幅相频率特性曲线分析了协调相位补偿控制策略的有效性。最后通过仿真软件分析验证了协调相位补偿控制能够实现对基准电流的无误差跟踪以及抑制并网电流中的谐波，并使系统具有良好的动态性能。

第 11 章　弱电网下 LCL 型并网逆变器延时和相位补偿策略

电容电流反馈有源阻尼(CCFAD)抑制 LCL 型并网逆变器的谐振较为有效，但数字控制延时会使其有效阻尼区域仅为(0，$f_s/6$)，严重影响系统在弱电网下的鲁棒稳定性。为此，本章首先分析数字控制延时对 CCFAD 有效阻尼区和系统鲁棒稳定性的影响；然后提出一种拓宽 CCFAD 有效阻尼区的延时补偿策略，在前向通路中加入延时补偿环节来提高系统分界频率，拓宽有效阻尼区域；进而推导出延时补偿后的新系统稳定条件，以此条件为约束设计控制参数，从而减小控制延时对系统的负面影响，使系统在感性电网阻抗变化时具有较高鲁棒稳定性。然而，复杂弱电网环境下也存在容性电网阻抗的情况，此时延时补偿策略将不能完全适用。为此，从无源性的角度，提出一种增强系统无源性的导纳相位补偿策略，通过在 QPR 控制器后级联相位滞后/超前补偿器对输出导纳相位进行补偿，从而增强系统无源性，保证系统在感性电网阻抗和含容性电网阻抗的弱电网情况下稳定运行；最后，搭建仿真模型验证理论分析的正确性和所提策略的有效性。

11.1　弱电网下 LCL 型并网逆变器延时补偿策略

11.1.1　数字控制延时对有效阻尼区的影响

要分析控制延时对电容电流反馈有源阻尼(CCFAD)有效阻尼区的影响，首先应获得考虑控制延时后 CCFAD 等效并联在滤波电容 C 两端的虚拟阻抗。为此，将图 11-1(a)中的电容电流 $i_c(s)$反馈改成电容电压 $v_c(s)$反馈，再将其反馈点从电流控制器 $G_i(s)$的输出端移至 $1/(sL_1)$的输出端，从而可以得到 CCFAD 等效虚拟阻抗的控制框图，如图 11-1(b)所示。

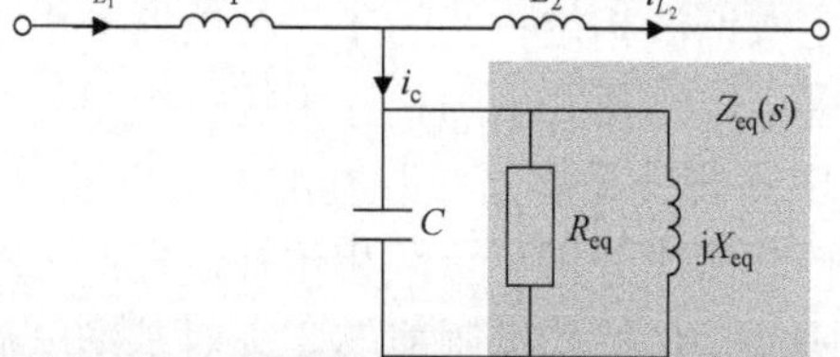

(a) 虚拟阻抗$Z_{eq}(s)$

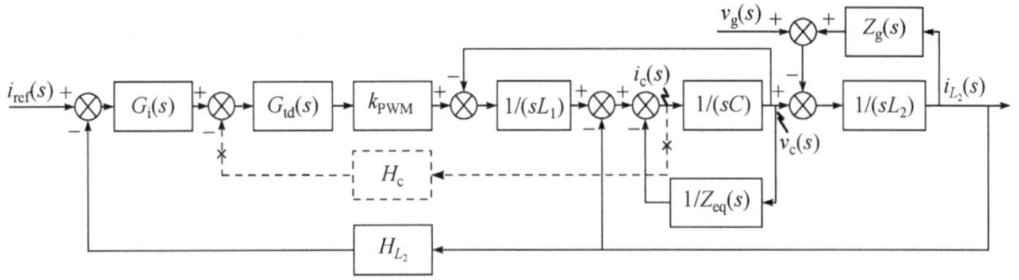

(b) CCFAD等效虚拟阻抗的控制框图

图 11-1　CCFAD 等效阻抗及其控制框图

图 11-1(a)中与滤波电容 C 并联的 $Z_{eq}(s)$即为 CCFAD 的等效虚拟阻抗，其频域表达式为

$$Z_{eq}(s)=\frac{L_1}{CH_c k_{PWM}}\cdot e^{1.5sT_s}=R_a e^{1.5sT_s} \tag{11-1}$$

在不考虑控制延时的情况下，$Z_{eq}=R_a$ 为纯电阻元件，与频率无关，由于参数 L_1、C 和 k_{PWM} 均为正值，且考虑到 H_c 一般也是大于 0 的值，故此时 Z_{eq} 恒为正值，能够较好地抑制 LCL 滤波器的固有谐振。但由于控制延时的存在，根据式(11-1)可知，$Z_{eq}(s)$变成与频率相关的虚拟阻抗，此时 $Z_{eq}(s)$不再恒为正值，而是在一定频段内为正，在另一频段内为负，从而使得谐振抑制效果下降，同时也会影响系统的稳定性。图 11-1(b)给出了虚拟阻抗 $Z_{eq}(s)$在 LCL 滤波器中的表现形式，由于虚拟阻抗 $Z_{eq}(s)$中起谐振抑制作用的是阻性分量，故下面给出 $Z_{eq}(s)$并联形式的阻性分量 R_{eq} 和电抗分量 X_{eq} 关于频率 f 的表达式，二者分别为

$$\begin{cases} R_{eq}(f)=R_a/\cos(3\pi f/f_s) \\ X_{eq}(f)=R_a/\sin(3\pi f/f_s) \end{cases} \tag{11-2}$$

根据式(11-2)可得到 $R_{eq}(f)$ 的频率特性如图 11-2 所示。可以看出，当 $f=f_s/6$ 时，$R_{eq}(f)$ 为无穷大，此时相当于系统无阻尼，无法抑制 LCL 滤波器的固有谐振尖峰；当 $f<f_s/6$ 时，$R_{eq}(f)$ 为正值，此时系统处于正有效阻尼状态，抑制 LCL 谐振尖峰的性能较好；而当 $f>f_s/6$ 时，$R_{eq}(f)$ 变为负值，此时系统在负阻尼的状态下运行，稳定性条件较为复杂，CCFAD 的阻尼性能欠佳。

电网阻抗 $Z_g(s)$中的阻性成分可增加系统阻尼而利于稳定，故为分析实际中的最坏情况常将 Z_g 当作纯感性考虑，记为 sL_g。从而由图 11-1(a)可以得到系统环路增益 $T_D(s)$的表达式为

$$T_D(s)=\frac{k_{PWM}}{L_1(L_2+L_g)Cs}\cdot\frac{H_{L_2}e^{-1.5sT_s}G_i(s)}{s^2+\dfrac{1}{CZ_{eq}(s)}s+\omega_r^2} \tag{11-3}$$

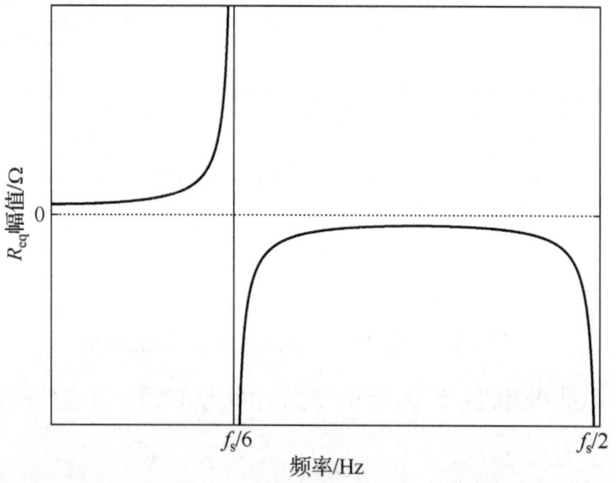

图 11-2　$R_{eq}(f)$的频率特性

式中，ω_r 为考虑电网阻抗后的 LCL 滤波器实际谐振角频率，其表达式为

$$\omega_r = 2\pi f_r = \sqrt{\frac{L_1 + L_2 + L_g}{L_1\left(L_2 + L_g\right)C}} \tag{11-4}$$

式中，f_r 为谐振频率，当 L_g=0mH 时为 f_{ro}，即 LCL 滤波器的初始谐振频率。

为了更好地分析系统的稳定性，需要用到奈奎斯特稳定判据，这里对其做一个简要的介绍，根据奈奎斯特稳定判据[141]，当系统环路增益 $T_D(s)$在伯德图中的幅频曲线处于 0dB 水平线以上时，将其相频曲线自下向上(相位增大的方向)穿越−180°水平线看作一次有效正穿越(幅值裕度 $GM_{(+)}<0$)，将相频曲线自上向下(相位减小的方向)穿越−180°水平线看作一次有效负穿越(幅值裕度 $GM_{(-)}<0$)，图 11-3 给出了正负穿越的示意图。假设环路增益 $T_D(s)$相频曲线的有效正穿越次数为 $N_{(+)}$，有效负穿越的次数为 $N_{(-)}$，以及 $T_D(s)$的复右半平面极点个数为 P。那么，若能满足 $2(N_{(+)}-N_{(-)})=P$，则系统稳定。

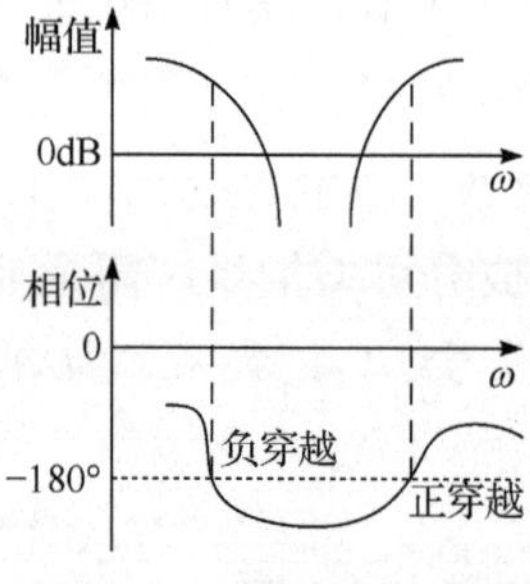

图 11-3　正负穿越示意图

图 11-4 给出了环路增益 $T_D(s)$的伯德图，根据 f_r 和 $f_s/6$ 的相对大小关系，系

统的稳定条件可分成以下三种情形。

情形一：当 $f_r > f_s/6$ 时，$T_D(s)$含有 2 个复右半平面的极点，即不稳定极点，相频曲线在 $f_s/6$ 处有 1 次负穿越，在 f_r 处有 1 次正穿越，由奈奎斯特稳定判据可知，此时要保证系统稳定，需满足 $T_D(s)$在 f_r 处的幅值裕度 $GM_{(+)}<0dB$(正穿越有效，$N_{(+)}=1$)，在 $f_s/6$ 处的幅值裕度 $GM_{(-)}>0dB$(负穿越无效，$N_{(-)}=0$)；

情形二：根据式(11-4)可知，f_r 会随着电网阻抗 L_g 的逐渐增大而减小，因此当 L_g 增大至某一个值时，将使得 $f_r<f_s/6$，此时 $T_D(s)$无不稳定极点，且只有 1 次负穿越，类似情形一令 $GM_{(-)}>0dB$ 使负穿越失效，系统即可稳定。

情形三：当 $f_r=f_s/6$ 时，将出现 $GM_{(+)}=GM_{(-)}$的情况，此时难以通过调节系统原本的控制参数来满足幅值裕度要求，系统无法稳定运行。

不难得出，以稳定裕度为约束对系统控制参数进行合理设计可以实现情形一、二的稳定条件。但若 $f_{ro}>f_s/6$，则随着电网阻抗 L_g 的增大必会出现情形三，从而导致系统在弱电网下的鲁棒性较差，因此，系统的有效阻尼区仅有(0，$f_s/6$)。为此，对于情形三，必须添加外部手段以改善系统的稳定性。

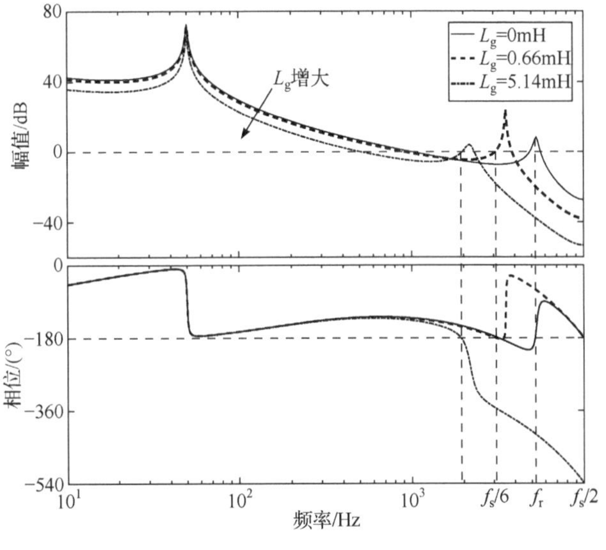

图 11-4　环路增益 $T_D(s)$的伯德图

11.1.2　拓宽并网逆变器有效阻尼区的延时补偿策略

当 f_r 处于由 f_s 构成的某一区间时，系统稳定，该区间即为有效阻尼区[142]。由上述分析可知，补偿前的有效阻尼区仅为(0，$f_s/6$)，且结合图 11-2 可知，系统有效阻尼区即为 R_{eq} 取正值的范围，与 R_{eq} 的正负分界频率 $f_s/6$ 密切相关。故为拓宽有效阻尼区，可以考虑将分界频率从 $f_s/6$ 提高至某一频率 f_d，使 R_{eq} 在(0，f_d)内呈现正阻尼特性，即有效阻尼，则系统稳定条件为情形二。这样既能扩大 f_{ro} 的选取范围，也能使系统的稳定条件相对简单，从而可以更好地保证系统在弱电网下具有较高的鲁棒性。为此，在前向通路加入基于无限脉冲响应滤波器(infinite impulse response filter，IIR)的延时补偿环节，补偿后的控制框图如图 11-5 所示，延时补偿环节在 s 域中的表达式为

$$G_{tdc}(s)=\frac{k}{\left(1+a\mathrm{e}^{-sT_s}\right)^2} \tag{11-5}$$

式中，$0\leqslant a<1$；k 为比例系数。

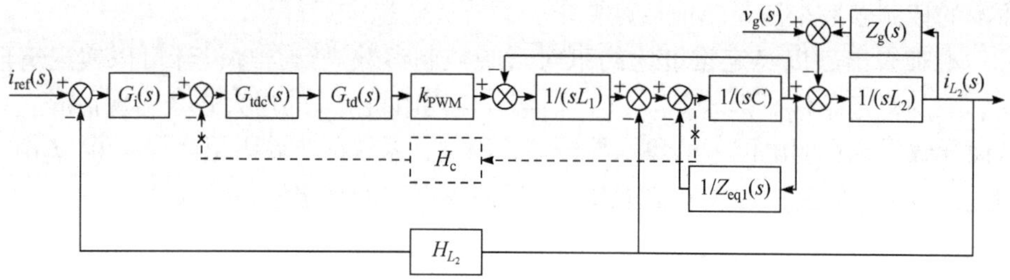

图 11-5　延时补偿后的并网逆变器控制框图

由图 11-5 可以得到加入延时补偿环节后的系统环路增益 $T_{D1}(s)$表达式为

$$T_{D1}(s)=\frac{k_{PWM}G_{tdc}(s)}{L_1\left(L_2+L_g\right)Cs}\cdot\frac{H_{L_2}\mathrm{e}^{-1.5sT_s}G_i(s)}{s^2+sH_ck_{PWM}G_{tdc}(s)\mathrm{e}^{-1.5sT_s}/L_1+\omega_r^2} \tag{11-6}$$

11.1.2.1　延时补偿后的有效阻尼区

由图 11-5 可知，延时补偿后的等效虚拟阻抗 $Z_{eq1}(s)$表达式为

$$Z_{eq1}(s)=\frac{R_a}{k}\mathrm{e}^{1.5sT_s}\left(1+a\mathrm{e}^{-sT_s}\right)^2 \tag{11-7}$$

为分析延时补偿后的系统有效阻尼区，下面给出了 $Z_{eq1}(s)$并联形式的阻性分量 R_{eq1} 和电抗分量 X_{eq1} 关于频率 f 的表达式，二者分别为

$$\begin{cases} R_{eq1}(f)=\dfrac{R_a}{k}\cdot\dfrac{1+4a^2+a^4+\left(4a+4a^3\right)\cos\left(2\pi f/f_s\right)+2a^2\cos\left(4\pi f/f_s\right)}{\cos\left(3\pi f/f_s\right)+\left(2a+a^2\right)\cos\left(\pi f/f_s\right)} \\ X_{eq1}(f)=\dfrac{R_a}{k}\cdot\dfrac{1+4a^2+a^4+\left(4a+4a^3\right)\cos\left(2\pi f/f_s\right)+2a^2\cos\left(4\pi f/f_s\right)}{\sin\left(3\pi f/f_s\right)+\left(2a-a^2\right)\sin\left(\pi f/f_s\right)} \end{cases} \tag{11-8}$$

由式(11-8)可以看出，$R_{eq1}(f)$取值的正负取决于其分母的表达式。故为分析 $R_{eq1}(f)$的正负情况，可令 $g_R(f)=\cos(3\pi f/f_s)+(2a+a^2)\cos(\pi f/f_s)$，则 $g_R(f)$

过零点的频率即为 $R_{eq1}(f)$ 的正负分界频率 f_d，通过简单的数学证明可知当 $f<f_d$ 时，$R_{eq1}(f)>0$。延时补偿后的系统分界频率 f_d 与补偿参数 a 有关，令 $g_R(f)=0$，从而可得 f_d 关于参数 a 的表达式为

$$f_d=\frac{f_s}{\pi}\arcsin\left(\frac{a+1}{2}\right) \tag{11-9}$$

根据式(11-9)易知延时补偿前(a=0)有 $f_d=f_s/6$，而延时补偿后的 f_d 会随着 a 的增加而变大，故延时补偿后的分界频率 f_d 必定大于 $f_s/6$，从而可保证 R_{eq1} 能在更宽的频率范围内取得正值，这表明加入延时补偿策略后的 CCFAD 有效阻尼区得以拓宽。$G_{tdc}(s)$可对环路增益的相位进行超前补偿，为避免正负穿越重合使幅值裕度要求冲突，可使 $G_{tdc}(s)$在 f_d 处的相位大于 10°，从而结合式(11-5)、式(11-9)可以得到

$$2\arctan\frac{a(a+1)\sqrt{4-(a+1)^2}}{2+a\left[2-(a+1)^2\right]}>10° \tag{11-10}$$

根据式(11-10)可以得到 a 的取值范围为[0.686,1]，同时根据式(11-5)可知 $G_{tdc}(s)$在 $f_s/2$ 处的幅值过大，且 a 值越接近 1 则幅值越大，特别地，若 a=1，则 $f_s/2$ 处的幅值为无穷大，这将放大系统高频段的噪声。故为避免出现这种情况且折中考虑有效阻尼区的拓宽，将 a 取为 0.9，代入式(10-9)可得补偿后 $f_d=0.4f_s$。图 11-6 给出了加入延时补偿策略后的 R_{eq1} 频率特性，可以明显地看出，相比于补偿前，正有效阻尼区域从原来的(0, $f_s/6$)拓宽至补偿后的(0,0.4f_s)，因此，系统鲁棒性得到较大的提升。

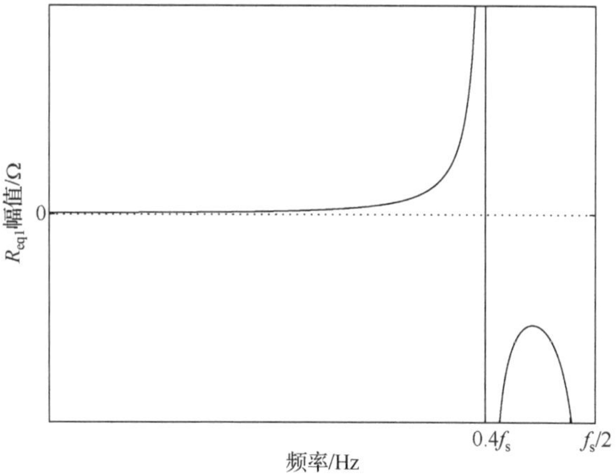

图 11-6　R_{eq1} 的频率特性

弱电网下，电网阻抗会宽范围变化，故补偿前为避免 $f_r=f_s/6$ 时的系统不稳

定，通常需增大滤波电感或滤波电容使 $f_{ro}<f_s/6$，这将增加并网逆变器的体积和成本。而加入所提延时补偿策略后可将有效阻尼区拓宽至$(0,0.4f_s)$，从而扩大了 f_{ro} 的选取范围，降低了逆变器的体积和成本。

11.1.2.2 延时补偿后的系统稳定条件

根据 11.1.2.1 节可知补偿前的系统稳定条件和谐振频率 f_r 与系统分界频率 $f_s/6$ 的大小关系相关，而补偿后分界频率为 $0.4f_s$，相应稳定条件也将改变，故本节将着力于推导出补偿后的系统稳定条件，为后续参数设计提供指导。要得到补偿后的系统稳定条件需要对环路增益 $T_{D1}(s)$的极点进行描述，而由式(11-6)知 $T_{D1}(s)$中存在与频率相关的超越因子 $e^{-1.5sT_s}$，难以在 s 域中描述其极点，故应用一阶后向差分法将其转换至 z 域进行分析，则 $T_{D1}(z)$的表达式为

$$T_{D1}(z)=\frac{G_i(z)H_{L_2}k_{PWM}kz}{\omega_r\left(L_1+L_2+L_g\right)(z-1)}\cdot\frac{\omega_r T_s\lambda_1-(z-1)^2\sin(\omega_r T_s)}{(z+a)^2\lambda_1+\dfrac{kH_c k_{PWM}z}{\omega_r L_1}(z-1)\sin(\omega_r T_s)} \tag{11-11}$$

式中，$\lambda_1=z^2-2z\cos(\omega_r T_s)+1$。

由式(11-11)可知，$T_{D1}(z)$的不稳定极点由其分母的分项式 $D(z)$决定，$D(z)$的表达式为

$$D(z)=(z+a)^2\left(z^2-2z\cos(\omega_r T_s)+1\right)+\frac{kH_c k_{PWM}z}{\omega_r L_1}(z-1)\sin(\omega_r T_s) \tag{11-12}$$

为分析多项式 $D(z)$根的分布情况，需将式(11-12)做双线性变换(w 变换)，即令 $z=(1+w)/(1-w)$，从而可得到关于 w 的特征多项式为

$$D(w)=n_0+n_1w^1+n_2w^2+n_3w^3+n_4w^4 \tag{11-13}$$

式中

$$\begin{cases}n_0=(1+a)^2\left[2-2\cos(\omega_r T_s)\right]\\ n_1=2\left(1-a^2\right)\left[2-2\cos(\omega_r T_s)\right]+2\delta\\ n_2=4\left[1+2a\cos(\omega_r T_s)+a^2\right]-2\delta\\ n_3=2\left(1-a^2\right)\left[2+2\cos(\omega_r T_s)\right]-2\delta\\ n_4=(1-a)^2\left[2+2\cos(\omega_r T_s)\right]+2\delta\\ \delta=kH_c k_{PWM}\sin(\omega_r T_s)/(\omega_r L_1)\end{cases} \tag{11-14}$$

为了保证系统的可控性，一般情况下有 $f_r<f_s/2$，故 $0<\omega_r T_s<\pi$。因此在 $H_c>0$ 的情况下，根据式(11-14)可知，系数 n_0、n_1 和 n_4 均恒大于 0。由劳斯判据可知，要

使 $T_{D1}(s)$无不稳定极点，即 $D(\omega)$复右半平面根的个数为 0，需保证劳斯表的第 1 列系数$[n_4\ n_3\ m_1\ m_2]^T$全部大于 0，其中 $m_1=(n_3n_2-n_4n_1)/n_3$，$m_2=(m_1n_1-n_3n_0)/m_1$。通过分析证明可知，若要保证系统无开环不稳定极点，则 H_c必须满足以下条件：

$$0 < H_c < \frac{\left(1-a^2\right)\omega_r L_1\left[a^2+2a-1+2\cos\left(\omega_r T_s\right)\right]}{kk_{PWM}\sin\left(\omega_r T_s\right)} = H_{c\_m2} \tag{11-15}$$

系数 n_3、m_1 和 m_2 在 H_c 的不同区间内的正负符号变化情况如表 11-1 所示。表中，H_{c_1}、H_{c_m1} 和 H_{c_m2} 分别为 n_3、m_1 和 m_2 等于 0 时对应 H_c 的值，其中 H_{c_m2} 为临界电容电流反馈系数。系数$[n_4\ n_3\ m_1\ m_2]^T$的正负符号变化次数，为系统的开环不稳定极点个数，如在$(H_{c_m1}，H_{c_1})$内，$[n_4\ n_3\ m_1\ m_2]^T$的符号为$[+\ +\ -\ +]^T$，正负符号变化次数为 2，则开环不稳定极点个数为 2。

表 11-1　劳斯表第 1 列系数的正负情况

	$(0，H_{c\_m2})$	$(H_{c\_m2}，H_{c\_m1})$	$(H_{c\_m1}，H_{c\_1})$	$(H_{c\_1}，+\infty)$
n_3	+	+	+	–
m_1	+	+	–	+
m_2	+	–	+	+

由表 11-1 可知，当 $0<f_r<f_d$ 时，若 $0<H_c<H_{c\_m2}$，系统无不稳定的极点；若 $H_c>H_{c\_m2}$，则系统有 2 个不稳定的极点。由式(11-15)可知，H_{c_m2} 的正负由 $g(f_r)=a^2+2a-1+2\cos(2\pi f_r/f_s)$决定，由于 $g(f_r)$在$(0，f_s/2)$内是关于 f_r 单调递减的函数，且 $a^2+2a-1<2$，则必存在频率 f_d 使得当 $f_d<f_r<f_s/2$ 时，有 $H_{c\_m2}<0$。故当 $f_d<f_r<f_s/2$ 时，有 $H_c>H_{c\_m2}$，那么系统有 2 个不稳定极点。根据奈奎斯特稳定判据可知，补偿后的系统稳定条件如表 11-2 所示。

表 11-2　补偿后的系统稳定条件

条件	$0<f_r<f_d$		$f_d<f_r<f_s/2$
H_c	$(0，H_{c\_m2})$	$(H_{c\_m2}，+\infty)$	$(0，+\infty)$
不稳定极点	0	2	2
–180°穿越	$f_{r(-)}$	$f_{r(-)}$　$f_{d(+)}$	$f_{d(-)}$　$f_{r(+)}$
幅值裕度要求	$GM_{(-)}>0$	$GM_{(-)}>0$，$GM_{(+)}<0$	$GM_{(-)}>0$，$GM_{(+)}<0$

11.1.2.3　电容电流反馈参数设计

为了保证较好的谐振抑制效果，通常会让 $R_{eq1}>0$，故 f_{ro} 应小于 f_d。由式(11-6)知，L_g 增大时 $T_{D1}(s)$幅值会减小，在伯德图里表现为幅频曲线下移。故若 $f_{ro}<f_d$，

当 $0<H_c<H_{c\_m2}$ 或 $H_c>H_{c\_m2}$ 时，只需保证 L_g=0mH 时的 $T_{D1}(s)$在相应穿越频率处的幅值裕度满足表 3-2 中的稳定要求，则 L_g 增大时系统仍能保持稳定。$T_{D1}(s)$在 f_{ro} 和 f_d 处的幅值裕度 $GM_{(-)}$和 $GM_{(+)}$的表达式分别为

$$GM_{(-)}=-20\lg\frac{2\pi f_c L_1(1+a)^2}{H_{c\_GM_{(-)}}k_{PWM}k} \tag{11-16}$$

$$GM_{(+)}=-20\lg\left|\frac{2\pi f_c(L_1+L_2)\frac{\gamma(1+a)^2}{k}}{L_1L_2C(2\pi f_d)^3-L_2CH_{c\_GM_{(+)}}k_{PWM}(2\pi f_d)^2\gamma-(L_1+L_2)2\pi f_d}\right| \tag{11-17}$$

式(11-16)和式(11-17)中，f_c 为系统截止频率，H_{c_GM} 为幅值裕度约束下的电容电流比例反馈系数，$\gamma=R_a/X_{eq1}(f_d)$。

结合 $GM_{(-)}$>3dB，$GM_{(+)}$<−3dB 以及式(10-15)，可得 H_c 取值区域如图 11-7 所示。

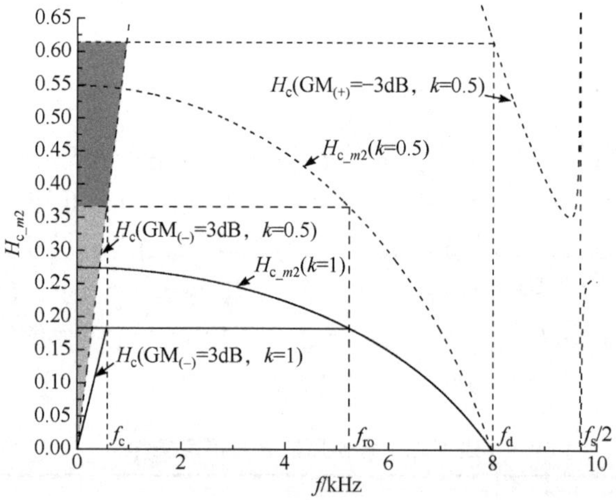

图 11-7　H_c的取值区域

事实上，在 $0<f_r<f_d$ 内，$X_{eq}(f)$大于 0 为感抗，这会导致 f_r 发生偏移且大于 f_{ro}，同时 $G_{tdc}(s)$的高通特性在一定程度上放大了 $T_{D1}(s)$在 f_r 处的幅值，故此时 H_c 不能很好地抑制谐振。由式(10-15)知，减小 k 值即可扩大 H_c 可选范围，且由式(10-15)和式(11-16)可知，改变 k 值不会影响 f_c 值，从而基本上不会影响系统的动态性能，故可取 k=0.5，使 H_c 的可选范围增大 1 倍以满足要求。将 k=0.5 代入式(11-15)得到 f_{ro} 处的 H_{c_m2}=0.367。$0<H_c<H_{c\_m2}$ 时 H_c 的选取范围对应为图 11-7 中的浅色三角形区域，而 $H_c>H_{c\_m2}$ 时 H_c 的选取范围则为对应图 11-7 中的深色梯形区域。

11.1.2.4　QPR 控制器参数设计

由于 QPR 控制器 $G_i(s)$在截止频率 f_c 处的幅值近似等于其比例系数 k_p，且补偿后系统环路增益 $T_{D1}(s)$在截止频率 f_c 处的幅值等于 1，即$|T_{D1}(j2\pi f_c)|=1$，故比例系数 k_p 可据此进行设计。在截止频率以下频段内，滤波电容 C 对环路增益 $T_{D1}(s)$幅频特性的影响可以忽略不计，故在分析时可令 C=0μF，由前述分析知只需要保证 L_g=0mH 时满足稳定相应幅值裕度条件即可使系统稳定，故同时忽略电网阻抗的影响，从而将 $s=j2\pi f_c$ 代入式(10-6)可以得到环路增益为

$$\left|T_{D1}(j2\pi f_c)\right|=\left|\frac{G_{tdc}(j2\pi f_c)k_{PWM}H_{L_2}k_p}{2\pi f_c(L_1+L_2)}\right|=1 \tag{11-18}$$

延时补偿环节在系统截止频率 f_c 处的幅值$\left|G_{tdc}(j2\pi f_c)\right|\approx k/(1+a)^2$，将其代入式(11-18)，从而可得到比例系数 k_p 的表达式为

$$k_p=\frac{2\pi f_c(1+a)^2(L_1+L_2)}{kk_{PWM}H_{L_2}} \tag{11-19}$$

在基频环路增益 T_{f_o} 满足系统闭环稳态误差的条件下，谐振系数 k_r 关于 T_{f_o} 的约束表达式为

$$k_{r\_T_{fo}}=\frac{2\pi(1+a)^2(L_1+L_2)}{kk_{PWM}H_{L_2}}\left(10^{\frac{T_{f_o}}{20}}f_o-f_c\right) \tag{11-20}$$

由于环路增益 $T_{D1}(s)$在截止频率 f_c 处的相位等于−180°与相位裕度 α_{PM} 的代数和，根据这一条件可以得到谐振系数 k_r 在 α_{PM} 约束下的表达式为

$$k_{r\_\alpha_{PM}}=\frac{2\pi f_c^{\,2}(1+a)^2(L_1+L_2)}{kk_{PWM}H_{L_2}}\tan\left(-\alpha_{PM}-\arctan\frac{B}{A}+\arctan\frac{D}{C}\right) \tag{11-21}$$

式中

$$\begin{cases}A=\left(2a+a^2\right)\cos\left(\pi f_c/f_s\right)+\cos\left(3\pi f_c/f_s\right)\\B=\left(2a-a^2\right)\sin\left(\pi f_c/f_s\right)+\sin\left(3\pi f_c/f_s\right)\\C=f_cH_ck_{PWM}\dfrac{kA}{A^2+B^2}\\D=2\pi L_1\left(f_r^{\,2}-f_c^{\,2}\right)+f_cH_ck_{PWM}\dfrac{kB}{A^2+B^2}\end{cases} \tag{11-22}$$

由式(11-19)可以得出比例系数 k_p 的值，将表 11-3 相关参数代入可求得 k_p=1.438。由式(11-20)和式(11-21)可以得出谐振系数 k_r 的参考取值范围介于$k_{r_T_{fo}}$ 和

$k_{r_\alpha_{PM}}$之间，由于实际工程上要求相位裕度在30°到60°之间，故这里取α_{PM}=40°，将前述相关控制参数和表 11-3 的参数代入式(11-20)和式(11-21)可求得$k_{r_T_{fo}}$=224.8，$k_{r\_\alpha_{PM}}$=383.14(0<H_c<H_{c_m2}时，取H_c=0.28)，$k_{r\_\alpha_{PM}}$=382.29(H_c>H_{c_m2}时，取H_c=0.4)，但考虑到k_r取值过大会导致相位裕度减小，故折中取k_r=230。

表 11-3　并网逆变器仿真参数

参数名称	数值	参数名称	数值
电网电压 v_g/V	220	基波频率 f_o/Hz	50
直流母线电压 v_{in}/V	400	开关频率 f_{sw}/kHz	10
三角载波幅值 v_{tri}/V	2	采样频率 f_s/kHz	20
逆变器侧电感 L_1/mH	4	并网电流反馈系数 H_{L_2}	0.15
滤波电容 C/μF	2.8	QPR 控制器比例系数 k_p	1.438
网侧电感 L_2/mH	0.36	QPR 控制器谐振系数 k_r	230

11.1.3　延时补偿后的系统稳定性分析

弱电网下，并网逆变器需要在SCR⩾10的情况下稳定运行[143]，则对应的电网阻抗最大值为5.14mH。为验证系统在电网阻抗L_g变化下的稳定性，图11-8给出了延时补偿后系统环路增益$T_{D1}(s)$的伯德图。图11-8(a)中，当0<H_c<H_{c_m2}时，$T_{D1}(s)$无不稳定极点(P=0)，系统满足 $GM_{(-)}$>0，使得$T_{D1}(s)$相频曲线的负穿越失效(即 $N_{(-)}$=0)，且无有效正穿越($N_{(+)}$=0)，因此满足奈奎斯特稳定判据，此时，随着电网阻抗变化，系统也均可稳定，同时均具有较高的幅值裕度和相位裕度；

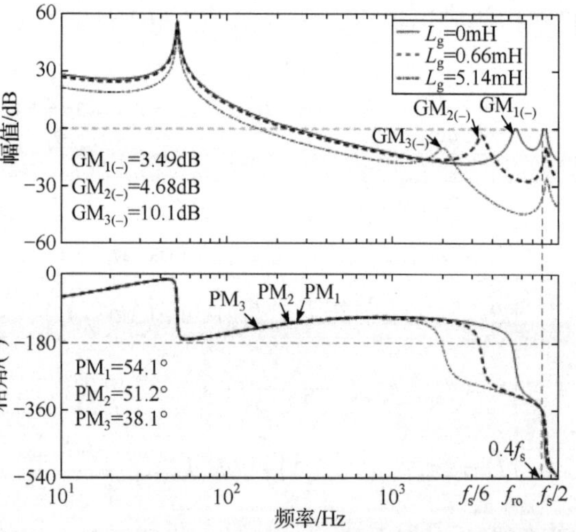

(a) 0<f_r<f_d，0<H_c<H_{c_m2}

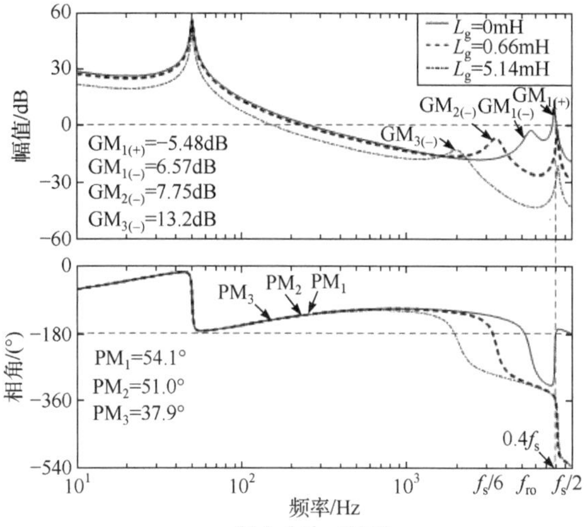

(b) $0<f_r<f_d$，$H_c>H_{c\_m2}$

图 11-8　$T_{D1}(s)$的伯德图

图 11-8(b)中，当 $H_c>H_{c\_m2}$，且 L_g=0mH 时，$T_{D1}(s)$存在两个不稳定极点(P=2)，其相频曲线在−180°水平线处有一正一负的穿越，同样由于 $GM_{(-)}>0$ 使得负穿越失效，且只有一次有效正穿越，因此系统也能满足稳定条件。同时 H_{c_m2} 将会随着 L_g 增大而大于所选的 H_c，可以看出，L_g=0.66mH 和 5.14mH 时，会进入图 11-8(a)的状态，系统亦可保持稳定。

不论 H_c 大于或小于 H_{c_m2}，$T_{D1}(s)$的幅频曲线都会随着 L_g 的增大而逐渐下移，因此只要保证 $T_{D1}(s)$在 L_g=0mH 时满足幅值裕度要求，则 L_g 增大时系统仍能保持稳定。可见，所提策略大大拓宽了有效阻尼区，解决了 $f_r=f_s/6$ 时系统稳定性差的问题，提高了系统在弱电网下的鲁棒性。

11.1.4　仿真与实验验证

11.1.4.1　仿真验证

为验证所提延时补偿策略的有效性以及控制参数设计的合理性，根据表 11-3 中的参数，在仿真软件中搭建单相数字控制 LCL 型并网逆变器模型，观察不同电网阻抗下并网电流 i_{L_2} 以及 PCC 电压 v_{PCC} 的波形。

为合理比较加入延时补偿策略前后，系统在 LCL 滤波器初始频率 $f_{ro}>f_s/6$ 情况下对电网阻抗变化的适应能力，首先应保证补偿前的系统在 L_g=0mH 时满足一正一负的幅值裕度要求，故求得补偿前的电容电流反馈系数 H_c 取值范围为(0.05，0.133)，折中考虑后选取补偿前的 H_c=0.126。则当电网阻抗 L_g 变化时，补偿前的并网仿真波形如图 11-9 所示。

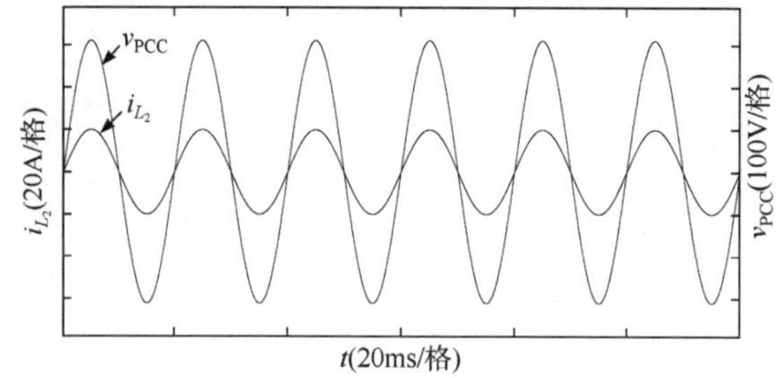

(a) L_g=0mH

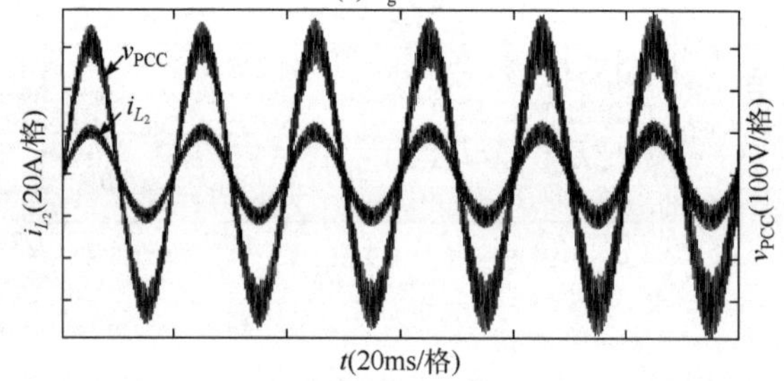

(b) L_g=0.66mH

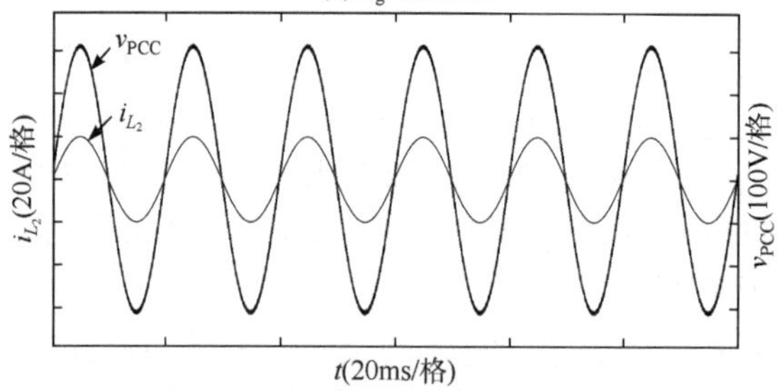

(c) L_g=5.14mH

图 11-9　补偿前的系统并网仿真波形

由图 11-9(a)和(c)可以看出，在 L_g=0mH 及 5.14mH 时，延时补偿前的系统分别对应于 11.1 节中提到的情形一($f_r>f_s/6$)和情形三($f_r<f_s/6$)，此时并网电流质量都较为良好，说明通过幅值裕度约束设计系统原本的控制参数可以满足对应的幅值裕度要求，系统能够保持稳定运行。但当 L_g=0.66mH 时，延时补偿前的系统则对应于情形二($f_r=f_s/6$)，此时由于 LCL 的实际谐振频率 f_r 接近 $f_s/6$，则补偿前的系统处于临界稳定状态，稳定条件较为严苛，选取的控制参数难以使系统保持稳定，由图 11-9(b)可以看出，此时的并网电流波形发生振荡失真。仿真结果验证了 11.1 节中图 11-4 的系统稳定性情况。

根据图 11-7 选取加入延时补偿策略后的 H_c 为 0.28(小于 H_{c_m2})和 0.4(大于 H_{c_m2})，则当电网阻抗 L_g 变化时，加入延时补偿后的并网波形如图 11-10 所示。对于补偿后的系统，由于 LCL 滤波器的初始谐振频率 f_{ro}(5233.63Hz)小于 $0.4f_s$(8000Hz)，因此 3 个不同电网阻抗值下的实际谐振频率也均小于 $0.4f_s$，故随

着 L_g 增大不会出现幅值裕度要求冲突的情况，且所需稳定要求也通过合理的控制参数设计获得满足，此时在 L_g=0.66mH 时的并网电流波形振荡发散现象得到明显改善，且在 L_g=0mH 及 5.14mH 时的并网电流波形也取得较为满意的效果。由此可见，补偿前无法仅通过设计控制参数实现系统在 f_r 接近 $f_s/6$ 时保持稳定运行，因此必须施加外部补偿来改善系统稳定性；而加入延时补偿策略后，只要 $f_{ro}<0.4f_s$，且 H_c 满足图 11-7 的约束，系统就能在电网阻抗宽范围变化下始终保持稳定运行。

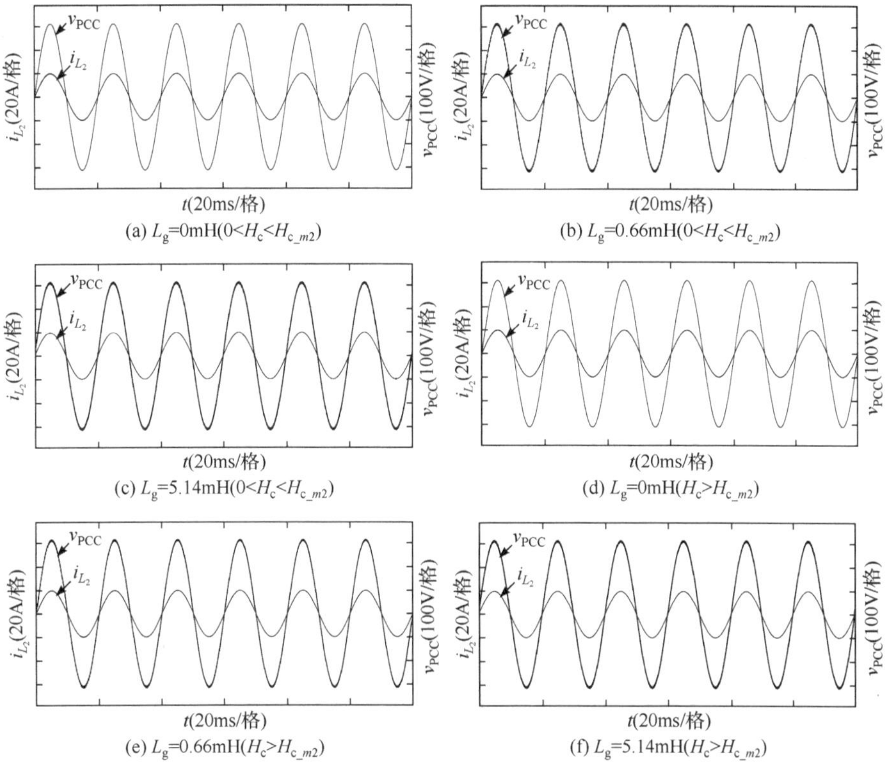

(a) L_g=0mH($0<H_c<H_{c\_m2}$)　(b) L_g=0.66mH($0<H_c<H_{c\_m2}$)

(c) L_g=5.14mH($0<H_c<H_{c\_m2}$)　(d) L_g=0mH($H_c>H_{c\_m2}$)

(e) L_g=0.66mH($H_c>H_{c\_m2}$)　(f) L_g=5.14mH($H_c>H_{c\_m2}$)

图 11-10　补偿后的系统并网仿真波形

表 11-4 给出了延时补偿后的系统在不同电网阻抗 L_g 下的并网电流总谐波畸变率，可见在不同 L_g 取值的情况下，并网电流的 THD 始终保持在较低水准，满足 IEEE Std 519-2014[144]中规定的 THD 小于 5%的并网要求。

表 11-4　补偿后的并网电流 i_{L_2} 的 THD 分析

电容电流反馈系数 H_c	并网电流 i_{L_2} 的总谐波畸变率 THD/%		
	L_g=0mH	L_g=0.66mH	L_g=5.14mH
H_c=0.28	1.79	1.67	0.28
H_c=0.40	1.76	1.55	0.19

图 11-11 为延时补偿后的系统在并网电流参考值 i_{ref} 发生突变时的动态响应情况，可见并网电流能快速跟踪上突变的电流参考值并进入稳态，且突变时波形未出现振荡现象，表明补偿后的系统动态响应能力较好。

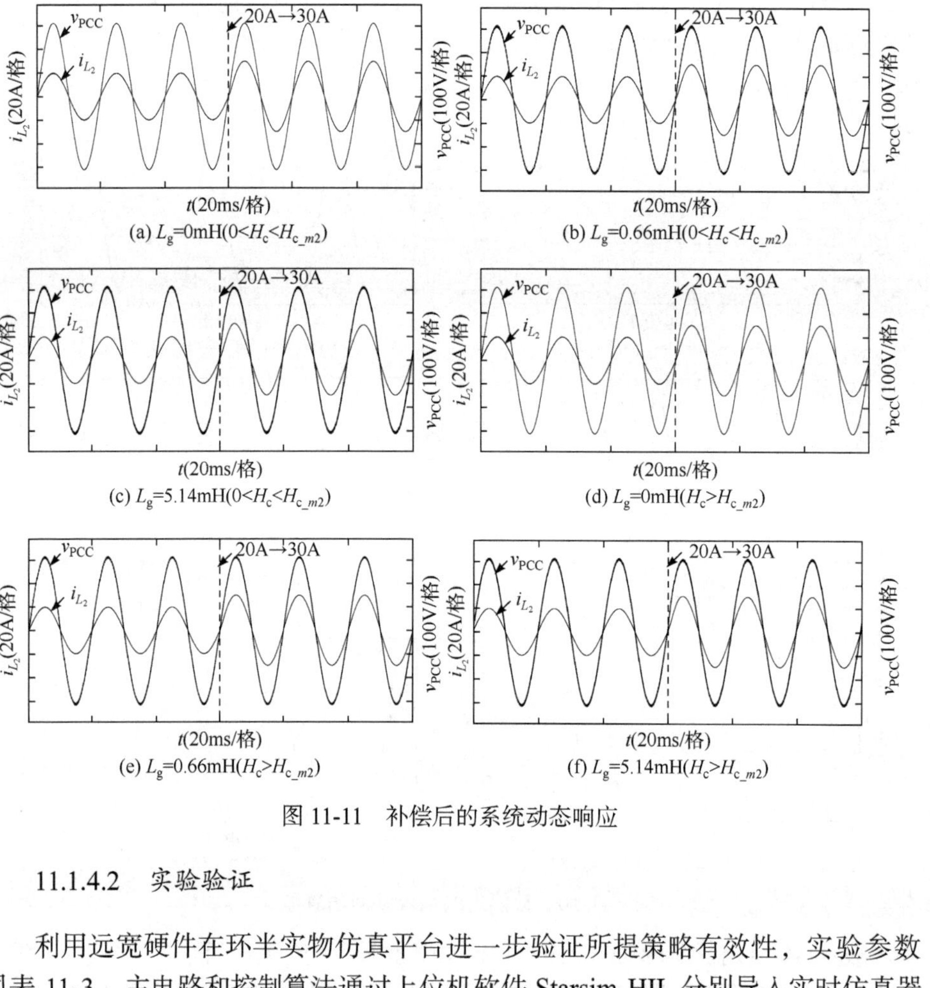

(a) L_g=0mH($0<H_c<H_{c\_m2}$)　(b) L_g=0.66mH($0<H_c<H_{c\_m2}$)

(c) L_g=5.14mH($0<H_c<H_{c\_m2}$)　(d) L_g=0mH($H_c>H_{c\_m2}$)

(e) L_g=0.66mH($H_c>H_{c\_m2}$)　(f) L_g=5.14mH($H_c>H_{c\_m2}$)

图 11-11　补偿后的系统动态响应

11.1.4.2　实验验证

利用远宽硬件在环半实物仿真平台进一步验证所提策略有效性，实验参数同表 11-3，主电路和控制算法通过上位机软件 Starsim HIL 分别导入实时仿真器的 FPGA 和 CPU 中，示波器进行波形输出，半实物仿真平台如图 11-12 所示。

由前述分析知，补偿前的系统只在 $f_r≈f_s/6$(L_g≈0.66mH)时难以稳定，其他情况可通过合理设计控制参数实现稳定。故只对 L_g=0.66mH 时的情况进行比较验证，实验结果如图 11-13 所示。

由图 11-13 可以看出，补偿前的并网波形发生较严重振荡，并网电流的谐波含量高，而补偿后的并网电流波形振荡现象消失，表明所提延时补偿策略可以明

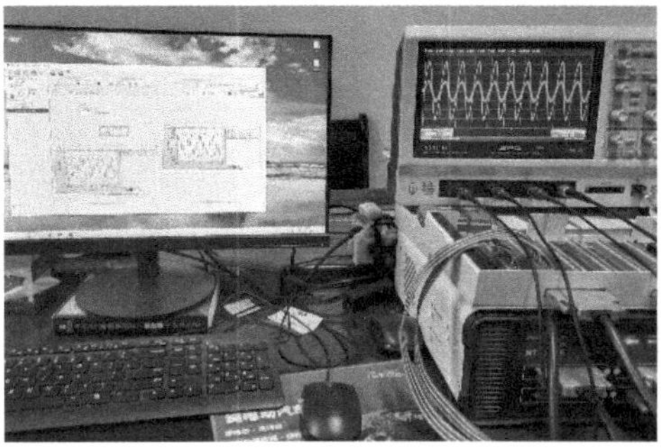

图 11-12　半实物仿真平台

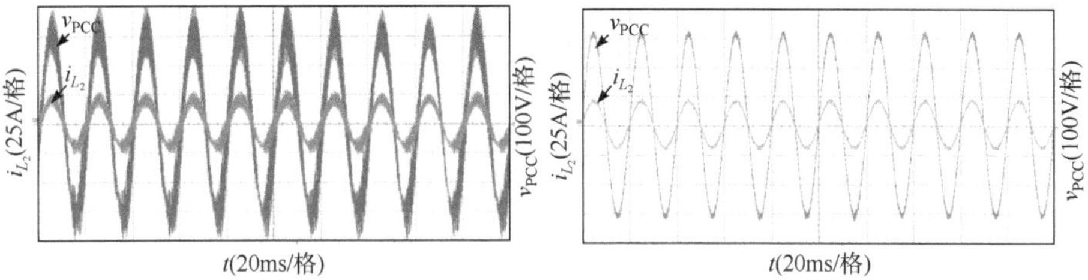

(a) 补偿前　(b) 补偿后

图 11-13　L_g=0.66mH 时补偿前后的并网波形

显改善逆变器系统接入电网的电流质量。同时以 $0<H_c<H_{c\_m2}$ 为例，验证补偿后的系统在其他 L_g 条件下的稳定性，结果如图 11-14 所示，可见不论 L_g=0mH 还是 L_g=5.14mH(SCR=10)时，并网电流波形都同样无振荡现象发生，且电流质量较好。实验结果表明，所提策略拓宽了系统稳定运行区域，提高了其在弱电网下的鲁棒性。

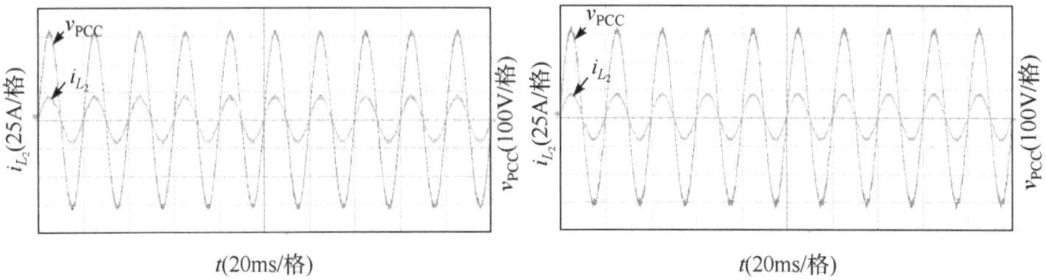

(a) L_g=0mH　(b) L_g=5.14mH

图 11-14　补偿后的并网波形

补偿后的系统动态响应情况如图 11-15 所示，可见并网电流 i_{L_2} 的参考值 i_{ref} 无论是从 20A 突变至 30A，或是从 30A 突变至 20A，电流 i_{L_2} 都能快速跟上并达到稳态，表明补偿后的系统具有较好的动态响应性能。

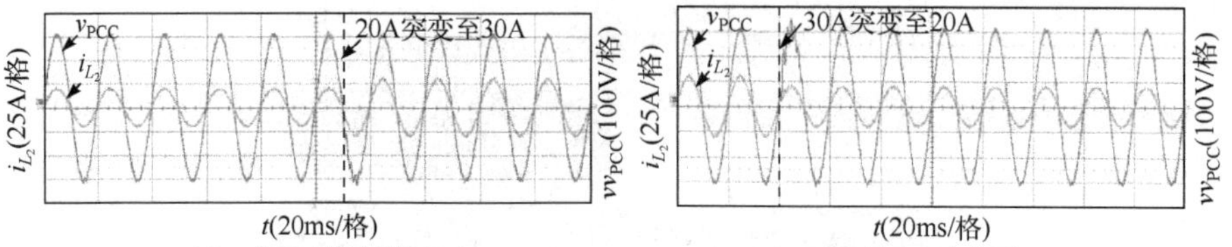

(a) i_{ref}从20A突变至30A　　(b) i_{ref}从30A突变至20A

图 11-15　系统动态响应

11.1.5　小结

11.1 节提出了一种拓宽 CCFAD 有效阻尼区的延时补偿策略，在系统前向通路中加入延时补偿环节，用以提高系统分界频率，从而可将 CCFAD 正有效阻尼区域拓宽至(0，$0.4f_s$)，利用劳斯稳定判据详细推导出加入延时补偿策略后的系统稳定条件，并给出了保证系统稳定的电容电流反馈系数取值范围；根据新稳定约束条件合理设计了具体电容电流反馈系数取值和 QPR 控制器的比例系数及谐振系数；对补偿后的系统进行稳定性分析，结果表明所提策略可有效拓宽系统稳定运行区域，提高系统在弱电网下的鲁棒性。最后，通过对仿真和实验结果的分析表明所提策略是有效的。

11.2　弱电网下 LCL 型并网逆变器导纳相位补偿策略

11.2.1　延时补偿策略的局限性

根据 11.2 节的分析可知，在前向通路中加入延时补偿环节可以将 CCFAD 有效阻尼区从(0，$f_s/6$)提升至(0，$0.4f_s$)，但仍然存在($0.4f_s$，$f_s/2$)的负阻尼区域，当 LCL 滤波器的谐振频率f_r落入这个区域时，系统稳定条件较为复杂，因此对于纯感性电网阻抗的弱电网条件下，系统在实际运行过程中的鲁棒性尚有不足。同时，在低压光伏和 PCC 处采用功率因数校正装置等应用场合中，电网性质为含容性阻抗的弱电网，此时并网逆变器系统的控制结构如图 11-16 所示。图中，$Z_{L_g}(s)=sL_g$，$Z_{C_g}(s)=1/sC_g$，二者并联后组成容性弱电网下的电网阻抗$Z_{gc}(s)$，可知此时的电网阻抗表达式从纯感性时的 $Z_g(s)=sL_g$ 变成含容性阻抗时的 $Z_{gc}(s)=sL_g/(s^2L_gC_g+1)$。

根据图 11-16 可知，弱电网含容性电网阻抗时的系统控制框图如图 11-17 所示。

由图 11-17 可看出，$Z_{gc}(s)$的存在将使系统的阶数增加，若继续从基于传统等效传递函数的角度对系统稳定性进行分析，则较为复杂，且假设电网阻抗为纯感性时所提出的延时补偿策略也将不能完全适用。而根据无源性理论[145]可知，只要将并网逆变器系统设置成无源的，即保证逆变器等效输出导纳的实部大于 0 或

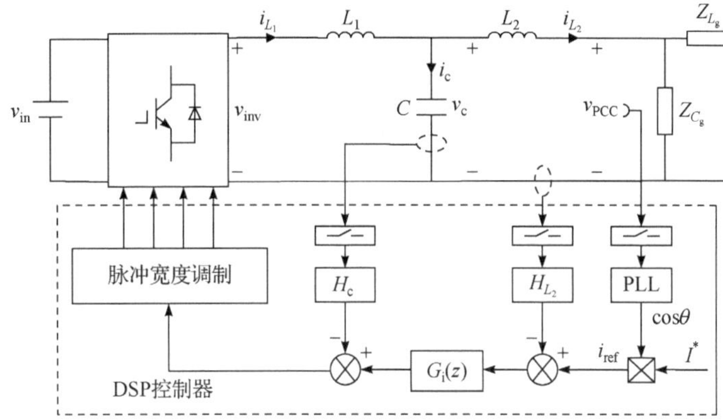

图 11-16　含容性阻抗弱电网下的系统控制原理图

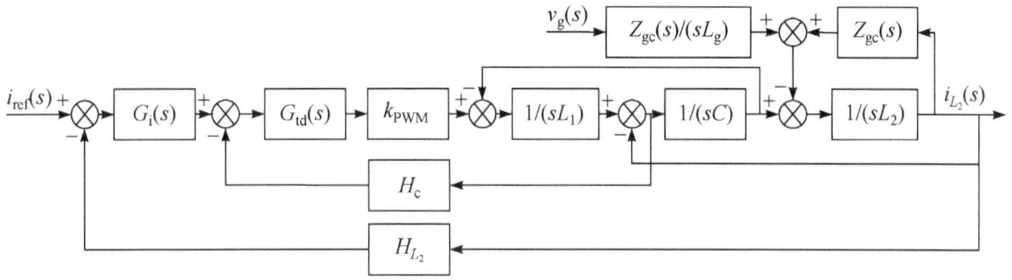

图 11-17　含容性电网阻抗时的逆变器系统控制框图

相位在(−90°，90°)，则不管电网阻抗是何性质，大小怎样变化，系统均能稳定运行。为此，本章将从无源性的角度对提高系统鲁棒性的并网逆变器输出导纳相位补偿策略进行研究。

11.2.2　并网逆变器输出导纳简化模型及无源性分析

系统无源性是基于逆变器输出导纳的相频特性来进行分析的，为此，本节首先建立 LCL 型并网逆变器简化的输出导纳模型，根据图 11-16 结合基尔霍夫电压(电流)定律，可将 LCL 型并网逆变器的复频域方程表示如下：

$$\begin{cases} sL_1 i_{L_1}(s) = v_{inv}(s) - v_c(s) \\ sL_2 i_{L_2}(s) = v_c(s) - v_{PCC}(s) \\ i_{L_1}(s) = i_c(s) + i_{L_2}(s) \\ v_c(s) = \dfrac{1}{sC} i_c(s) \end{cases} \tag{11-23}$$

图 11-16 中，并网电流 i_{L_2} 作为控制目标经过 H_{L_2} 被反馈，其与给定参考值 i_{ref} 比较产生误差信号，馈送至 QPR 控制器当中。接着，与通过 H_c 比例反馈的滤波

电容电流 i_c 比较产生并网逆变器电压参考信号 v_r，这一过程可以用一个数学表达式进行描述，为了便于后续推导，将电容电流 i_c 用电容电压 v_c 进行表示，从而电压参考信号 v_r 的表达式为

$$v_r(s)=\left[i_{ref}(s)-H_{L_2}i_{L_2}(s)\right]G_i(s)-sCH_c v_c(s) \tag{11-24}$$

并网逆变器输出电压 v_{inv} 由 v_r 通过脉冲宽度调制(PWM)产生，同时考虑到系统中的数字控制延时和逆变器等效增益 k_{PWM}，则 v_{inv} 可表示为

$$v_{inv}(s)=v_r(s)k_{PWM}G_{td}(s) \tag{11-25}$$

将式(11-24)和式(11-25)代入式(11-23)中，得到

$$i_{L_2}(s)=T_i(s)i_{ref}(s)-Y_i(s)v_c(s) \tag{11-26}$$

式中，$T_i(s)$为内部系统闭环传递函数，$Y_i(s)$为逆变器侧除电感 L_2 外的等效输出导纳。二者表达式分别为

$$T_i(s)=\frac{k_{PWM}G_{td}(s)G_i(s)}{sL_1+k_{PWM}G_{td}(s)G_i(s)H_{L_2}} \tag{11-27}$$

$$Y_i(s)=\frac{s^2L_1C+sCH_c k_{PWM}G_{td}(s)+1}{sL_1+k_{PWM}G_{td}(s)G_i(s)H_{L_2}} \tag{11-28}$$

结合式(11-22)和图 11-16 可以得到并网逆变器与容性弱电网的交互诺顿等效电路如图 11-18 所示。其中 $Z_{L_2}(s)=sL_2$，表示 LCL 滤波器电网侧的感抗值。根据无源性的性质可知，只要保证一个整体系统内的所有子元件是无源的，那么整个系统都是无源的[146]。由于网侧电感 L_2 是无源的，所以在建立逆变器输出导纳模型时可将其作为一个子模块独立出来。电流源 $i_s(s)=T_i(s)i_{ref}(s)$表示并网电流闭环控制回路的响应，表征系统内部稳定性；$Y_i(s)$表示并网电流对电容电压的传递函数，即从滤波电容往逆变器侧看过去的等效输出导纳，与 $Z_{L_2}(s)$、$Z_{gc}(s)$一起表征系统外部稳定性；$v_g(s)$表示电网电压。

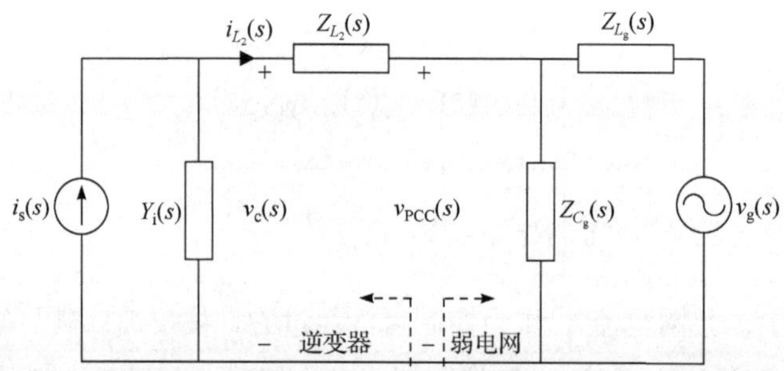

图 11-18　并网逆变器与容性弱电网的交互诺顿等效电路

根据图 11-18，将 $v_c(s)=[Z_{L_2}(s)+Z_{gc}(s)]i_{L_2}(s)+v_g(s)$ 代入式(11-26)可得

$$i_{L_2}(s)=\left[T_i(s)i_{ref}(s)-Y_i(s)v_g(s)\right]\frac{1}{1+Y_i(s)/Y_t(s)} \tag{11-29}$$

式中，$Y_t(s)=1/\left[Z_{L_2}(s)+Z_{gc}(s)\right]$。

根据基于阻抗的稳定性判据[147]，整个闭环系统稳定需满足以下两个条件。

(1) 内部闭环系统稳定，即系统闭环传递函数 $T_i(s)$是稳定的。

(2) 表征系统外部稳定性的 $Y_i(s)/Y_t(s)$需满足奈奎斯特稳定判据，即其相位裕度 PM=180°−$|\angle Y_i(j\omega_c)-\angle Y_t(j\omega_c)|>0$，其中 ω_c 为$|Y_i(s)|=|Y_t(s)|$时的交点角频率。根据无源性理论，$Y_t(s)$表示电阻-电感-电容(RLC)网络，相位在−90°到 90°之间，显然是无源的。因此，系统无源性只由 $Y_i(s)$决定，只要通过适当方法将 $Y_i(s)$设置成无源的，即 $Y_i(s)$的实部大于 0 或相位介于−90°到 90°之间，那么不管电网阻抗是何种性质，系统在全频率段内的 PM 均能满足要求，从而可保证并网逆变器系统在复杂弱电网环境下始终保持稳定运行。

11.2.2.1　数字控制延时对系统无源性的影响

本节主要分析数字控制延时对 $Y_i(s)$无源性的影响，但在控制延时中，若采样频率一定，则 0.5 拍的 PWM 延时将不会改变，故对其保留，只以计算延时作为变量进行分析，则控制延时的表达式可表示为 $G_{td}(s)=e^{-(\lambda+0.5)sT_s}$，取$\lambda$=0(无计算延时)，$\lambda$=0.5(半拍计算延时)和$\lambda$=1(一拍计算延时)。图 11-19 给出了不同$\lambda$值下的 $Y_i(s)$相频特性，可以看出，当λ=0 时，和完全不含控制延时一样，$Y_i(s)$可在整个奈奎斯特频率段内，即 $0<\omega<\omega_s/2$，保持无源；当λ=0.5 时，$Y_i(s)$可在 $0<\omega<\omega_s/4$ 频段内保持无源，但在 $\omega_s/4<\omega<\omega_s/2$ 的频段内是非无源的；当λ=1 时，$Y_i(s)$可在

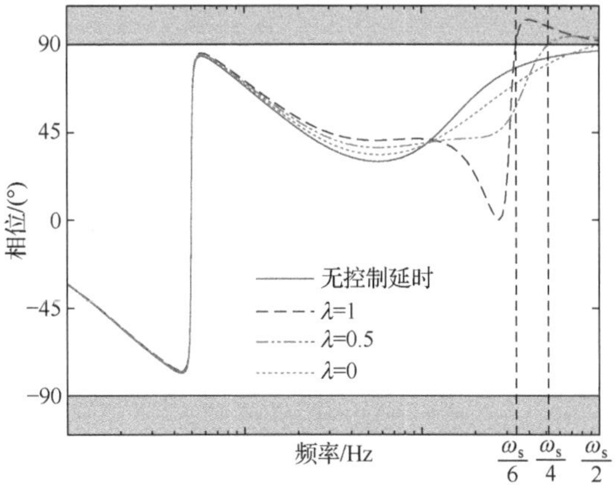

图 11-19　不同控制延时下的 $Y_i(s)$相频特性

$0<\omega<\omega_s/6$ 频段内保持无源，但在 $\omega_s/6<\omega<\omega_s/2$ 的频段内是非无源的。很显然，随着计算延时的增加，$Y_i(s)$的非无源区域会逐渐扩大，无源区域则会逐渐缩小，这将不利于系统在宽范围阻抗变化下稳定运行。

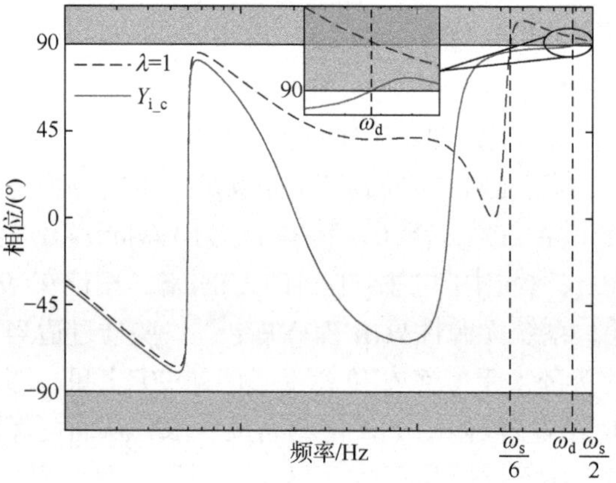

图 11-20 λ=1 时的 $Y_i(s)$和 $Y_{i_c}(s)$相频特性

通过适当的延时补偿策略减小控制延时，可以在一定程度上拓宽系统无源区域，图 11-20 给出了λ=1 时的 $Y_i(s)$相频特性和λ=1 且采用了 10.1 节延时补偿策略时的 $Y_{i_c}(s)$相频特性，可以看出，采用延时补偿策略后，无源区域得以拓宽，但由于无法将一拍的计算延时完全消除，故无源区域只能接近奈奎斯特频率，而无法实现全频段无源，仍存在非无源区域，若逆变器在该区域内与电网阻抗交互耦合，则无法满足奈奎斯特稳定判据，因此，对于电网阻抗性质和大小未知的情况下，系统鲁棒性较差。为实现 $Y_i(s)$全频段内无源，保证系统在复杂弱电网环境下具有更高的鲁棒性，必须寻找其他合适的方法，下面将在不进行延时补偿的情况下，即控制延时 $G_{td}(s)=e^{-1.5sT_s}$ 时，分析如何实现 $Y_i(s)$在全频段内无源。

11.2.2.2 最优电容电流反馈系数

根据无源性理论，要保证 $Y_i(s)$无源，需使其实部为非负，由图 11-19 可知控制延时主要影响系统高频段内的无源性，且考虑到 QPR 控制器的谐振环节在基频以外的频率段内对 $Y_i(s)$的影响可以忽略不计[69]，因此可令 $G_i(s)\approx k_p$，将 $s=j\omega$ 代入式(11-28)，从而可得 $Y_i(s)$的实部表达式为

$$\mathrm{Re}\left[Y_i(j\omega)\right]=\frac{a_1c_1+b_1d_1}{{c_1}^2+{d_1}^2} \tag{11-30}$$

式中

$$\begin{cases} a_1 = 1 - \omega^2 L_1 C + \omega C H_c k_{\mathrm{PWM}} \sin(1.5\omega T_s) \\ b_1 = \omega C H_c k_{\mathrm{PWM}} \cos(1.5\omega T_s) \\ c_1 = k_{\mathrm{PWM}} k_p H_{L_2} \cos(1.5\omega T_s) \\ d_1 = \omega L_1 - k_{\mathrm{PWM}} k_p H_{L_2} \sin(1.5\omega T_s) \end{cases} \tag{11-31}$$

由式(11-30)可知，要实现 $Y_i(s)$的实部非负，只需满足 $a_1c_1 + b_1d_1 \geqslant 0$，将式(11-31)代入式(11-30)可得 $a_1c_1 + b_1d_1$ 的表达式为

$$a_1c_1 + b_1d_1 = \left[k_p H_{L_2} + \omega^2 L_1 C\left(H_c - k_p H_{L_2}\right)\right] k_{\mathrm{PWM}} \cos(1.5\omega T_s) \tag{11-32}$$

式中，记 $f_1(\omega)= k_{\mathrm{PWM}} \cos(1.5\omega T_s)$，$f_2(\omega) = k_p H_{L_2} + \omega^2 L_1 C(H_c - k_p H_{L_2})$，显然 $f_1(\omega)$和 $f_2(\omega)$均与频率相关，二者取值可正可负。故要实现 $a_1c_1 + b_1d_1 \geqslant 0$，需保证 $f_1(\omega)$和 $f_2(\omega)$同号，即同时取正或同时取负。$f_1(\omega)$和 $f_2(\omega)$的频率特性如图 11-21 所示。

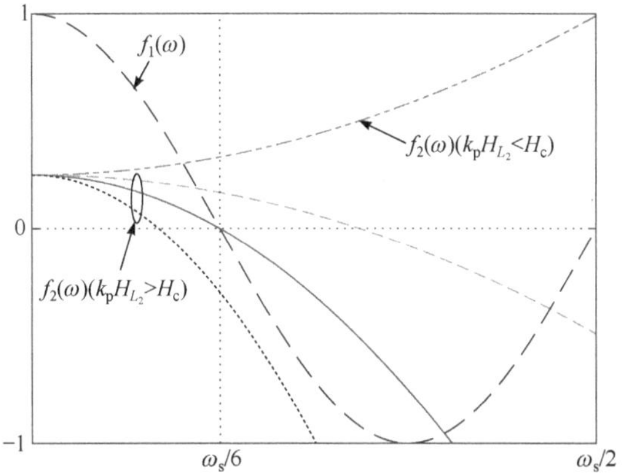

图 11-21　$f_1(\omega)$和 $f_2(\omega)$的频率特性

由图 11-21 可以看出，$f_1(\omega)$是关于 $\omega(0<\omega<\omega_s/2)$的余弦函数，其取值可正可负。而 $f_2(\omega)$则是关于 $\omega(0<\omega<\omega_s/2)$的单调函数，当 $H_c > k_p H_{L_2}$ 时，$f_2(\omega)$是单调增加的，由于 k_p、H_{L_2}、L_1 和 C 等参数均为正值，故此时 $f_2(\omega)$恒为正。而当 $H_c > k_p H_{L_2}$ 时，$f_2(\omega)$是单调递减的，此时 $f_2(\omega)$可正可负。因此，为了使 $f_1(\omega)$和 $f_2(\omega)$同时保持同号，只有 $H_c > k_p H_{L_2}$ 时才能满足要求。同时不难看出，当 $\omega<\omega_s/6$ 时，$f_1(\omega)$取正值；当 $\omega_s/6<\omega<\omega_s/2$ 时，$f_1(\omega)$则取负值。因此，为了实现 $a_1c_1 + b_1d_1 \geqslant 0$，应有 $f_2(\omega_s/6)=0$，从而得到

$$H_{\mathrm{c\_opt}} = \left(1 - \frac{1}{(\omega_s/6)^2 L_1 C}\right) k_p H_{L_2} \tag{11-33}$$

式中，$H_{\mathrm{c\_opt}}$ 为实现 $Y_i(s)$在全频率段内无源的最优电容电流反馈系数。

11.2.2.3 滤波器参数波动对无源性的影响

如上所述，$Y_i(s)$在理论上的全频段无源可以通过令 $H_c=H_{c\_opt}$ 实现，即使如此，也存在 $\mathrm{Re}[Y_i(j\omega_s/6)]=0$ 的临界无源情况，这在理论上相当于系统临界稳定，而在实际控制系统中，这种情况视为不稳定。且根据式(10-33)可知，H_{c_opt} 与 LCL 滤波器参数 L_1 和 C 密切相关，而参数 L_1 和 C 在并网逆变器实际运行过程中会因器件老化等原因不可避免地出现波动，故而只通过将电容电流反馈系数设置为 H_{c_opt} 的系统无源性难以适应参数的扰动，实际运行的鲁棒性较弱。为此，还需进一步分析 H_c 取 H_{c_opt} 时，$Y_i(s)$在参数 L_1 和 C 波动下的无源性。在 $H_c=H_{c\_opt}$ 的条件下有 $\mathrm{Re}[Y_i(j\omega_s/6)]=0$，此时 $Y_i(j\omega_s/6)$是一个纯虚数，故 $Y_i(s)$在伯德图中的相位曲线一定在 $\omega_s/6$ 处与 90°水平线或−90°水平线相切，而它具体与哪条水平线相切则取决于 $\mathrm{Im}[Y_i(j\omega_s/6)]$的正负。将 $s=j\omega_s/6$ 和 $H_c=H_{c\_opt}$ 代入式(10-28)，即可得到 $\mathrm{Im}[Y_i(j\omega_s/6)]$的表达式为

$$\mathrm{Im}\left[Y_i(j\omega_s/6)\right]=\frac{\left[(\omega_s/6)^2 L_1C-1\right]}{(\omega_s/6)L_1}=\frac{6C}{\omega_s}\left[(\omega_s/6)^2-\omega_{r\_L_1C}{}^2\right] \tag{11-34}$$

式中，$\omega_{r\_L_1C}$ 为 L_1 和 C 的谐振角频率，其表达式为

$$\omega_{r\_L_1C}=2\pi f_{L_1C}=\sqrt{\frac{1}{L_1C}} \tag{11-35}$$

根据式(11-34)可知，$\mathrm{Im}[Y_i(j\omega_s/6)]$的正负由 $\omega_s/6$ 和 $\omega_{r\_L_1C}$ 的相对大小关系来决定，可分为以下三种情况。

(1) 当 $\omega_s/6>\omega_{r\_L_1C}$ 时，$\mathrm{Im}[Y_i(j\omega_s/6)]>0$，为正，表示 $Y_i(s)$在伯德图中的相位曲线一定在 $\omega_s/6$ 处与 90°水平线相切。

(2) 当 $\omega_s/6<\omega_{r\_L_1C}$ 时，$\mathrm{Im}[Y_i(j\omega_s/6)]<0$，为负，表示 $Y_i(s)$在伯德图中的相位曲线一定在 $\omega_s/6$ 处与−90°水平线相切。

(3) 当 $\omega_s/6=\omega_{r\_L_1C}$ 时，$\mathrm{Im}[Y_i(j\omega/6)]=0$，表示 $Y_i(s)$在伯德图中的相位曲线一定在 $\omega_s/6$ 处与 90°水平线和−90°水平线相切。

以上三种情况相应的 $Y_i(s)$相位曲线如图 11-22 所示，图中同时给出了在参数 L_1 和 C 波动条件下(即在 $H_c\neq H_{c_opt}$下)的 $Y_i(s)$相位曲线。

由图 11-22 可以看出，在每种情况下，当 $H_c=H_{c\_opt}$，$Y_i(s)$均在 $\omega_s/6$ 处与 90°水平线或−90°水平线相切，但若参数 L_1 和 C 波动导致 $H_c\neq H_{c\_opt}$，则 $Y_i(s)$在 $\omega_s/6$ 处附近将产生非无源区域($Y_i(s)$的相位处在(−90°, 90°)范围之外)。在复杂多变的弱电网环境下，宽范围的电网阻抗变化未知，这些区域的存在将是导致系统不稳定的隐患，因此，有必要进一步消除这些非无源区域。

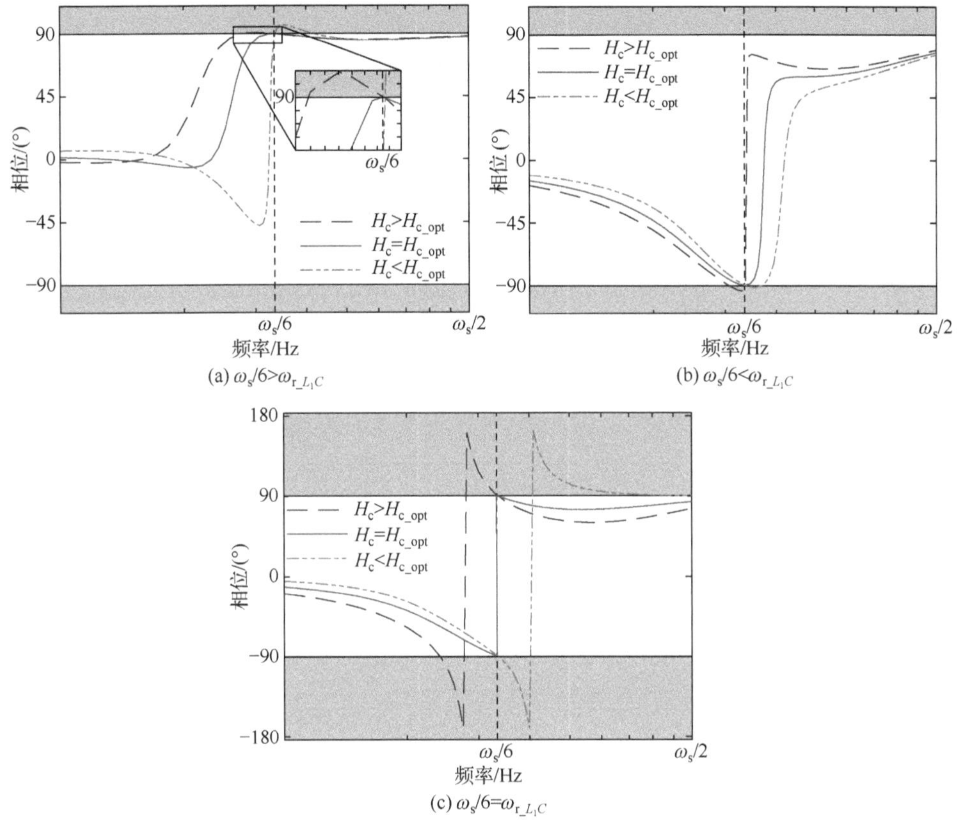

图 11-22 L_1 和 C 波动时的 $Y_i(s)$相位曲线

11.2.3 增强并网逆变器无源性的输出导纳相位补偿策略

11.2.3.1 输出导纳相位补偿

根据上一节的分析，将电容电流比例反馈系数选取为 H_{c_opt}，可保证系统在全频率段内满足无源性条件，但参数 L_1 和 C 的波动会使得 H_{c_opt} 发生偏移，从而使系统在 $\omega_s/6$ 处附近重新出现非无源区域，导致系统在弱电网下的适应性变差。为此，需在充分考虑 L_1 和 C 波动的前提下，对 $\omega_s/6$ 处的 $Y_i(s)$相位进行补偿，保证其在(−90°，90°)内以增强无源性，继而提高系统在实际运行中的鲁棒性。

根据式(4-6)可知，要对 $Y_i(s)$进行相位补偿，可在前向通路中或 QPR 控制器后加入一个相位补偿器 $G_p(s)$，对应在式(11-20)中的 k_{PWM} $G_{td}(s)$后乘以 $G_p(s)$或在 $G_i(s)$后乘以 $G_p(s)$。很显然，相位补偿器 $G_p(s)$级联在 QPR 控制器之后的方式更为简单，且利于参数设计。为了便于描述，将式(11-29)写成如下形式：

$$Y_{\mathrm{i}}(s)=\frac{1}{Z_{\mathrm{i}}(s)}=\frac{1}{Z_{\mathrm{i}1}(s)+Z_{\mathrm{i}2}(s)} \tag{11-36}$$

式中

$$\begin{cases}Z_{\mathrm{i}}(s)=\dfrac{sL_1+k_{\mathrm{PWM}}G_{\mathrm{td}}(s)G_{\mathrm{i}}(s)H_{L_2}}{s^2L_1C+sCH_{\mathrm{c}}k_{\mathrm{PWM}}G_{\mathrm{td}}(s)+1}\\ Z_{\mathrm{i}1}(s)=\dfrac{sL_1}{s^2L_1C+sCH_{\mathrm{c}}k_{\mathrm{PWM}}G_{\mathrm{td}}(s)+1}\\ Z_{\mathrm{i}2}(s)=\dfrac{k_{\mathrm{PWM}}G_{\mathrm{td}}(s)G_{\mathrm{i}}(s)H_{L_2}}{s^2L_1C+sCH_{\mathrm{c}}k_{\mathrm{PWM}}G_{\mathrm{td}}(s)+1}\end{cases} \tag{11-37}$$

在 QPR 控制器 $G_{\mathrm{i}}(s)$后面级联相位补偿器 $G_{\mathrm{p}}(s)$之后的输出导纳表达式为

$$Y_{\mathrm{ip}}(s)=\frac{1}{Z_{\mathrm{i}1}(s)+Z_{\mathrm{i}2}(s)G_{\mathrm{p}}(s)}=\frac{1}{Z_{\mathrm{i}}(s)+\left[G_{\mathrm{p}}(s)-1\right]Z_{\mathrm{i}2}(s)}=\frac{1}{Z_{\mathrm{ip}}(s)} \tag{11-38}$$

由于 $Y_{\mathrm{ip}}(s)$和 $Z_{\mathrm{ip}}(s)$的相位互为相反数，只要保证 $Z_{\mathrm{ip}}(s)$的相位在−90°到 90°之间，即 $\mathrm{Re}[Z_{\mathrm{ip}}(s)]>0$，则可保证 $Y_{\mathrm{ip}}(s)$的无源性。因此，可对 $Z_{\mathrm{ip}}(s)$进行单独分析，$Z_{\mathrm{ip}}(s)$的表达式为

$$Z_{\mathrm{ip}}(s)=Z_{\mathrm{i}}(s)+\left[G_{\mathrm{p}}(s)-1\right]Z_{\mathrm{i}2}(s)=Z_{\mathrm{i}}(s)+Z_{\mathrm{i}2\mathrm{p}}(s) \tag{11-39}$$

由式(11-28)可知，$Y_{\mathrm{i}}(\mathrm{j}\omega_{\mathrm{s}}/6)$为纯虚数，故 $Z_{\mathrm{i}}(\mathrm{j}\omega_{\mathrm{s}}/6)$也为纯虚数。从而根据式(11-39)可知，只需 $\mathrm{Re}[Z_{\mathrm{i}2\mathrm{p}}(\mathrm{j}\omega_{\mathrm{s}}/6)]>0$，就可使得 $\mathrm{Re}[Z_{\mathrm{ip}}(\mathrm{j}\omega_{\mathrm{s}}/6)]>0$，此时相位补偿器 $G_{\mathrm{p}}(s)$则可以此作为依据进行选取。$\mathrm{Re}[Z_{\mathrm{i}2\mathrm{p}}(\mathrm{j}\omega_{\mathrm{s}}/6)]$的表达式为

$$\begin{aligned}\mathrm{Re}\left[Z_{\mathrm{i}2\mathrm{p}}(\mathrm{j}\omega_{\mathrm{s}}/6)\right]&=\mathrm{Re}\left\{\left[G_{\mathrm{p}}(\mathrm{j}\omega_{\mathrm{s}}/6)-1\right]Z_{\mathrm{i}2}(\mathrm{j}\omega_{\mathrm{s}}/6)\right\}\\&=\mathrm{Re}\left[G_{\mathrm{p}}(\mathrm{j}\omega_{\mathrm{s}}/6)-1\right]\mathrm{Re}\left[Z_{\mathrm{i}2}(\mathrm{j}\omega_{\mathrm{s}}/6)\right]\\&\quad-\mathrm{Im}\left[G_{\mathrm{p}}(\mathrm{j}\omega_{\mathrm{s}}/6)-1\right]\mathrm{Im}\left[Z_{\mathrm{i}2}(\mathrm{j}\omega_{\mathrm{s}}/6)\right]\end{aligned} \tag{11-40}$$

式中，由于 $G_{\mathrm{p}}(\mathrm{j}\omega_{\mathrm{s}}/6)-1$ 是一个待定的未知分量，无法得知其虚部和实部的正负情况，故可先对 $Z_{\mathrm{i}2}(\mathrm{j}\omega_{\mathrm{s}}/6)$进行分析，判断其虚部和实部的正负情况。将 $s=\mathrm{j}\omega_{\mathrm{s}}/6$ 和 $H_{\mathrm{c}}=H_{\mathrm{c\_opt}}$ 代入式(11-15)中可得到 $Z_{\mathrm{i}2}(\mathrm{j}\omega_{\mathrm{s}}/6)$的表达式为

$$Z_{\mathrm{i}2}(\mathrm{j}\omega_{\mathrm{s}}/6)=\mathrm{j}\frac{k_{\mathrm{p}}k_{\mathrm{PWM}}H_{L_2}\omega_{\mathrm{s}}}{6C\left[(\omega_{\mathrm{s}}/6)^2-\omega_{\mathrm{r\_}L_1C}^2\right]\left(L_1\omega_{\mathrm{s}}/6-k_{\mathrm{p}}k_{\mathrm{PWM}}H_{L_2}\right)} \tag{11-41}$$

根据式(11-41)可以明显地看出，$Z_{\mathrm{i}2}(\mathrm{j}\omega_{\mathrm{s}}/6)$为纯虚数，从而可知 $\mathrm{Re}[Z_{\mathrm{i}2}(\mathrm{j}\omega_{\mathrm{s}}/6)]=0$，而 $\mathrm{Im}[Z_{\mathrm{i}2}(\mathrm{j}\omega_{\mathrm{s}}/6)]$的正负则取决于 $\omega_{\mathrm{s}}/6-\omega_{\mathrm{r\_}L_1C}$ 和 $L_1\omega_{\mathrm{s}}/6-k_{\mathrm{p}}k_{\mathrm{PWM}}H_{L_2}$，为保证内环系统稳定，一般让 $k_{\mathrm{p}}=\omega_{\mathrm{c}}L_1/(k_{\mathrm{PWM}}H_{L_2})$，且实际中需要保证 $\omega_{\mathrm{c}}\leqslant\omega_{\mathrm{s}}/12$ 以获取

足够的相位裕度，故而可知 $L_1\omega_s/6-k_pk_{PWM}H_{L_2}>0$，那么 $\mathrm{Im}[Z_{i2}(j\omega_s/6)]$的正负则仅由 $\omega_s/6-\omega_{r\_L_1C}$ 的正负决定。从而根据式(4-19)不难获知，当 $\omega_s/6>\omega_{r\_L_1C}$ 时，$\mathrm{Im}[Z_{i2}(j\omega_s/6)]>0$；而当 $\omega_s/6<\omega_{r\_L_1C}$ 时，则有 $\mathrm{Im}[Z_{i2}(j\omega_s/6)]<0$。

根据 $\mathrm{Re}[Z_{i2}(j\omega_s/6)]=0$，可将式(11-18)改写为

$$\mathrm{Re}\left[Z_{i2p}(j\omega_s/6)\right]=-\mathrm{Im}\left[G_p(j\omega_s/6)-1\right]\mathrm{Im}\left[Z_{i2}(j\omega_s/6)\right] \tag{11-42}$$

由式(11-42)可以看出，要实现 $\mathrm{Re}[Z_{i2p}(j\omega_s/6)]>0$，必须保证 $\mathrm{Im}[G_p(j\omega_s/6)-1]$和 $\mathrm{Im}[Z_{i2}(j\omega_s/6)]$取相反数，而根据上述分析可知，满足以下两种条件即可。

条件一：当 $\omega_s/6>\omega_{r\_L_1C}$ 时，有 $\mathrm{Im}[Z_{i2}(j\omega_s/6)]>0$，此时需满足 $\mathrm{Im}[G_p(j\omega_s/6)-1]<0$，即 $\mathrm{Im}[G_p(j\omega_s/6)]<0$；

条件二：当 $\omega_s/6<\omega_{r\_L_1C}$ 时，有 $\mathrm{Im}[Z_{i2}(j\omega_s/6)]<0$，此时需满足 $\mathrm{Im}[G_p(j\omega_s/6)-1]>0$，即 $\mathrm{Im}[G_p(j\omega_s/6)]>0$。

11.2.3.2　相位补偿器参数设计

根据上述两个条件可知，当 $\omega_s/6>\omega_{r\_L_1C}$ 时需要 $G_p(s)$在 $\omega_s/6$ 处提供滞后的相位，而当 $\omega_s/6<\omega_{r\_L_1C}$ 时，则需要 $G_p(s)$在 $\omega_s/6$ 处提供超前的相位。为此，下面将针对这两个条件设置两种相位补偿的场景，选取合适的相位补偿器并进行参数设计。

场景一：$\omega_s/6>\omega_{r\_L_1C}$，此时选择相位滞后补偿器 $G_{p\_lag}(s)$，其表达式为

$$G_{p\_lag}(s)=\sqrt{\frac{p_{lag}}{z_{lag}}}\frac{s+z_{lag}}{s+p_{lag}} \tag{11-43}$$

式中，p_{lag} 和 z_{lag} 均为滞后补偿器的补偿参数，且 $z_{lag}>p_{lag}>0$。

其能够提供的最大滞后相位补偿角 φ_{lag_m} 与补偿参数 p_{lag} 和 z_{lag} 的关系式为

$$\frac{z_{lag}}{p_{lag}}=\frac{1+\sin\varphi_{lag\_m}}{1-\sin\varphi_{lag\_m}} \tag{11-44}$$

其产生 φ_{lag_m} 的对应角频率 ω_{ag_m} 与补偿参数 p_{lag} 和 z_{lag} 的关系式为

$$\sqrt{p_{lag}z_{lag}}=\omega_{lag\_m} \tag{11-45}$$

由前述可知，需要滞后补偿的频率点为 $\omega_s/6$，故令 $\omega_{lag\_m}=\omega_s/6$，再根据需要的补偿角度确定 φ_{lag_m}，继而根据式(11-44)、式(11-45)可以确定补偿参数 p_{lag} 和 z_{lag} 的值。根据式(11-43)、式(11-45)可知，$G_{p_lag}(s)$在补偿频率点 ω_{lag_m} 处的幅值为 1，因此只补偿相位而不改变幅值，不会影响系统的幅频特性。

场景二：$\omega_s/6<\omega_{r\_L_1C}$，此时选择相位超前补偿器 $G_{p\_lead}(s)$，其表达式为

$$G_{p\_lead}(s)=\sqrt{\frac{p_{lead}}{z_{lead}}}\frac{s+z_{lead}}{s+p_{lead}} \tag{11-46}$$

式中，p_{lead} 和 z_{lead} 均为超前补偿器的补偿参数，且 $p_{lead}>z_{lead}>0$。

其能够提供的最大超前相位补偿角 φ_{lead_m} 与补偿参数 p_{lead} 和 z_{lead} 的关系式为

$$\frac{z_{lead}}{p_{lead}}=\frac{1-\sin\varphi_{lead\_m}}{1+\sin\varphi_{lead\_m}} \tag{11-47}$$

其产生 φ_{lead_m} 的对应角频率 ω_{lead_m} 与补偿参数 p_{lead} 和 z_{lead} 的关系式为

$$\sqrt{p_{lead}z_{lead}}=\omega_{lead\_m} \tag{11-48}$$

需要超前补偿的频率点同样为 $\omega_s/6$，故令 $\omega_{lead\_m}=\omega_s/6$，从而再根据需要的补偿角度确定 ω_{lead_m}，继而根据式(11-47)、式(11-48)可以确定补偿参数 p_{lead} 和 z_{lead} 的值，同前述相位滞后补偿器 $G_{p_lag}(s)$一样，$G_{p_lead}(s)$在补偿频率点 ω_{lead_m} 处的幅值也为 1，因此，可以在不改变原系统幅频特性的基础上只对相位进行超前补偿。

值得注意的是，φ_{lag_m} 和 φ_{lead_m} 虽最大均可达到 45°，但若直接选取最大值可能会造成过补偿。例如，对于场景一，若将滞后补偿角 φ_{lag_m} 选取为 45°，那么 $Y_i(s)$相位曲线高出 90°水平线的部分虽能通过滞后补偿降至 90°水平线以下，但却可能导致其他部分的相位曲线低至–90°水平线以下，从而破坏无源性。对于场景二中超前补偿角 φ_{lead_m} 的选取亦同理。因此，必须在考虑参数 L_1 和 C 的波动后，折中选取对应合适的补偿角度。根据 11.2.3 节的分析可知，还存在 $\omega_s/6=\omega_{r\_L_1C}$ 的情况，此时由于 $Y_i(s)$相位曲线在 $\omega_s/6$ 处同时与 90°水平线和–90°水平线相切，故无论是提供相位超前补偿还是相位滞后补偿，都会出现非无源区域，均不能满足无源性要求，因此在实际设计 LCL 滤波器参数的过程中应避免这种情况。

11.2.3.3 QPR 控制器参数设计

QPR 控制器 $G_i(s)$的参数可根据 11.1.1 节的闭环系统稳定条件(1)进行设计，根据式(11-27)可知，内部系统开环传递函数为

$$T_{i\_o}(s)=\frac{k_{PWM}H_{L_2}G_{td}(s)G_i(s)}{sL_1} \tag{11-49}$$

由于 $G_i(s)$在截止频率处的幅值可近似等于 k_p，且 $T_{i_o}(s)$在截止频率 ω_c 处的幅值等于 1，则根据式(10-49)，可给出 QPR 控制器比例系数 k_p 的约束式为

$$k_p=\frac{2\pi f_c L_1}{k_{PWM}H_{L_2}} \tag{11-50}$$

同时由于 $G_i(s)$在截止频率 f_c 处的表达式可近似等于 $k_p+2k_r\omega_i/s$，则可根据式(11-49)，得出 $T_{i_o}(s)$的相位表达式为

$$\begin{aligned}\angle T_{i\_o}(j2\pi f_c) &= -\arctan\frac{k_r}{k_p f_c}-\frac{3\pi f_c}{f_s}-\frac{\pi}{2}\\ &= -\pi+\alpha_{PM}\end{aligned} \tag{11-51}$$

式中，α_{PM} 为相位裕度。

从而可得到 QPR 控制器谐振系数 k_r 在相位裕度 α_{PM} 约束下的表达式为

$$k_r = k_p f_c \tan\left(\frac{\pi}{2}-\alpha_{PM}-\frac{3\pi f_c}{f_s}\right)\alpha_{PM} \tag{11-52}$$

根据 $\omega_c \leqslant \omega_s/12$ 选定系统截止频率 f_c 的值为 1570Hz，接着由实际工程应用中对相位裕度的要求选定 α_{PM} 为 37°，再结合表 11-1 的相关参数以及式(11-50)和式(11-52)就可以得到 k_p 和 k_r 的值。

11.2.3.4　相位补偿后的系统稳定性分析

1) 内部闭环系统稳定性分析

图 11-23 给出了内部系统开环传递函数 $T_{i_o}(s)$的伯德图，可见，针对 $\omega_s/6>\omega_{r\_L_1C}$ 时加入相位滞后补偿和针对 $\omega_s/6<\omega_{r\_L_1C}$ 加入相位超前补偿的系统均具有较高的稳定裕度，从而能够保证内部系统稳定。

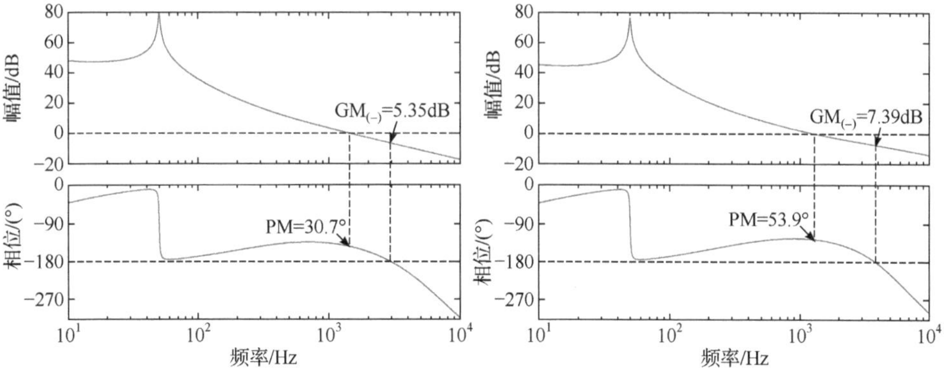

(a) $\omega_s/6>\omega_{r\_L_1C}$　　(b) $\omega_s/6<\omega_{r\_L_1C}$

图 11-23　$T_{i_o}(s)$的伯德图

2) 外部稳定性分析

根据前述分析，只要 $Y_i(s)$在整个奈奎斯特频率段内的相位在−90°到 90°之间，则系统对弱电网的外部稳定性即可得到保证。图 11-24(a)给出了 $\omega_s/6>\omega_{r\_L_1C}$，$H_c=H_{c_opt}$且考虑 QPR 控制器谐振环节和 LCL 滤波器参数 L_1、C 波动±20%的逆变

器输出导纳 $Y_{iR1}(s)$频率特性曲线；图 11-24(b)给出了在图 11-24(a)基础上加入相位滞后补偿的输出导纳 $Y_{iR1_lag}(s)$频率特性曲线。由图 11-24(a)可以看出，在采用 H_{c_opt} 的基础上，考虑了参数 L_1、C 的波动后，无源性受到破坏，QPR 控制器谐振环节的相位滞后在一定程度上改善了参数波动的负面影响，增强了系统无源性，但其对系统无源性的积极作用有限，对于 L_1、C 波动+20%，尽管还可以保证无源性，但实际相位也较为接近 90°，而对于 L_1、C 波动−20%的情况，谐振环节则无法弥补其对无源性的负面影响，出现非无源区域，若输出导纳与 $Y_t(s)(C_g=0)$的交点角频率落入该区域，可知相位裕度 PM 为负值，系统无法稳定。由图 11-24(b)可以看出，加入相位滞后补偿后，$Y_{iR1_lag}(s)$在整个奈奎斯特频率段(0，$f_s/2$)内的相位恢复至−90°到 90°之间，系统外部稳定性得到增强。

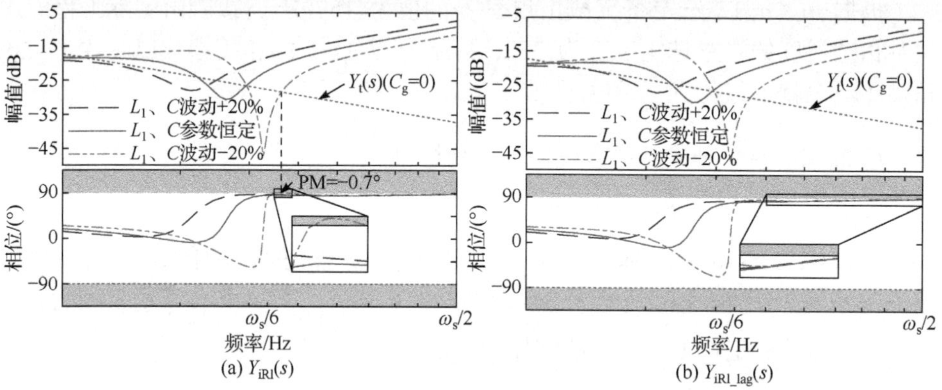

图 11-24 $Y_{iR1}(s)$和 $Y_{iR1_lag}(s)$的频率特性曲线

图 11-25(a)给出了 $\omega_s/6<\omega_{r\_L_1C}$，$H_c$=$H_{c_opt}$且考虑 QPR 控制器谐振环节和滤波器参数 L_1、C 波动±10%的逆变器输出导纳 $Y_{iR2}(s)$频率特性曲线；图 11-25 (b)给出了在图 11-25 (a)基础上加入相位超前补偿的 $Y_{iR2_lead}(s)$频率特性曲线。由图 11-25(a)可以看出，尽管电容电流比例反馈系数采用了 H_{c_opt}，但考虑了 L_1 和 C 的波动后，会使得 H_{c_opt}偏移，导致无源性遭到破坏，且 QPR 控制器谐振环节的相位滞后会进一步扩大系统的非无源区域，输出导纳在该区域内与 $Y_t(s)(C_g\neq0)$耦合时相位裕度PM也为负值，此时系统的鲁棒性较差。由图11-25 (b)可以看出，在图11-25(a)相关考虑的基础上加入相位超前补偿后，减小了参数 L_1 和 C 波动以及 QPR 控制器谐振环节的相位滞后带来的不利影响，使得 $Y_{iR2_lead}(s)$的相位恢复至−90°到 90°之间，满足无源性要求，系统外部稳定性得到增强。

11.2.4 仿真验证

根据表 11-5 中的参数，在仿真软件中搭建单相 LCL 型并网逆变器仿真模型，验证导纳相位补偿策略的有效性及控制参数设计的合理性。

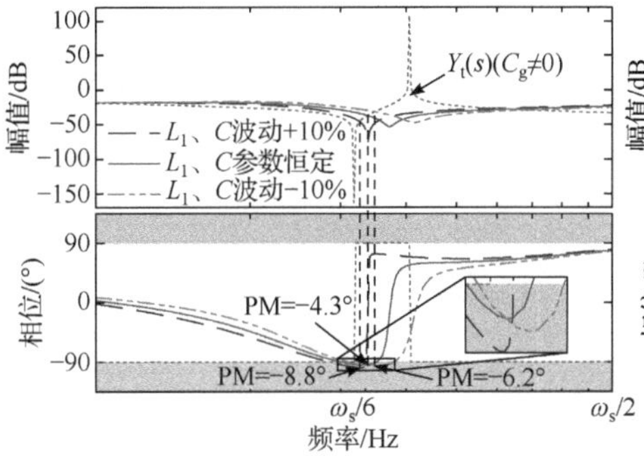

(a) $Y_{iR2}(s)$

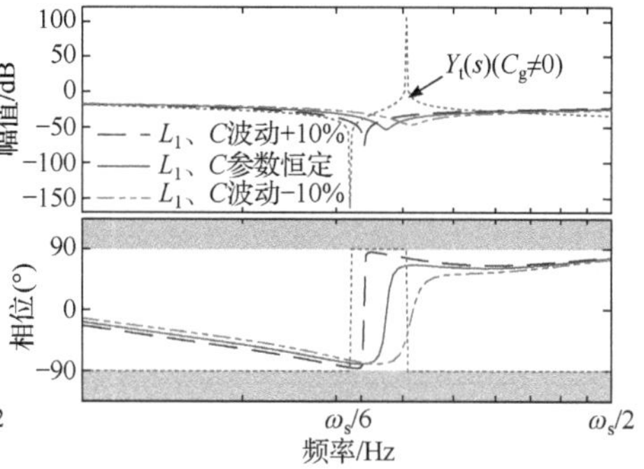

(b) $Y_{iR2\_lead}(s)$

图 11-25　$Y_{iR2}(s)$和 $Y_{iR2_lead}(s)$的频率特性曲线

表 11-5　并网逆变器仿真参数

参数名称	数值	参数名称	数值
电网电压 v_g/V	220	采样频率 f_s/kHz	20
直流母线电压 v_{in}/V	400	并网电流反馈系数 H_{L_2}	0.15
三角载波幅值 v_{tri}/V	2	QPR 控制器比例系数 k_p	0.329
开关频率 f_{sw}/kHz	10	QPR 控制器谐振系数 k_r	96.7

1) 仿真案例 1

$\omega_s/6>\omega_{r\_L_1C}$，$H_c$=$H_{c\_opt}$ 且考虑 QPR 控制器谐振环节。LCL 滤波器参数为 L_1=1mH，C=6μF，L_2=0.36mH；纯感性电网阻抗参数为 L_g=0.8mH，C_g=0μF，电容电流反馈系数为 H_{c_opt}=0.031，相位滞后补偿器参数为 φ_{lag_m}=8°，p_{lag}=18206.299，z_{lag}=24093.26。图 11-26 给出了此时的并网电流 i_{L_2} 和 PCC 电压 v_{pcc} 的稳态仿真波形，图 11-26(a)、(c)和(e)分别为 L_1 和 C 恒定、L_1 和 C 波动−20%以及 L_1 和 C 波动+20%时的仿真波形。可以看出，L_1 和 C 恒定以及 L_1 和 C 波动+20%时，i_{L_2} 和 v_{PCC} 的波形较好，而 L_1 和 C 波动−20%时，i_{L_2} 和 v_{PCC} 的波形出现振荡失真，这表明在采用 H_c=H_{c_opt} 的基础上，QPR 控制器谐振环节的相位滞后在一定程度上改善了参数波动对无源性的不利影响，但改善作用有限，这与图 11-26(a)的稳定性分析情况相符。图 11-26(b)、(d)和(f)分别为在图 11-26(a)、(c)和(e)的基础上加入相位滞后补偿的仿真波形，可以看出，此时 i_{L_2} 和 v_{PCC} 的波形均能保持稳定，未出现振荡失真现象，表明加入相位滞后补偿可以进一步增强系统的无源性，这与图 11-24(b)的稳定性分析结果一致。

2) 仿真案例 2

$\omega_s/6<\omega_{r\_L_1C}$，$H_c$=$H_{c\_opt}$ 且考虑 QPR 控制器谐振环节。LCL 滤波器参数为 L_1=1mH，C=1.5μF，L_2=0.8mH，容性电网阻抗参数为 L_g=0.5mH，C_g=5μF，电容

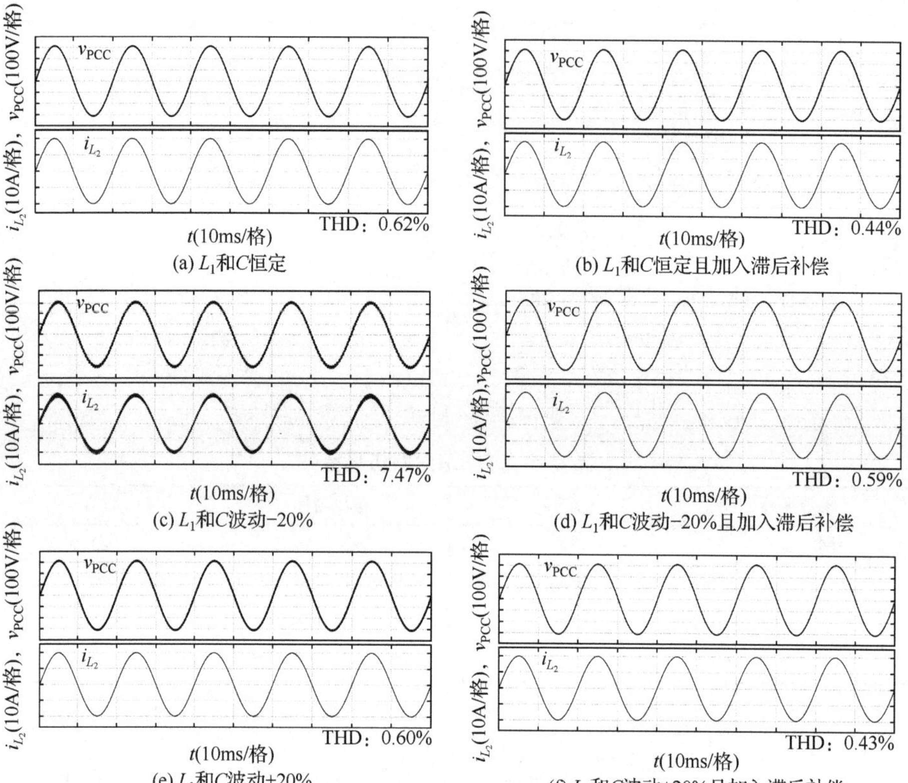

(a) L_1和C恒定　(b) L_1和C恒定且加入滞后补偿

(c) L_1和C波动−20%　(d) L_1和C波动−20%且加入滞后补偿

(e) L_1和C波动+20%　(f) L_1和C波动+20%且加入滞后补偿

图 11-26　i_{L_2} 和 v_{PCC} 的稳态仿真波形

电流反馈系数为 $H_{c\_opt}=-0.026$，相位超前补偿器参数为 φ_{lead_m}=17°，p_{lead}=28304.187，z_{lead}=15497.675。图 11-27 给出了此时的并网电流 i_{L_2} 和 PCC 电压 v_{PCC} 的仿真波形，图 11-27 (a)、(c)和(e)分别为 L_1 和 C 恒定、L_1 和 C 波动−10%以及 L_1 和 C 波动+10%时的仿真波形。可以看出，在 L_1 和 C 恒定时，i_{L_2} 和 v_{PCC} 的波形振荡发散，这表明尽管采用了 H_{c_opt}，但 QPR 控制器谐振环节的相位滞后会破坏系统无源性，出现非无源区域，与电网阻抗耦合时相位裕度为负值，此时仅靠 $H_c=H_{c\_opt}$ 难以保证系统稳定。且在 L_1 和 C 波动±10%时，i_{L_2} 和 v_{PCC} 的波形振荡发散现象加剧，这表明 QPR 控制器谐振环节和参数波动会进一步破坏系统无源性，扩大非无源区域，相位裕度变得更小，这与图 11-27(a)的稳定性分析结果相吻合。图 11-27 (b)、(d)和(f)分别为在图 11-27 (a)、(c)和(e)的基础上加入相位超前补偿后的仿真波形，可以看出，此时电压和电流波形均从振荡发散状态回归稳定状态，表明加入相位超前补偿可以改善 QPR 控制器谐振环节和 L_1 和 C 参数波动对系统无源性的负面影响，增强系统的无源性，系统鲁棒性得到提高，这与图 11-25(b)的稳定性分析结果相一致。

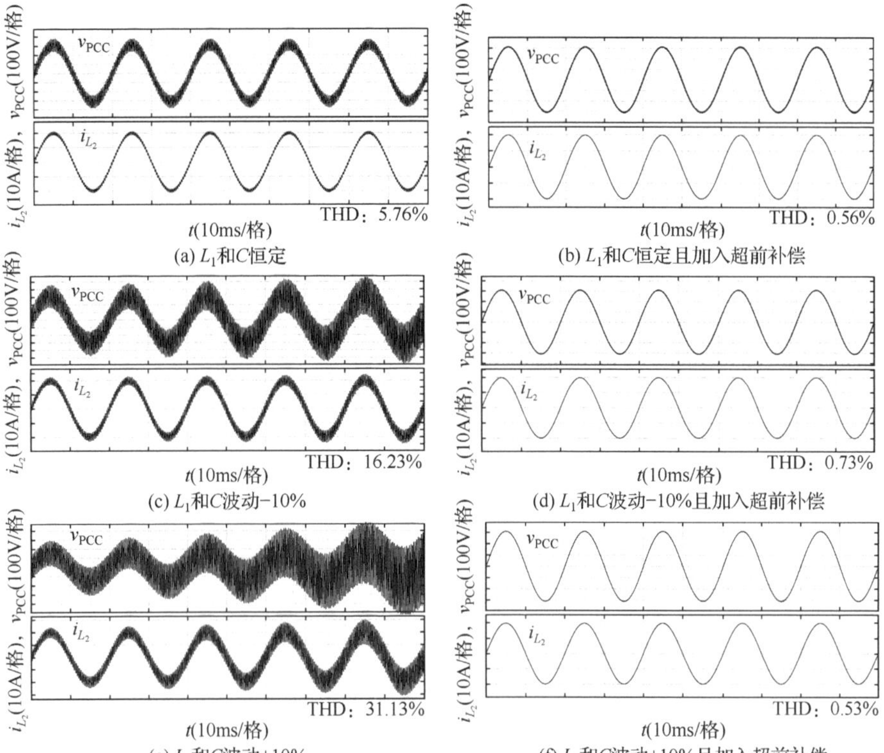

(a) L_1和C恒定　(b) L_1和C恒定且加入超前补偿

(c) L_1和C波动−10%　(d) L_1和C波动−10%且加入超前补偿

(e) L_1和C波动+10%　(f) L_1和C波动+10%且加入超前补偿

图 11-27　i_{L_2} 和 v_{PCC} 的稳态仿真波形

图 11-26 和图 11-27 的仿真结果表明，针对两种场景分别加入相位滞后补偿和相位超前补偿均能增强系统无源性，保证系统在感性电网阻抗和容性电网阻抗的复杂弱电网环境下均能稳定运行，提高了系统鲁棒性。

图 11-28 和图 11-29 分别给出了加入相位滞后补偿和相位超前补偿的系统在并网电流 i_{L_2} 参考值发生突变的动态响应波形，可以看出，在满载和半载相互切换过程中，系统都表现出较好的动态响应性能。

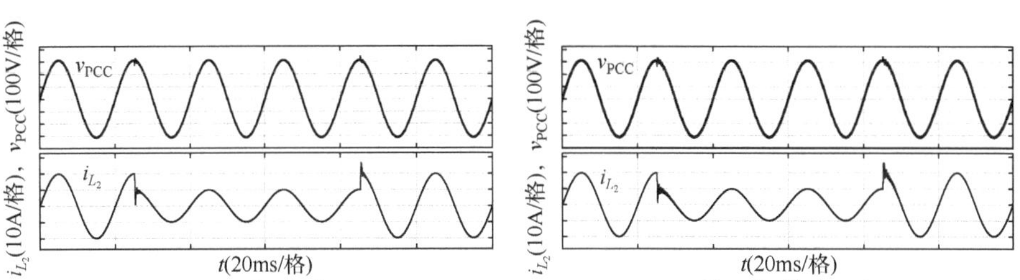

(a) L_1和C恒定　(b) L_1和C波动−20%

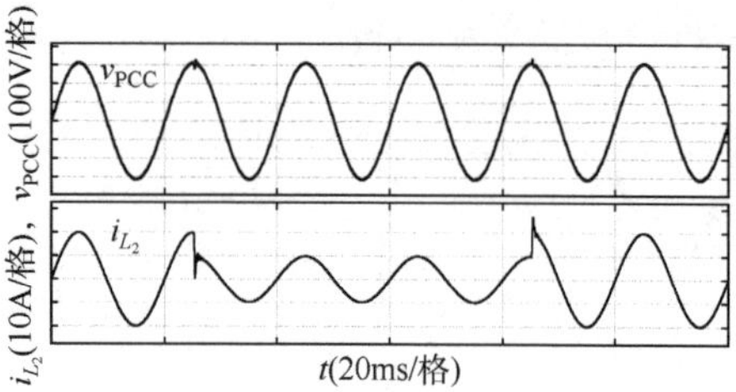

(c) L_1和C波动+20%

图 11-28 加入滞后补偿的系统动态响应

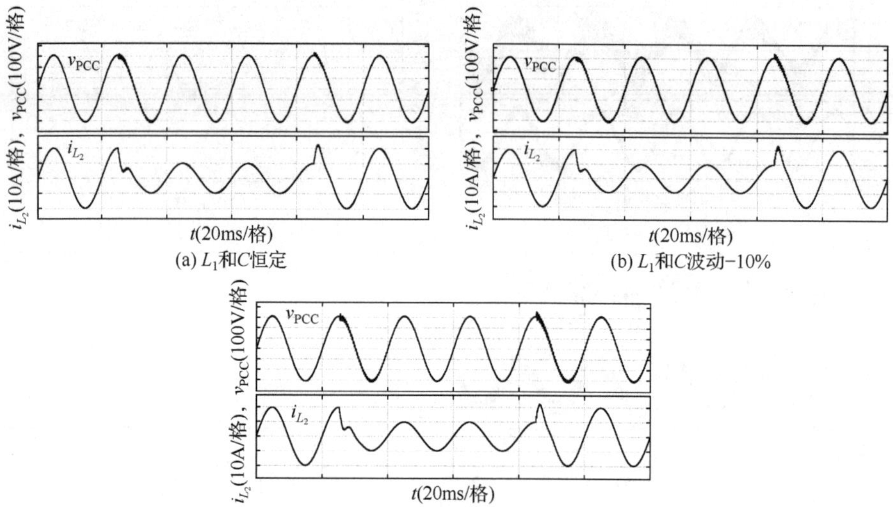

(a) L_1和C恒定

(b) L_1和C波动−10%

(c) L_1和C波动+10%

图 11-29 加入超前补偿的系统动态响应

在采用第3章的LCL滤波器参数(L_1=4mH，C=2.8μF，L_2=0.36mH)的情况下，图 11-30 给出了采用第 3 章延时补偿策略(H_c=0.28)和本章导纳相位补偿策略(滞后补偿 8°)的系统在 L_g=0.66mH，C_g=2.7μF 时的并网仿真波形，可以看出，采用延时补偿策略时的并网电流发生振荡发散，系统不稳定，而采用导纳相位补偿

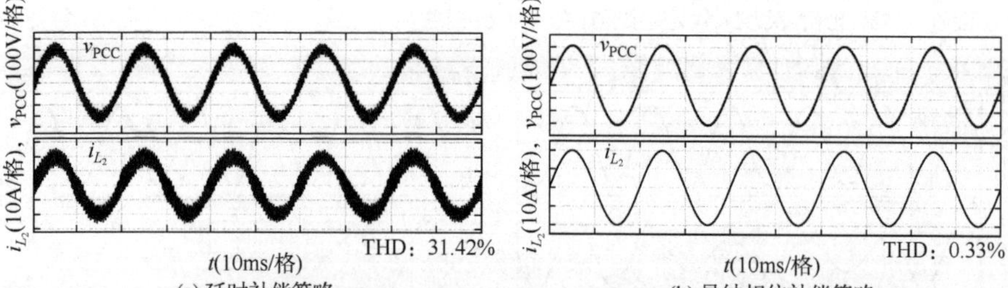

(a) 延时补偿策略

(b) 导纳相位补偿策略

图 11-30 不同策略对比并网仿真波形

策略后，并网电流无振荡发散，系统可以保持稳定，结果表明在含容性电网阻抗的弱电网环境下，延时补偿策略将不能完全适用，而导纳相位补偿策略则能很好地保持系统稳定运行。

11.2.5　小结

11.2 节首先建立了 LCL 型并网逆变器的简化输出导纳模型，分析了控制延时对输出导纳无源性的影响。接着，根据无源性理论推导出最优的电容电流比例反馈系数 H_{c_opt}，实现输出导纳在理论上的全频段无源，在此基础上，进一步分析讨论了 LCL 滤波器参数 L_1 和 C 的波动对输出导纳无源性的影响。随后，提出了一种增强并网逆变器无源性的导纳相位补偿策略，以相位补偿器为待定量，根据输出导纳在相关频段内的相位特性确定所需的相位补偿类型，并设计了相位补偿器和 QPR 控制器的关键参数，稳定性分析结果表明加入相位补偿策略后，可在考虑参数扰动的基础上实现逆变器系统在全频段无源，保证系统在感性电网阻抗和容性电网阻抗的弱电网下均具有较好的鲁棒性。最后，通过仿真验证了所提控制策略的有效性。

第 12 章　微网并联逆变器环流的下垂抑制策略

针对传统下垂控制难以确保各逆变器输出功率按容量比进行分配，逆变器间环流现象明显，造成系统运行损耗增加和设备过热，严重时甚至造成并联系统崩溃的问题，本章首先建立了两台光伏逆变器并联运行等效模型，分析了环流组成及产生原因，然后阐述了传统下垂控制策略原理，推导出并联逆变器输出功率按容量分配所需满足的条件，并提出一种基于可调节虚拟阻抗的环流抑制策略。由于可调节虚拟阻抗的引入会造成系统电压降落问题，所以为进一步提升环流抑制效果，进一步提出一种自适应下垂控制方法，该策略将逆变器输出有功功率与无功功率作为反馈信号引进至下垂控制方程中，实现下垂系数随输出功率自适应调节，并加入电压补偿模块降低由于引入可调节虚拟阻抗所导致的电压降落，进一步提高环流抑制效果和系统稳定性能。仿真与实验结果验证了所提自适应下垂控制策略的有效性与优越性。

12.1　基于可调节虚拟阻抗的环流抑制策略

12.1.1　光伏并联逆变器系统环流分析

本章为寻求合理有效的逆变器环流抑制方法，对环流产生原因及组成进行深入分析。为便于对并联逆变器系统进行分析，在忽略本地负荷的情况下，将光伏电池、DC/DC 变换电路以及逆变电路等效为稳定电压源，以两台光伏逆变器并联运行为例进行分析，其等效电路如图 12-1 所示。

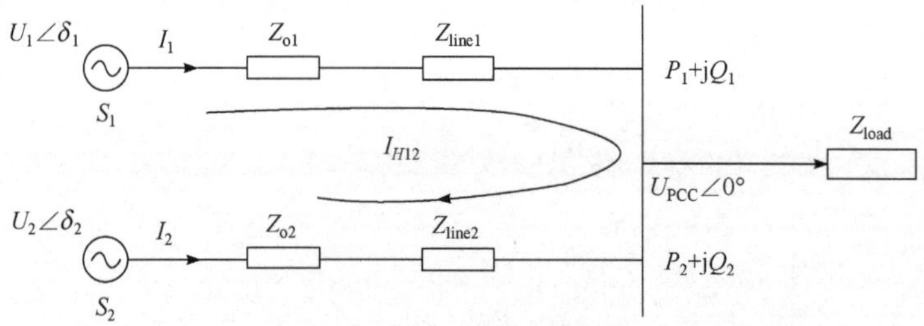

图 12-1　两台光伏低压微网逆变器并联系统运行模型

图 12-1 中，$U_i\angle\delta_i(i=1,2)$为并联逆变器输出电压，$U_{PCC}\angle 0°$及公共母线并联点电压，δ_i为输出电压相角，Z_{oi}为逆变器输出阻抗，Z_{linei}为线路阻抗。令逆变器

等效连线阻抗为逆变器输出阻抗与线路阻抗之和，即 $Z_i\angle\theta_i = Z_{oi} + Z_{\text{line}i} = R_i + \text{j}X_i$，$\theta_i$ 为等效连线阻抗的相角，I_1、I_2 分别为逆变器输出电流，I_{H12} 为两台逆变器间环流，Z_{load} 为所带负载值，S_1、S_2 为两台并联逆变器额定容量。

根据基尔霍夫定律，由图 12-1 可得逆变器输出电流表达式为

$$\begin{cases} I_1 = \dfrac{U_1\angle\delta_1 - U_{\text{PCC}}\angle 0^\circ}{R_1 + \text{j}X_1} = \dfrac{U_1\cos\delta_1 - U_{\text{PCC}} + \text{j}U_1\sin\delta_1}{R_1 + \text{j}X_1} \\ I_2 = \dfrac{U_2\angle\delta_2 - U_{\text{PCC}}\angle 0^\circ}{R_2 + \text{j}X_2} = \dfrac{U_2\cos\delta_2 - U_{\text{PCC}} + \text{j}U_2\sin\delta_2}{R_2 + \text{j}X_2} \end{cases} \tag{12-1}$$

由图 12-1 分析可得逆变器输出有功功率与无功功率为

$$\begin{cases} P_i = \dfrac{R_i(U_{\text{PCC}}U_i\cos\delta_i - U_{\text{PCC}}^2) + X_iU_iU_{\text{PCC}}\sin\delta_i}{R^2 + X^2} \\ Q_i = \dfrac{X_i(U_{\text{PCC}}U_i\cos\delta_i - U_{\text{PCC}}^2) - R_iU_iU_{\text{PCC}}\sin\delta_i}{R^2 + X^2} \end{cases} \tag{12-2}$$

在不同电压等级下，其线路阻抗中 R/X 的值各不相同，表 12-1 为不同电压等级下的线路参数[148]。

表 12-1　不同电压等级下的线路参数

电压等级	线路类型	$R/(\Omega/\text{km})$	$X/(\Omega/\text{km})$	R/X
低压线路	绝缘导线 (16mm^2)	2.290	0.265	8.64
	电力电缆 (16mm^2)	2.250	0.077	29.2
高压线路	LGJ-400	0.040	0.303	0.132

由表 12-1 可知，在低压微网线路中，阻性成分远大于感性成分，功率解耦计算中一般可将电抗忽略，故可近似认为 $\sin\delta \approx \delta$ 、$\cos\delta \approx 1$，故式(12-1)可写为

$$\begin{cases} I_1 = \dfrac{U_1 - U_{\text{PCC}} + \text{j}U_1\delta_1}{R_1} \\ I_2 = \dfrac{U_2 - U_{\text{PCC}} + \text{j}U_2\delta_2}{R_2} \end{cases} \tag{12-3}$$

式(12-3)可简化为

$$\begin{cases} P_i = \dfrac{U_{\text{PCC}}(U_i - U_{\text{PCC}})}{R_i} \\ Q_i = -\dfrac{U_{\text{PCC}}U_i\delta_i}{R_i} \end{cases} \tag{12-4}$$

当两台逆变器的容量 $S_1=S_2$ 时，系统环流 I_{H12} 表达式为

$$I_{H12}=-I_{H21}=\frac{1}{2}(I_1-I_2) \tag{12-5}$$

结合式(12-3)与式(12-5)，可得

$$I_{H12}=-I_{H21}=\frac{1}{2}\left(\frac{U_1-U_{\mathrm{PCC}}}{R_1}-\frac{U_2-U_{\mathrm{PCC}}}{R_2}\right)+\frac{1}{2}\mathrm{j}\left(\frac{U_1\delta_1}{R_1}-\frac{U_2\delta_2}{R_2}\right) \tag{12-6}$$

当两台逆变器的容量 $S_1\neq S_2$ 时，定义 $S_1/S_2=N_{12}$，则系统环流 I_{H12} 表达式为

$$\begin{aligned}I_{H12}=&\frac{N_{12}}{1+N_{12}}\left(\frac{1}{N_{12}}\frac{U_1-U_{\mathrm{PCC}}}{R_1}-\frac{U_2-U_{\mathrm{PCC}}}{R_2}\right)\\&+\frac{N_{12}}{1+N_{12}}\mathrm{j}\left(\frac{1}{N_{12}}\frac{U_1\delta_1}{R_1}-\frac{U_2\delta_2}{R_2}\right)\end{aligned} \tag{12-7}$$

由式(12-7)可知，并联逆变器间的环流受其电压幅值和相角影响，当两台逆变器的输出电压幅值和相位均相等时，系统无环流。若不相等，则系统环流存在。对式(12-4)进行偏导运算可得

$$\begin{cases}\dfrac{\partial P_i}{\partial U_i}\approx\dfrac{U_{\mathrm{PCC}}}{R_i}\\[2ex]\dfrac{\partial P_i}{\partial \delta_i}\approx 0\end{cases} \tag{12-8}$$

$$\begin{cases}\dfrac{\partial Q_i}{\partial U_i}\approx 0\\[2ex]\dfrac{\partial P_i}{\partial \delta_i}\approx\dfrac{-U_{\mathrm{PCC}}U_i}{R_i}\end{cases} \tag{12-9}$$

根据式(12-8)与式(12-9)可知，当并联逆变器等效连线阻抗呈现纯阻性时，逆变器输出电压幅值对输出有功功率起主要作用，而输出无功功率主要由输出电压相角决定，有功功率与无功功率之间不存在耦合现象。因此可将系统环流表达式进行转换，结合式(12-4)与式(12-6)可得容量相等时的系统环流表达式为

$$I_{H12}=\frac{1}{2}\frac{P_1-P_2}{U_{\mathrm{PCC}}}+\frac{1}{2}\mathrm{j}\frac{Q_2-Q_1}{U_{\mathrm{PCC}}} \tag{12-10}$$

由式(12-10)可知，在容量相等情况下，并联逆变器间环流由无功环流和有功环流组成，当各逆变器输出有功功率和无功功率不相等时，便会造成逆变器间存在环流。当逆变器容量 $S_1\neq S_2$ 时，结合式(12-4)与式(12-7)可得

$$I_{H12}=\frac{N_{12}}{U_{\mathrm{PCC}}(1+N_{12})}\left(\frac{1}{N_{12}}P_1-P_2\right)+\mathrm{j}\frac{N_{12}}{U_{\mathrm{PCC}}(1+N_{12})}\left(Q_2-\frac{1}{N_{12}}Q_1\right) \tag{12-11}$$

由式(12-11)可知，不等容量逆变器并联运行时，当各逆变器输出有功功率和无功功率分配未能按照其容量比进行分配时，即 $P_1:P_2 \neq Q_1:Q_2 \neq N_{12}$ 时，$I_{H12} \neq 0$，逆变器间存在环流，若输出功率按容量比分配则环流为 0。

综上分析可知，当并联逆变器间功率分配存在微小误差时，也会在系统中产生环流，所以对于不含非线性负荷的逆变器并联系统功率环流的抑制，必须确保输出无功功率和有功功率按容量比进行分配。

12.1.2　传统下垂控制与光伏并联逆变器功率特性分析

当逆变器输出功率分配未按容量比进行分配时，便会产生环流，且逆变器间环流由有功环流与无功环流组成，因此本节针对并联逆变器输出功率特性进行分析。

12.1.2.1 传统下垂控制策略

根据式(12-8)与式(12-9)可知，在光伏低压微网并联逆变器系统中，输出有功功率主要受输出电压幅值影响，无功功率主要由输出电压相角决定，因此在低压光伏微网并联逆变器系统中采用阻性下垂控制[149-150]。由于对线路端电压相角测量较为困难，故常用角频率ω进行代替，则可得阻性下垂控制方程为

$$\begin{cases} \omega_i = \omega_N + nQ_i \\ U_i = U_N - mP_i \end{cases} \tag{12-12}$$

式中，m、n 分别为有功-电压下垂系数和无功-频率下垂系数，P_i、Q_i 为各逆变器输出的有功功率和无功功率，U_N、ω_N 分别为额定输出电压幅值和额定输出角频率，U_i、ω_i 分别为负荷运行时输出的电压幅值和角频率，角频率 ω 与功角δ的关系为

$$\frac{\mathrm{d}\delta}{\mathrm{d}t} = \omega = 2\pi f \tag{12-13}$$

根据下垂控制方程式(12-12)可得出其下垂曲线示意图如图 12-2 所示。

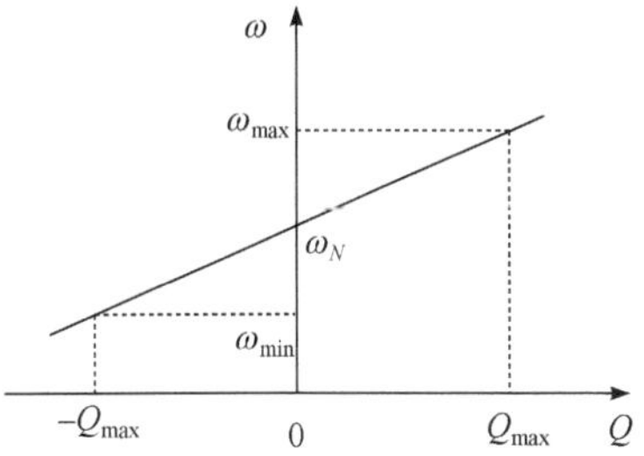

(a) Q-ω下垂特性曲线

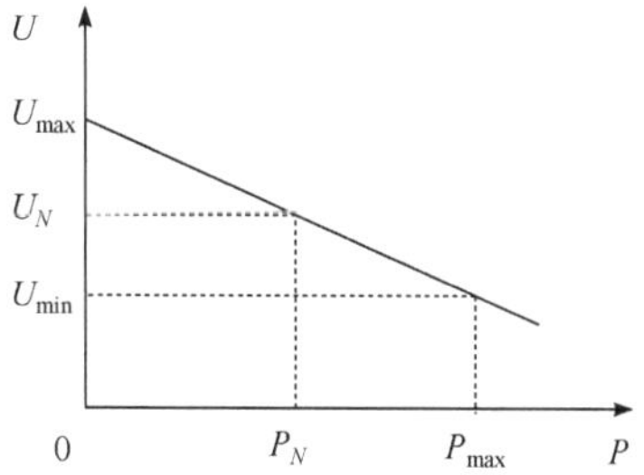

(b) P-U下垂特性曲线

图 12-2　下垂曲线示意图

图 12-2 中，U_{max}、U_{min} 分别为逆变器输出电压最大值和最小值，ω_{max}、ω_{min} 分别为逆变器输出角频率最大值和最小值，P_{max}、Q_{max} 分别为逆变器所能输出有功功率和无功功率的最大值。由图 12-2 可知，在下垂控制模块中，接收到经一阶滤波器后的输出有功功率与无功功率，通过下垂控制方程可以计算出相应的电压幅值和频率，若此时功率分配满足系统要求，则逆变器处于稳定运行点。当负荷功率发生变化，则输出功率通过下垂曲线再次计算出相应的幅值和频率。若输出有功功率增加，则使相应的电压幅值减少，若输出无功功率增加，则使角频率增加，当输出有功功率和无功功率减少时，则与之相反。所以在并联逆变器功率变化时可利用下垂控制的自我调节，使逆变器到达新的稳定运行点。

为了确保逆变器处于稳定运行状态，逆变器输出功率在发生波动时，可通过电压幅值与角频率进行调节，但不能超过逆变器所设定的限值，根据图 12-2 可得出下垂系数计算表达式为

$$\begin{cases} m=(U_N-U_{\min})/(P_N-P_{\max}) \\ n=(\omega_N-\omega_{\min})/Q_{\max} \end{cases} \tag{12-14}$$

根据式(12-14)与图 12-2 可知，下垂系数 m、n 分别为有功、无功下垂曲线的斜率，当下垂系数 m 取较大值时，有功功率分配精度较高，但调整有功功率输出过程中，电压降落值较大，系统稳定性受到影响，m 取较小值时，有功功率分配精度较差。当下垂系数 n 取较大值时，会导致频率波动过大，取较小值时，无功功率分配精度较差。所以应根据系统实际运行情况对下垂系数进行选取，确保系统稳定运行。

12.1.2.2　功率合理分配条件

1) 有功功率合理分配条件

并联系统的有功环流是有功功率不能按容量比分配所产生，对于有功功率合理分配条件，由式(12-12)可知实现有功功率合理分配需要满足

$$m_1P_1=m_2P_2 \tag{12-15}$$

结合逆变器输出有功功率表达式(12-4)与下垂控制方程式(12-12)可得

$$P_i=\frac{(U_N-U_{\mathrm{PCC}})U_{\mathrm{PCC}}}{R_i+m_iU_{\mathrm{PCC}}} \tag{12-16}$$

根据式(12-16)可知，在逆变器并联运行时，要求各逆变器输出有功率按照容量比进行分配需满足

$$\frac{S_1}{S_2}=\frac{P_1}{P_2}=\frac{R_2+m_2U_{\mathrm{PCC}}}{R_1+m_1U_{\mathrm{PCC}}} \tag{12-17}$$

S_1、S_2 为逆变器 1、2 的额定容量，对式(12-17)进行简化后可得

$$U_{\text{PCC}}(m_2S_2 - m_1S_1) = R_1S_1 - R_2S_2 \tag{12-18}$$

对式(12-15)～式(12-18)进行整理可得实现有功功率按照逆变器容量比进行分配的条件为

$$\begin{cases} m_1S_1 = m_2S_2 \\ R_1S_1 = R_2S_2 \end{cases} \tag{12-19}$$

由式(12-19)可得，逆变器并联输出有功功率合理分配不仅要满足下垂系数与容量成反比，还要满足等效连线阻抗的阻性成分与容量也为反比关系。

2) 无功功率合理分配条件

由式(12-12)可知，无功功率合理分配需满足

$$n_1Q_1 = n_2Q_2 \tag{12-20}$$

结合输出无功功率表达式(12-4)与下垂控制方程式(12-12)可得

$$Q_i = \frac{\omega_{\text{PCC}} - \omega_N}{n_i + [R_is/(U_{\text{PCC}}U_i)]} \tag{12-21}$$

式中，s 为拉普拉斯算子。由此可知无功功率控制模块存在积分环节，微网稳定运行时可以忽略式(12-21)中的微分项，从而可得无功功率的分配与等效连线阻抗无关，则无功功率按照容量比进行分配需满足

$$\frac{S_1}{S_2} = \frac{Q_1}{Q_2} \tag{12-22}$$

对式(12-20)～式(12-22)进行整理可得逆变器输出无功功率按容量比分配的条件为

$$n_1S_1 = n_2S_2 \tag{12-23}$$

由式(12-23)可知，逆变器并联运行时，无功功率合理分配只需满足容量比与无功下垂系数成反比即可。

微网稳定运行时，对于无功环流，由于无功-频率下垂控制模块中含有积分环节，且频率为全局变量，所以无功功率可以通过下垂控制方程按容量比调整下垂系数，实现无功功率在传统控制策略下的精确分配，并与等效连线阻抗无关，所以在并联逆变器系统中，无功环流成分极少。而对于有功环流，有功功率合理分配条件中下垂系数与容量成反比可由通过对逆变器参数提前设置，但因光伏分布式单元具有分散性，各逆变器等效连线阻抗存在差异，难以满足等效连线阻抗与容量成反比条件，导致输出有功功率无法按照容量比进行分配，所以系统输出环流主要是有功环流。

12.1.3　可调节虚拟阻抗策略

12.1.3.1　可调节虚拟阻抗策略的提出

针对并联逆变器系统中由于等效连线阻抗不匹配所造成的环流问题，本节提

出一种基于可调节虚拟阻抗的控制策略。所引入的可调节虚拟阻抗由虚拟负电感和虚拟电阻组成，其中虚拟负电感不仅可以消除逆变器输出阻抗中感性成分，也能将线路中占比很少的感性成分进行消除，从而解决阻性下垂控制中的功率耦合问题。而虚拟电阻可以平衡各逆变器等效连线阻抗差异，使等效连线阻抗向着与容量成反比方向自适应调整，满足传统下垂控制有功功率合理分配条件，从而抑制有功环流。具体控制策略如下。

在逆变器并联控制模块中引入可调节虚拟阻抗，其控制框图如图 12-3 所示。

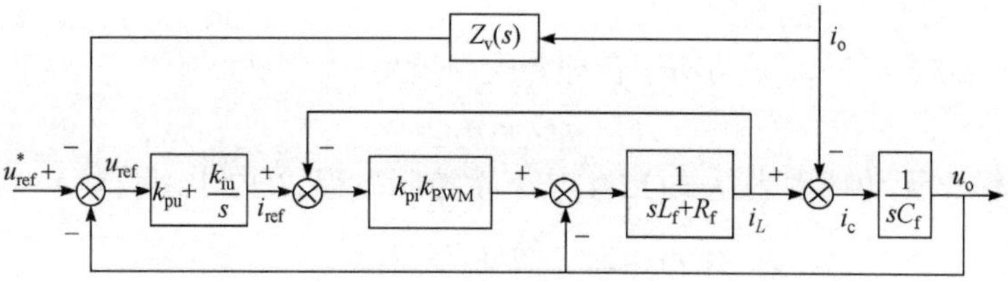

图 12-3 引入可调节虚拟阻抗的逆变器双闭环控制框图

图 12-3 中，k_{pu} 与 k_{pi} 分别为电压外环与电流内环控制系数，k_{PWM} 为逆变器增益系数，u_{ref} 与 u_{ref}^* 分别为引入可调节虚拟阻抗前后的参考电压，u_o 与 i_o 分别为输出电压值和输出电流值，R_f、L_f 和 C_f 分别为滤波电阻、电感和电容，Z_v 为引入的可调节虚拟阻抗，引入可调节虚拟阻抗后的输出电压表达式为

$$\begin{aligned} u_o &= G(s)u_{ref}^* - Z_v(s)i_o = G(s)[u_{ref} - Z_v(s)i_o] - Z_o(s)i_o \\ &= G(s)u_{ref} - [G(s)Z_v(s) + Z_o(s)]i_o \\ &= G(s)u_{ref} - Z_{eq}(s)i_o \end{aligned} \tag{12-24}$$

式中

$$Z_v = R_v + jL_v \tag{12-25}$$

R_v 为虚拟电阻，L_v 为虚拟负电感，$G(s)$为系统增益函数，$Z_o(s)$为加入可调节虚拟阻抗前的输出阻抗。加入可调节虚拟阻抗后的输出阻抗 $Z_{eq}(s)$表达式为

$$Z_{eq}(s) = \frac{G_{PI}k_{pi}k_{PWM}Z_v(s) + k_{pi}k_{PWM} + R_f + L_f s}{L_f C_f s^2 + G_{PI}k_{pi}k_{PWM} + C_f s(k_{pi}k_{PWM} + R_f) + 1} \tag{12-26}$$

式中

$$G_{PI} = k_{pu} + \frac{k_{iu}}{s} \tag{12-27}$$

将 $Z_v = R_v + jL_v$ 代入式(12-26)可得

$$Z_{eq}(s) = \frac{\left[G_{PI}k_{pi}k_{PWM}R_v + k_{pi}k_{PWM} + R_f + \left(L_f + G_{PI}k_{pi}k_{PWM}L_v\right)s\right]}{L_f C_f s^2 + G_{PI}k_{pi}k_{PWM} + C_f s\left(k_{pi}k_{PWM} + R_f\right) + 1} \tag{12-28}$$

由逆变器输出阻抗伯德图分析可知，本章所采用并联逆变器输出阻抗在基频处呈现阻感性，所以在阻性下垂控制中容易存在功率耦合现象。为确保阻性下垂控制输出有功按容量合理分配，首先应解决由于逆变器输出阻抗含有感性成分所引起的功率耦合问题。为消除逆变器输出阻抗的感性成分一般可以采用两种方法，第一种是加入较大值的虚拟电阻，使逆变器输出阻抗中阻性成分远大于电感，从而使其呈现阻性，但加入较大的虚拟电阻会使输出电压降低，影响系统电压质量。所以本章采用第二种方法，即引入虚拟负电感用以抵消输出阻抗中的感性成分，从而使输出阻抗呈现阻性。

根据式(12-28)绘制出虚拟负电感分别设置固定取值 0mH、–3mH、–6mH、–9mH 时的逆变器输出阻抗伯德图如图 12-4 所示。

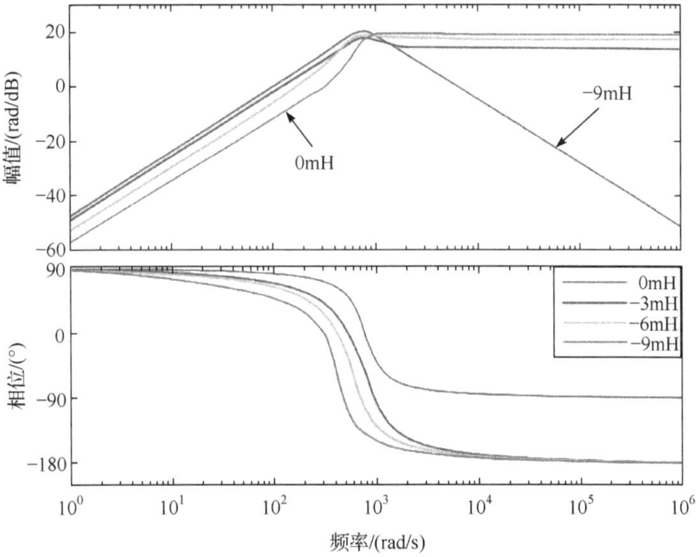

图 12-4　引入不同取值虚拟负电感的逆变器输出阻抗伯德图

由式(12-24)可知，引入虚拟负电感后只改变逆变器输出阻抗中的感性成分，而不会对阻性成分和电压增益产生影响。对图 12-4 分析可得，未引入虚拟负电感时，逆变器输出阻抗在基频处含有较大感性成分，随着引入虚拟负电感取值增加，有效减小了输出阻抗的幅值和相角，其中，在引入–9mH 虚拟负电感后，输出阻抗基频增益为 0.32dB，相角为 13.64°，逆变器输出阻抗中感性成分显著降低。

由上述分析可知，引入虚拟负电感能有效消除逆变器输出阻抗中的感性成分，在此基础上，本章引入一种含有线路阻抗感性成分项的可调节虚拟负电感，既能使逆变器输出阻抗呈阻性，也能对线路阻抗中的感性成分进行消除，令

$$\nabla = L_f C_f s^2 + G_{PI} k_{pi} k_{PWM} + C_f s(k_{pi} k_{PWM} + R_f) + 1 \tag{12-29}$$

则虚拟负电感表达式为

$$\begin{cases} L_{v1}(s) = -\dfrac{(L_{line1}\nabla + L_f)}{G_{PI} k_{pi} k_{PWM}} \\ L_{v2}(s) = -\dfrac{(L_{line2}\nabla + L_f)}{G_{PI} k_{pi} k_{PWM}} \\ \cdots \\ L_{vi}(s) = -\dfrac{(L_{linei}\nabla + L_f)}{G_{PI} k_{pi} k_{PWM}} \end{cases} \tag{12-30}$$

式中，L_{line} 为该逆变器线路感抗。所引入虚拟负电感值等于逆变器输出阻抗与线路阻抗感性成分之和，因此可以同时消除逆变器输出阻抗以及线路阻抗中感性成分。

可调节虚拟负电感根据线路阻抗感性成分进行动态取值，不仅将逆变器输出阻抗的感性成分进行消除，解决了阻性下垂控制中功率耦合问题，同时也将逆变器线路阻抗中的感性成分进行抵消，更大程度上降低了各逆变器的等效连线阻抗差异，实现逆变器等效连线阻抗近似为纯阻性。

在各逆变器等效连线阻抗中感性成分近似消除的基础上，由功率合理分配条件可知，在阻性下垂控制中，无功功率能按照容量比进行分配。而有功功率合理分配的条件是下垂系数和等效连线阻抗的阻性成分都与容量成反比，因此可调节虚拟阻抗中虚拟电阻表达式设计为

$$\begin{cases} R_{v1} = R_{v0} + k_R P_1 \\ R_{v2} = N_{12} R_{v0} + N_{12}^2 k_R P_2 \\ \cdots \\ R_{vi} = N_{1i} R_{v0} + N_{1i}^2 k_R P_i \end{cases} \tag{12-31}$$

式中，R_{v0} 为虚拟电阻初始值，一般设置为等效连线阻抗的 0.8~3.5 倍，k_R 为虚拟电阻调整系数。为方便虚拟电阻求解，可以将容量最小的逆变器设为 1 号，即 $N_{1i}=S_1:S_i=m_1:m_i$。所提可调节虚拟电阻表达式是以虚拟电阻与有功功率为控制变量的下垂方程，可根据输出有功功率动态调整虚拟电阻，实现等效连线阻抗比例趋于与容量成反比方向调节，有效提高有功功率分配精度，从而抑制逆变器间环流。

12.1.3.2　小信号稳定性分析

本节通过建立小信号稳定性模型，分析可调节虚拟阻抗中虚拟电阻调整系数

取值对系统稳定性影响。在稳定平衡点以可调节虚拟电阻 R_v 与功角δ为控制变量进行小信号扰动，将式(12-2)线性化处理可得小信号模型为

$$\begin{cases}\Delta P(s)=\dfrac{\partial P}{\partial R_v}\Delta R_v(s)+\dfrac{\partial P}{\partial \delta}\Delta\delta(s)=K_{11}\Delta R_v(s)+K_{12}\Delta\delta(s)\\ \Delta Q(s)=\dfrac{\partial Q}{\partial R_v}\Delta R_v(s)+\dfrac{\partial Q}{\partial \delta}\Delta\delta(s)=K_{21}\Delta R_v(s)+K_{22}\Delta\delta(s)\end{cases} \tag{12-32}$$

式中，Δ为变量与平衡点的小信号偏差；K_{11}、K_{12}、K_{21}、K_{22} 为有功功率、无功功率对虚拟电阻与功角的偏导微分值，其表达式分别为

$$K_{11}=\frac{(U\cdot U_{\mathrm{PCC}}\cos\delta-U_{\mathrm{PCC}}^2)(X^2-R^2)-2RXU\cdot U_{\mathrm{PCC}}\sin\delta}{(R^2+X^2)^2} \tag{12-33}$$

$$K_{12}=\frac{(X\cos\delta-R\sin\delta)U\cdot U_{\mathrm{PCC}}}{R^2+X^2} \tag{12-34}$$

$$K_{21}=\frac{U\cdot U_{\mathrm{PCC}}\sin\delta(R^2-X^2)-2RX(U\cdot U_{\mathrm{PCC}}\cos\delta-U_{\mathrm{PCC}}^2)}{(R^2+X^2)^2} \tag{12-35}$$

$$K_{22}=\frac{-(X\sin\delta+R\cos\delta)U\cdot U_{\mathrm{PCC}}}{R^2+X^2} \tag{12-36}$$

由分析可知，输出功率采样需经过低通滤波环节，因此在对输出功率进行线性化处理时应将低通滤波器同时考虑，则式(12-32)实际为

$$\begin{cases}\Delta P(s)=\left(\dfrac{1}{\tau s+1}\right)(K_{11}\Delta R_v(s)+K_{12}\Delta\delta(s))\\ \Delta Q(s)=\left(\dfrac{1}{\tau s+1}\right)(K_{21}\Delta R_v(s)+K_{22}\Delta\delta(s))\end{cases} \tag{12-37}$$

式中，τ为低通滤波器时间常数，进而对下垂控制方程表达式(12-12)及虚拟电阻表达式(12-31)进行线性化处理可得

$$\Delta\omega=n\Delta Q(s)/(\tau s+1) \tag{12-38}$$

$$\Delta R_v=N_{1i}^2k_R\Delta P(s)/(\tau s+1) \tag{12-39}$$

$$\Delta\delta(s)=\Delta\omega(s)/s \tag{12-40}$$

结合式(12-32)～(12-40)可推得三阶特征方程为

$$A_1s^3+A_2s^2+A_3s+A_4=0 \tag{12-41}$$

式中

$$A_1=\tau^2 \tag{12-42}$$

$$A_2=(2-K_{11}N_{1i}^2k_R)\tau \tag{12-43}$$

$$A_3 = 1 - K_{22} n\tau - K_{12} N_{1i}^2 k_R \tag{12-44}$$

$$A_4 = (K_{11} K_{22} N_{1i}^2 k_R - K_{12} K_{21} N_{1i}^2 k_R - K_{22}) n \tag{12-45}$$

根据式(12-41)求出虚拟电阻调整系数 k_R 变化时的根轨迹，如图 12-5 所示。将其余参数固定不变，当 k_R 从 0.001～3 区域内逐渐增加时，根轨迹都处于实轴左侧，特征根实部均小于 0，系统稳定运行。但是随 k_R 增大，特征根ξ_2不断趋向 0 轴，系统稳定性降低。图中箭头所指为参数 k_R 增大方向。

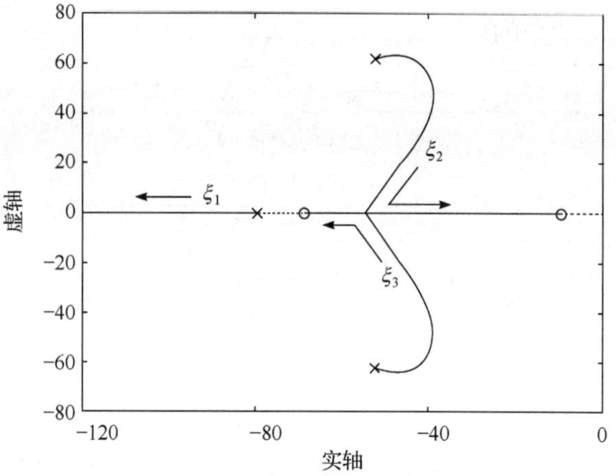

图 12-5　虚拟电阻调整系数 k_R 变化时的根轨迹

根据式(12-24)可知，虚拟电阻的引入会引起系统电压降落，而 k_R 不断增大即代表所引入可调节虚拟电阻值将增加，那么由于虚拟电阻所带来电压降落也相应增大。根据《电力系统和无功电力技术导则》对不同电压等级下所规定的电压偏移范围可知，低压微网系统稳定运行的电压偏移范围应不超过额定电压的+7%~−10%，所以为保证系统电压降落不超出所规定范围，k_R 取值不大于 0.65。

12.1.3.3　可调节虚拟阻抗策略与固定虚拟阻抗策略的对比分析

为分析所引入可调节虚拟阻抗对功率分配调整的有效性，以两台逆变器为例，将固定虚拟阻抗策略与所提可调节虚拟阻抗策略控制效果进行对比分析。固定虚拟阻抗通常由恒定取值的虚拟负电感与虚拟电阻组成，对于虚拟负电感，由于低压微网中线路阻抗中阻性成分远远大于感性成分，所以固定虚拟负电感并未考虑线路中所存在较少的感性成分。但本章所引入的可调节虚拟阻抗中的虚拟负电感将线路中感性成分也进行近似抵消处理，使得等效连线阻抗近似为纯阻性，功率解耦更为准确，同时也降低了逆变器等效连线阻抗差异。并且可调节虚拟负电感取值随逆变器等效连线阻抗动态取值，适应性和精确性较传统虚拟负电感更优越。对于两种策略所引入的虚拟电阻比较如下。

为便于分析，设有功功率配比系数γ为

$$\gamma = \frac{P_i}{N_{ij}P_j} \tag{12-46}$$

式中，当逆变器 i 与 j 的有功功率配比系数γ越接近 1 时，有功分配误差越小，从而系统输出环流越小。

光伏低压微网中，等效连线阻抗中阻性成分决定有功功率能否合理分配，所以固定虚拟阻抗策略通过引入与容量成反比的固定虚拟电阻实现有功合理分配，从而抑制环流。以两台逆变器为例进行分析，设逆变器 1 引入固定虚拟电阻为 R_{vn}，逆变器容量 $S_1/S_2=N_{12}$，则逆变器 2 引入固定虚拟电阻为 $N_{12}R_{vn}$，且下垂系数与容量比成反比，即 $m_2=N_{12}m_1$，并假设两台逆变器输出等效连线阻抗中 $R_2>N_{12}R_1$，因此固定虚拟电阻设计为

$$\begin{cases} R_{v1} = R_{v0} \\ R_{v2} = N_{12}R_{v0} \\ \cdots \\ R_{vi} = N_{1i}R_{v0} \end{cases} \tag{12-47}$$

结合式(12-16)与式(12-47)可得引入固定虚拟电阻的有功配比系数γ_1为

$$\gamma_1 = \frac{P_1}{N_{12}P_2} = \frac{R_2 + m_2U_{PCC} + R_{vn}}{N_{12}(R_1 + m_1U_{PCC} + R_{vn})} > 1 \tag{12-48}$$

引入可调节虚拟电阻的有功功率配比系数γ_2为

$$\gamma_2 = \frac{P_1}{N_{12}P_2} = \frac{R_2 + m_2U_{PCC} + R_{v2}}{N_{12}(R_1 + m_1U_{PCC} + R_{v1})} \tag{12-49}$$

采用反推法，假设 $P_1<N_{12}P_2$，由式(12-49)可知$\gamma_2<1$，则

$$R_2 + m_2U_{PCC} + R_{v2} < N_{12}(R_1 + m_1U_{PCC} + R_{v1}) \tag{12-50}$$

将可调节虚拟电阻 R_{v1}、R_{v2}的表达式代入式(12-50)可得

$$R_2 + m_2U_{PCC} + N_{12}R_{v0} + N_{12}^2k_RP_2 < N_{12}R_1 + N_{12}m_1U_{PCC} + N_{12}R_{v0} + N_{12}k_RP_1 \tag{12-51}$$

对式(12-51)进行化简可得

$$R_2 - N_{12}R_1 \leqslant N_{12}k_R[P_1 - N_{12}P_2] \tag{12-52}$$

又因等效连线阻抗之间关系为 $R_2>N_{12}R_1$，则可得 $P_1-N_{12}P_2>0$，与反推法假设矛盾，故 $P_1>N_{12}P_2$，由此可得$\gamma_1>\gamma_2>1$。因此，所提可调节虚拟阻抗策略有

功分配精度较固定虚拟阻抗更优，从而抑制有功环流效果更佳。

通过以上分析可知，本节所提可调节虚拟阻抗策略所引入的虚拟负电感与虚拟电阻均优于固定虚拟阻抗策略，但其有功功率配比 γ_2 >1，说明可调节虚拟阻抗控制策略未能完全实现等效连线阻抗匹配，功率分配仍存在一定偏差，该问题将在 12.2 节中进行分析与解决。

12.1.4 仿真与实验分析

12.1.4.1 仿真分析

为验证所提基于可调节虚拟阻抗控制策略抑制环流的有效性，本节以两台光伏逆变器并联系统为例进行仿真，其结构如图 12-6 所示。

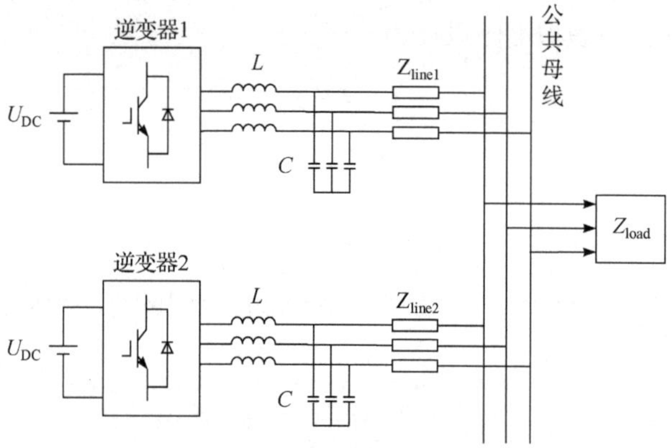

图 12-6 两台光伏逆变器并联系统结构

由图 12-6 可知，逆变器将经 Boost 升压电路后所输出的直流电压 U_{DC} 转换为交流电压，再经滤波器将高频谐波滤除，最后通过连接线路流向公共母线为负载 Z_{load} 供电。根据图 12-6 在仿真软件中搭建容量比为 3∶2 的两台光伏并联逆变器模型，如图 12-7 所示。

为更接近实际光伏低压微网运行特性，线路阻抗按照表 12-1 中低压电力电缆参数进行设计，并且逆变器 1 与逆变器 2 线路电缆长度之比为 3∶7，以模拟实际工况中等效连线阻抗与容量比不匹配特征，逆变器并联系统仿真参数如表 12-2 所示。仿真时长设置为 2s，分别对采用传统下垂控制策略、引入可调节虚拟阻抗控制策略、引入固定虚拟阻抗控制策略进行对比验证。仿真具体过程为：0～0.5s 并联逆变器带负荷 1、负荷 2 运行；0.5s 负荷 3 投入，0.5～1.5s 系统满负荷运行；1.5s 负荷 2 切除，1.5～2s 系统带负荷 1、负荷 3 运行。

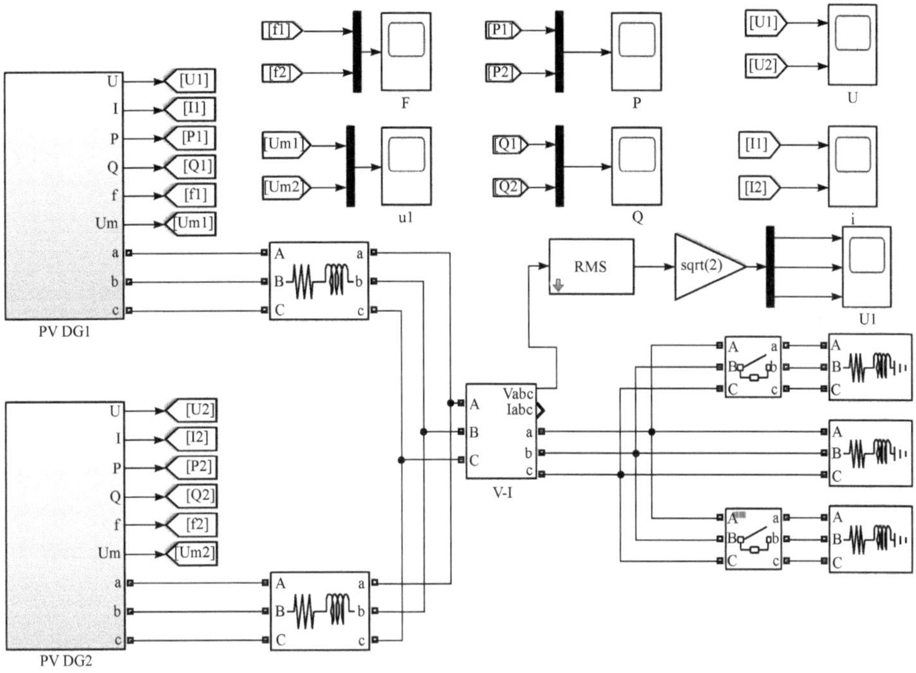

图 12-7　两台并联逆变器仿真模型

表 12-2　逆变器并联系统仿真参数

参数名称	数值	参数名称	数值
滤波电感 L_f/mH	2.5	开关频率/kHz	10
滤波电容 C_f/μF	60	额定角频率/(rad/s)	100π
线路电缆长度 L_1/km	0.121	有功下垂系数 m_1	2×10^{-4}
线路电缆长度 L_2/km	0.281	有功下垂系数 m_2	3×10^{-4}
负荷 1	3.9kW+j2.3kvar	无功下垂系数 n_1	4×10^{-5}
负荷 2	2.4kW+j1.2kvar	无功下垂系数 n_2	6×10^{-5}
负荷 3	1.4kW+j0.6kvar	虚拟电阻调整系数 k_R	0.36

1) 仿真案例 1

并联逆变器采用传统下垂控制策略，其仿真结果如图 12-8 所示。

由图 12-8(a)并联逆变器采用传统下垂控制策略时的输出有功功率波形可知，在 0～0.5s 期间，由于两台逆变器等效连线阻抗与容量不匹配，其输出有功功率未能按照容量比 3∶2 进行分配，在随后的负荷投切工况中，有功功率分配误差依然较大。由图 12-8(b)并联逆变器输出无功功率波形可知，在负荷恒定或

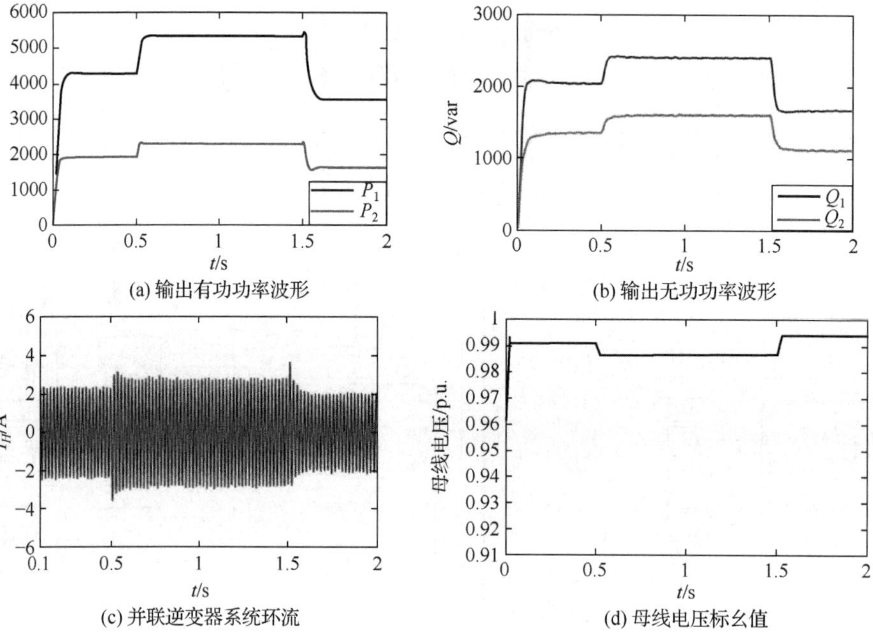

(a) 输出有功功率波形　(b) 输出无功功率波形
(c) 并联逆变器系统环流　(d) 母线电压标幺值

图 12-8　传统下垂控制策略仿真输出结果

者发生投切时，无功功率都能按照容量比 3∶2 进行分配，这与前文分析所得阻性下垂控制中无功功率不受阻抗差异影响的结论一致。

由图 12-8(c)并联逆变器系统环流波形可知，并联系统在 0.1～0.5s 运行期间，环流稳定值在 2.32A 左右，0.5s 时负荷 3 投入后，环流值有所上升，1.5s 负荷 2 切除，环流则有所降低。从整体运行过程角度分析，传统下垂控制策略下的系统环流值较大，这会使得并联系统中部分逆变器输出功率过载运行，而部分逆变器容量利用率过低，严重影响系统稳定运行。由于在传统下垂控制策略中，无论负荷是否发生投切，无功功率始终保持合理分配，而有功功率一直存在分配偏差，从而验证了前文分析所得系统环流的主要是有功环流，且由有功功率分配不合理所引起的结论。图 12-8(d)为母线电压标幺值，当 0.5s 投入负荷时，母线电压出现下降，1.5s 负荷切除，母线电压有所上升，仿真结果与图 12-2 所示下垂曲线特性相符合。

2) 仿真案例 2

并联逆变器采用引入可调节虚拟阻抗控制策略，其仿真结果如图 12-9 所示。

图 12-9(a)为引入可调节虚拟阻抗后的并联逆变器输出有功功率波形，以图 12-8(a)仿真结果作为参照可知，增加可调节虚拟阻抗对等效连线阻抗进行重塑后，两台逆变器有功功率分配偏差显著降低，并且在系统负荷发生投切动作后，引入可调节虚拟阻抗控制策略依然能有效降低功率分配偏差。相比于传统下

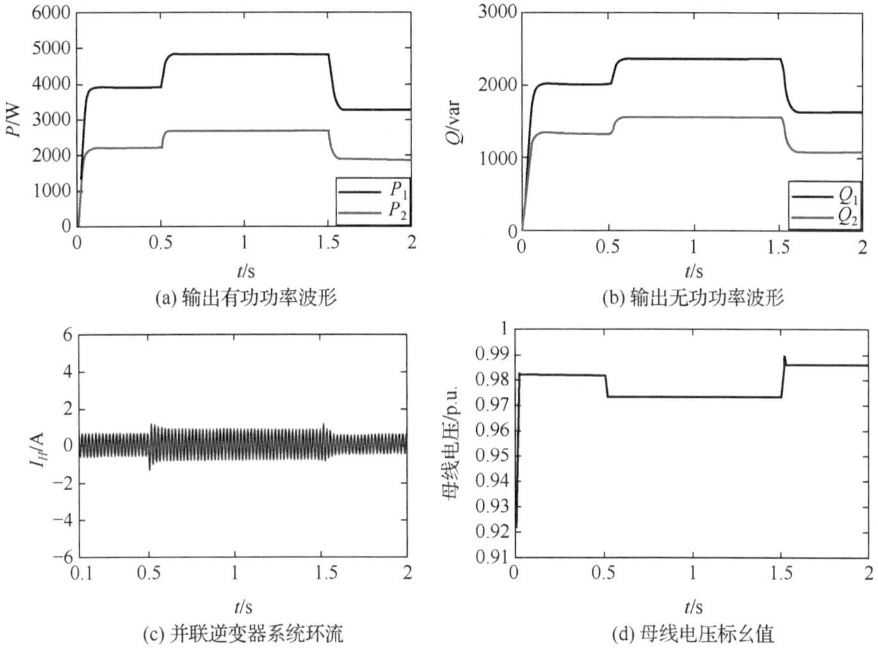

(a) 输出有功功率波形　(b) 输出无功功率波形

(c) 并联逆变器系统环流　(d) 母线电压标幺值

图 12-9　引入可调节虚拟阻抗控制策略输出仿真结果

垂控制策略输出有功功率，引入可调节虚拟阻抗后，并联逆变器输出总功率稍微降低，这是因为引入可调节虚拟阻抗导致电压降低所引起的。由图 12-9(b)并联逆变器输出无功功率波形可知，其依然按容量比分配，说明引入可调节虚拟阻抗对无功功率分配精度无影响。

图 12-9(c)为系统环流波形，与图 12-8(c)对比可知，引入可调节虚拟阻抗后，系统环流明显降低。即使在 0.5～1.5s 负荷全部投入期间，环流稳定值也被抑制在 0.89A，这表明本节所提可调节虚拟阻抗策略能显著降低并联逆变器系统环流。图 12-9(d)为并联逆变器母线电压标幺值仿真结果，0～0.5s 母线电压标幺值为 0.982p.u.，而后负荷 3 加入，母线标幺值为 0.973p.u.，负荷 2 切除，母线标幺值为 0.987p.u.，相对于仿真案例 1，引入可调节虚拟阻抗后，系统母线电压降落增加，但在最大电压降落时也未超过低压微网规定运行电压偏差范围。

3) 仿真案例 3

并联逆变器采用引入固定虚拟阻抗控制策略，其仿真结果如图 12-10 所示。

根据图 12-10(a)输出有功功率与图 12-10(b)系统环流波形可知，相较于未引入任何补偿的传统下垂控制，引入固定虚拟阻抗能有效提高输出有功功率分配精度，抑制系统环流。但相对于可调节虚拟阻抗策略，固定虚拟阻抗控制策略在 0.5～1.5s 系统满负荷运行期间系统环流稳定值为 1.17A，其有功功率分配精度与环流抑制效果要差一些，这与前文所分析结果一致。

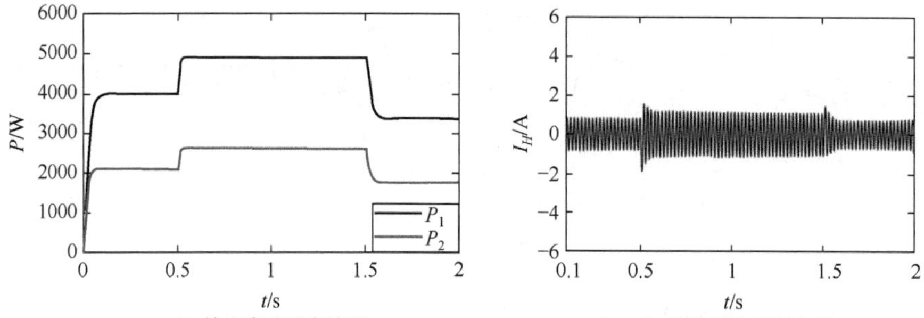

(a) 输出有功功率波形　　(b) 并联系统环流波形

图 12-10　引入固定虚拟阻抗控制策略输出仿真结果

通过以上仿真结果分析可得，采用基于可调节虚拟阻抗的环流抑制策略能显著降低系统环流，并且抑制效果比引入固定虚拟阻抗策略更好。但可调节虚拟阻抗的引入会使母线电压发生降落，本节通过合理的选取虚拟电阻调整系数，确保在最大电压降落时也不超过系统稳定运行规定范围。

12.1.4.2　实验分析

为进一步验证基于可调节虚拟阻抗的环流抑制策略的有效性，基于 RT-LAB 半实物数字仿真实验平台，搭建两台光伏逆变器并联系统进行硬件在环仿真实验 (hardware-in-the-loop simulation, HILS)，RT-LAB 半实物仿真平台如图 12-11 所示。实验过程中DSP控制器采用TMS320F2812，并联光伏逆变器系统利用RT-LAB进行模拟，实验波形通过示波器 RTH1002 进行记录。

图 12-11　RT-LAB 半实物仿真实验平台

所建立并联系统中逆变器 1 与逆变器 2 容量比为 3∶2，带有功负荷为 6.3kW，无功负荷为 3.5kvar，线路电缆参数与逆变器控制参数如表 3-2 所示。实验分析将从并联系统分别采用传统下垂控制策略、引入可调节虚拟阻抗控制策略、引入固定虚拟阻抗控制策略进行对比验证，示波器 RTH1002 所记录实验结果波形如图 12-12～图 12-14 所示。

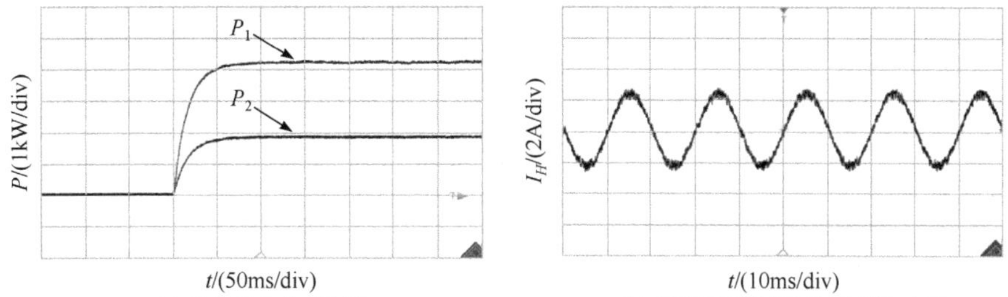

(a) 输出有功功率波形　　(b) 并联系统稳态运行时环流波形

图 12-12　传统下垂控制策略输出实验结果

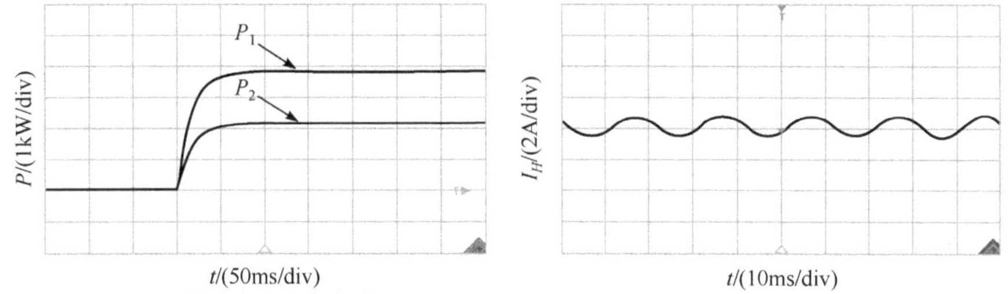

(a) 输出有功功率波形　　(b) 并联系统稳态运行时环流波形

图 12-13　引入可调节虚拟阻抗控制策略输出实验结果

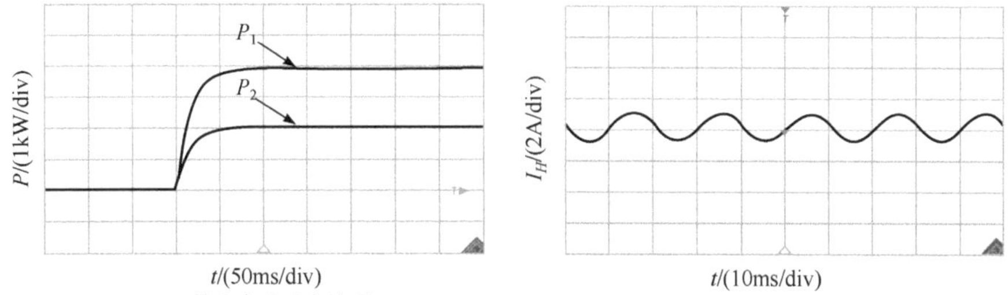

(a) 输出有功功率波形　　(b) 并联系统稳态运行时环流波形

图 12-14　引入固定虚拟阻抗控制策略输出实验结果

由图 12-12 可知，并联采用传统下垂控制控制策略时，两台逆变器输出有功功率未能按照容量比进行合理分配，并且分配偏差十分明显，导致逆变器间环流稳态值较大。为抑制逆变器间环流，在并联系统控制模块中引入可调节虚拟阻抗，其输出实验结果如图 12-13 所示。根据图 12-13(a)与图 12-13(b)可知，引入可调节虚拟阻抗后，并联逆变器输出有功功率分配比例已较为接近容量比 3∶2，逆变器间环流得到显著抑制。当并联逆变器系统采用引入固定虚拟阻抗控制策略时，根据图 12-14 可知，相对于传统下垂控制策略，其有功功率分配精度与环流抑制效果得到有效提升，但相对于引入可调节虚拟阻抗策略，其有功功率分配偏差有所增加，环流抑制效果有所降低，从而验证了所提基于可调节虚拟阻抗的环流抑制策略效果的有效性。

12.1.5 小结

12.1 节以光伏低压微网逆变器并联系统为研究对象，首先通过建立两台光伏逆变器并联运行等效模型，对并联系统的环流特性和功率特性进行分析，得出逆变器等效连线阻抗不匹配所造成的功率无法按容量比分配是产生环流的本质原因，且系统环流主要是有功环流，无功环流成分极少。进而为解决逆变器并联系统存在较大环流问题，提出一种基于可调节虚拟阻抗的控制策略。可调节虚拟阻抗由虚拟负电感和虚拟电阻组成，其中引入虚拟负电感消除等效连线阻抗中的感性成分，解决传统下垂控制的功率耦合问题。引入虚拟电阻使等效连线阻抗向与容量成反比方向动态调节，以提升输出有功功率分配精度，从而实现环流的有效抑制，并通过对并联系统进行小信号稳定性分析，为虚拟电阻调整系数设计提供依据。最后，通过仿真与实验对比验证，结果表明可调节虚拟阻抗控制策略能有效抑制系统环流，并且环流抑制性能相较于固定虚拟阻抗策略更佳。

12.2 基于自适应下垂控制的环流抑制策略

12.2.1 基于可调节虚拟阻抗的环流抑制策略的局限性

微网稳定运行时，频率为全局变量，所以传统阻性下垂控制中，逆变器无功功率可根据容量比进行精确分配，产生的无功环流含量极少，因此本节主要针对可调节虚拟阻抗控制策略对有功功率分配的局限性进行讨论。

光伏低压微网中，由于各逆变器等效连线阻抗中阻性成分远远大于感性成分，且前文已通过引入可调节阻抗对感性成分进行消除处理，所以各逆变器输出电压表达式为

$$U_i = U_{\text{PCC}} + \frac{P_i R_i + Q_i X_i}{U_i} \approx U_{\text{PCC}} + \frac{P_i R_i}{U_i} \tag{12-53}$$

根据式(12-53)定义 R_i / U_i 为 k_{zi}。根据下垂控制特性，设逆变器容量相等，等效连线阻抗 $R_1 > R_2$，由式(12-12)与式(12-53)共同求解可得有功功率分配图如图 12-15 所示。

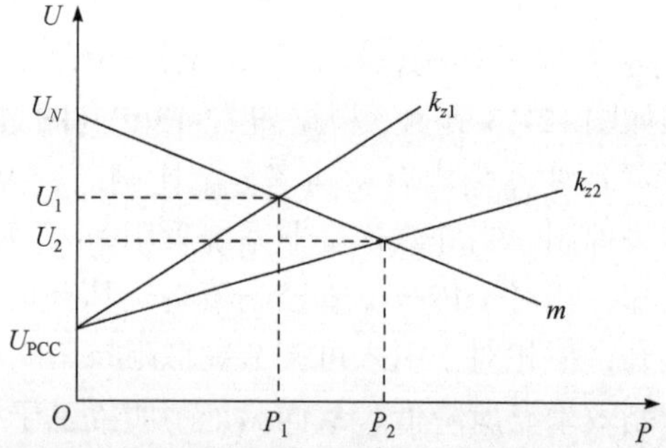

图 12-15 传统阻性下垂控制有功功率分配图

根据图 12-15 可知，由于等效连线阻抗不匹配，导致有功-电压曲线斜率不同，结合传统下垂曲线可知输出电压 $U_1>U_2$，输出有功功率 $P_1<P_2$，该结果与有功功率合理分配条件相悖。而传统下垂控制中下垂系数固定，无法针对等效连线阻抗不匹配情况进行自适应调整，所以输出有功功率分配会存在偏差。若传统下垂控制通过设定较大的下垂系数以提高输出功率精度，则系统稳定性易受到冲击，而较小的下垂系数又难以满足功率分配精度，因此传统下垂控制在等效连线阻抗不匹配时的环流抑制性能存在局限性。

同时由 12.1.3 节分析可知，并联逆变器在可调节虚拟阻抗控制策略下，其有功功率配比 $\gamma_2>1$，即逆变器等效连线阻抗未能实现完全匹配，所以在传统下垂控制下其有功功率分配仍存在一定偏差，仿真与实验结果也验证了该问题。并且可调节虚拟阻抗的加入会造成系统电压降落，系统稳定性受到影响。因此，仅引入可调节虚拟阻抗对环流抑制效果有限，为进一步提升并联逆变器环流抑制效果和系统稳定性，需对传统下垂控制进行改进。

12.2.2　自适应下垂控制策略

12.2.2.1　自适应下垂控制策略的提出

为进一步抑制系统环流，本节提出一种自适应下垂控制策略。该策略通过逆变器功率计算模块获取实际输出功率，并对实际输出的无功功率求取滑动平均值 $\bar{Q}$。然后将所求得 $\bar{Q}$ 保存并代入自适应下垂控制方程中，以较小的无功功率扰动来获取有功功率分配误差，并利用附加积分器的无差调节，使有功下垂系数自适应调节，实现输出有功功率精确均分。自适应下垂控制方程如下：

$$\begin{cases}\omega_i=\omega_N+(n_iQ_i+T_\mathrm{r}m_iP_i)\\ U_i=U_N-[m_i+\dfrac{k_\mathrm{g}}{s}T_\mathrm{r}(\bar{Q}-n_iQ_i)]P_i\end{cases}\tag{12-54}$$

式中，k_g 为积分增益；T_r 为触发信号，取值为 0 或 1；$\bar{Q}$ 为各逆变器实际输出无功功率滑动平均值，其计算表达式为

$$\bar{Q}=\frac{1}{N}\sum_{i=1}^{N}(n_iQ_i)\tag{12-55}$$

式中，N 为逆变器台数。根据按容量比分配的输出有功功率额定值 $P_{\mathrm{set}i}$ 进行激活，当输出有功功率 $P_i=P_{\mathrm{set}i}$ 时，T_r 为 0，并联系统采用传统的下垂控制策略即可。当输出有功功率 $P_i\neq P_{\mathrm{set}i}$ 时，T_r 为 1，采用自适应下垂控制策略。T_r 触发信号原理图如图 12-16 所示。

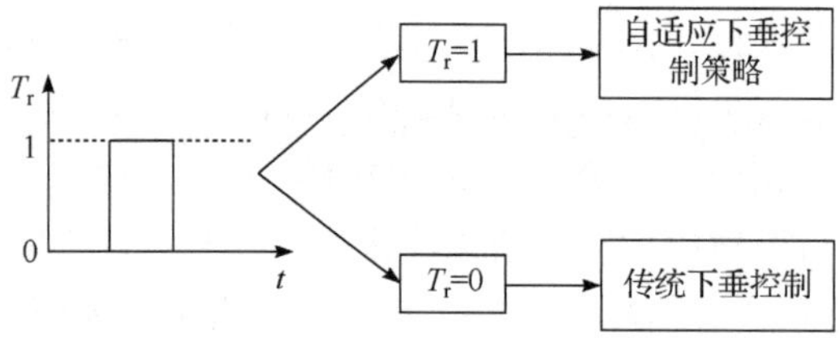

图 12-16　T_r触发信号原理图

以两台逆变器并联系统为例进行分析，根据前文可知，由于频率为全局变量，逆变器输出频率均相等，则由式(12-54)可得

$$m_1P_1 + n_1Q_1 = m_2P_2 + n_2Q_2 \tag{12-56}$$

由式(12-56)可得，逆变器 1、2 输出有功功率与无功功率相互影响，若 $m_1P_1 \neq m_2P_2$，那么 $n_1Q_1 \neq n_2Q_2$，即

$$\begin{cases} n_1Q_1 < \bar{Q} < n_2Q_2 \\ m_1P_1 > m_2P_2 \end{cases} \tag{12-57}$$

或者为

$$\begin{cases} n_1Q_1 > \bar{Q} > n_2Q_2 \\ m_1P_1 < m_2P_2 \end{cases} \tag{12-58}$$

在式(12-54)中，有功功率项加入无功-频率方程中，若输出有功功率未按容量比进行分配，则会产生小的无功功率偏差。而在有功-电压方程中加入含有无功功率分配偏差的积分项，通过积分环节消除无功偏差，使各逆变器无功功率与下垂系数的乘积重新等于 $\bar{Q}$。当输出有功功率大于所给额定值时，则经积分环节输出信号为正，使得下垂系数增加。当输出有功功率小于所给额定值时，积分环节输出信号为负，从而使得下垂系数减小。所以对无功功率积分的过程，本质上是对下垂系数进行自适应调整，从而实现有功功率的精确分配，即

$$\begin{cases} n_1Q_1 = \bar{Q} = n_2Q_2 \\ m_1P_1 = m_2P_2 \end{cases} \tag{12-59}$$

设下垂系数的调整量为 M_i，则

$$M_i = \frac{k_g}{s}(\bar{Q} - n_iQ_i) \tag{12-60}$$

根据式(12-54)与式(12-60)可得经下垂系数自适应调整后的下垂控制方程为

$$\begin{cases} \omega_i = \omega_N + n_iQ_i \\ U_i = U_N - (m_i + M_i)P_i \end{cases} \tag{12-61}$$

根据以上分析可得自适应下垂控制原理如图 12-17 所示。

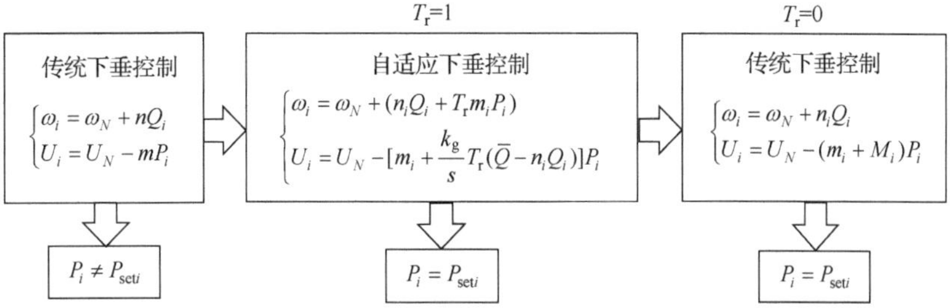

图 12-17　自适应下垂控制原理图

根据图 12-17 可知，自适应下垂控制详细控制思路如下。

(1) 并联系统采用传统下垂控制，由于等效连线阻抗不匹配，输出有功功率 $P_1\neq P_{\mathrm{set1}}$，通过功率计算模块对输出功率进行采集，利用控制单元求取输出无功功率滑动平均值 $\bar{Q}$。

(2) 由于输出有功功率分配存在偏差，触发信号 $T_r=1$，自适应下垂控制启动，控制单元停止对逆变器输出无功功率求取滑动平均值，并储存上一次控制单元所求无功功率滑动平均值 $\bar{Q}$，通过式(12-54)对下垂系数进行自适应调节，实现输出有功功率的精确分配。

(3) 实现输出有功功率精确分配后，下垂系数自适应调整结束，触发信号 T_r 归 0，系统采用式(12-61)经下垂系数调整后的传统下垂控制。

本节所提的自适应下垂控制策略，在传统下垂控制方程中引入有功功率与无功功率作为反馈信号，使下垂系数跟随输出功率自适应调整，从而确保了在等效连线阻抗不匹配情况下的功率分配精度与环流抑制效果，同时引入积分环节有效提升了系统控制模块的稳定性。自适应下垂控制通过触发信号 T_r 进行启动，当并联逆变器满足功率精确分配并达到稳定状态后，下垂系数自适应调整过程结束，系统重新切换为传统下垂控制，并采用经自适应下垂控制调整后的下垂系数。通过利用触发信号 T_r 对自适应下垂控制进行启动，使控制模块不需要持续对输出功率进行计算以及积分环节调整，减少其工作量以及计算过程出现的数据丢失或错误的概率。当系统在某时刻出现负荷投入或切除时，若输出有功功率与加入负荷后的有功功率额定值不等，则触发信号 $T_r=1$，更新负荷变化后的逆变器输出功率，再次进行下垂系数自适应调整，实现负荷变化后的功率精确分配。

12.2.2.2　电压补偿控制

引入可调节虚拟阻抗能通过调整等效连线阻抗，有效提升功率分配精度与抑制逆变器间环流，但由式(12-24)可知，可调节虚拟阻抗的引入会造成系统电压降落，系统稳定性受到影响。并且根据式(12-53)可知，当母线电压发生降落时，并联逆变器输出电压会发生变化。而在阻性下垂控制中，输出电压与有功功率存在相关性，所以输出电压发生变化时，有功功率分配精度将受到一定影响，从而导致系统环流抑制效果受限。虽然通过建立小信号稳定性分析模型对虚拟电阻调整系数进行合理取值，但仍会造成一定的电压降落，仿真结果也说明了这个问题。图 12-18 为加入可调节虚拟阻抗的并联逆变器简化模型。

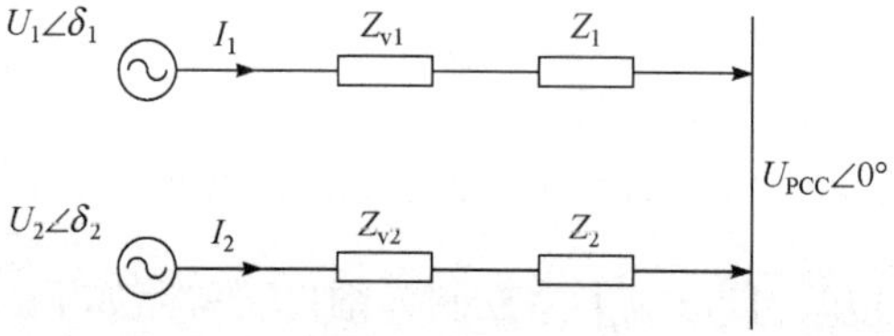

图 12-18 含可调节虚拟阻抗的并联逆变器简化模型

由图 12-18 可知，加入可调节虚拟阻抗后的公共母线电压 U_{PCC} 为

$$U_{PCC}=U_i-(Z_{vi}+Z_i)I_i \tag{12-62}$$

根据式(12-62)可得，未加入可调节虚拟阻抗前，下垂控制中母线电压降落主要是由等效连线阻抗所造成的，在加入可调节虚拟阻抗后，母线电压降落进一步增加。所以为消除母线电压降落对系统稳定性的影响，本节在下垂控制中加入电压补偿模块，其表达式为

$$\Delta U=\left(k_{pu}+\frac{k_{pi}}{s}\right)(U_{PCC}^{*}-U_{PCC}) \tag{12-63}$$

式中，U^{*}_{PCC} 为公共母线电压给定值，U_{PCC} 为实际运行时公共母线电压值，k_{pu}、k_{pi} 为电压补偿模块中 PI 控制环节比例系数与积分系数。若光伏低压微网需要进行并网，则 U^{*}_{PCC} 替换为并网电压 U_B 进行并网，其控制流程图如图 12-19 所示。

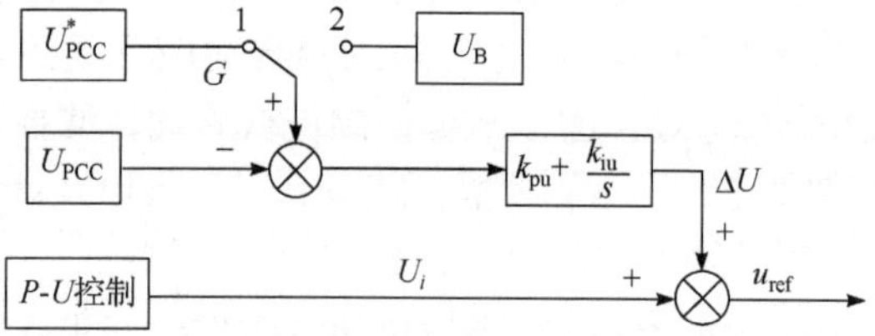

图 12-19 电压补偿控制流程图

图 12-19 中，当未进行并网时，开关 G 选择与母线电压给定值 1 端口连接，并网时则选择并网额定电压幅值端口 2，通过实际母线电压与参考母线电压的差值作为 PI 调节器的反馈闭环控制的输入，实现并网、孤岛情况下的电压补偿，极大程度上降低引入可调节虚拟阻抗所带来的电压降落的影响，提高系统稳定性。

12.2.2.3　自适应下垂控制策略分析

本节从下垂曲线角度以两台逆变器容量比为 3∶2 并联运行为例，对所提自适应下垂控制策略实现输出有功功率精确分配过程进行分析。下垂系数自适应调整示意图如图 12-20 所示。

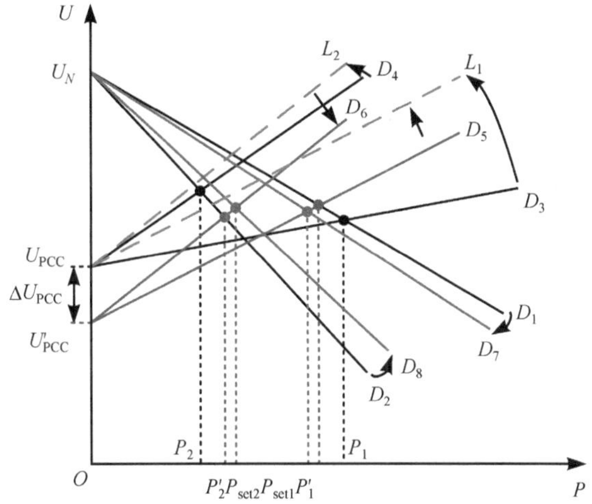

图 12-20　下垂系数自适应调整示意图

图 12-20 中 D_1～D_8 分别为

$$\begin{cases} D_1: U_1 = U_N - m_1 P_1 \\ D_2: U_2 = U_N - m_2 P_2 \\ D_3: U_1 = U_{\text{PCC}} + R_1 P_1 / U_1 \\ D_4: U_2 = U_{\text{PCC}} + R_2 P_2 / U_2 \\ D_5: U_1' = U_{\text{PCC}} + (R_1 + R_{\text{v1}}) P_1 / U_1 \\ D_6: U_2' = U_{\text{PCC}} + (R_2 + R_{\text{v2}}) P_2 / U_2 \\ D_7: U_{\text{set1}} = U_N - (m_1 + M_1) P_1' \\ D_8: U_{\text{set2}} = U_N - (m_1 + M_2) P_2' \end{cases} \tag{12-64}$$

由于光伏分布式单元的分散性，逆变器 1 与逆变器 2 的等效连线阻抗比与容量比之间的关系将会出现以下三种情况。

(1) 当逆变器 1 和逆变器 2 的等效连线阻抗与容量成反比时，即 R_1∶R_2=2∶3，由前文所推导功率合理分配条件可知，此时各逆变器输出功率可按照其容量实现精确分配。

(2) 当两台逆变器的等效连线阻抗关系为 R_1∶R_2<2∶3 时，根据图 12-20 可得，两台逆变器输出有功功率关系为 $3P_2<2P_1$，输出电压关系为 $U_1>U_2$，即输出有功功率未能按照容量比进行分配且输出电压也不相等，由前文分析可知，此时系统环流现象明显。

为解决该问题，本节首先引入可调节虚拟阻抗对等效连线阻抗进行调整，根据可调节虚拟电阻表达式可知，所加入可调节虚拟电阻的关系为 $2R_{v2}<3R_{v1}$，此时逆变器 1 与逆变器 2 的等效连线阻抗分别为(R_1+R_{v1})、(R_2+R_{v2})。引入可调节虚拟电阻后，逆变器 1 的输出电压曲线 D_3 斜率增加为虚线 L_1，逆变器 2 输出电压曲线 D_4 斜率增加为虚线 L_2，但由于并联系统需提供给负荷的有功功率并未改变，即 $P_1+P_2=P_1'+P_2'$，所以逆变器 1 与逆变器 2 的输出电压曲线最终移至实线 D_5、D_6，此时两台逆变器输出有功功率分配为 P_1'、P_2'，对比未引入可调节虚拟阻抗之前输出有功功率 P_1、P_2 可知，有功功率分配精度明显更接近于 3∶2，因此环流得到有效抑制，但同时也产生母线电压降落ΔU_{PCC}。

然后，在引入可调节虚拟阻抗的基础上，为进一步提升环流抑制性能，采用自适应下垂控制进行再次调整。根据 12.2.2 节分析可知，由于 $P_1>P_{set1}$，则逆变器 1 的自适应下垂控制积分环节输出信号为正，即 $M_1>0$，逆变器 1 下垂系数逐渐增加，直至 $P_1=P_{set1}$ 时调整结束。而 $P_2<P_{set2}$，则逆变器自适应下垂控制积分环节输出信号为负，即 $M_2<0$，逆变器 2 下垂系数逐渐减小，直至 $P_2=P_{set2}$ 时调整结束。通过自适应下垂控制根据输出功率不断调整下垂系数，最后使得两台逆变器有功-电压下垂曲线分别从 D_1、D_2 移至 D_7 与 D_8，此时两台逆变器输出有功功率分别为 P_{set1} 和 P_{set2}，实现有功功率的精确分配。

(3) 当两台逆变器的等效连线阻抗关系为 $R_1:R_2>2:3$ 时，此时 $3P_2>2P_1$，输出电压关系为 $U_1<U_2$，即输出有功功率也不能按照容量比进行分配且输出电压存在差异。为使其实现功率的合理分配和环流的有效抑制，需采用可调节虚拟阻抗和自适应下垂控制进行调节，其具体调整过程与情况 2 类似，在此不再赘述。

根据以上分析可知，在引入可调节虚拟阻抗的基础上采用自适应下垂控制能进一步提升环流抑制效果。并且由图 12-20 可知，基于可调节虚拟阻抗的自适应下垂控制对下垂系数的调整幅度较小，确保了输出电压波动不会超出规定范围，系统稳定性较高。若不引入可调节虚拟阻抗，而直接采用自适应下垂控制，则下垂系数调整幅度过大，逆变器输出电压容易发生突变，对系统造成冲击，不利于系统稳定可靠运行。所以在引入可调节虚拟抗的基础上采用自适应下垂控制策略具有良好的互补性能，本节整体环流抑制策略控制框图如图 12-21 所示。

根据图 12-21 可知，基于可调节虚拟阻抗的自适应下垂控制策略首先通过功率计算模块，获取逆变器输出有功功率和无功功率。进而引入可调节虚拟阻抗消除逆变器等效连线阻抗中的感性成分，完成阻性下垂控制精确解耦，并使等效连线阻抗向与容量成反比方向调整，有效提升并联逆变器输出功率分配精度。然后利用自适应下垂控制策略，通过引入有功功率与无功功率作为反馈信号，以积分

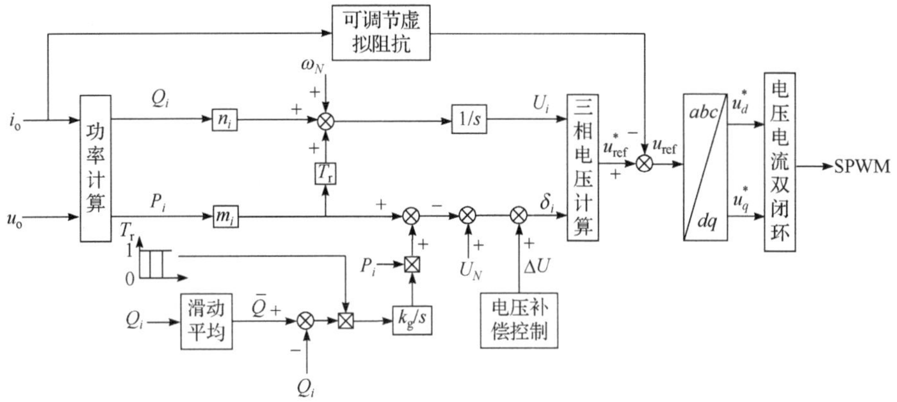

图 12-21　基于可调节虚拟阻抗的自适应下垂控制框图

环节消除功率分配偏差，动态调整下垂系数实现环流的进一步抑制。当输出功率等于系统给定参考值并处于稳定运行状态后，系统采用下垂系数更新后的传统下垂控制，当系统负荷发生变化时，则逆变器控制模块对输出功率进行更新，自适应下垂控制再次进行下垂系数调整，以实现负荷变化后的功率精确分配。

12.2.3　仿真与实验分析

12.2.3.1　仿真分析

本节为验证在引入可调节虚拟阻抗的基础上，采用自适应下垂控制策略对环流抑制效果的有效性，在仿真软件中进行仿真验证，仿真基础模型参数及具体过程与 12.1.4.1 节仿真分析保持一致，从自适应下垂控制在触发信号正常与触发信号失效两种案例进行仿真对比验证。

1) 仿真案例 1

当触发信号 T_r 正常时，由第 3 章理论分析及仿真和实验结果可知，在仅采用可调节虚拟阻抗策略时，有功功率未能完全实现按容量比精确分配，则所提自适应下垂控制直接启动，实现环流的进一步抑制。触发信号正常时的自适应下垂控制策略仿真输出功率结果如图 12-22 所示。图 12-22(a)为并联逆变器输出有功功率波形，通过与图 12-9(a)仅在传统下垂控制策略中引入可调节虚拟阻抗的仿真输出结果对比可知，在引入可调节虚拟阻抗的基础上，自适应下垂控制策略相对于传统下垂控制策略能进一步提升有功功率分配精度，基本实现逆变器按容量比 3：2 分配有功功率。这主要有两方面的原因：第一是因为所提自适应下垂控制策略可根据输出功率自适应调整下垂系数，实现输出功率的进一步精确分配；第二是因为补偿了引入可调节虚拟阻抗所造成的电压降落，从而降低了有功功率分配偏差。由图 12-22(b)并联逆变器输出无功功率波形可知，其分配精度基本未受影响。

根据图 12-22(c)并联逆变器系统环流波形结果可知，自适应下垂控制策略输出环流值在 0.1～2s 期间，环流稳定值都抑制在 0.15A 以下，实现在引入可调节虚拟阻抗基础上进一步抑制环流，这也验证了所提自适应下垂控制策略的有效性。图 12-22(d)为母线电压标幺值仿真结果，通过电压补偿模块的加入，母线电压基本维持在额定值附近，并且即使在负荷出现变化时电压依然维持在较为平稳的状态。

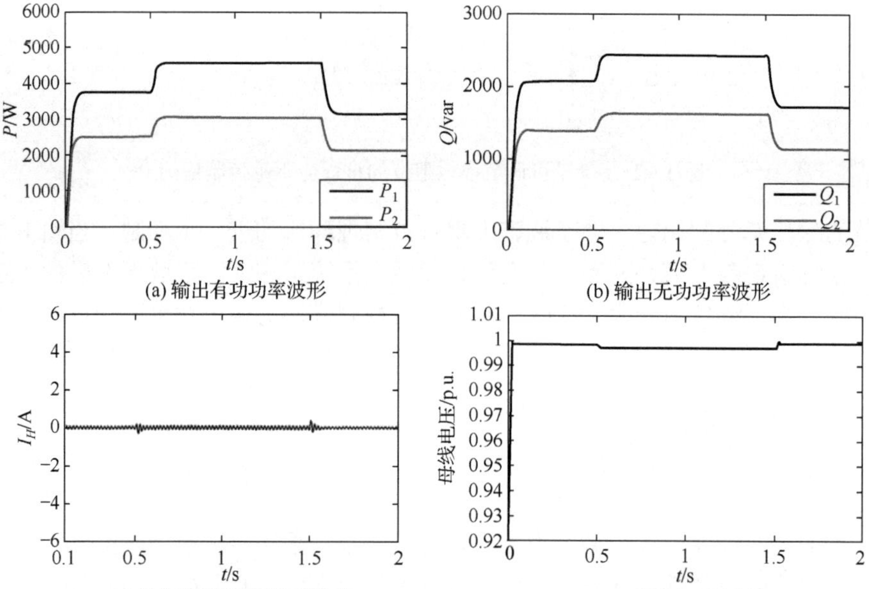

(a) 输出有功功率波形　　(b) 输出无功功率波形

(c) 并联逆变器系统环流波形　　(d) 母线电压标幺值

图 12-22　触发信号正常时的自适应下垂控制策略输出仿真结果

2) 仿真案例 2

当触发信号 T_r 失效时，控制模块不能接收到自适应下垂控制启动信号，各逆变器下垂系数为上一时刻稳定状态值，将不再进行自适应调整。触发信号失效时的并联逆变器系统环流仿真结果如图 12-23 所示。

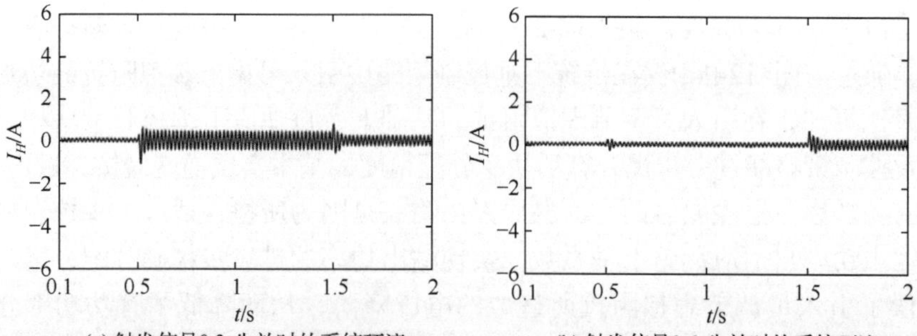

(a) 触发信号0.3s失效时的系统环流　　(b) 触发信号0.6s失效时的系统环流

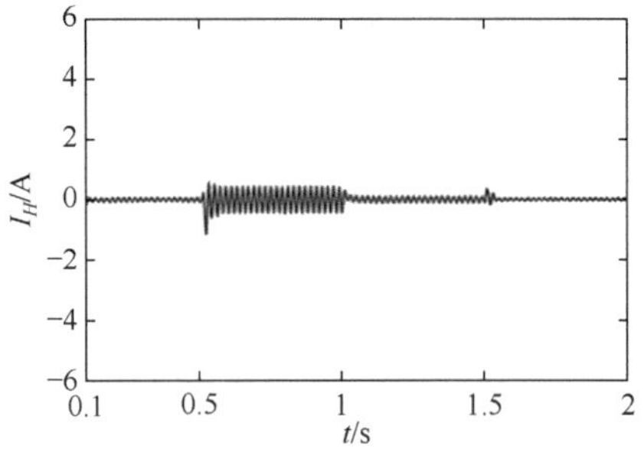

(c) 触发信号失效后再恢复的系统环流

图 12-23　触发信号失效时的自适应下垂控制策略输出仿真结果

根据图 12-23(a)可知，当触发信号在 0.3s 失效，并联逆变器系统环流在 0.1～0.5s 依然得到有效抑制，这是因为自适应下垂控制已根据等效连线阻抗差异进行下垂系数调整，并达到稳定状态，所以输出功率依然可以保持精确分配，系统环流幅值与在同时段的图 12-23(c)结果基本相等。但在 0.5s 时负荷发生改变，系统环流稳定值为 0.48A，环流抑制效果有所降低。这是由于触发信号失效，逆变器控制模块的输出功率未能进行更新，下垂系数依然为 0.3s 前的数值，输出功率未能实现完全精确分配，所以环流抑制效果相对于触发信号 T_r 正常时有所降低，但其环流值低于同时段图 12-9(c)仅引入可调节虚拟阻抗控制策略的系统环流值 0.89A。

触发信号在 0.6s 失效时的系统环流仿真结果如图 12-23(b)所示。观察图中波形可知，由于在 0.6s 触发信号失效，那么在 0.6s 之前下垂系数都能进行自适应调整，所以环流抑制效果与图 12-22(c)基本一致。0.6～1.5s 期间，由于负荷并未发生变化，其环流抑制效果与触发信号失效前相同。1.5～2s 期间，负荷发生变化，环流抑制效果降低，但仍小于同时段图 12-9(c)中系统环流值。

触发信号在 0.3s 失效 1s 恢复的系统环流仿真结果如图 12-23(c)所示。观察图中波形可知，当触发信号在 0.3s 失效，其环流抑制效果在 0.1～0.5s 期间基本与未失效前一致，0.5～1s 期间由于负荷发生变化其环流抑制效果有所降低，在 1～2s 期间由于 1s 时触发信号恢复，下垂系数可再次进行自适应调整，功率实现精确分配，系统环流抑制效果与触发信号失效前基本一致。

由以上分析可知，在引入可调节虚拟阻抗的基础上，自适应下垂控制策略比传统下垂控制策略的功率分配精度更高，环流抑制效果更佳。并且即使在自适应下垂控制过程中触发信号失效，只要负荷未发生变化，其环流抑制效果与触发信号未失效前基本一致，若负荷发生变化，其环流抑制效果也优于传统下垂控制。

12.2.3.2　实验分析

为进一步验证在引入可调节虚拟阻抗的基础上，采用自适应下垂控制策略的有效性，基于 RT-LAB 半实物数字仿真实验平台，搭建两台光伏逆变器并联系统进行硬件在环仿真实验，实验参数及所带负荷情况与 12.1.4.2 节实验分析保持一致。示波器 RTH1002 所记录实验结果波形如图 12-24 所示。

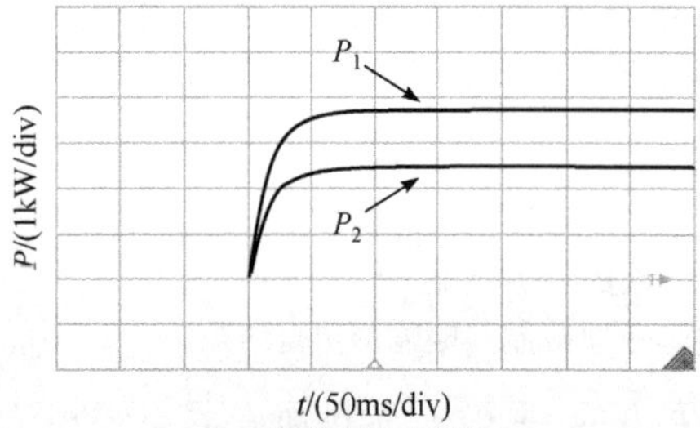

(a) 输出有功功率波形

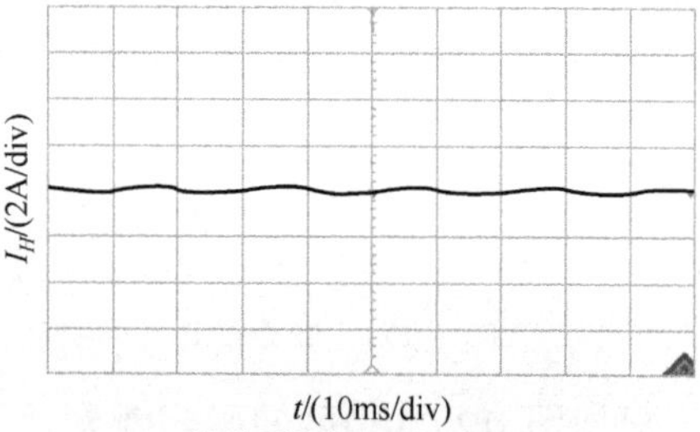

(b) 并联系统稳态运行时环流波形

图 12-24 基于可调节虚拟阻抗的自适应下垂控制策略输出实验结果

由图 12-24 基于可调节虚拟阻抗的自适应下垂控制策略输出实验结果可知，在引入可调节虚拟阻抗上，采用自适应下垂控制能实现有功功率基本按照容量比 3∶2 进行分配，与图 12-13 仅在传统下垂控制策略中引入可调节虚拟阻抗的实验输出结果对比可知，采用自适应下垂控制实现了系统环流的进一步抑制，从而验证了所提策略的优越性。

12.2.4 小结

12.2 节在引入可调节虚拟阻抗的基础上，为进一步提升环流抑制效果与系统稳定性，提出一种自适应下垂控制方法。首先对传统下垂控制进行改进，将输出有功功率与无功功率作为反馈信号引入到下垂控制方程中，利用积分器的无差控制对下垂系数进行自适应调整，以实现输出功率的精确分配。并设计电压补偿模块对引入可调节虚拟阻抗所造成的压降进行补偿，提升并联逆变器运行系统稳定性。然后，对自适应下垂控制的调整过程进行分析，从理论上分析了所提策略的可行性。最后，通过仿真与实验分析，验证了所提基于可调节虚拟阻抗的自适应下垂控制策略能将系统环流抑制在 0.15A 以下，并且系统电压稳定性更好。

第 13 章　微网逆变器的功率解耦及无功均分控制策略

在实际微网中，尤其在低压微网或线路阻抗呈阻性的系统中，线路阻抗与线路长度、路径、材料等息息相关。此时，采用传统的下垂控制方法，则会由于线路阻感比较高使得逆变器出现功率耦合，系统稳定性降低。为此提出了基于虚拟复阻抗的功率解耦控制策略。首先通过引入由虚拟正电感和虚拟负电阻组成的虚拟复阻抗修正线路输出阻抗为感性，其中虚拟负电阻用于抵消线路阻性分量，实现有功解耦；虚拟正电感用于增大线路感性部分，实现无功解耦。但是当微电网系统中存在多微源并联运行时，常规的虚拟阻抗控制及双环控制对提高系统无功功率均分精度效果不大。因此，为了提高引入虚拟阻抗后的微网无功均分精度，提出自适应虚拟复阻抗控制策略。引入自适应虚拟阻抗系数对本章引入的虚拟复阻抗感抗部分进行设计，并通过数学推导得到满足无功功率均分条件的阻抗系数表达式。分析了常规的下垂控制策略和所提出的自适应虚拟复阻抗法对无功功率的均分精度。最后通过仿真验证所提出的控制策略不仅可以提高无功均分精度，还能够适用于复杂的阻感性线路。

13.1　基于虚拟复阻抗的功率解耦控制策略

13.1.1　虚拟阻抗法原理

针对下垂控制阻抗不匹配问题而造成的功率耦合问题，业内学者提出了虚拟阻抗法。虚拟阻抗法的主要思路是：引入虚拟阻抗对线路阻感比进行调节，尽可能消除线路中的阻性分量，从而满足下垂控制应用于低压微网的条件，进而实现功率解耦。图 13-1 为引入了虚拟阻抗后的等效图。

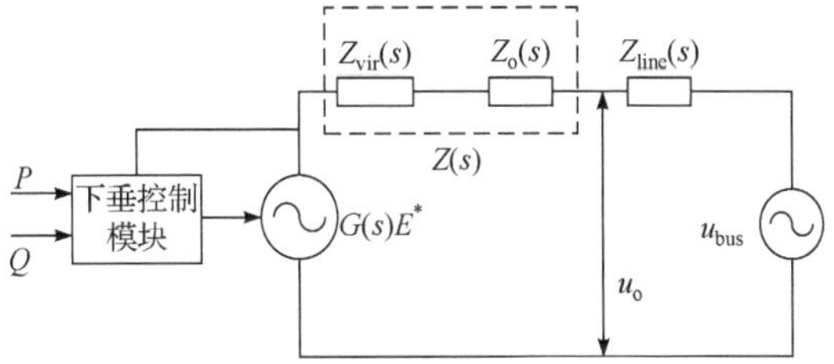

图 13-1　引入虚拟阻抗后的等效图

图 13-1 中，$Z_{line}(s)$为馈线阻抗，$Z_{vir}(s)$为引入的虚拟阻抗，$Z_o(s)$为双闭环控制的输出阻抗。因此，逆变器总阻抗 $Z(s)=Z_{vir}(s)+Z_o(s)$。当虚拟阻抗 $Z_{vir}(s) \gg Z_o(s)$，便可使系统阻抗趋于感性。如果加入虚拟阻抗能够使各分布式发电单元最终的等效阻抗相等，则线路阻抗不匹配将不再成为影响功率均分特性的因素。虚拟阻抗法不仅有利于下垂控制对负荷的均分控制，还可以改善输出电压波形，因此得到了广泛应用。

图 13-2 为引入了虚拟阻抗的功率三环控制框图。与传统三环控制方法相比，其不同之处在于：从电压闭环模块中的输出电压指令v^*减去逆变器的输出电流 i_o 流过虚拟阻抗时产生的电压降，即 $v_{ref}=v^*-v_{vir}$，以此来对逆变器的等效输出阻抗进行调节。

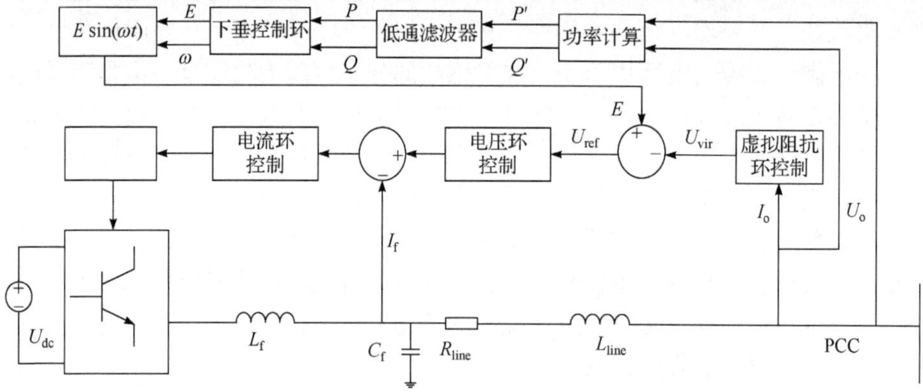

图 13-2 引入虚拟阻抗的功率三环控制方法

然而虚拟阻抗的引入会造成逆变器输出端电压降落，电能质量受到影响，具体分析如下。

引入虚拟阻抗后，系统对外呈感性，则有 $Z_{vir}=jX_{vir}$。稳态时，微源输出端电压便可跟踪逆变器的输出端电压 v_o，修正逆变器的输出端电压为 v_{ref}。由于逆变器的端电压相位与 PCC 相位差 δ 较小，则虚拟阻抗两端的电压降 U_{vir} 可以表示为

$$U_{vir} \approx \Delta U = \frac{X_{vir}}{U^*}Q \tag{13-1}$$

将式(13-1)代入无功下垂控制方程 $E_i=E_0-n_iQ_i$ 中可得

$$U_1 = U_o - nQ - \frac{X_{vir}}{V^*}Q = U_o - (n + n_{vir})Q \tag{13-2}$$

与传统无功下垂控制方程对比发现：引入虚拟阻抗后，系统输出端静态 Q-V 下垂特性与原先的下垂曲线相类似。相比于传统的下垂特性曲线，曲线斜率增加

n_{vir}，同时斜率增量与虚拟阻抗 X_{vir} 成正比，即虚拟阻抗的增加会使得电压偏移现象更加明显，具体可以从图 13-3 看出。

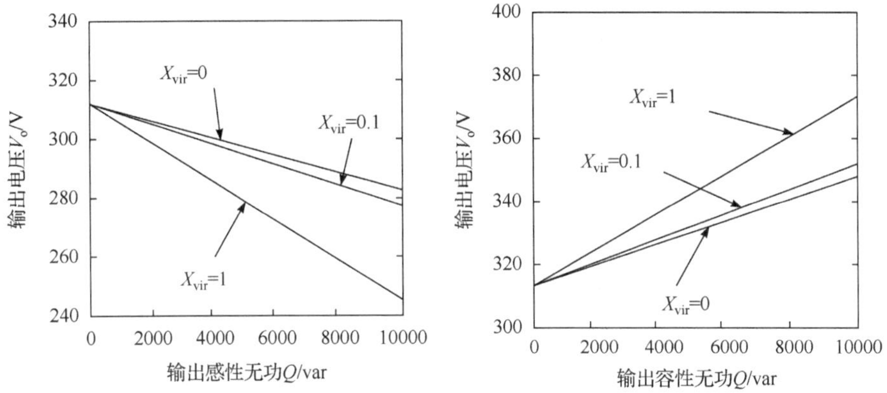

图 13-3　引入不同虚拟阻抗 X_{vir} 后微源输出端 Q-V 下垂特性

13.1.2　引入虚拟复阻抗后系统阻抗特性

低压配电网由于线路呈阻性的原因易造成微网功率耦合，为了实现低压微网中微源输出有功和无功功率解耦，一般加入纯感性虚拟阻抗。该方法可以借助虚拟负电阻来抵消原先线路的电阻，也可以加入虚拟正电感来增强原来的感性分量，近似使线路阻抗接近纯感性状态。当引入阻性虚拟阻抗时，类似于增加了线路中的阻性分量，对于整个系统，系统的损耗仍为加入虚拟阻抗之前的损耗，故通过加入阻性的虚拟阻抗可以提高系统的稳定性。当线路阻抗对系统的影响较大时，可以同时引入虚拟正电感以及虚拟负电阻来降低影响，因此本节采用引入虚拟正电感和虚拟负电阻组成的虚拟复阻抗。下面对引入虚拟复阻抗之前的系统阻抗特性进行分析。

电压、电流双闭环控制的传递函数为

$$u_o = G(s)u_{ref} - Z(s)i_o \tag{13-3}$$

式中，u_o、i_o 分别为逆变器的输出电压与电流；u_{ref} 为逆变器的额定电压；$G(s)$、$Z(s)$表示逆变器传递函数和等效输出阻抗，具体如下所示：

$$G(s) = \frac{sk_{vp}k_pk_{PWM} + k_{vi}k_pk_{PWM}}{s^3L_fC_f + s^2C_fk_pk_{PWM} + s(k_{vp}k_pk_{PWM} + 1) + k_{vi}k_pk_{PWM}} \tag{13-4}$$

$$Z(s) = \frac{s^2L_f + sk_pk_{PWM}}{s^3L_fC_f + s^2C_fk_pk_{PWM} + s(k_{vp}k_pk_{PWM} + 1) + k_{vi}k_pk_{PWM}} \tag{13-5}$$

根据逆变器传递函数绘制如图 13-4 所示的输出阻抗伯德图。

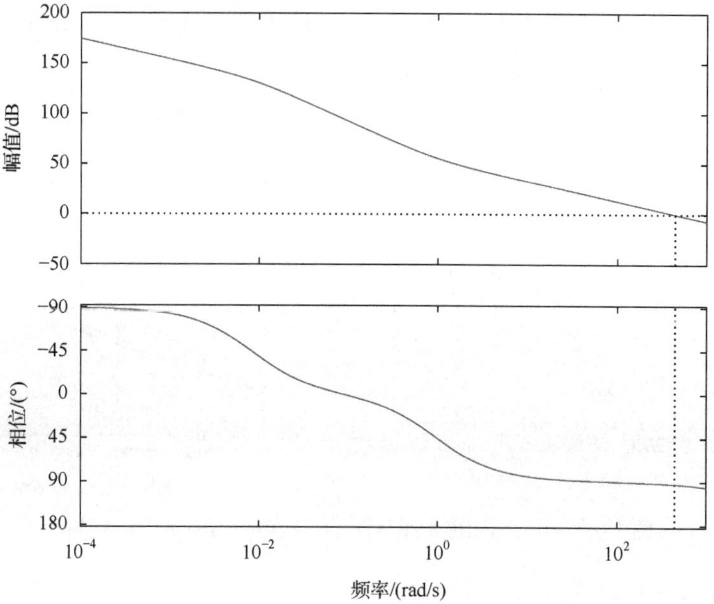

图 13-4　系统原先输出阻抗伯德图

由图 13-4 可以看出，逆变器的输出阻抗在基频处偏感性，但并非是纯感性，故整体对外呈阻感性，从而导致有功功率和无功功率耦合。对此，引入本节提出的虚拟复阻抗方法对有功和无功进行解耦。微网系统阻抗由两部分组成，一部分为各微源的输出阻抗，一部分为线路阻抗，可以表示为

$$Z_{\text{line}} = R_{\text{line}} + L_{\text{line}} \tag{13-6}$$

引入虚拟复阻抗后系统输出阻抗为

$$Z = Z_{\text{vir}} + Z_{\text{line}} = R + \text{j}X \tag{13-7}$$

式中，Z_{vir} 为引入的虚拟复阻抗，其表达式为

$$Z_{\text{vir}} = -R_{\text{vir}} + \text{j}L_{\text{vir}} \tag{13-8}$$

式中，R_{vir} 为虚拟负电阻，L_{vir} 为虚拟正电感。

图 13-5 为带虚拟复阻抗的逆变器控制结构图。

由图 13-5 得出引入虚拟复阻抗后系统的输出阻抗传递函数为

$$Z_{\text{vir}}(s) = \frac{L_{\text{f}}s^2 + (r + k_1k_{\text{pi}}k_{\text{PWM}} + Z_{\text{vir}}k_{\text{pi}}k_{\text{PWM}}k_{\text{vp}})s + Z_{\text{vir}}k_{\text{pi}}k_{\text{PWM}}}{s^3L_{\text{f}}C_{\text{f}} + s^2(C_{\text{f}}k_{\text{pi}}k_{\text{PWM}}k_1) + s(k_2k_{\text{pv}}k_{\text{pi}}k_{\text{PWM}} + 1) + k_2k_{\text{vi}}k_{\text{pi}}k_{\text{PWM}}} \tag{13-9}$$

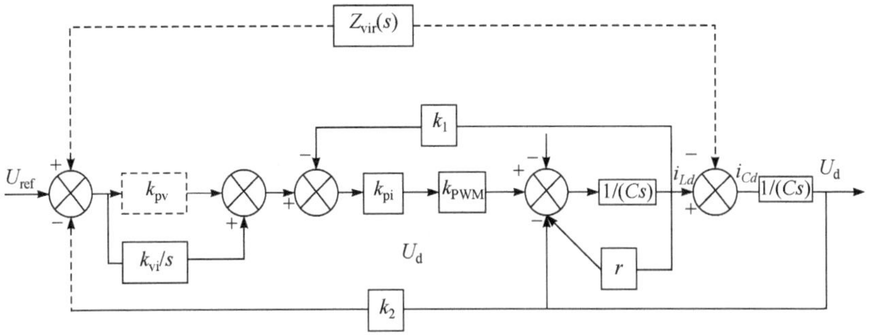

图 13-5　带虚拟复阻抗的逆变器结构框图

控制器主要参数设置为：k_1=1/60，k_2=1/380，比例调节器参数为 k_{pv}=0.5，比例积分调节器参数分别为：k_{pi}=1000，k_{vi}=1000；滤波电感及电容分别为 L=10mH，$C=2\times10^{-4}\,\Omega$，r 代表寄生电阻并取值为 0.01，采样周期 T_s=0.02ms，引入的虚拟电阻 R_{vir}=−0.01，虚拟电感 L_{vir}=0.024mH。根据式(13-9)绘制如图 13-6 所示的带虚拟复阻抗的系统输出阻抗伯德图。

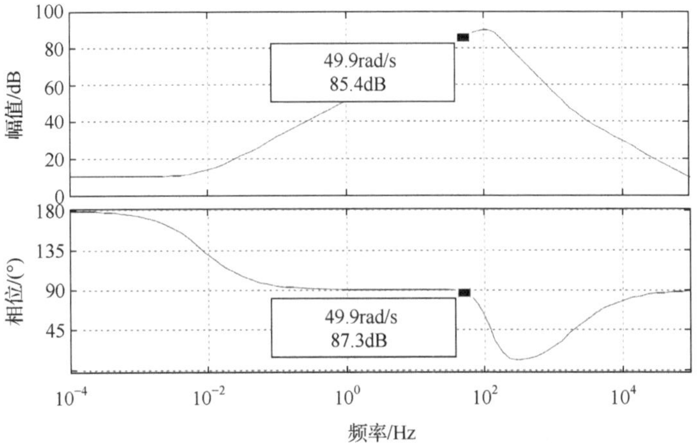

图 13-6　带虚拟复阻抗的系统阻抗伯德图

由图 13-6 可以看出，带有虚拟复阻抗的逆变器系统阻抗在基频段无限接近纯感性，有功和无功功率近乎解耦。下面将对引入虚拟复阻抗后的功率解耦过程进行详细分析。

13.1.3　基于虚拟复阻抗的功率解耦控制策略

图 13-7 为引入虚拟复阻抗后的电路等效图。此时系统总阻抗($Z=Z_{vir}+Z_{line}$)对外呈现感性。下面对引入虚拟复阻抗前后的 M 点和 N 点进行分析。

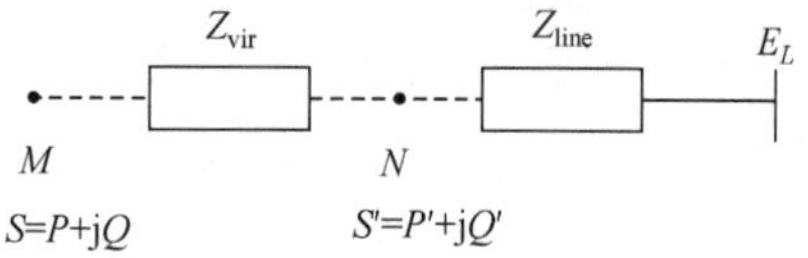

图 13-7 引入虚拟复阻抗后电路等效图

图 13-7 中，M 点为引入虚拟复阻抗的前节点，N 点为引入了虚拟复阻抗的后节点，传统的虚拟阻抗控制方法都是对引入虚拟阻抗后的 M 点进行功率解耦，并未考虑到引入虚拟阻抗后的 N 点处的功率解耦情况。下面将对引入虚拟复阻抗后的 N 点进行功率解耦分析。

当引入虚拟负电阻时，即有 $Z_{\text{vir}}=-R_{\text{vir}}$，此时系统输出阻抗 $Z=-R_{\text{vir}}+Z_{\text{line}}$，其中 $Z=R+\mathrm{j}X$，当 $R_{\text{vir}}=R$ 时，整个系统的阻性分量被完全抵消，系统对外呈现纯感性。此时，N 点的有功功率得以解耦。在 N 点处，其无功功率等于 M 点的无功功率，即有 $Q_M=Q_N$。此时 N 点的有功功率为 M 点的有功与引入的虚拟复阻抗上的有功功率之差。具体可以表示为

$$\begin{aligned}P_N &= P_M - I^2(-R_{\text{vir}})\\ &= \frac{(E'R + {E_L}^2 R_{\text{vir}}) - E'E_L(R_{\text{vir}} + R)}{X^2 + (-R_{\text{vir}} + R)^2}\\ &\approx \frac{E'E_L \sin\theta'}{X}\end{aligned} \tag{13-10}$$

根据式(13-10)可知，只要引入的虚拟负电阻的值等于线路的电阻值便可实现有功功率解耦。

当引入虚拟正电感时，即有 $Z_{\text{vir}}=X_{\text{vir}}$，此时系统输出阻抗 $Z=X_{\text{vir}}+X+R$。若 $X_{\text{vir}}+X \gg R$，则 N 点的无功功率得以解耦。在 N 点处：

$$\begin{aligned}Q_N &= Q_M - I^2(-X_{\text{vir}})\\ &= \frac{E'X(E' - E_L\cos\theta') - E_L X_{\text{vir}}(E'\cos\theta' - E_L')}{R^2 + (X_{\text{vir}} + X)^2} - \frac{E'E_L\sin\theta'}{R^2 + (X_{\text{vir}} + X)^2}\\ &\approx \frac{(E'X + E_L X_{\text{vir}})(E' - E_L)}{R^2 + (X_{\text{vir}} + X)^2}\end{aligned} \tag{13-11}$$

因此，通过调节 M 点的输出电压，便可实现 N 点的无功功率解耦。因此，采用虚拟复阻抗后，N 点处的有功和无功解耦可以通过调节 M 点的电压来实现。下面针对引入虚拟阻抗后的固有电压跌落问题，采用带阻感比的下垂控制策略对其进行抑制。利用下垂特性，调节 DG 的输出电压使其跟踪 N 点电压，进而使引入前后两点的电压值不断接近，降低电压差。

通过上面的分析，引入虚拟复阻抗后可以实现逆变器输出功率的解耦，同时

对系统的功率均分有良好效果，但是上述虚拟复阻抗同样会带来输出端电压降落问题。因此为改善电压降落现象，提出考虑线路阻感比的虚拟复阻抗下垂控制策略。具体分析如下。

根据功率传输分析，得出引入 Z_{vir} 后流进线路的有功、无功分别为

$$\begin{cases} P = \dfrac{U^2\cos\theta}{Z_{\text{line}}+Z_{\text{vir}}} - \dfrac{UE\cos(\theta+\delta)}{Z_{\text{line}}+Z_{\text{vir}}} \\ Q = \dfrac{U^2\cos\theta}{Z_{\text{line}}+Z_{\text{vir}}} - \dfrac{UE\sin(\theta+\delta)}{Z_{\text{line}}+Z_{\text{vir}}} \end{cases} \tag{13-12}$$

展开式(13-12)可得

$$\begin{cases} P = \left(\dfrac{U^2}{Z_{\text{line}}+Z_{\text{vir}}} - \dfrac{UE\cos\theta}{Z_{\text{line}}+Z_{\text{vir}}}\right)\cos\delta + \dfrac{UE}{Z_{\text{line}}+Z_{\text{vir}}}\sin\delta\sin\theta \\ Q = \left(\dfrac{U^2}{Z_{\text{line}}+Z_{\text{vir}}} - \dfrac{UE\cos\theta}{Z_{\text{line}}+Z_{\text{vir}}}\right)\sin\theta - v\sin\delta\cos\theta \end{cases} \tag{13-13}$$

令 $\mu_1 = \dfrac{UE}{Z_{\text{line}}+Z_{\text{vir}}}\sin\delta$，$\mu_2 = \dfrac{U^2}{Z_{\text{line}}+Z_{\text{vir}}} - \dfrac{UE\cos\theta}{Z_{\text{line}}+Z_{\text{vir}}}$，且当系统功率角很小时，即 $\sin\delta\approx\delta$，$\cos\delta\approx 1$ 时，有

$$\begin{bmatrix}\mu_1\\ \mu_2\end{bmatrix} = \begin{bmatrix}\sin\theta & \cos\theta\\ -\cos\theta & \sin\theta\end{bmatrix}^{-1}\begin{bmatrix}P\\ Q\end{bmatrix} = \begin{bmatrix}\dfrac{X_{\text{line}}+X_{\text{vir}}}{Z_{\text{line}}+Z_{\text{vir}}} & -\dfrac{R_{\text{line}}-R_{\text{vir}}}{Z_{\text{line}}+Z_{\text{vir}}}\\ \dfrac{R_{\text{line}}-R_{\text{vir}}}{Z_{\text{line}}+Z_{\text{vir}}} & \dfrac{X_{\text{line}}+X_{\text{vir}}}{Z_{\text{line}}+Z_{\text{vir}}}\end{bmatrix}\begin{bmatrix}P\\ Q\end{bmatrix} \tag{13-14}$$

综上可得

$$\frac{EU}{Z_{\text{line}}+Z_{\text{vir}}} = \frac{X_{\text{line}}+X_{\text{vir}}}{Z_{\text{line}}+Z_{\text{vir}}}P - \frac{R_{\text{line}}-R_{\text{vir}}}{Z_{\text{line}}+Z_{\text{vir}}}Q \tag{13-15}$$

$$\frac{EU}{Z_{\text{line}}+Z_{\text{vir}}} = \frac{X_{\text{line}}+X_{\text{vir}}}{Z_{\text{line}}+Z_{\text{vir}}}P - \frac{R_{\text{line}}-R_{\text{vir}}}{Z_{\text{line}}+Z_{\text{vir}}}Q \tag{13-16}$$

式(13-15)、式(13-16)进一步可以表示为

$$\begin{cases} \delta = \dfrac{X_{\text{line}}+X_{\text{vir}}}{EU}\left(P - \dfrac{R_{\text{line}}-R_{\text{vir}}}{X_{\text{line}}+X_{\text{vir}}}Q\right) \\ U-E = \dfrac{X_{\text{line}}+X_{\text{vir}}}{U}\left(\dfrac{R_{\text{line}}-R_{\text{vir}}}{X_{\text{line}}+X_{\text{vir}}}P+Q\right) \end{cases} \tag{13-17}$$

用λ表示引入虚拟复阻抗后的线路阻感比为

$$\lambda = \frac{R_{\text{line}} - R_{\text{vir}}}{X_{\text{line}} + X_{\text{vir}}} \tag{13-18}$$

令$\beta=(X_{\text{line}}+X_{\text{vir}})/U$，其代表引入虚拟复阻抗后线路总感抗与逆变器输出电压的比值。故式(13-18)简化为

$$\begin{cases} \delta = \dfrac{\beta}{E}(P - \lambda Q) \\ U - E = \beta(\lambda P + Q) \end{cases} \tag{13-19}$$

由式(13-19)可知，在低压微网线路中，微源逆变器在采用下垂控制时，其输出电压差与线路阻感比λ相关。图 13-8 为在此控制下的有功和无功下垂控制框图。

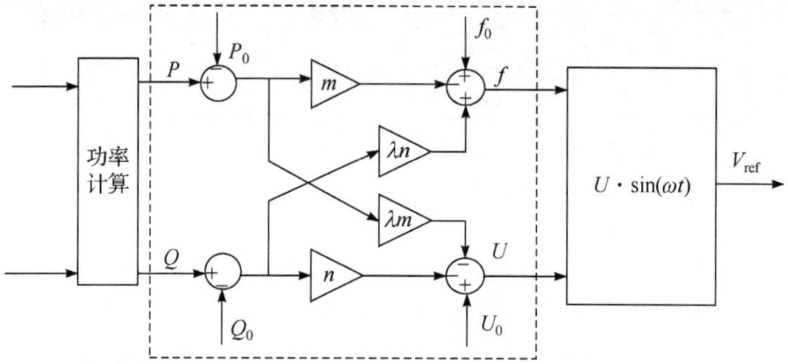

图 13-8　PQ-FU 下垂控制框图

根据图 13-8 得到基于阻感比的下垂控制方程：

$$f - f_0 = -m(P - P_0) + \lambda n(Q - Q_0) \tag{13-20}$$

$$U - U_0 = -\lambda m(P - P_0) - n(Q - Q_0) \tag{13-21}$$

由式(13-20)、式(13-21)可知，通过调节m、n、λ便可对逆变器输出频率和电压幅值波动偏差进行补偿。当λ=0 时，上式则变为传统的引入虚拟电感的下垂控制方程，这说明所提出的改进下垂控制策略在λ取任意值时均能满足下垂控制应用于低压微网的条件。

13.1.4　仿真分析

以两个容量相等的 DG 单元为研究对象，验证所提的基于虚拟复阻抗的功率解耦控制策略时逆变器的功率解耦及均分性能，并与传统的下垂控制策略进行对比。在仿真软件中搭建如图 13-9 所示的结构图，具体系统参数如表 13-1 所示。

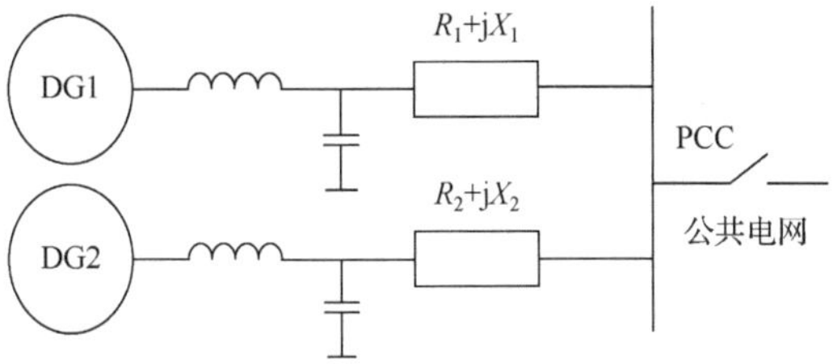

图 13-9　两台 DG 并联运行时系统拓扑图

表 13-1　系统参数

参数名称	数值
基本参数	U_{dc}=800V；f=50Hz；U_0=380V
电压环 PI 参数	k_{pv}=0.5；k_{iv}=1000；k_{PWM}=200
滤波器参数	R_f=0.001Ω；L_f=200mH；C_f=200μF； T_f=0.02ms；k_u=1.8
虚拟复阻抗参数	L_{vir}=0.024mH；R_{vir}=−0.01Ω
线路参数	Z_{l1}=0.01+j0.00014；Z_{l2}=0
负载参数	S_1=120kW+6kvar；S_2=120kW +6kvar

1) 采用传统下垂控制仿真

图 13-10 为逆变器馈线阻抗不同，两个相等容量的 DG 单元在传统下垂控制作用下的功率输出图。

由图 13-10(a)可以看出，引入虚拟复阻抗之前，两个 DG 单元的有功功率分别为 58kW 和 61kW，出现了有功功率差额。此时，两个 DG 单元的无功输出分别为 2.3kvar 和 9.5kvar，无功功率出现严重偏差。引起无功功率无法均分的主要原因一方面是低压微网造成的功率耦合，另一方面是逆变器之间的阻抗不平衡。无论是哪种原因，都直接导致了分布式单元无功功率无法均分，严重影响了离网

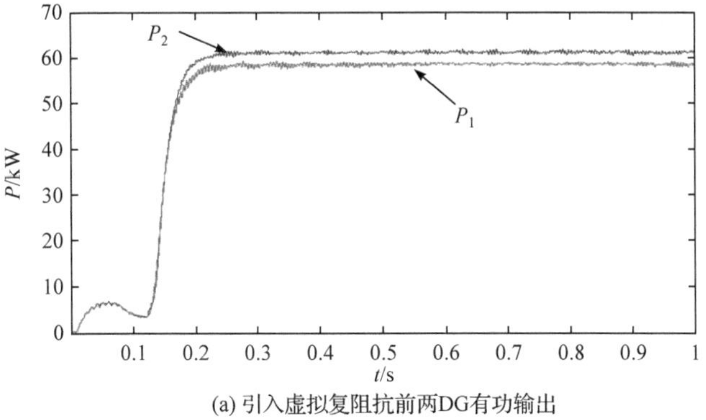

(a) 引入虚拟复阻抗前两DG有功输出

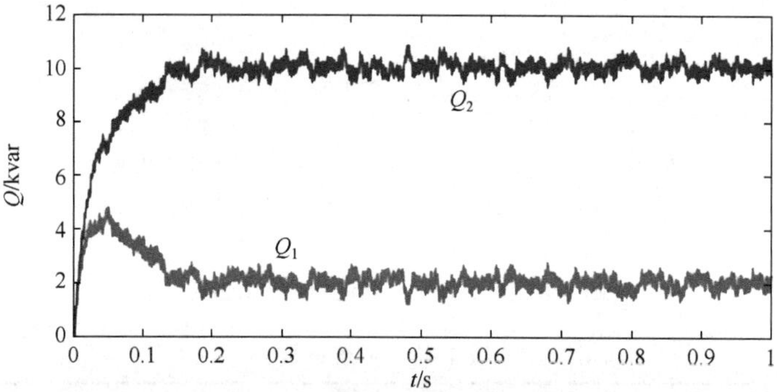

(b) 引入虚拟复阻抗前两DG无功输出

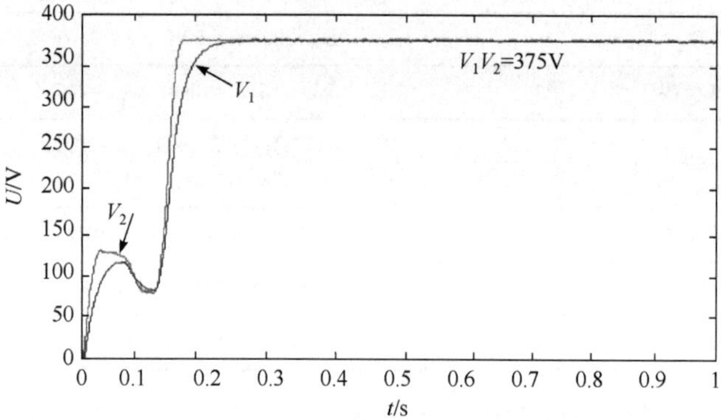

(c) 引入虚拟复阻抗前的两DG电压输出

图 13-10　传统下垂控制功率变化

状态下微电网的电能质量。另外，由图 13-10(c)可以看出，两个 DG 单元在 $t = 0.25$s 时电压均稳定于 370V 左右，出现了电压降落。

2) 基于虚拟复阻抗的功率解耦控制仿真

图 13-11 为馈线阻抗不同，两个相等容量的 DG 单元在采用虚拟复阻抗控制策略后功率变化图。

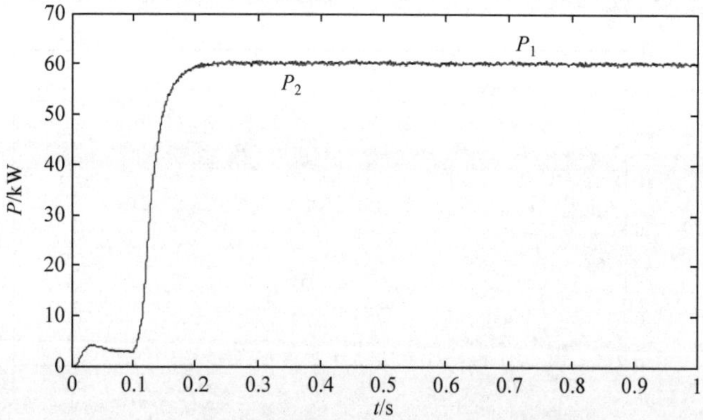

(a) 引入虚拟复阻抗后的两DG的有功输出

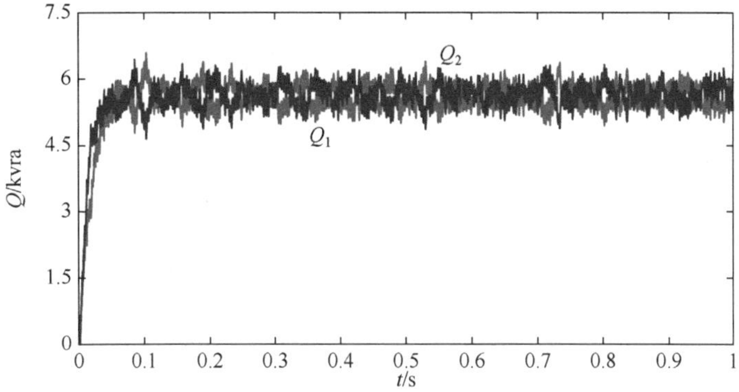

(b) 引入虚拟复阻抗后的两DG的无功输出

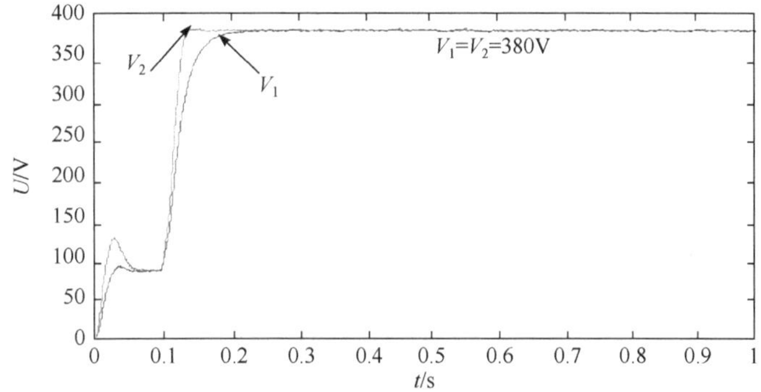

(c) 引入虚拟复阻抗后的两DG的电压输出

图 13-11　虚拟复阻抗后的功率输出图

由图 13-11 发现，两个 DG 单元的有功、无功输出趋于一致，实现了功率均分。这是由于引入的虚拟复阻抗将系统阻抗调节为感性，满足了传统下垂控制应用于低压微网的条件，实现功率解耦，提升了微网的电能质量。其次，由图 13-11(c)可以看出，两个 DG 单元在 t =0.2s 时电压趋于一致，相比于引入虚拟复阻抗之前，系统到达稳态时间有所缩短，同时两个 DG 单元的输出电压稳定于 380V，逆变器输出端电压跌落问题得到了明显改善，微网的电能质量得到了提升。

13.1.5　小结

13.1 节对传统的虚拟阻抗法原理进行阐述，并在传统下垂控制逆变器中加入虚拟复阻抗调节系统输出阻抗为感性，再利用伯德图对加入虚拟复阻抗后的系统阻抗特性进行了验证。结果表明，引入虚拟复阻抗后，系统的输出阻抗在基频处呈现纯感性。随后分析了引入虚拟复阻抗后系统实现功率解耦的过程。最后采用带线路阻感比的虚拟复阻抗下垂控制策略对引入虚拟阻抗后引起固有电压跌落问题进行抑制。并通过仿真验证得出，加入的虚拟复阻抗不仅能够实现功率解耦，而且有功功率和无功功率均分效果良好，同时很好地抑制了电压跌落现象。

13.2 基于自适应虚拟复阻抗的无功均分控制策略

13.2.1 提高无功均分精度的自适应虚拟阻抗控制策略

由前面可知，当系统处于离网模式，若此时系统阻抗呈感性，第 i 个 DG 输出无功功率为

$$Q_i = \frac{E_i V_{\mathrm{PCC}} - V_{\mathrm{PCC}}^2}{X_{li}} \tag{13-22}$$

将传统无功功率下垂表达式 $E_i=E_0-n_iQ_i$ 代入式(13-22)中，可得

$$Q_i = \frac{V_{\mathrm{PCC}}(E_0 - V_{\mathrm{PCC}})}{X_{li} + n_i V_{\mathrm{PCC}}} \tag{13-23}$$

由式(13-23)可以看出，当交流母线电压恒定时，对于不同的分布式电源，其无功功率仅取决于 $X_{li}+n_iV_{\mathrm{PCC}}$，且 n_iV_{PCC} 与额定无功功率成反比。随着 n_iV_{PCC} 增大，线路阻抗不匹配对于无功均分精度影响越小。然而随着下垂系数 n 的增大，电压降落越明显。另外，影响微电网功率均分的主要因素是线路阻抗 X_{li}。在含有两台 DG 单元的微源系统中，若线路阻抗不匹配(不计电阻)，存在 $x_1>x_2$，则会有 $Q_1<Q_2$，系统中存在功率环流，从而无法均分无功功率。若 x_1 与 x_2 相差很大，则两 DG 间产生的无功环流会更加严重，对系统稳定性极为不利。

为提高引入虚拟复阻抗后的无功功率均分精度，提出自适应虚拟复阻抗控制策略。下面将从自适应虚拟阻抗控制器和电压电流双闭环控制器两方面分别进行设计。

13.2.1.1 自适应虚拟复阻抗控制器设计

首先对自适应虚拟复阻抗下垂控制器进行设计。设计引入的虚拟复阻抗感抗部分 X_{vir} 与逆变器输出无功之间的函数关系为

$$X_{\mathrm{vir}} = k_i^2 |Q_i| \tag{13-24}$$

式中，k_i 为根据无功功率 Q 的绝对值设计的虚拟阻抗自适应系数，X_{vir} 为自适应虚拟阻抗值。该函数的物理意义是增加一个与无功功率成比例的自适应虚拟阻抗至系统输出阻抗中，来调整负载与逆变器之间的“距离”。用 E_0、I_{oi} 分别表示逆变器输出的电压基准值及输出电流。因此，此时系统输出电压为

$$E_i = E_0 - \mathrm{j}X_{\mathrm{vir}}I_{\mathrm{o}i} \tag{13-25}$$

$$Q_i = \frac{(E_0 - V_{\mathrm{PCC}})V_{\mathrm{PCC}}}{X_{li} + X_{\mathrm{vir}}} = \frac{(E_0 - V_{\mathrm{PCC}})V_{\mathrm{PCC}}}{X_{li} + k_i^2\left|Q_i\right|} \tag{13-26}$$

由式(13-26)可以看出，设计的自适应虚拟阻抗系数 k_i 与各 DG 间的无功功率成反比例关系，同时引入虚拟阻抗 X_{vir} 后系统的输出阻抗与系统的无功功率成反比，满足无功功率的均分条件。图 13-12 所示为忽略了线路阻抗后自适应虚拟复阻抗下垂控制器的阻抗功率关系图。

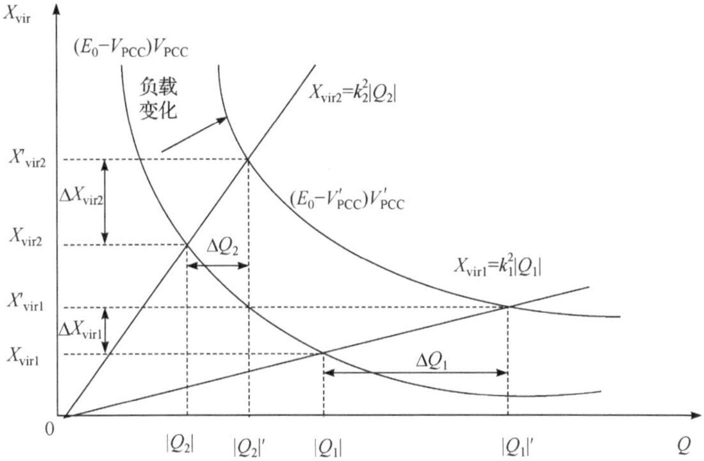

图 13-12　自适应虚拟复阻抗下垂控制器的阻抗功率关系图

可以看出，此时系统阻抗对外呈纯感性时，不同的自适应阻抗系数 k 对应于不同的虚拟阻抗值和无功功率输出值。随着负载的变化，曲线也随之变化。k 值与自适应虚拟阻抗的变化率成正比，与对应无功功率变化率成反比。所以 k 值的设计尤为关键。下面将对自适应阻抗系数 k 值进行分析。

在理想状况下，$X_{li} \ll X_{\mathrm{vir}}$，此时线路阻抗 X_{li} 忽略不计，有

$$k_1^2\left|Q_1\right|Q_1 = \cdots = k_n^2\left|Q_n\right|Q_n = (E_0 - V_{\mathrm{PCC}})V_{\mathrm{PCC}} \tag{13-27}$$

$$\frac{\left|Q_i\right|}{\left|Q_j\right|} = \frac{k_j}{k_i} \tag{13-28}$$

由式(13-27)可知，当分布式微源输出感性无功和容性无功时，稳态下的无功功率可以分别表示为

$$Q_i = \frac{-X_{li} + \sqrt{X_{li}^{\ 2} + 4k_i^{\ 2}(E_0 - V_{\mathrm{PCC}})V_{\mathrm{PCC}}}}{2k_i^{\ 2}} \tag{13-29}$$

$$Q_i = \frac{-X_{li} - \sqrt{X_{li}^{\ 2} - 4k_i^{\ 2}(E_0 - V_{\text{PCC}})V_{\text{PCC}}}}{2k_i^{\ 2}} \tag{13-30}$$

当逆变器输出电压 E_i 与系统的参考电压 E_0 之间的功角相差较小时，引入虚拟阻抗后的虚拟阻抗两端压降为

$$\Delta V_i = E_i - E_0 \simeq \frac{Q_i X_{\text{vir}}}{E_i} \tag{13-31}$$

将式(13-24)代入式(13-31)中得

$$\Delta V_i \simeq \frac{|Q_i| Q_i k_i^{\ 2}}{E_i} \tag{13-32}$$

由式(13-32)可得自适应虚拟阻抗系数 k 为

$$k_i \simeq \frac{\sqrt{E_i |\Delta V_i|}}{|Q_i|} \tag{13-33}$$

通过以上的分析，自适应虚拟阻抗系数 k 值与逆变器的输出无功功率成反比，由于自适应虚拟阻抗值与逆变器的输出无功呈平方比关系，所以 Q_i 增大时，引入的虚拟阻抗值相应增大。k 值的作用主要是抑制引入的虚拟阻抗值不至于太大，自适应地变化并获取最佳的虚拟阻抗值，同时使逆变器两端的电压降满足电压偏差要求。

通过以上的分析，可以得到自适应虚拟复阻抗控制器如图 13-13 所示。

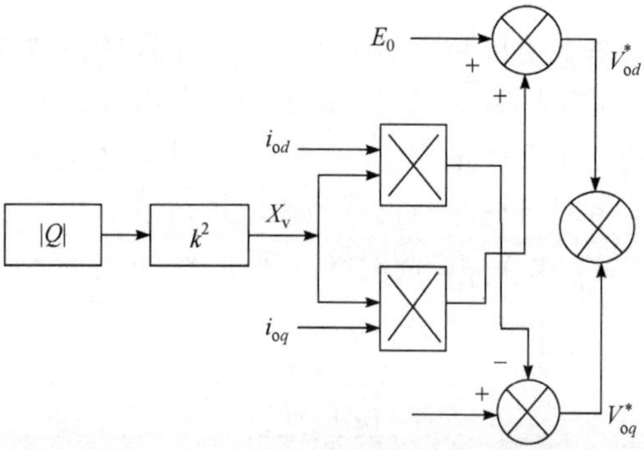

图 13-13　自适应虚拟复阻抗控制器

为了分析微网系统中多微源并联运行时的无功功率均分误差，构建无功功率均衡误差函数为

$$\Delta Q_i = Q_{\text{rate}} - Q_i^* \tag{13-34}$$

$$Q_{er,i}\% = \frac{\Delta Q_i}{Q^*} \times 100 \tag{13-35}$$

式中，Q_{rate}、Q_i 分别为 i 个微电源的参考无功和输出无功，Q 为系统的输出无功功率。其描述的是额定微电源与第 i 个微源之间的功率均分关系，通过该式可得到各个微源无功均分精度，同时还可以对各微源的无功均分特性进行分析评价。

13.2.1.2　电压电流双闭环控制器设计

为使系统能够更好地追踪自适应虚拟复阻抗下垂控制器输出的电压基准值，在电压环增加 PI 控制器；为保证逆变器输出的无功功率精度在电流环中补偿 P 调节器，下面分别对电压环和电流环进行设计。

1) 电流环控制器设计

对电压环和电流环的控制变量进行了解耦控制分析，解耦后的 d 轴与 q 轴电流环路相互独立，可单独设计。图 13-14 为电流内环控制结构图。

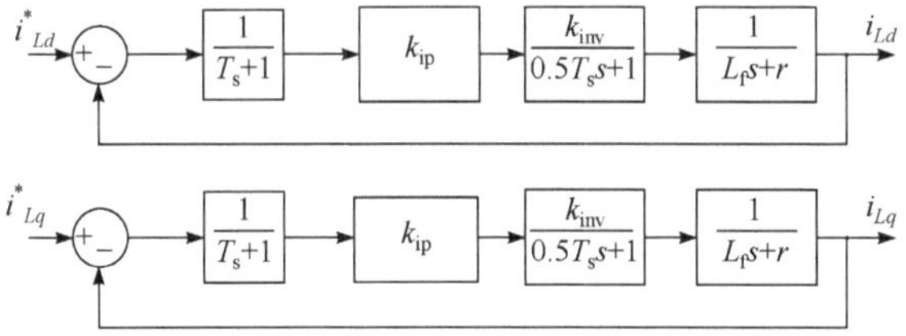

图 13-14　电流内环控制结构框图

由图 13-14 可知，d 轴和 q 轴结构对称，因此仅对 d 轴电流环进行分析。图中，i^*_{Ld}、i_{Ld} 分别表示逆变器输出电流在 d 轴的参考值和实际值；k_{ip} 为 P 控制器的比例系数；L_f 为滤波电感，取值为 8mH，r 为与 L_f 串联的寄生电阻，取值为 0.01Ω。$1/(T_s+1)$为延时环节，k_{inv} 表示逆变器增益系数，取值为 461。增加 P 调节器之前系统开环传递函数 $G_{io}(s)$为

$$G_{io}(s) = \frac{1}{(1.5T_s s+1)(r+L_f s)} \tag{13-36}$$

式中，T_s为信号采样周期，开关频率f_s为 20kHz，故 $T_s=1/f_s=0.05$ms。系统直流增益为 $20\lg|G_{io}(s)| = 94.5$dB。幅频特性转折频率分别为$f_{i1}=1/(1.5T_s\times 2\pi)=2120$Hz 和 $f_{i2}=r/2\pi L_f=0.3$Hz。

为减少系统误差，在电流内环中增加 P 调节器，其传递函数用 $G_{ip}(s)=k_{ip}$ 表示。增加 P 调节器之前的系统开环函数与 P 调节器传递函数之间存在关系：

$$k_{ip} = \frac{L_f}{r} \tag{13-37}$$

因此，引入的 P 调节器的比例系数 k_{ip}=0.65。

为了保证系统能够在高频段快速衰减，设计增加 P 调节器后的穿越频率为开关频率的 1/10，即 f_s/10=200Hz。因此，增加 P 调节器后电流环开环传递函数为

$$G_{io}(s)=\frac{k_{inv}k_{ip}}{(1.5T_s s+1)(L_f s+r)} \tag{13-38}$$

忽略阻尼电阻的影响后，得到增加 P 调节器到电流环后系统的闭环传递函数为

$$G_{ic}(s)=\frac{G_{io}(s)}{1+G_{io}(s)}=\frac{1}{\dfrac{1.5L_f T_s}{k_{inv}k_{ip}}s^2+\dfrac{L_f}{k_{inv}k_{ip}}s+1} \tag{13-39}$$

根据增加 P 调节器前后的系统传递函数绘制如图 13-15 所示的伯德图。

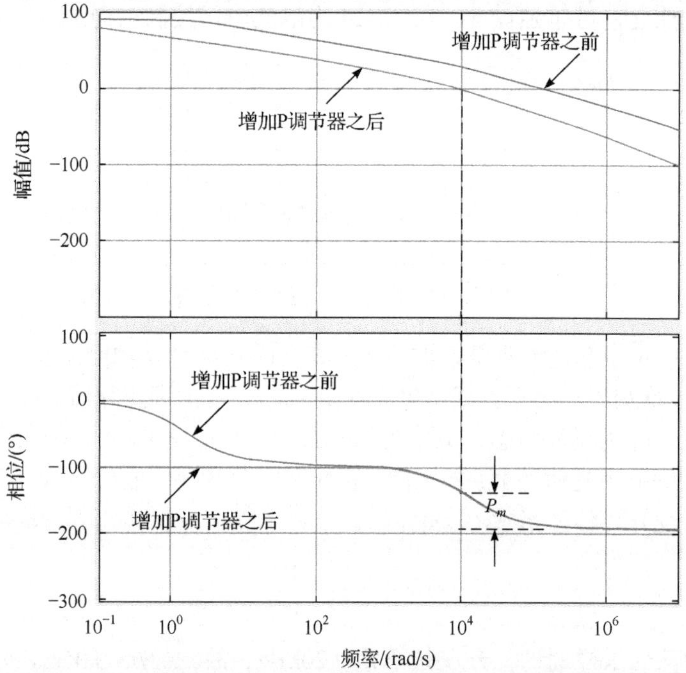

图 13-15　增加 P 调节器前后的伯德图

可以看出，增加 P 调节器后的系统相位裕量由补偿前的 4.35°增加至 49°，相位裕量明显提升，系统的稳定性得以提高。

2) 电压环控制器设计

类似于电流环的设计，在此仅针对 d 轴电压环进行。图 13-16 所示为电压环控制器结构图。

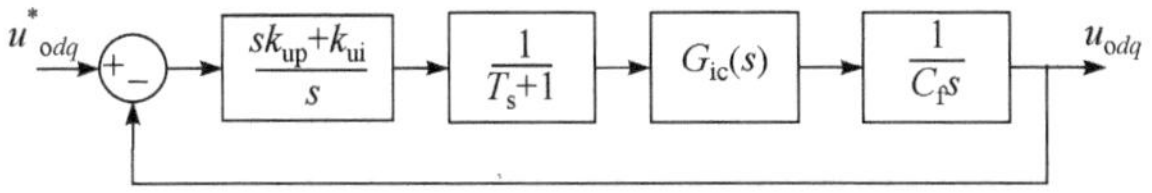

图 13-16　电压环控制器结构图

图 13-16 中，u^*_{odq}、u_{odq} 分别表示逆变器输出电压在 dq 坐标系下的参考值和实际值；k_{up}、k_{ui} 分别为 PI 调节器的比例积分系数；$1/(T_s+1)$为延时环节；C_f 为滤波电容，取值为 10μF，$G_{ic}(s)$为上节推导的电流环闭环传递函数。则增加 PI 调节器之前的系统开环传递函数可以表示为

$$G_{pio}(s)=\frac{1}{s(T_s s+1)\left(\frac{L_f}{k_{inv}k_{ip}}s+1\right)C_f} \tag{13-40}$$

由式(13-40)可知，转折频率分别为 f_{i1}=2120Hz 和 f_{i2}=7250Hz。由图 13-5 可知，增加的比例积分环节 PI 的传递函数为

$$G_{upi}(s)=\frac{sk_{up}+k_{ui}}{s} \tag{13-41}$$

结合式(13-40)、式(13-41)可知增加电压环 PI 调节器后的开环传递函数为

$$G_{uo}(s)=G_{pio}(s)G_{upi}(s)=\frac{sk_{up}+k_{ui}}{s^2C_f(T_s s+1)\left(\frac{L_f}{k_{inv}k_{ip}}s+1\right)} \tag{13-42}$$

由式(13-42)可知，增加 PI 调节器后系统的闭环函数为

$$G_{uc}(s)=\frac{G_{uo}(s)}{1+G_{uo}(s)}=\frac{sk_{up}+k_{ui}}{C_fT_s\frac{L_f}{k_{inv}k_{ip}}s^4+C_f\left(T_s+\frac{L_f}{k_{inv}k_{ip}}\right)s^3+C_fs^2k_{up}s+k_{ui}} \tag{13-43}$$

由于电压环的目的主要是跟踪下垂模块的输出，设计其穿越频率为开关频率的 1/5，大约为 400Hz。为保证系统在进行穿越时，斜率保持不变，同时满足 PI 调节器的过零频率不得大于系统穿越频率的要求，因此设计 PI 调节器的过零频率为 120Hz，故有

$$\frac{k_{up}}{k_{ui}}=\frac{1}{60\pi} \tag{13-44}$$

结合式(13-42)、式(13-43)得到 PI 参数分别为 $k_{up}=0.028$，$k_{ui}=18.75$。

根据增加 PI 调节器前后电压环传递函数绘制如图 13-17 所示的伯德图。

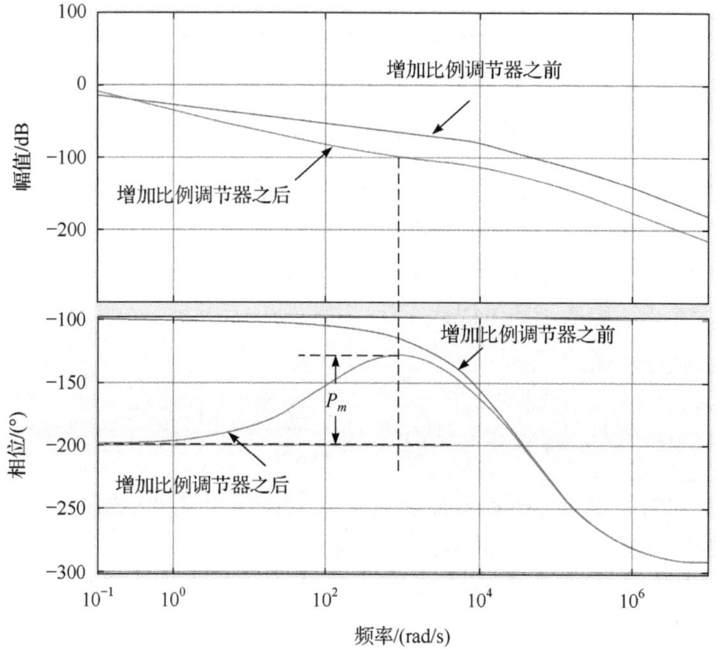

图 13-17　增加 PI 调节器前后的伯德图

由图 13-17 可以看出，增加 PI 调节器之后，相位裕度 P_m 为 65°。因此，增加 PI 调节器后系统相比之前稳定性得到了大幅度提升。

综上，可以得到采用自适应虚拟复阻抗控制策略的单微源模块框图如图 13-18 所示。其中常规的 *P-f* 下垂控制器用于实现有功功率均分，*Q-U* 下垂控制器用于实现无功功率均分。

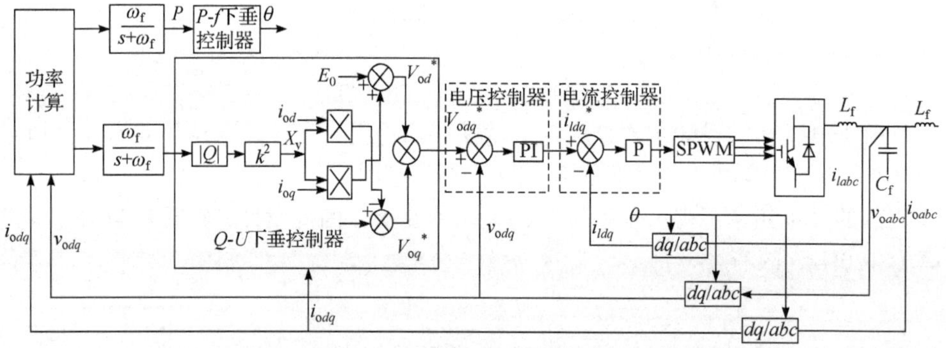

图 13-18　采用自适应虚拟复阻抗控制策略的单微源模块框图

13.2.2　基于自适应虚拟复阻抗无功均分精度分析

本章提出的自适应虚拟复阻抗下垂控制器与传统的虚拟阻抗下垂控制器都是

利用虚拟阻抗来对逆变器的无功功率进行调节。不同之处在于，本章文引入自适应虚拟复阻抗来实现无功均分，同时考虑到系统输出的无功功率有可能为感性，也有可能为容性，因此利用绝对值来使得系统的输出阻抗始终呈现感性状态。另外，采用自适应复虚拟阻抗来对逆变器输出无功进行反馈，同时抑制虚拟阻抗两端的电压降。以两个并联运行的 DG 单元为例，定义其下垂系数分别为 n_1 和 n_2，下垂系数比值为 $h(1<h<+\infty)$，并满足

$$\frac{Q_1^*}{Q_2^*}=\frac{n_2}{n_1}=\frac{k_2}{k_1}=h \tag{13-45}$$

首先，对各逆变器输出阻抗与其额定输出无功成反比的理想状态进行分析。假定在切换两种控制方案过程中，交流母线电压 V_{PCC} 保持恒定。在这种情况下，传统的下垂控制方案和本章所提出的控制方案均可实现逆变器输出的无功功率均分。由式(13-23)知，此时逆变器输出的无功功率具体可以表示为

$$Q_i^*=\frac{(E_0-V_{\text{PCC}})V_{\text{PCC}}}{X_{li,\text{ideal}}+n_iV_{\text{PCC}}}=\frac{(E_0-V_{\text{PCC}})V_{\text{PCC}}}{X_{li,\text{ideal}}+k_i^2\left|Q_i^*\right|} \tag{13-46}$$

由上式可知，各微源的下垂系数 n 与所设计的自适应虚拟阻抗系数 k 之间的关系为

$$n_iV_{\text{PCC}}=k_i^2Q_i^* \tag{13-47}$$

然后，针对线路阻抗不匹配采用两种控制器时逆变器无功均分误差分析。

1) 传统下垂控制器无功均分误差分析

从式(13-23)可知，DG_1 和 DG_2 的输出无功功率分别为

$$Q_1=\frac{(E_0-V_{\text{PCC}})V_{\text{PCC}}}{X_{l1}+n_1V_{\text{PCC}}} \tag{13-48}$$

$$Q_2=\frac{(E_0-V_{\text{PCC}})V_{\text{PCC}}}{X_{l2}+n_2V_{\text{PCC}}} \tag{13-49}$$

对比式(13-48)、式(13-49)，结合 $Q_i=Q_i^*+\Delta Q_i$，可得

$$(Q_1^*+\Delta Q_1)(X_{l1}+n_1V_{\text{PCC}})=(Q_2^*+\Delta Q_2)(X_{l2}+n_2V_{\text{PCC}}) \tag{13-50}$$

式中，Q_1^*与 Q_2^*分别为两个 DG 的参考无功功率，ΔQ_1 与 ΔQ_2 分别为两个 DG 的输出无功与额定参考无功之间的差值。当系统中仅含有两个分布式单元时，系统的总无功恒定不变，两分布式单元的无功也随即确定。此时，它们之间的无功均分误差的关系为

$$\Delta Q_2=-\Delta Q_1 \tag{13-51}$$

联立式(13-43)～式(13-45)及式(13-50)、式(13-51)可得，采用传统下垂控制器时 DG_1 的无功均分误差为

$$Q_{\mathrm{er},1,d}\% = \frac{X_{l2} - hX_{l1}}{h(X_{l2} + X_{l1} + n_1 V_{\mathrm{PCC}} + hn_1 V_{\mathrm{PCC}})} \tag{13-52}$$

由式(13-52)可以看出，DG_1 的无功均分误差主要与下垂系数 n_1、n_2 以及线路阻抗和交流母线电压有关。

2) 基于自适应虚拟复阻抗下垂控制器无功均分误差分析

由式(13-26)可得，引入自适应虚拟阻抗后，两个 DG 的无功输出之间的关系可描述为

$$(Q_1^* + \Delta Q_1)^2 k_1^2 + (Q_1^* + \Delta Q_1)X_{l1} = (Q_2^* + \Delta Q_2)^2 k_2^2 + (Q_2^* + \Delta Q_2)X_{l2} \tag{13-53}$$

结合式(13-43)～式(13-45)、式(13-51)及式(13-53)，采用所提出自适应虚拟复阻抗控制器时 DG_1 的无功均分精度为

$$Q_{\mathrm{er},1,p}\% \approx \frac{X_{l2} - hX_{l1}}{h(X_{l1} + X_{l2} + 2Q_1^* k_1^2 + 2Q_1^* k_1^2 h + \Delta Q_1(k_1^2 - k_1^2 h^2))} \tag{13-54}$$

由式(13-52)、式(13-54)可知，逆变器输出无功均分误差主要由两个 DG 间线路阻抗的比例决定。当 DG 间的线路阻抗与额定功率成反比时，可以完全消除无功均分误差。但在实际微网中，线路阻抗并不能与其额定功率完全成反比，也因此导致无功功率无法完全均分，只能无限接近功率均分。

3) 两种控制器无功均分误差对比

对比式(13-52)、式(13-54)，发现其含有公共量 M，且 M 可表示为

$$M = 2Q_1^* k_1^2 + 2Q_1^* k_1^2 h + \Delta Q_1(k_1^2 - k_1^2 h^2) \tag{13-55}$$

因此，两种控制器的无功均分误差比值 ξ 为

$$\begin{aligned}\xi = \frac{Q_{\mathrm{er},1,p}\%}{Q_{\mathrm{er},1,d}\%} &= \frac{X_{l1} + X_{l2} + Q_1^* k_1^2 + kQ_1^* k_1^2}{X_{l1} + X_{l2} + 2Q_1^* k_1^2 + 2Q_1^* k_1^2 h + \Delta Q_1(k_1^2 - k_1^2 h^2)} \\ &= \frac{X_{l1} + X_{l2} + Q_1^* k_1^2 + kQ_1^* k_1^2}{X_{l1} + X_{l2} + M} \\ &= \frac{1}{2 - (\Delta H / H)}\end{aligned} \tag{13-56}$$

式中

$$H = X_{l1} + X_{l2} + Q_1^* k_1^2 (h+1) \tag{13-57}$$

$$\Delta H = X_{l1} + X_{l2} + \Delta Q_1 k_1^2 (h^2 - 1) \tag{13-58}$$

针对式(13-56)做出如下分析。

(1) 若线路阻抗比引入的虚拟阻抗小很多，即 $X_{\mathrm{vir}} = Q_i^* k_i^2 \geqslant X_{li}$，线路阻抗即可忽略，此时 $\Delta H \ll H$，无功均分误差非常小。另外，若系统中不存在无功功率循环时，此时有 $\Delta Q_1 \leqslant Q_1^*$。此时，由于下垂系数比值 h 的取值范围是 $1<h<+\infty$，也

可得到 $\Delta H \ll H$ 。故本章所提出的自适应虚拟复阻抗下垂控制器无功均分误差是采用常规 Q-V 控制器的无功均分误差的一半，无功均分精度将会提高 50%。

(2) 若线路阻抗远大于虚拟阻抗时，即 $X_{\text{vir}} = Q_i^* k_{i2} \leqslant X_{li}$ ，此时 $\Delta H \approx H \approx 1$ ，此时采用两种控制器，逆变器的无功均分误差相等。

根据以上的分析可知，引入本章所提出自适应虚拟复阻抗控制策略后，微网系统的输出阻抗几乎呈感性，微电网无功均分精度得以提高，且精度提高范围在 0～50%。

13.2.3　仿真分析

为验证所提出的自适应虚拟复阻抗控制策略的有效性，在仿真软件中搭建系统拓扑图，系统额定线电压为 380V，频率为 50Hz，两 DG 单元通过馈线连接至 PCC，共同为负荷及大电网供电。本章的仿真对象为两台额定容量相同但线路阻抗不等的 DG 单元。控制器参数及系统参数分别如表 13-2 与表 13-3 所示。

表 13-2　控制器参数

类别	参数名称	数值
基本参数	P-f 下垂系数	$m=3\times10^{-4}$
	电压环 PI 控制器	$P=0.1$；$I=140$
纯感性线路仿真	传统下垂控制下垂系数	$n=2.8\times10^{-4}$
	自适应虚拟复阻抗控制系数	$h=1.6\times10^{-3}$
阻感性线路仿真	传统下垂控制下垂系数	$n=2.8\times10^{-4}$
	自适应虚拟复阻抗控制器系数	$h=3.3\times10^{-3}$
负载波动仿真	传统下垂控制器参数	$X_{\text{vir}}=1.5\text{mH}$
	自适应虚拟复阻抗控制器系数	$h=1.5\times10^{-3}$

表 13-3　系统参数

类别	参数名称	数值
基本参数	LC 滤波器	$R_{\text{f}}=0.01\Omega$；$L_{\text{f}}=1\text{mH}$；$C_{\text{f}}=2500\mu\text{F}$
	负载	$P_{\text{L}}=150\text{kW}$；$Q_{\text{L}}=90\text{kvar}$
纯感性线路仿真	线路 1 阻抗	$R_1=0.03\Omega$；$X_1=0.3\text{mH}$
	线路 2 阻抗	$R_1=0.001\Omega$；$X_1=0.1\text{mH}$
阻感性线路仿真	线路 1 阻抗	$R_1=0.12\Omega$；$X_1=0.3\text{mH}$
	线路 2 阻抗	$R_1=0.04\Omega$；$X_1=0.1\text{mH}$
负载波动仿真	系统额定功率	$P_{\text{L}}=150\text{kW}$；$Q_{\text{L}}=-90\sim90\text{kvar}$

13.2.3.1 纯感性线路仿真

当线路阻抗对外呈纯感性时，针对具有相同功率容量且线路阻抗不等的两个DG单元，研究所提出控制策略的功率均分性能。

图13-19为感性线路下，采用常规下垂控制器与本章提出的自适应虚拟复阻抗控制策略时有功和无功出力对比图。在t=0～4s的第一个阶段，微电网工作在并网模式下，在t=4s时开始切换到离网模式。在第二阶段，将常规下垂控制方法应用于系统，并且在t=12s时采用本章提出的自适应虚拟复阻抗控制策略。设定系统额定总无功功率为90kvar，线路1与线路2的阻抗比为3∶1，由于设定线路阻抗不匹配，每个DG分担的无功功率不等。

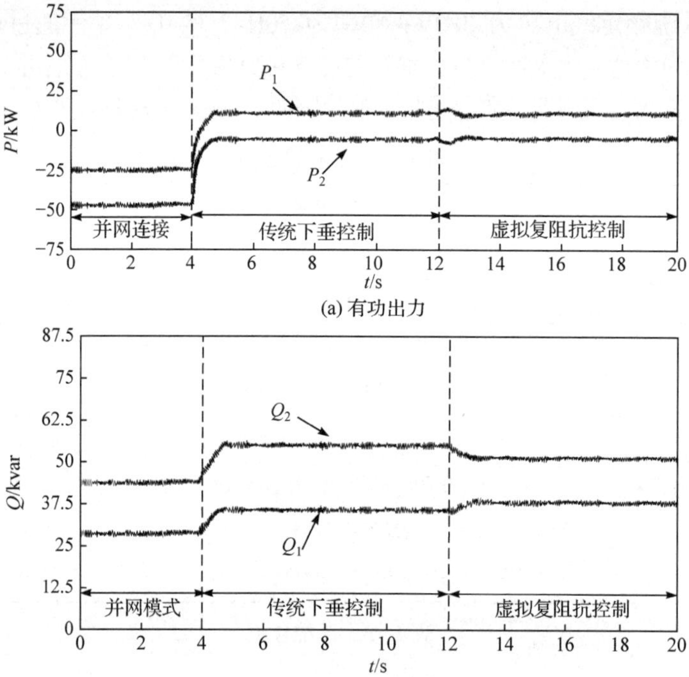

(a) 有功出力

(b) 无功出力

图13-19 感性线路下有功和无功出力对比

由图13-19(a)可知，DG1、DG2在两种控制器作用下都可以均分有功功率功。采用常规下垂控制器时，两个DG的输出无功功率分别为36.25kvar和54.4kvar，均分误差分别为19.4%和20.8%。当采用所提出自适应虚拟复阻抗的下垂控制器时，两个DG的输出无功功率分别为40.3kvar和50.3kvar，均分误差分别为10.4%和11.7%。相比之下，无功均分精度提高了9.3%和9.1%。

13.2.3.2 阻感性线路仿真

当线路阻抗对外呈阻感性时，针对具有相同功率容量且线路阻抗不等的两个DG单元，研究所提出的控制策略的功率均分性能。

在该情况下，除了线路阻抗不同外，其余参数设置与线路为纯感性线路仿真工况参数一致。此时设置线路阻感比为 2∶5，故线路阻抗不再呈现纯感性。为了对传统引入固定虚拟阻抗与本章引入的自适应虚拟阻抗对于系统有功和无功影响进行对比，在常规下垂控制器中增加 1.5mH 的固定虚拟阻抗。图 13-20 为两种下垂控制器的无功均分性能对比。由图 13-20(a)可以看出，采用两种控制策略时，DG_1、DG_2 均可以实现有功均分。由图 13-20(b)可以看出，当采用常规下垂控制器时，两个 DG 单元的输出无功功率分别为 29.4kvar 和 41.3kvar，均分误差分别为 16%和 18%。而采用本章提出的自适应虚拟复阻抗控制策略时，两 DG 单元的输出无功功率分别为 32.3kvar 和 38.6kvar，均分误差分别为 7.7%和 10%。相比之下，两个 DG 单元的无功均分精度均提高了几乎 50%。

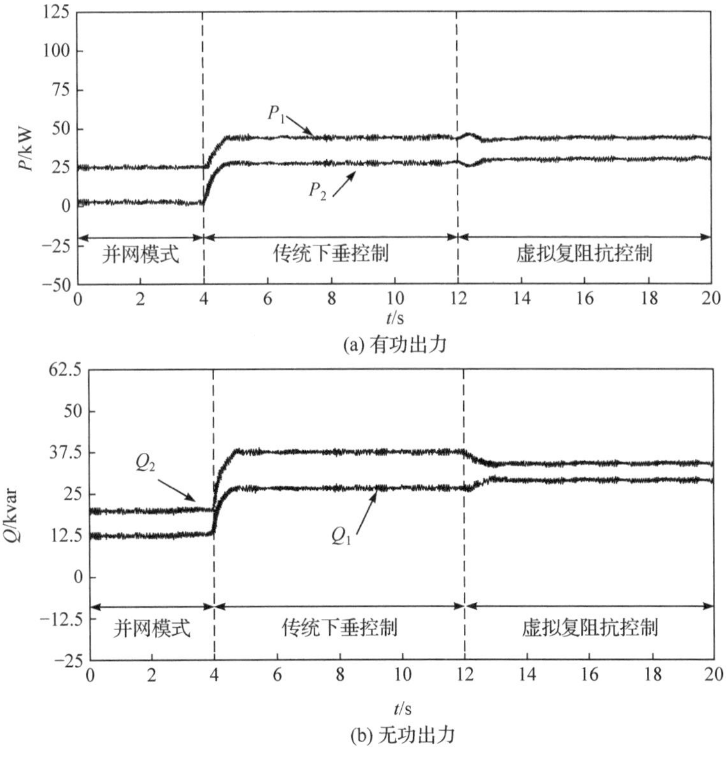

(a) 有功出力

(b) 无功出力

图 13-20 阻感性线路下有功与无功出力对比

综上所述，采用传统的下垂控制时加入的固定虚拟阻抗虽然实现了功率解耦，但对于提高系统无功功率均分精度方面作用较小。相比之下，本章提出的基于自适应虚拟复阻抗的无功均分控制策略对微网逆变器的无功功率均分精度提高有显著效果。

13.2.3.3　负载波动仿真

当线路负载发生波动时，验证所提出控制策略的功率均分性能。设置负载波动规则如下：负载波动范围为−90～90kvar。在 t=0～4s 的第一周期内，负载无功功率为 30kvar；在第二周期上升突变至 90kvar；在第三周期下降到零；在第四个周期下降到−90kvar；第五个周期内上升至−30kvar。图 13-21 为负载波动时，采用两种控制策略时逆变器无功功率均分性能对比图。

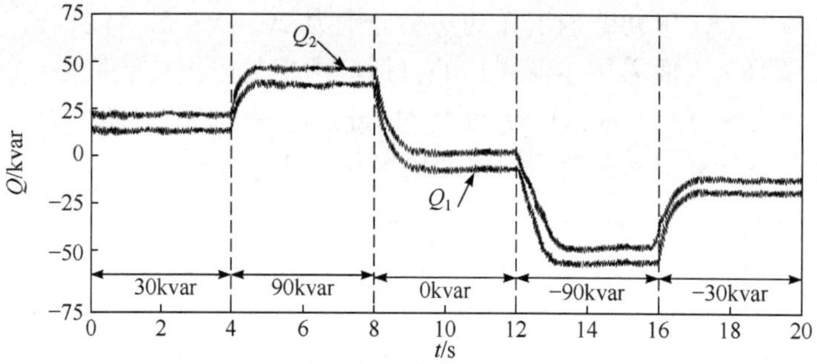

(a) 本章控制方法对无功功率的影响

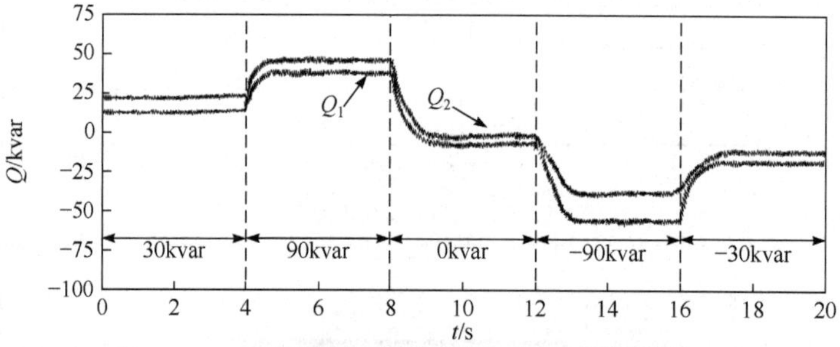

(b) 常规传统下垂控制方法对无功功率的影响

图 13-21　负载波动时两种控制策略对无功功率的影响

由图 13-21 可以看出，无论负载波动为感性功率还是容性功率，相比于常规下垂控制器，所提出的虚拟复阻抗的控制器都能够以类似的均分比实现无功功率均分。并且在负载为−90kvar 时，常规下垂控制器无功均分性能较差。因此，所提出的提高无功均分精度的虚拟复阻抗控制策略不仅能够提高无功均分精度，而且可以适用于感性和复阻抗线路中。

13.2.4　小结

13.2 节针对采用常规虚拟阻抗的下垂控制时，逆变器无功均分性能较差的问题，提出一种提高无功均分精度的自适应虚拟阻抗控制策略，分析对比了常规下垂控制策略与所提自适应虚拟复阻抗控制策略的无功均分性能，并通过数学表达式推导得到所提出的控制方法最大能够使得无功均分精度提高 50%。同时为提高系统的动态响应能力，分别在电压电流双闭环模块中增加 PI 控制器及 P 控制器，并通过伯德图对其进行分析。分析表明，补偿后的系统响应更快，稳定性更高。最后在仿真软件上搭建模型，验证了所提控制方法在不同线路特性下均能够实现无功均分，且均分精度较高。此外，本章设计的自适应虚拟阻抗控制器设计方法简单，可适应于纯感性和复阻抗网络中，适应范围更广，无功均分精度更高。

参 考 文 献

[1] 李强, 孙鹏菊, 董光德, 等. 基于模态分析的多逆变器系统串并联谐振特性分析[J/OL]. 中国电机工程学报, 1-13[2024-05-19]. https://doi.org/10.13334/j.0258-8013. pcsee.230450.

[2] Iskakov A. Definition of state-in-mode participation factors for modal analysis of linear systems[J]. IEEE Transactions on Automatic Control, 2021, 66(11):5385-5392.

[3] 郭小颖, 唐俊杰, 舒铜, 等. 基于改进模态分析法的柔性多端交直流混联系统静态电压稳定性评估[J]. 电工技术学报, 2021, 36(17): 3741-3752.

[4] 关虎昌. LCL 型三相并网逆变器状态空间模型和控制[J]. 电力设备管理, 2021, (2): 186-188.

[5] 林顺富,戴烨敏,颜昕昱, 等. 基于谐波状态空间理论的LCL 型并网逆变器谐波交互及稳定性分析[J]. 电力自动化设备, 2022, 42(6): 76-83.

[6] Sun D, Wang S, Du L, et al. Harmonic compensation control of grid interactive inverters based on data-driven harmonic state space modeling[C]. 2021 IEEE Energy Conversion Congress and Exposition (ECCE), 2021:3134-3139.

[7] 解宝, 周林, 郝高锋, 等. 考虑电网阻抗影响的光伏并网逆变器稳定性与谐振分析及设计[J].中国电机工程学报, 2018, 38(22): 6662-6670.

[8] 张顺超. 多逆变器并网系统谐波交互与抑制研究[D].徐州: 中国矿业大学,2021.

[9] Samanes J, Andoni B, Ernesto L, et al. Control design and stability analysis of power converters: The MIMO generalized bode criterion[J]. IEEE Journal of Emerging and Selected Topics in Power Electronics,2020, 8(2): 1880-1893.

[10] 朱晓荣, 孟凡奇.含虚拟惯性控制的直流微电网稳定性分析[J].电网技术,2020, 44(1): 208-218.

[11] Wang Y, Chen Z. Time-varying modelling and stability analysis method of grid-connected inverter under the long-term operation[C]. International Conference on Power Electronics and Motion Control, 2020: 864-868.

[12] Xing X Y, Zhang C H, Alian C, et al. Deadbeat control strategy for circulating current suppression in multiparalleled three-level inverters[J]. IEEE Transactions on Industrial Electronics, 2018, 65(8): 6239-6249.

[13] 王渝红, 叶葳, 宋瑞华. 基于阻抗分析法的三相 LCL 型并网逆变器附加有源阻尼设计[J]. 高电压技术, 2021,47(8): 2645-2656.

[14] Liu B Y, Wei Q K, Zou C Y, et al. Stability analysis of LCL-type grid-connected inverter under single-loop inverter-side current control with ca-pacitor voltage feedforward[J]. IEEE Transactions on Industrial Informatics, 2018, 14(2): 691-702.

[15] Zhang Z H, Wu W M, Shuai Z K, et al. Principle and robust imped-ance-based design of grid-tied inverter with LLCL-filter under wide variation of grid-reactance[J]. IEEE Transactions on Power Electronics, 2019, 34(5): 4362-4374.

[16] Yang D S, Ruan X B, Wu H. Impedance shaping of the grid-connected inverter with LCL filter to

improve its adaptability to the weak grid condition[J]. IEEE Transactions on Power Electronics, 2014, 29(11): 5795-5805.

[17] 周乐明, 杨苓, 陈燕东, 等. 降低谐振频率偏差和电网阻抗影响的单逆变器电流反馈谐振抑制方法[J]. 中国电机工程学报. 2018, 38(15): 4490-4503, 4650.

[18] 陶海军, 周犹松, 张国澎, 等. LCL 型并网逆变器并联谐振机理分析及抑制方法[J]. 上海交通大学学报, 2020, 54(10): 1065-1073.

[19] 胡伟, 周友斌, 杜镇安, 等. 多并网逆变器系统谐振抑制策略[J]. 电力系统保护与控制, 2017, 45(14): 45-50.

[20] 胡长斌, 石向一, 罗珊娜, 等. 微电网多逆变器并联分散动态扰动补偿控制策略[J]. 中国电机工程学报, 2021, 41(13): 4425-4439.

[21] 黎立丰, 郑天文, 郭岩, 等. 基于虚拟阻抗相角补偿的并联逆变器谐振抑制方法[J]. 电网技术, 2018, 42(12): 4069-4075.

[22] Wu W, He Y, Blaabjerg F. An LLCL power filter for single-phase grid-tied inverter[J]. IEEE Transactions on Power Electronics, 2012, 27(2): 782-789.

[23] Eldeeb H, Massoud A, Abdel-Khalik A S, et al. A sensorless Kalman filter-based active damping technique for grid-tied VSI with LCL filter[J]. International Journal of Electrical Power & Energy Systems, 2017, 93: 146-155.

[24] 贾科, 陈金锋, 钮厚敏, 等. 光伏并网系统的谐振抑制策略及无源阻尼选取方法[J]. 电力系统自动化, 2021, 45(15): 109-114.

[25] 张计科, 王美臣. LCL 型光伏并网逆变器无源阻尼控制策略[J]. 电源技术, 2020, 44(9): 1334-1337.

[26] 慕昆, 何国锋. 基于虚拟电阻的并网逆变器谐振抑制措施的研究[J]. 可再生能源, 2016, 34(6): 815-820.

[27] Lu M, Wang X, Loh P C, et al. Resonance interaction of multiparallel grid-connected inverters with LCL filter[J]. IEEE Transactions on Power Electronics, 2017, 32(2): 894-899.

[28] Wu L, Liu T, Hao X. Coordination control strategy for LLCL-filter based grid-tied inverter with indirect sliding mode power control and virtual impedance[J]. The Journal of Engineering, 2019, 2019(16): 2804-2809.

[29] 王振浩, 李丹, 贺微, 等. LCL 型逆变器接入弱电网下的谐振分析及抑制方法研究[J]. 电工电能新技术, 2018, 37(6): 34-42.

[30] Liu K, Cao W, Wang S, et al. Admittance modeling, analysis and reshaping of harmonic control loop for multiparalleled SAPFs system[J]. IEEE Transactions on Industrial Informatics, 2020, 17(1): 280-289.

[31] Tao H, Zhou Y, Zhang G, et al. Parallel resonance mechanism analysis and suppression of inductance-capacitance-inductance grid-connected inverters[J]. Energies, 2019, 12(9): 1-15.

[32] Akhavan A, Mohammadi H R, Guerrero J M. A comprehensive control system for multi-parallel grid-connected inverters with LCL filter in weak grid condition[J]. Electric Power Systems Research, 2018, 163: 288-300.

[33] Heng F, Lin X, Zhang Y, et al. Design of a novel hybrid control strategy for multi-inverter parallel system for resonance suppression[J]. Energy Science & Engineering, 2020, 8(8): 2878-2893.

[34] 王磊, 张凌博. 多逆变器并网等值建模及谐振抑制优化[J]. 电力系统保护与控制, 2021, 49(6): 19-29.

[35] Komurcugil H, Altin N, Ozdemir S , et al. Lyapunov-function and proportional- resonant-based control strategy for single-phase grid-connected VSI with LCL filter[J]. IEEE Transactions on Industrial Electronics, 2016, 63(5) : 2838-2849.

[36] Xing Z, Peng C, Yu C, et al. Study of a current control strategy based on multisampling for high-power grid-connected inverters with an LCL filter[J].IEEE Transactions on Power Electronics, 2017, 32(7):5023-5034.

[37] Zhang Q, Li J J, Zhu R W, et al.Output impedance modeling and high-frequency impedance shaping method for distributed bidirectional DC-DC converters in DC microgrids[J].IEEE Transactions on Power Electronics, 2020, 35(7):7001-7014.

[38] Ashraf M N, Khan R A, Choi W J.A novel selective harmonic compensation method for single-phase grid-connected inverters[J]. IEEE Transactions on Industrial Electronics, 2020, 68(6): 4848-4858.

[39] 李明明, 肖华锋. 负带通滤波器反馈进网电流有源阻尼方法的实现技术研究[J]. 中国电机工程学报, 2022, 42(10): 3729-3738.

[40] Hanif M, Khadkikar V, Xiao W, et al. Two degrees of freedom active damping technique for LCL filter-based grid connected PV systems[J]. IEEE Transactions on Industrial Electronics, 2014, 61(6): 2795-2803.

[41] 段晓宁, 李萍, 赵峰, 等.弱电网下基于电容电压全前馈的 LCL 型并网逆变器稳定性控制[J]. 高电压技术, 2022, 48(6): 2140-2151.

[42] Sun J, Liu H C. Impedance modeling and analysis of modular multilevel converters [C].Proceedings of the 17th Workshop on Control and Modeling for Power Electronics, Trondheim, 2016: 1-9.

[43] Shi K, Wang Y, Sun Y, et al. Frequency-coupled impedance modeling of virtual synchronous generators[J]. IEEE Transactions on Power Systems, 2020, 35(6):2963-2971.

[44] 高文豪, 陈荣, 阚加荣, 等. 基于多谐振 PR 控制的并网逆变器相位补偿研究[J]. 计算机与数字工程, 2022, 50(9): 2119-2125.

[45] 田鹏, 李泽滔, 郝正航. 基于有源阻尼的单相 LCL 并网逆变器改进电流控制器[J]. 电力系统及其自动化学报, 2019, 31(5): 57-63.

[46] 沈霞,黄文, 帅智康. 基于准 PR 控制的虚拟同步逆变器故障冲击电流快速抑制方法研究[J]. 中国电机工程学报, 2018, 38(16): 4768-4776,4981.

[47] 鲁改凤,杜帅,欧钰雷,等.自适应谐波消除的准 PR 并网逆变器优化控制[J].电测与仪表,2019,56(19):59-63.

[48] Nazi A A, Holmes D G, McGrath B P.Self-synchronizing stationary frame inverter-current-feedback control for LCL grid-connected inverters[J].IEEE Journal of Emerging and Selected Topics in Power Electronics, 2022, 10(2):1434-1446.

[49] Xu J, Xie S. LCL-resonance damping strategies for grid-connected inverters with LCL filters: A comprehensive review[J]. Journal of Modern Power Systems and Clean Energy, 2018, 6(2):292-305.

[50] 兰梓冉, 郝瑞祥, 角宏林, 等. 基于重复控制和状态反馈的三相逆变器最优预见控制[J].电工技术学报, 2022, 37(6): 1473-1481.

[51] Han Y, Li Z, et al. Analysis and design of improved weighted average current control strategy for LCL-type grid-connected inverters[J]. IEEE Transactions on Energy Conversion, 2017, 32(3):941-952.

[52] 王振浩, 赵东争, 庞丹, 等. 用于电能质量治理的三电平变流器预测无差拍重复控制优化及性能分析[J]. 电力自动化设备, 2020, 40(6): 121-128.

[53] Che X, Zhang Y, Wang S, et al. Impedance-phased dynamic control method for grid-connected inverters in a weak grid[J]. IEEE Transactions on Power Electronics, 2017, 32(1):274-283.

[54] Xu J, Xie S, Zhang B, et al. Robust grid current control with impedance-phase shaping for LCL-filtered inverters in weak and distorted grid[J]. IEEE Transactions on Power Electronics, 2018, 33(12):10240-10250.

[55] 邸彩芸, 赵志, 李明星, 等. 一种基于 T 型三电平 APF 的优化无差拍控制[J]. 电气传动, 2020, 50(10): 63-66.

[56] Xie B, Guo K, Mao M, et a1.Analysis and improved design of phase compensated proportional resonant controllers for grid-connected inverters in weak grid[J]. IEEE Transactions on Energy Conversion, 2020, 35(3): 1453-1464.

[57] Komurcugil H, Ozdemir S, Altin N, et al. A modified Lyapunov-function based control strategy for three-phase grid-connected VSI with LCL filter[C]. IECON 2016-42nd Annual Conference of the IEEE Industrial Electronics Society, 2016: 2218-2223.

[58] He S, Zhou D, Wang X, et al. Aliasing suppression of multisampled current-controlled LCL-filtered inverters[J]. IEEE Journal of Emerging and Selected Topics in Power Electronics, 2021, 10(2): 2411-2423.

[59] Xu Q, Vafamand N, Chen L, et al. Review on advanced control technologies for bidirectional DC/DC converters in DC microgrids[J]. IEEE Journal of Emerging and Selected Topics in Power Electronics, 2020, 9(2): 1205-1221.

[60] Khosravi N, Abdolmohammadi H R, Bagheri S, et al. A novel control approach for harmonic compensation using switched power filter compensators in micro‐grids[J]. IET Renewable Power Generation, 2021, 15(16): 3989-4005.

[61] 汤建, 邹志翔, 刘星琪, 等. 基于电力电子变压器的逆变器并网系统建模、稳定性分析及控制[J]. 电网技术, 2021, 45(11): 4224-4233.

[62] Du E, Zhang N, Hodge B M, et al. The role of concentrating solar power renewable energy penetrated power systems[J]. IEEE Transactions on Power Systems, 2018, 33(6):6630-6641.

[63] 张平, 石健将, 李荣贵, 等. 低压微网逆变器的"虚拟负阻抗"控制策略[J]. 中国电机工程学报, 2014, 34(12): 1844-1852.

[64] 朱永兴. 虚拟负阻抗在微网下垂控制中的应用[J]. 电力系统及其自动化学报, 2014, 26(3): 66-71.

[65] 张泽正, 文传博. 虚拟复阻抗下的低压并联逆变器改进下垂控制策略[J]. 智慧电力, 2020, 48(10): 70-77.

[66] Chen J, Yue D, Dou C, et al. A virtual complex impedance based P-V droop method for parallel-

connected inverters in low-voltage AC microgrids[J]. IEEE Transactions on Industrial Informatics, 2021, 17(3) :763-1773.

[67] Khanabdal S, Banejad M, Blaabjerg F, et al. Adaptive virtual flux droop control based on virtual impedance in islanded AC microgrids[J]. IEEE Journal of Emerging and Selected Topics in Power Electronics, 2021, 10(1): 1095-1107.

[68] Ribeiro R L A, Oshnoei A, Anvari-Moghaddam A, et al. Adaptive grid impedance shaping approach applied or grid-forming power converters[J]. IEEE Access, 2022, 10: 83096-83110.

[69] 王逸超, 谢欣涛, 陈仲伟, 等. 不同容量微网逆变器的可调节虚拟阻抗运行策略[J]. 电力自动化设备, 2018, 38(6): 29-33.

[70] 唐昆明, 王俊杰, 张太勤. 基于自适应下垂控制的微电网控制策略研究[J]. 电力系统保护与控制, 2016, 44(18): 68-74.

[71] Li Z, Chan K W, Hu J, et al. Adaptive droop control using adaptive virtual impedance for microgrids with variable PV outputs and load demands[J].IEEE Transactions on Industrial Electronics, 2021, 68(10): 9630-9640.

[72] 姚骏, 杜红彪, 周特, 等. 微电网逆变器并联运行的改进下垂控制策略[J]. 电网技术, 2015, 39(4): 932-938.

[73] Wang Y, Wang C, Xu L, et al. Adjustable inertial response from the converter with adaptive droop control in DC grids[J]. IEEE Transactions on Smart Grid, 2019, 10(3): 3198-3209.

[74] 王二永, 王帅. 自适应下垂系数的低压微电网功率控制策略[J]. 电力系统保护与控制, 2019, 47(23): 52-56.

[75] Ghanbari N, Bhattacharya S. Adaptive droop control method for suppressing circulating currents in DC microgrids[J]. IEEE Open Access Journal of Power and Energy, 2020, 7: 100-110.

[76] 杨留锋. 光伏发电预测中人工智能算法的应用研究综述[J]. 太阳能, 2020, 316(8): 30-35.

[77] Bevrani H, Shokoohi S. An intelligent droop control for simultaneous voltage and frequency regulation in islanded microgrids[J]. IEEE Transactions on Smart Grid, 2013, 4 (3): 1505-1513.

[78] Mi Y, Zhang H, Fu Y, et al. Intelligent power sharing of DC isolated microgrid based on fuzzy sliding mode droop control[J]. IEEE Transactions on Smart Grid, 2019, 10(3): 2396-2406.

[79] 张莹, 孟润泉, 王子昂, 等. 一种基于一致性算法的改进下垂控制策略[J]. 电力系统保护与控制, 2021, 49(14): 104-111.

[80] Ebrahim M A, Fattah R M A, Saied E M M, et al. Real-time implementation of self-adaptive salp swarm optimization-based microgrid droop control[J]. IEEE Access, 2020, 8: 185738-185751.

[81] Zhang L, Zheng H, Hu Q, et al. An adaptive droop control strategy for islanded microgrid based on improved particle swarm optimization[J]. IEEE Access, 2020, 8: 3579-3593.

[82] Ak A, Js B, Jra C. Distributed secondary frequency control in microgrids: Robustness and steady-state performance in the presence of clock drifts[J]. European Journal of Control, 2020, 51(1):135-145.

[83] Nikolakakos I P, Zeineldin H H, El-Moursi M S, et al. Stability evaluation of interconnected multi-inverter microgrids through critical clusters[J]. IEEE Transactions on Power Systems, 2016, 31(4):3060-3072.

[84] 陈新, 张旸, 王赟程. 基于阻抗分析法研究光伏并网逆变器与电网的动态交互影响[J]. 中国电机工程学报, 2014, 34(27): 4559-4567.

[85] 贾雷. 提高弱电网下并网逆变器系统稳定性的自适应有源阻尼器[D]. 南京: 南京航空航天大学, 2018.
[86] 岳惠, 杨洪耕. 计及并网电流控制影响的弱电网下 LCL 滤波器参数优化设计[J]. 电测与仪表, 2019, 56(23):132-138, 145.
[87] Liu Q, Liu F, Zou R, et al.Harmonic resonance characteristic of large-scale PV plant: Modelling, analysis, and engineering case[J]. IEEE Transactions on Power Delivery, 2022, 37(3):2359-2368.
[88] 张伟.分布式发电与微电网技术在电网中的应用[J].能源技术与管理,2019,44 (5):178-181.
[89] 杨荣峰, 于雁南,王国玲, 等. 一种直流电压的串联有源补偿电路及其在多端直流电网中的应用[J]. 电工技术学报, 2021, 36(S2): 554-562.
[90] 曹建伟, 张磊, 钱强, 等. 基于分频段前馈补偿的并网变流器输出阻抗校正[J].电气工程学报, 2021, 16(4): 135-142.
[91] 曹文远, 韩民晓, 谢文强, 等. 基于扰动观测器的电压源型逆变器负载电流前馈控制及参数设计方法[J]. 电工技术学报, 2020, 35(4): 862-873.
[92] 杨兴武, 王涛, 徐依明, 等. 基于虚拟电感的 LCL 型并网逆变器电网电压前馈控制策略[J]. 太阳能学报, 2020, 41(11): 56-63.
[93] 郑涛, 王子鸣, 邹芃蓥. 基于相位跳变补偿的虚拟同步发电机低电压穿越控制策略研究[J]. 电网技术, 2023, 47(1): 100-109.
[94] Reynoso-Hernandez J A, Pulido-Gaytan M A, Cuesta R, et al. Transmission line impedance characterization using an uncalibrated vector network analyzer[J].IEEE Microwave and Wireless Components Letters, 2020, 30(5):528-530.
[95] Gashteroodkhani O A, Majidi M, Etezadi-Amoli M. Fault data based method for zero-sequence impedance estimation of mutually coupled transmission lines[J].IEEE Transactions on Power Delivery, 2021, 36(5):2768-2776.
[96] Lin Z, Ruan X, Wu L, et al. Multi-resonant-component based grid voltage weighted feedforward scheme for grid-connected inverter to suppress the injected grid current harmonics under weak grid[J]. IEEE Transactions on Power Electronics, 2020, 35(9): 9784-9793.
[97] 岳之双, 刘黎, 田艳军, 等. LCL 型并网变流器交直流双侧状态反馈有源阻尼优化控制[J]. 高电压技术, 2023, 49(2): 860-870.
[98] 钱强, 张犁, 过仕安, 等. 抗电感参数扰动的 400Hz 逆变器控制策略研究[J]. 中国电机工程学报, 2022, 42(S1): 256-268.
[99] 杨兴武, 何昕益, 王涛, 等. 基于阻抗分析的 LCL 型并网逆变器多谐振控制[J]. 电力电子技术, 2021, 55(9): 55-58.
[100] 李小强, 蒋苏, 聂文娟, 等. 电感磁芯软饱和特性约束下三相LCL型并网变换器单环控制稳定性分析与设计[J]. 中国电机工程学报, 2021, 41(24): 8585-8600.
[101] 王晓刚, 肖立业. Z 源 LCL 型光伏并网逆变器的综合控制策略[J]. 太阳能学报, 2016, 37(11): 2965-2972.
[102] Li Y, Wang M. Control stratories for grid-connected and island dualmode operated inverter under unbalanced grid voltage conditions[C]. Power Electronics and Motion Control Conference, 2012:2152-2156.
[103] 王阒姝, 杨旭红. 一种新型 LCL 并网逆变器复合控制方法的研究[J]. 电气自动化,

2017, (5): 48-50.

[104] Li W W, Ruan X B , Pan D H, et al. Full-feedforward schemes of grid voltages for a three-phase grid-connected inverter with an LCL filter[J]. IEEE Transactions on Industrial Electronics, 2013, 60(6): 2237-2250.

[105] Harnefors L, Wang X, Yepes A G. Passivity-based stability assessment of grid-connected VSCs - an overview[J]. IEEE Journal of Emerging & Selected Topics in Power Electronics, 2016, 4(1):116-125.

[106] 曾正, 邵伟华, 宋春伟,等. 电压源逆变器典型控制方法的电路本质分析[J]. 中国电机工程学报, 2016, 36(18): 4980-4990.

[107] Golestan S, Guerrero J M, Vasquez J C. Three-phase PLLs: A review of recent advances[J]. IEEE Transactions on Power Electronics, 2017, 32(3): 1894-1907.

[108] Liu T, Liu Z, J. Liu, et al. Mechanism analysis and mitigation of instability in grid-connected voltage source inverter with LCL filters based on terminal impedance[C]. 2016 IEEE Applied Power Electronics Conference and Exposition (APEC), Long Beach, 2016: 2272-2277.

[109] 彭双剑, 罗安, 荣飞, 等. LCL 滤波器的单相光伏并网控制策略[J].中国电机工程学报, 2011, 31(21):17-24.

[110] 许胜, 费树岷, 赵剑锋, 等. 多模块 APF 并联系统高频谐波环流分析与控制[J]. 电工技术学报, 2016, 31(5): 60-68.

[111] 沈国娇, 徐德鸿. LCL 滤波并网逆变器的分裂电容法电流控制内. 中国电机工程学报, 2008, 28(18): 36-41

[112] 杨树德, 同向前, 尹军, 等. 增强并网逆变器对电网阻抗鲁棒稳定性的改进前馈控制方法[J]. 电工技术学报, 2017, 22(10): 226-234, 244.

[113] 余庆. LCL 型并网逆变器基于高通滤波器的有源阻尼方法的研究[D]. 武汉: 华中科技大学, 2017.

[114] 朱辉, 黄潇潇, 张家安. 基于区域控制器的 IGBT 模块热控制技术研究[J]. 电力电子技术. 2018, 52(8): 77-80.

[115] 张汉卿. 基于 LCL 滤波的并网逆变器谐振分析及控制策略研究[D]. 沈阳: 东北大学, 2017.

[116] 董德智, 吴园园, 张涛, 等. 基于混合坐标系的单相逆变器控制及振荡抑制方法[J]. 高电压技术, 2022, 48(1): 257-269.

[117] 刘腾飞. 弱电网下 LLCL 型并网逆变器谐振抑制策略研究[D]. 兰州: 兰州理工大学, 2019.

[118] 杨兴武, 何昕益, 王涛, 等. 基于阻抗分析的 LCL 型并网逆变器多谐振控制[J]. 电力电子技术, 2021, 55(9): 55-58.

[119] 杨明, 杨杰, 赵铁英, 等. 弱电网下抑制谐振频率偏移的并网逆变器谐波谐振控制策略[J]. 电机与控制学报, 2021, 25(8): 87-98.

[120] 李小强, 蒋苏, 聂文娟, 等. 电感磁芯软饱和特性约束下三相 LCL 型并网变换器单环控制稳定性分析与设计[J]. 中国电机工程学报, 2021, 41(24): 8585-8600.

[121] 许德志, 汪飞, 阮毅. LCL、LLCL 和 LLCCL 滤波器无源阻尼分析[J]. 中国电机工程学报, 2015, 35(18): 4725-4735.

[122] 匡慧敏, 罗安, 陈智勇, 等. 多逆变器并网耦合谐振机理及有源阻尼优化方法[J]. 电网技术, 2016, 40(4): 1180-1189.

[123] 张兴, 陈鹏, 余畅舟, 等. 基于过采样的 LCL 并网逆变器有源阻尼控制[J]. 太阳能学报, 2017, 38(3): 767-773.
[124] 曾志杰, 肖华锋, 高博, 等. 结合阻抗比与振荡阻尼特征的并网系统谐波谐振稳定性分析方法[J]. 中国电机工程学报, 2020, 40(22): 7201-7212.
[125] 苗丽芳, 王乐媛, 曹斌, 等. 弱电网下电网电压前馈控制分布式逆变系统的谐振阻尼特性分析[J]. 高电压技术, 2020, 46(10): 3521-3532.
[126] Feng G L, Ye Z H, Xia Y H, et al. High frequency resonance suppression strategy of three-phase four-wire split capacitor inverter connected to parallel compensation grid[J]. Energies, 2022, 15(4): 1486-1504.
[127] 曹子恒, 肖先勇, 李媛, 等. 弱电网下 LCL 型并网逆变器的自适应改进前馈控制策略[J]. 高电压技术, 2020, 46(5): 1560-1570.
[128] 孟建辉, 石新春, 付超, 等. 基于 PR 控制的光伏并网电流优化控制[J]. 电力自动化设备, 2014, 34(2): 42-47.
[129] 李圣清, 王志健, 郑剑, 等. 基于混合阻尼的光伏集群逆变器并网谐振抑制[J].电力电子技术,2021,55(9):81-85.
[130] 李圣清, 王志健. 基于混合阻尼的组串式光伏集群逆变器并网谐振抑制方法: CN113258564A [P]. 2021-08-13.
[131] 解宝, 周林, 郝高锋, 等. 考虑电网阻抗影响的光伏并网逆变器稳定性与谐振分析及设计[J].中国电机工程学报,2018,38(22):6662-6671.
[132] 严干贵, 段双明, 叶德武, 等. 基于输出阻抗的三相 LCL 型光伏逆变器稳定性分析[J].太阳能学报, 2018, 39(2):558-566.
[133] 杨树德, 同向前, 尹军, 等. 增强并网逆变器对电网阻抗鲁棒稳定性的改进前馈控制方法[J]. 电工技术学报, 2017, 32(10): 222-230, 240.
[134] 徐香菊, 朱淼, 侯川川, 等. 计及闭环策略的并网逆变器集群阻抗特性比较分析[J].电源学报, 2019, 17(5): 96-105.
[135] 张磊, 王晓声, 孙凯, 等. 多模块并联逆变器系统中网侧电抗对谐振特性的影响分析[J]. 电工技术学报, 2017, 32(13): 109-117.
[136] 郑堃, 周林, 张前进, 等. 数字控制下光伏并网逆变器稳定性分析及参数优化设计[J].电工技术学报,2018,33(8):1802-1813.
[137] 万庆祝, 张翊帆, 张学哲, 等. 光伏集群逆变器的谐振机理及抑制技术研究[J]. 电网技术, 2018, 42(10): 3377-3384.
[138] 陈允平, 丁凯, 孙建军. 并联型有源电力滤波器与电网连接低通滤波器的设计[J].电力系统自动化, 2005, (3):65-68, 72.
[139] 余畅舟. 组串式光伏并网逆变器谐振特性及其抑制策略的研究[D].合肥: 合肥工业大学, 2016.
[140] 程丽敏, 曹阳. 多台逆变器并网系统谐振问题研究综述[C]. 2013 电力行业信息化年会, 2013: 208-211.
[141] 杨兴武, 王涛, 徐依明, 等. 基于虚拟电感的 LCL 型并网逆变器电网电压前馈控制策略[J]. 太阳能学报, 2020, 41(11): 56-63.
[142] 谢志为, 陈燕东, 伍文华, 等. 弱电网下多逆变器并网系统的全局高频振荡抑制方法[J]. 电工技术学报, 2020, 35(4): 885-895.

[143] 王祺, 秦文萍, 张宇, 等. 基于附加单位延时反馈的LCL型并网变换器鲁棒电流控制策略[J]. 电力自动化设备, 2020, 40(9): 203-215.
[144] 国家电网公司. Q/GDW 617—2011 光伏电站接入电网技术规定[S]. 北京: 中国电力出版社, 2011.
[145] 潘冬华, 阮新波, 王学华, 等. 增强LCL型并网逆变器对电网阻抗鲁棒性的控制参数设计[J]. 中国电机工程学报, 2015, 35(10): 2558-2566.
[146] Harnefors L, Zhang L, Bongiorno M. Frequency-domain passivity-based current controller design[J]. IET Power Electronics, 2008, 1(4): 455-465.
[147] 王旭斌, 杜文娟, 王海风. 弱连接条件下并网 VSC 系统稳定性分析研究综述[J]. 中国电机工程学报, 2018, 38(6): 1593-1604.
[148] 陈达威, 朱桂萍. 低压微电网中的功率传输特性[J]. 电工技术学报, 2010, 25(7): 117-122, 143.
[149] 王二永, 王帅. 基于自适应虚拟电阻的低压微电网下垂控制策略[J]. 电力系统保护与控制, 2020, 48(2): 144-149.
[150] Vandoorn T L, Kooning J D M D, Meersman B, et al. Automatic power-sharing modification of P/V droop controllers in low-voltage resistive microgrids[J]. IEEE Transactions on Power Delivery, 2012, 27(4): 2318-2325.